한국의 기일원론과
풍경의 건축

글 임기택

주요철학자 소개

PART I 동북아 사상과 현대성의 접목

한국현대 철학과 서구 사상과의 접목과 전개

근대사상의 폐해 극복을 위한 사상과 움직임

다원적 포스트모더니즘 사상의 접목과 한국적 전개

디지털의 시대 전환과 후기구조주의 사상의 접목

PART II 동북아 사상과 연계된 동시대 건축 담론과 작품

한국 현대건축 1세대의 건축과 한국성의 담론화

한국 지역주의 건축과 현대성의 접목

동북아 건축의 현대성의 접목 경향과 녹색도시 건축

현대건축의 특성과 기일원론의 연계지점

한국 현대건축의 역사와 풍경의 건축의 잠재성

PART III 한국 건축의 시사점과 동시대 적용가능성

5

다섯 번째 주제

/

한국의 기일원론과 풍경의 건축

주요철학자 소개

최제우(崔濟愚, 1824~1864)

호(號)는 수운(水雲). 조선 말 동학 창시자로 천인합일, 경천(敬天) 사상, 유, 불, 도 사상, 개벽 사상 등, 동북아 사상과 천주교(기독교) 사상, 그리고 한국의 단군 이래 무속적 특성까지 모두 융합시켜 '동학'을 창시했다. '제우(濟愚)'라는 이름은 어리석은 중생을 구제한다는 의미로 35세에 직접 작명했다. 선조 최진립(崔震立)이 의병을 조직하여 전투 중 순국하면서 병조판서로 추서되기도 했으나, 이후 자손들은 벼슬이 없이 쇠락했다. 부친의 사후 3년 상을 마치고 각지를 떠돌며 다양한 경험을 했고, 당시 조선 사회의 문제를 인식하면서 해결의 의지를 가지게 되었다. 한 승려로부터 『을묘천서(乙卯天書)』라는 비서를 얻으면서 신비한 체험을 하고, 천성산 적멸굴에서 수행했다. 이후 경주로 돌아와 용담정에서 수행하며 득도하고 동학(東學)을 창시했다. 한글로 '용담가(龍潭歌)', '안심가(安心歌)' 등을 지어 포교했지만, 서학(西學)으로 몰려 피신하게 되었다. 이후 교세가 빠르게 확장되었고 최시형을 2대 교주로 임명하고 포교활동을 하다가 경주에서 붙잡혀 사회를 어지럽힌 죄로 처형되었다. 동학은 인도의 힌두교와 유사하게 동북아, 한국의 각종 사상과 샤머니즘 및 해외종교인 천주교까지 흡수하여 한국적인 사상으로 변모시켜 한국 사상의 저류지의 역할을 했다.

최한기(崔漢綺, 1803~1877)

19세기 조선 후기의 철학자. 호 혜강(惠崗). 1825년(순조 25)에 급제 후 학문에 전념하다가 1872년 중추부첨지사를 지냈다. 한국에서 경험주의적

인식론을 확립하여 근대적 합리주의와 개화사상을 싹트게 했다. 1825년(순조 25) 사마시(司馬試)에 급제하였으며 이후 학문에 전념했다. 경학(經學), 사학(史學), 근대 학문 등 다양한 부문의 지식을 가지고 있었다. 자산의 많은 부분을 투자하여 진귀한 서적을 대량으로 수집했다. 대동여지도를 만든 김정호와 북학파 박지원과 친분이 있었고, 이들로부터 서학의 영향을 크게 받았다. 선험적 이론보다는 경험주의적인 인식론을 중시하여 실증적으로 판단하고 근대성의 합리주의를 추구했다. 기와 관련하여 근대과학의 특성을 적용하여 기의 운동을 설명하고자 했다. 개화 정책을 추구해야 함을 주장했고, 외국과의 교류를 강조했다. 의학, 수학, 지리, 농학 등 근대적 학문 분야의 책 1000여권을 저술했다. 한국 기일원론의 계보에서 건축 부문과 연계하여 사유할 부분이 많은 학자이다.

유영모(柳永模, 1890~1981)
일제 강점기 양평학교 및 오산학교 교사. 교장을 역임한 교육자. 종교인. 호는 다석(多夕). 서울에서 어려서 한학을 배우고 한학에 몰두했다. 기독교를 받아들이고 경성 일어학당을 거쳐 경기도 양평학교 교사가 되었다. 최남선과 교류하며 『청춘』지에 「농우(農牛)」, 「오늘」 등을 기고하기도 했다. 이후 정주의 오산학교에서 교사로 근무하면서 이승훈을 만나 기독교에 본격적으로 심취했다. 톨스토이 연구에 정진하면서 무교회주의적 입장을 취했다. 일본 동경 물리학교에서 수학하다가 회심하고 출세를 거부할 목적으로 중도 귀국했으며, 독학으로 종교철학을 수학했다. 조만식 이후 오산학교의 교장으로 취임하고 당시 제자들인 김교신, 함석헌에게 많은 영향을 주었다. 35년 동안 YMCA 성경연구반을 운영했으며, 김교신의 『성서조선(聖書朝鮮)』에 신앙과 관련된 글을 기고하다가 1942년 성서조선 사건으로 구금되기도 했다. 하루 한끼만 저녁에 먹는 금욕생활을 추구했으며, 한국적 방식으로 기독교를 해석하는 비교연구를 했다. 한글의 형성원리를 중심으로 동서양의 진리와 기독교사상을 창의적으로 분석했다. 『다석일지(多夕日誌)』, 『노자』 국역(1959)을 간행했고, 한글 연구 역시 탁월한 업적을 남겼다. 동학 및 기일원론의 계보의 연장선상에서 우리식의 창조적 오독, 혹은 재해석을 했다는 점에서 독창적인 생성의 가치를 보여주었다.

함석헌(咸錫憲, 1901~1989)

평안북도 출생. 민중 계몽운동에 헌신하고 군부독재의 모순에 저항했던 사회운동가. 폭력과 권위에 대한 거부와 저항, 항일 반독재에 평생 앞장서며 자신의 사상을 펼치고 실천했다. 평양고등보통학교 3학년 재학 중 3 · 1운동에 참여했고 도쿄 고등사범학교 문과를 졸업하고 1927년 『성서조선』을 창간했다. 유학 생활 중, 우치무라 간조의 성서집회에서 강한 영향을 받고 이후, 무교회주의로 돌아섰다. 그의 영향을 받고 귀국하여 같은 연장선상에서 『성서조선』의 글이 문제가 되어 서대문형무소에서 복역했다. 해방 이후, 평안북도 문교부장을 역임했고, 1956년부터 '사상계'의 주필로서 사회비판을 본격적으로 시작했다. 『사상계』에 5 · 16 군사정변에 대해 비판하고 한일회담을 반대하는 등 독재정권에 저항하는 사회운동에 주도적으로 참여했다. 사상계가 독재정권에 폐간되고 『씨알의 소리』를 창간하면서 미디어와 강연을 통해 독재정권에 저항하고 교육 계몽운동을 지속했다. 여기에서 씨알은 '씨앗'과 '알'을 의미하며, 생명의 시작과 끝을 의미하기도 한다. 주요 저서로는 『성서적 입장에서 본 조선역사』(1948), 『인간혁명』(1961)』, 『역사와 민족』(1964), 『뜻으로 본 한국역사』(1967), 『통일의 길』(1984) 등이 있다. 1984년 민주쟁취국민운동본부 고문을 수행했고 1985년 노벨 평화상 후보로 추천된 바 있다. 제1회 인촌상을 받았다. 동학과 기일원론의 연장선상에서 인도 및 서양철학과 접목하여 창조적으로 재해석하는 사상의 독창성과 생성의 가치에 있어서 건축과 연계되는 부분이 존재한다.

장일순(張壹淳, 1928~1994)

대한민국의 사회운동가, 서화가, 교육가. 60~70년대 강원도 원주 지역 협동조합 운동을 주도했고, 1970년대 후반 이후 지역 중심의 '생명 운동'을 제창했다. 생명(존중) 사상을 기반으로 생명 운동을 뿌리내리게 한 철학자이다. 1940년 원주에서 소학교 졸업 후 서울에서 공부하며 1945년 경성공업전문학교에 입학했으나 해방 후, 국립대학 설립 반대 운동을 하며 제적되었다. 이후 1954년 대성 중고등학교를 설립하여 이사장으로 지냈고 1966년 원주 신용협동조합 초대 이사장을 역임했다. 1980년대에는 농산물 도농 직거래 조직인 한살림' 창립에 참여했다. 1980년대 '한살림' 창립과 생활협동조합운동과 생명 운동 확산에 주도적인 역할을 수행했는데, 이는 그의 사상과 실천이 일치하는 것이었다. 당시 시국의 현안에 따라 천주교 사제들과 신도들이 시국기도회를 개최하며 독재 정부에 저항했다. 특히, 1974년 지학순 · 김지하 석방 운동을 전개하며 엄혹한 시절 반유신 운동 등의 민주화 운동을 전개했다. '참여와 자치를 위한 시민연대회의'의 고문을 맡았는데, 시민 운동과 생명 운동이 결합된 운동이었다. 동학사상과 노장철학으로부터 많은 영향을 받았다. 『나락 한 알 속의 우주』의 저작을 통해 그의 생명 사상에 대한 강연, 대담집을 출판했다. 좁쌀 한 알을 난에 새기면서 그 안에 사람의 얼굴을 그리는 '얼굴 난초'로 더 유명해졌다. 또 한겨레신문의 제목 글씨를 쓴 사람으로도 알려져 있다. 노장사상의 음양오행의 세계관과 유학에서의 엄격한 선비정신, 그리고 동학사상의 시천주 사상으로부터 영향을 받아 그 사상들을 기반으로 기독교 사상을 재해석했고 다석 유영모의 사상으로부터 영향을 받아 천인합일의 생명을 중시하는 사상을 전개했다.

박동환(朴東煥, 1936 ~)

연세대학교 명예교수. 연세대학교 철학과와 같은 대학원 졸업. 1971년 남일리노이대학교대학원 철학박사. 한국 역사의 주변자의 체험에 대한 철학적 이론화를 추구했다. 또 인류의 존재 양식과 생명의 역사를 포괄하는 존재론의 보편성을 추구했다. 『동양의 논리는 어디에 있는가』는 동서양의 전통 철학이 영향을 준 사회철학적 문제를 반성했다. 자신이 놓여 있는 세계에서 언제나 주변자의 관점으로 살면서 그것으로 존재의 보편적 실상을 잡는 일을 철학 탐구의 주제로 삼아왔고, 그로부터 'x의 존재론' 이라는 하나의 철학적 경계에 이르렀다. 저서로는 『사회철학의 기초』(1976), 『서양의 논리 동양의 마음』(1987), 『동양의 논리는 어디에 있는가』(1993), 등이 있고, 2017년에 그간의 저작들과 새 저서 『x의 존재론』을 묶어 「박동환 철학선집」(전4권)을 출간했다. 한국 사상사에서는 당시의 선도적 외부 사상을 수입하여 전파만 했을 뿐이지, 주체적으로 극복하고 새로운 사상을 내놓은 것에는 한계가 있었음을 지적한다. 개인의 자유와 특히, 억압받고 소외되고 배제되고 망각되어 있는 개체의 무의식적인 특성들을 온전하게 드러낼 수 있는 보톰업(bottom-up)의 철학 방식이 중요하다고 역설했다. 주변이 연대에 의해 새로운 중심이 되고 연대하면 새로운 지형이 생성될 수 있다고 보았으며, 주변이 중심이 되는 논리를 계발하는 데 중요한 단서를 제공했다. 종교, 자본에 있어서도 계속해서 폐해가 존재할 수 있지만 소수자인 타인을 배려하며 새로운 중심이 될 수 있는 철학을 추구했다는 점에서 오늘날의 철학의 자세와 태도를 생각하게 만든다.

들어가며

인도-동북아 사유의 계보는 내재적 기일원론의 특성을 중심으로 하며 한국 사상 역시 이러한 흐름과 공명하며 독자적인 문화를 꽃피워 냈다. 한국 기일원론은 주술적 종교 특성을 포함한 동북아 세계관과 유, 불, 도교가 통합된 성리학을 기본으로 하며, 기일원론의 계보를 이은 서경덕, 최한기의 기학이 근대과학의 이론과 함께 융합되었다. 이어 천주교의 특성까지 종합된 동학은 인도의 힌두교와 유사하게 한국식으로 종교, 사상들이 종합된 사상의 복합체 혹은 저류지 역할을 했다. 그것은 기일원론으로 대표되는 한국 사상의 계보의 연장선상에서 나타난 종합적 양태이다. 이후, 유영모, 함석헌, 장일순으로 이어지는 생명 중심 사상은 동학의 하늘의 도와 생명을 중시하는 세계관으로부터 영향을 받아, 서구의 기독교 계열의 신까지도 한국적 방식으로 해석하여 새로운 기 중심의 생명 운동을 만들어 나갔다. 그러한 방향성은 오늘날 녹색 사상과 실천 운동으로까지 연계된다.

한편, 서구의 근대성(모더니티)과 상호작용을 통해 진행되었던 근대 이성의 철학과 눈부신 사회의 발전에는 심각한 모순과 폐해들이 존재했다. 인류는 거스를 수 없는 거대한 흐름이었던 근대성(모더니티)과 모더니즘의 눈부신 발전을 성취했지만, 그만큼 깊은 폐해를 경험했다. 이후 현상학과 구조주의, 포스트모더니즘의 사유는 모두가 그러한 근대성과 관련된 사유의 폐해를 극복하기 위한 직간접적인 투쟁과 대안의 사유로 등장했다. 이후, 다원적 차이를 존중하는 포스트모더니즘의 사유와 해체주의, 및 후기구조주의의 사유의 갈래들이 등장했다. 이것은 권위주의적인 정치 및 사회구조를 극복하고 소외되거나 무시되어 왔던 대중의 니즈를 만족시키고 폐해를 화해시키고 안정화하면서 새로운 사회질서를 만들고자 하는 열망이 투사된 정신계의 흐름이었다. 경제적인 측면에서 그것은 다양성을 중심으로 한 사회적 흐름에 빠르게 대처할 수 있는 유연한 조직구조와 노동구조로 재구조화되었다. 이것은 효율성을 높이고 외적 변수에 대처하며 자본의 순환을 용이하게 재편시키는 과정에서 변화의 일환으로 등장했다. 오늘날, 이성의 폐해에 대하여 새로운 관점의 사유와 질서 체계의 필요성이 대두되고 있고 21세기의 새로운 사유와 움직임도 생성되고 있다.

사상의 점진적인 보완의 역사를 경험해 온 서구와는 달리, 한국은 일본의 지배를 받으면서 그들이 도입한 근대성의 발전과 폐해를 간접적으로 경험했다. 한국은 근대에 들어서 제국주의 열강의 침탈과 일제의 강점기, 어수선한 해방기, 그리고 이데올로기의 대리전 성격의 한국전쟁과 남북 대치 국면이 이어졌다. 이후 모든 관심은 전후 복구와 반공 이데올로기에 집중되었다. 70년대 이후에 본격적으로 고통스러운 근대화가 이루어지기 시작했다. 다양한 사상들과 다원적 철학은 80년대부터 유입되기 시작했고, 90년대 이후에 본격적으로 연구 활동과 사상의 적용이 가능해졌는데, 한꺼번에 유입된 다원적 사상과 창발하는 문화속에 우리는 정신과 물질의 극심한 혼란을 겪기도 했다.

동북아 사상의 가치를 중시하는 건축, 기일원론의 계열의 사상이 건축에 적용되는 측면은 한국성을 강조하는 동시대 건축가들의 계열에서 찾아볼 수 있다. 일제 강점기 서구의 영향을 받아 근대 건축이 강제로 이식되었고, 어수선한 해방의 시기와 한국전쟁 및 전후 복구를 위한 모더니즘 건축이 근대화의 상징으로 건축되었으며, 80년대 들어 포스트모더니즘과 90년대 해체주의 건축의 경향이 등장했고, 이후 밀레니엄 디지털 시대로 전환되면서 다원적인 디지털 건축의 시대를 받아들이고, 이제 AI의 시대를 맞이하고 있다. 김수근의 네거티비즘과 김중업의 시적인 한국성의 선, 그리고 이희태의 한국적 정감의 추상성을 거쳐서 4.3그룹의 비판적 지역주의 계열의 작업들과 함께 한국성의 특성을 적용하는 실험들이 꾸준히 이어져 내려오고 있다. 일부 건축가들은 풍토를 중시하는 비판적 지역주의의 특성을 받아들이면서 나름의 한국적 방식으로 건축의 한국성을 실험했다. 향후, 보편적 동시대성을 기반으로 하여 기의 윤리성을 존중하여 한국적 공간과 표현을 동시대적으로 재해석하는 태도가 필요하게 될 것이다. 결국, 그것은 공동체성을 향상시킬 수 있는 방안이 되어야 하며, 더 나아가 다른 시민과 소통할 수 있는 공간까지도 이어지는 건축적 태도를 만들어 나가는 수준에 이를 수 있어야 할 것이다. 서양과는 다른 풍토와 사상에서 만들어지는 차이를 긍정하고 우리는 기일원론의 가치를 중심으로 사유하며 묵묵히 세계적 보편성을 토대로 경쟁하면서 이 땅의 건축문화를 발전시켜야 한다. 건축의 변방에서 새로운 중심을 만들기 위한 씨앗 뿌리기는 지금, 여기에서 시작되고 있다!

진보와 보수의 사상과 의견의 차이들이 적절하게 조화를 이루고 타협을 이루며 발전해 나가는 사회, 서로의 존재를 이해하고 인정하는 사회가 좀 더 안정적이고 바람직할 것이다. 후기구조주의는 이러한 안정적인 조화를 위해 이면에서 억압되고 배제되고 주변화되었던 것들이 기존의 주류의 공고한 구조와 화해하고 조화를 이룰 수 있는 방안을 사유하며 각 분야에 영향을 주고 받으며 담론화되고 있다. 또한 그것은 공고한 구조를 깨고 나오는 욕동의 속성을 사유하기도 한다. 건축과 예술 분야에 있어서도 마찬가지다. 이성의 논리적 구조로는 사유하고 말하고 표현하기 힘든 영역을 공론의 장으로 더 많이 끌어들이고 이론화하여 논리적인 것과 직관적인 영역을 조화시키거나 새로운 차원으로 발전시킬 수 있는 방안을 사유해야 하는 이유가 여기에 있다. 형태와 관련된 건축, 도시 분야에 있어서도 사상적, 형태적, 물리적, 계급적, 문화적으로 포멀(formal)과 인포멀(informal) 요소의 조화가 중요하다. 다양한 인문적 요소들과 물리적 계획 요소가 적절하게 조화되면서 동시에 이러한 논의와 담론이 활발하게 펼쳐질 수 있는 학문적 인프라와 토대(연구기관)가 잘 갖추어져 있는 도시가 좋은 도시가 되고, 훌륭한 건축물 및 공간구조의 결과물을 향유할 수 있는 것은 우연이 아니다. 우리가 사유하고 행동하는데 핵심이 되는 철학 사유와 흐름을 공부하고자 하는 것도 모두가 이러한 잠재적 목적의식의 발로라고 할 수 있다.

이에 따른 5권의 화두는 다음과 같다.
—기일원론의 계보와 근대성의 접목과 발전 방향은 어떠했는가?
—한국 기일원론 철학과 동학사상과 및 생명 사상의 계보는 어떤 관계가 있는가?
—서양 근대사상의 도입과 폐해를 극복하는 방향성은 어떻게 전개되어 왔는가?
—다원적 포스트모더니즘 사상과 후기구조주의 사상과 한국적 적용은 어떻게 이루어졌는가?
—디지털 시대와 후기구조주의 사유가 어떻게 접목되었는가?
—한국 기일원론과 동시대의 건축 담론과 연계되는 부분은 무엇인가?
—한국 지역주의와 현대성의 접목은 어떻게 구축되어야 하는가?
—동북아 사상과 동시대성이 접목되는 가운데 동시대 건축은 어떤 방향성을 가져야 하는가?
—동북아 기일원론과 현대건축의 연계 지점에서 한국성을 어떻게 구현해야 할 것인가?
등을 중점적으로 함께 사유하도록 할 것이다.

동북아 사상과
PART I
현대성의 접목

한국현대 철학과 서구 사상과의 접목과 전개

한국 사상에서 동북아 세계관과 내재성을 포함한 기일원론의 계보는 다음과 같다. 한국사상은 단군신화에서 발견할 수 있는 샤머니즘과 토테미즘의 요소와 함께 시작되어 고대 노장사상과 동북아 세계관과 우주관(주역, 음양오행) 등이 결합되었다. 이후, 삼국시대와 고려시대에 불교의 인식론이 접목되었다. 이처럼 내재성이 중심이 되는 기일원론의 계보가 이어지면서 조선 시대에 이르게 되면, 유교의 윤리학, 정치학적인 특성 및 불교 특성과 맞물리면서 성리학으로 종합되었다. 이후 근대성이 가미되며 실학과 기학과 동학 및 이후 생명 사상으로 이어지게 된다. 기학은 기일원론에 근대성이 결합된 특성을 보여주었으며, 동학은 한국적 샤머니즘 토테미즘의 종교적 특성과 성리학적 특성, 그리고 기독교와 근대성이 결합되었다. 이후, 동학은 한국 현대 생명 사상과 실천적 운동에 많은 영향을 주었다는 점에서 사상의 계보와 그 특성을 살펴볼 가치가 있다.

0501 기일원론의 계보와 기학의 발전

조선에서는 주자의 성리학(리학)이 주류를 이루며 교조적으로 강력한 영향력을 행사하고 있었기 때문에, 양명학이 자리잡기 어려웠다. 마음을 중시하는 양명학의 특성은 불교의 심학(心學)으로부터 기인한 것이었으며, 일정 부분 평등사상을 내포하고 있었기 때문이다. 당연하게도 불교의 폐습을 비판하며 건립된 조선이라는 국가의 특성상 이 학문을 받아들이기 어려웠을 것이다. 조선 사대부들은 양명학을 본심(마음)을 기반으로 하는 불교의 '선학(禪學)'과 같은 것이라고 간주하여 맹렬하게 비판했다. 단순히 학문적 비판을 넘어서서 강력하게 박해를 가했던 것이다. 사대부들은 당시 사회체제를 위협할 수 있는 양명학의 사상을 '사문난적(斯文亂賊)'으로 몰아 제거하고자 했다. 양명학은 실학을 중심으로 하는 정약용에 이르러 긍정적인 평가를 받았다. 양명학의 근대적 특성이 학문적 다양성을 포용하는 정약용에게 긍정적으로 다가왔을 것이다.

–조선의 양명학

심기(心氣)라는 단어가 있듯이, 마음의 변화는 기(氣)의 변화라고 할 수 있다. 조선 초기에 권근(權近)은 『천인심성합일지도(天人心性合一之圖)』를 제시했다. 그는 마음을 중심으로 하여 하늘(세계)과 인간이 연결되는 세계를 제시했다. 즉, 한 개인의 마음의 수양을 전체 사회의 윤리와 도덕론 및 질서와 연계하여 동일시하고, 이후 그것을 확장시켜 개인의 윤리와 사회의 윤리를 합일하려고 했다. 그것은 하늘과 인간이 연결되고 성(性)이 마음에 통합되는 구조를 제시한 것이었다. 권근의 다이어그램은 이후 정지운(鄭之雲)의 『천명도(天命圖)』와 이황의 『심통성정도(心統性情圖)』로 발전되며 정교화된다.

중기에 '홍치(洪治)는 양명학의 수양론적 내용을 정리하여 『심학』을 저술했다. 이 시기에는 심학의 수준이 깊어져서 존심양성(存心養性)의 수양론의 내용이 좀 더 심화되었다. 중종 때 활동했던 조광조는 마음이 '진리 인식의 주체' 임을 강조하고 사회질서와 통치 질서도 같은 것임을 밝히면서 마음 수양과 정치적 구조가 동일한 것임을 주장하며 마음 수양의 중요성을 강조했다. 그는 『계심잠(戒心箴)』에서 심학의 주요 사항을 분석하며 마음 수양의 통치 원리로 확장하는 내용을 기술했다.

마침내 이황에 이르러 마음 수양의 방법론이 정밀하게 체계화된다.

이황은 『성학십도(聖學十圖)』에서 선학의 마음 수양에 대한 개념을 다이어그램으로 분석하고 자신의 의견을 더하여 동양적 관점의 우주론과 마음 수양론을 일치시킴으로써, 리 중심의 도덕 국가를 수립하고자 했다. 비록 이황의 논리는 기득권 중심의 리기이원론 중 리 중심의 사상이기는 하지만, 큰 틀에서 수양론적 심학의 문제를 다루고 있다. 이것은 마음의 문제를 중시하는 심학이 발전했던 불교의 영향권 하에 사상적 영향이 상당히 존재함을 확인할 수 있는 대목이다.

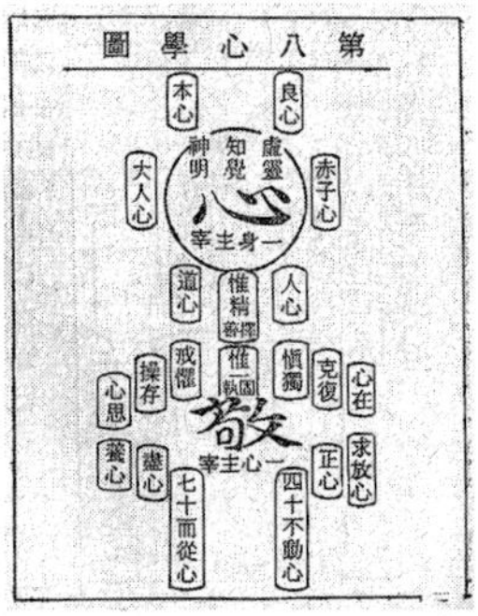

1

성학십도에서 제6도 『심통성정도』는 원나라 정복심의 다이어그램을 분석하고 이후 8도인 『심학도(心學圖)』에서는 정복심의 다이어그램을 바탕으로 하여 이황 자신이 마음 수양의 구조를 체계화하여 '경(敬)' 을 중심으로 재구성했다. 이것은 그의 '경(敬) 사상' 을 중심으로 성리학(주자학)을 창조적으로 재해석한, 진일보한 사상체계라고 할 수 있다. 이렇게 이황은 어려운 개념을 많은 사람이 쉽게 접할 수 있는 다이어그램을 통해 설명했다. 이황은 마음 수양론과 사단칠정 논쟁, 그리고 리기이원론 및 리기일원론의 심(心) 개념의 인식과 수양론 등 첨예하게 논쟁을 벌이면서 형이상학적 담론의 수준을 높이는 계기를 만들었다. 이후 이이의 경우에도 수양론과 성리설과 관련하여 이황과 대립적인 인심도심도(人心道心圖)를 그려서 인심을 도심으로 순화시킬 수 있는 방법을 제시했다. '존천리알인욕(存天理閼人慾)이 좌우로 배치되어 있고 경(敬)이 그 중심을 지키고 있다. 심학도에서 '경' 은 인욕을 막고 천리를 보존하는 중요한 위치를 차지한다.' [1]라는 의견처럼, 인욕이 마음을 어지럽히므로 어렵더라도 경의 가치를 중시하여 마음을 하나에 집중해야

1) 김은지, 퇴계 『성학십도』의 수양치료적 의의, 제주대 석논, 2021, p10
1 성학십도중 8도 심학도

하고 몸가짐을 바르게 하고 깨어있어야 한다고 강조한다. 스스로 마음을 닦아 기르는 수양(修養)을 하며 수양의 도구로 '경'에 집중하게 된다는 것이다. 경(敬)이라는 주축의 매커니즘이 움직이면 수양이 되고 자연스럽게 치유가 되는 방식이다.

성학십도는 이황이 성리학 전반의 주요 사상의 내용들을 다이어그램으로 정리하고 주석을 단 것이다. 천도(天道)와 인도(人道)가 상응하는 '천인상응(天人相應)'의 구조를 규명하는데 특히 8도 심학도는 정복심의 그림과 설명을 차용한 것이다. 이황은 심(心)과 경(敬)을 상하로 대비하여 설명하는데, '세계는 언제나 유행하면서 생성과 변화를 그치지 않는 미발(已發)의 세계이다. 성학십도의 큰 취지는 그러나 그 유행의 기틀(機)은 늘 고요한 본체로서 그 속에 내재해 있다고 보며 이를 되찾아 일상에서 실현하고자 한 것이다.'[2)]

우리나라에서 양명학을 본격적으로 한국화하여 받아들인 사람은 정제두(鄭齊斗)이다. 그는 심학의 영향을 받은 왕수인의 '심즉리(心卽理)' 사상을 받아들이고 연구하여 마음으로부터 세상의 이치(리)가 생겨남을 주장했다. 그는 '양지(良知)'의 개념과 지행합일설로부터 영향을 받아 주자학을 비판했으나, 사문난적으로 몰려 고초를 받으며 불우한 생을 마감하고 말았다. 심학은 기 중심의 사상을 통해 평등사상으로 연계될 가능성이 있었고, 지배계층의 수구적 도덕론과 큰 차이가 있었기에 박해를 받았던 것이다.

―서경덕(徐敬德)의 사상

조선 시대 후기에 한국 기일원론의 계보를 이으면서, 근대적 특성인 실질적, 과학적, 물리적 특성을 가미한 새로운 사상을 제시한 학자로 서경덕

2) 김봉건, 退溪 聖學十圖에 있어서 心의 구조, 退溪學論叢 第16輯, 2010, p7

이 있다. 서경덕은 기일원론자로서, 조선에서 리(理)보다 기(氣)를 중시하는 독자적인 기일원론(氣一元論)을 완성했고, 이황에게 독창성을 높게 평가받은 주기론(主氣論)의 선구자이다. 일찍이 그는 주역을 통해 격물치지(格物致知)에 능통하게 되었고 스스로 깨우치는 능력이 탁월했다.

2

그는 조광조의 벼슬 추천도 사양했으며, 어머니의 간청으로 생원시에 응시하여 장원하였으나 벼슬은 사양했다. 이후에도 여러 차례 벼슬이 내려졌으나 그는 벼슬을 사양하고 본인의 고향인 개성 화담으로 내려가 성리학 연구에 힘을 쏟았다. 그의 호 화담(花潭)은 여기에서 연유한다. 서경덕은 주돈이의 태극도설, 장재의 태허 개념의 영향을 받아 조선의 기일원론의 선구적인 대표학자가 되었다. 자연스럽게 그의 이론은 주자의 리 중심의 리기이원론적인 학설과는 대립한다. 조선 후기의 대표적인 기학자(기일원론자)에는 서경덕, 임성주, 최한기 등이 있다.

무극이태극(無極而太極)의 개념을 설파한 주돈이는 생성과 소멸이 형이상학적인 무한한 태허(太虛)의 기의 율동으로부터 만들어지는 것이라고 보았다. 이러한 생각으로부터 영향을 받아 서경덕의 기는 우주를 포함하고도 남는 무한량(無限量)의 공간에 가득 차 있으면서도 빈틈이 없으며, 무한한 '도(道)'와 같이 선천적 존재의 개념이다. 그러나 그의 기는 근대의 과학적 특성이 반영되어 외적 변수(온도)에 따라 물의 형태 변화 및 순환과 관련되는 설명이 추가된다. 서경덕은 기 자체는 변하지만 소멸되지 않는 일기장존설(一氣長存說)을 주장했는데, 이것은 오늘날 물리학의 '에너지 항존율(恒存律)'과 유사하다. 이처럼 그의 주장은 단순히 주돈이의 형이상학적 개념에 머무르는 것이 아니라 실질적, 과학적, 물리적 근거에 따라

2 서경덕 초상

주장되는 측면이 추가되어 근대적 사상으로 진일보하는 형이상학이라고 말할 수 있다.

주자(주희)는 리와 기가 있으나 리를 더욱 중시하며 '리를 가꾸어 마음 수양을 해야 한다'는 입장이다. 그러나 서경덕의 기일원론은 리란 기의 주재(主宰)이며 외재적인 것이 아니라, 내재적으로 포함되어 운행하면서 드러난다고 주장했다. 기의 운행에 따라 리가 저절로 드러나며 그 둘은 하나라는 것이다. 서경덕의 기는 그 자체로 최고 존재 원리(道)이며, 그것이 운동하고 변화하면서 내재적으로 존재하는 법칙(리)에 의해 운행되는 것이라고 주장한다. 그는 단지 기의 운행을 볼 때만 리가 드러난다고 강조한다. '서경덕 철학은 때로는 불가 때로는 심학, 또 때로는 노장의 혐의가 있다는 비판의 대상이 되었다. 이것은 서경덕 철학의 내재적 요소가 매우 다양했음을 의미하기도 하겠고 또 서경덕 철학이 어느 한 면에 치우쳐 있는 것은 아니라는 것을 의미하기도 한다.'[3] 라는 의견처럼, 그의 사상은 내재적 기일원론의 계보와 함께 근대성의 특성까지도 융합된 사고임을 감지하게 한다. 서경덕의 기일원론은 이후 임성주, 최한기로 이어지는 한국 기일원론의 학문적 계보를 형성하게 되었다. 이후 임성주는 율곡의 영향을 받아 서경덕의 기일원론을 계승하여 '유기론(唯氣論)의 철학'을 정립했다. 임성주의 기일원론은 그에 있어서 기일분수(氣一分殊)라는 독특한 이론체계로 확립된다. 기일원론은 세계의 모든 사물과 현상들의 발생, 발전의 원인도 물질적인 '기'의 자기 운동으로 설명했다.

−조선 시대의 권력 구도와 기일원론의 정치적 지형도

권력 구도를 만들어 내는 당파성과 사상은 현실 정치와 함께 긴밀하게 공명하며 나아가는 경향을 보인다. 세계의 운행 원리와 통치 윤리학이 접목된 성리학에 있어서 리와 기의 운행의 원리에 대한 형이상학적 사상은 당

3) 황광욱, 한국철학 : 홍인우와 남언경의 양명학 이해에 대한 고찰, 한국사상문화학회 2002.12, p173

파적 입장에 따라 정치적으로 현저하게 달리 해석되었다.

조선 시대의 권력 구도는 다음과 같다. 조선 중기에 서인과 동인이 있었는데 동인(이산해)과 서인(정철)-이이로 이어졌다. 이러한 상황에서 동인은 남인과 북인으로 나뉘고 있는데, 남인은 야당과 같은 역할을 했고, 북인은 광해군과 곽재우 등이 있었는데 숙청당했다. 야당의 역할을 했던 남인은 천주교의 영향을 받았던 정약용에게 영향을 주었고, 정조, 장희빈이 집권 당시 잠시 권력을 가진 것을 제외하고는 계속해서 재야 세력으로 지냈다. 서인은 노론과 소론으로 나뉘는데, 인조반정 이후 계속해서 조선 말기까지 권력을 잡게 된다. 소론은 양명학을 취했는데 인조반정 때 사문난적으로 몰리게 되어 대부분 숙청되었다. 이렇게 노론은 인조반정 이후 계속해서 수구적인 여당(보수)의 입장을 취하게 되었다. 이러한 계보는 조선말, 친일 세력까지 연결된다. 이들은 주자의 성리학(주자학)의 정통성을 부정하고 기를 숭상하는 세력을 세계의 운행 원리에 반하는 것으로 생각하여 박해했다. 물론, 거기에는 권력을 보호하고자 하는 욕망이 투사되어 있었다. 이들은 임진왜란 이후 체제를 다시 세우는 신분 질서를 강조하여 예학(예절) 및 보학(족보 등의 위계질서) 등을 강조하여 관념론적인 시각을 가졌다. 정제두는 강화도에서 양명학을 퍼뜨리고 양명학 전파에 영향을 주었다. 그는 '희(喜)를 실천하면 그것이 곧 리(理)이다.' 라고 주장한다. 이처럼 보수적 특성의 리를 중시하는 세력과 진보적 측면의 기를 중시하는 세력들은 각자의 입장에 따라 리와 기의 해석을 달리하며 논쟁했다. 그러나 그들의 목적은 개인의 마음의 수양을 통한 전체 세계로의 확대와 도덕적 이상 국가를 수립하고자 한다는 점에서는 공통점을 가지고 있었고, 이것은 동북아 사유의 주요한 특징 중 하나이다.

—최한기의 근대적 기학(氣學)

3

한국의 기학(氣學)은 조선 후기의 기 철학자이자 실학자였던 혜강 최한기가 정립했다. 기학은 유, 불, 도교를 통합한 성리학에서 시작하여 기 일원론을 기본으로 서학이 결합되었다. 여기서 더 나아가 과학적, 물리적 실증학 등 근대성이 추가되었다. 이론의 객관성을 증명할 수 있는 세계(국가통치)의 운행 도덕론을 집대성한 것이 바로 최한기의 기학(氣學)이다. 조선 시대 기일원론 학자들 중에 최한기는 가장 대표적인 기학자로 꼽히며, 조선의 기학을 체계화하고 집대성했다. 그는 동북아 사상의 관점에서 근대 과학과 서학을 재해석하고 발전시켜 주체적으로 흡수했던 것이다.

최한기의 기학의 특징은 일단, 유교의 가치를 계승하고 있다는 점에 있다. 또 과학과 실증주의를 적극적으로 수용하고 있다는 점이 특이하다. 또 기존의 기와 관련된 논설을 비판하고 더 나아가 새로운 기의 학설을 수립했다는 점이 특징이다. 예를 들어 성리학이 신(神)을 유형으로, 운화(運化)하는 리(理)를 무형의 것으로 파악한 점, 기의 변화를 바탕으로 인간을 이해하지 않은 점은 비판했고, 신과 운동하면서 리가 드러나는 것이 무형으로 파악되어야 하며, 기의 변화로 인간을 이해해야 한다고 주장했다. 그는 근대성을 접목하고 있지만, 이전의 성리학 그대로 결론은 '이상적인 유교적 도덕 국가의 수립'을 전제로 하고 있다. 이 지점에서 '진정한 근대성을 연구하고 있는 것인가?'에 대해 논쟁이 있지만, 반대로 유교적 관점에서 보면 근대성을 적용한 새로운 이상 국가의 방향성은 어떻게 되어야 할 것인가에 대한 새로운 출발점으로 볼 수도 있을 것이다.

3 최한기 초상

최한기 기학에서 기본적인 개념은 '천인운화(天人運化)' 이다. 기는 일종의 생명 에너지로서 끊임없이 운동한다. 그의 기학에서 기는 신(神), 기(氣), 리(理), 형(形), 운화(運化)와 같은 여러가지 개념들이 종합된 것이다. 그는 '신기(神氣)' 라고도 부르는 기가 '앎과 실행' 을 수행하며 자연 변화에 관해 무한한 영향을 발휘한다고 보았고, 인간과 각 개체는 자연의 하나의 기에서 다른 형질로 조합되며 구현된 결과로 다르게 나타난다고 보았다. 기(氣)의 운행과 신(神)의 특성은 같다는 것이다. 그것은 기의 운행으로 만들어지는 개체의 사물의 법칙성이다. 오늘날 일종의 DNA와 같은 개념이라고 볼 수도 있다.

'천인운화' 란 '인간이 천(天)과 생명체가 하나가 되어서 살아가는 천인일치(天人一致)적인 삶' 이다. 이것은 최한기의 철학을 '천인운화의 기학' 으로 요약할 만큼 핵심적인 개념이다. 천과 인이 일치하는데, 그것은 기로서 일치한다는 것이다. 다시 말해 '인간이 천(天)과 기로 하나가 되는 천인일치(天人一致)의 삶' 을 살아야 한다는 도덕적 당위이다. 리의 우위를 중심으로 하여 마음 수양을 통해 그 도덕적 원리를 전체세계에 적용하고자 했던 성리학(주자학)과는 달리 최한기는 기를 중심으로 그 원리를 설명하며 동시에 대기의 근대적인 개념과 과학적 원리로 그의 논리를 객관화한다. 기학의 중요한 목표 중 하나는 '천인운화' 에 도달하는 것이다. 그는 장재의 태허(太虛) 개념으로부터 영향을 받았다. 태허에 기가 충만한 가운데 만물이 생성되고 기가 움직이며 만물이 생성되는 것이 운화지기(運化之氣)인데, 그는 하늘의 기학에 대기, 신기 등의 명칭을 사용했다. 범신론적 속성이 있는 내재적 사상인 기학은 기속에 신의 속성 혹은 내재적인 리가 이미 위치하는 것으로 보기 때문에, 기가 운행하는 가운데 자연스럽게 리가 드러난다는 기일원론의 계보를 잇고 있다.

최한기는 앞서 언급한 바대로 천인운화(天人運化)하면서 세계의 근본적인 속성이 드러나고 기가 운행되는 가운데 '대동일통(大同一統) 되는 이상적인 유교 사회'를 실현할 수 있다고 보았다. 서양의 과학과 실증주의가 과학적 사실, 그 자체로 끝나거나 다른 과학적 원리를 밝히는데 사용되었다면, 최한기의 기학은 그러한 요소들이 기일원론의 정당성을 객관화하는데 사용되고 있다. 정치적으로 사회적으로 도덕적 사회를 만드는데 기일원론이 유용하다는 논리를 펼치고 있다는 것이 리학과의 중요한 차이점이다. 따라서 전적으로 과학적 발전을 이루는데 한계가 있으나, 결국 긍정적으로 보면, 이상적인 사회를 만들기 위한 노력으로, 혹은 부정적으로는 권력 획득의 도구로써 과학과 결합된 사상이 사용되고 있음을 확인할 수 있다. 4대 운화(통민운화, 방금운화, 활동운화, 천인운화)에 의해서 기학은 기의 운행에 대한 인식과 기의 운행이 만들어지는 실현의 구조로서 파악된다. 이처럼 인간에게 활동운화가 가능한 것은 동물과는 달리 추측, 인식 능력이 존재하기 때문이다. 사람은 이 능력을 바탕으로 추측을 통해서 얻어진 이치(깨달음)를 통해 행동하기 때문에, 그것을 '추측지리(推測之理)'라고 부른다. 여기서 통민운화는 정치와 교육을 통해 사회적으로 바람직한 사회구조를 형성하고자 하는 것이다. 통민운화는 다시 도덕적 요체를 개인과 가족, 그리고 국가와 천하(세계)에 적용하여 개인으로부터 전체세계에 이르는 도덕 국가를 만들고자 했다. 인간의 신기가 정상적으로 운동하여 '활동운화' 하게 되면, '천인운화' 하게 된다는 것이다. 천인운화를 밖에서 얻으면 격물(格物) · 치지(致知)가 되고 그것을 안에 간직하면 성의(誠意), 정심(正心)이 되며, 그것을 기회에 따라서 밖으로 향하여 쓰면 수신(修身), 제가(齊家), 치국(治國), 평천하(平天下)할 수 있는 도덕 국가에 이르게 된다는 것이다. 최한기의 논리는 형이상학적 유교 원리에 실증적 과학원리를 도입하여 내외에 있어서 완벽한 논리를 구성했으며, 이를 실행하는데 이상적인 담론이 되었다.

그의 학문이 객관적인 것은 과학에 근거하여 '기'를 바라보고 운행 원리를 증명하면서 기 중심으로 세계를 바라보았다는 점에 있다. 그러나 그것이 수양론에 적용되어 기 중심의 세계관으로 만들어지는 도덕 국가에 종속되어 있다는 것은 진정한 근대화라는 관점에서는 분명한 한계가 있는 것으로 보인다. 과학적 지식도 사실은 논쟁적인 리기론에서 기와 관련된 과학적 요소들이 중시되어 논의되었기 때문이다. 결국 과학이 순수한 학문의 발전이나 물질세계의 발전을 위해 연구되었다기보다는 형이상학적 도덕론의 발전이나 혹은 부정적으로는 권력 투쟁의 도구로 사용되었다고 볼 수도 있다. 그러나 다른 측면으로 바라보면 물질적 발전에 집중한 서양과는 달리, 동양은 객관적인 과학적 사실을 도덕적 사회론과 결합시켜 이상적 사회를 만들고자 하는 태도와 시도가 더욱 발전되어 있었다고 긍정적으로 바라볼 수도 있다. 따라서 기학은 경험을 중시하는 학문이되, 전적으로 과학과 경험을 중시하는 철학은 아니며, 깨달음을 중시하는 학문이라고 할 수 있다. 또 최한기의 기학은 활동운화에서 정신적인 본성을 회복하고, 문명의 이기(利器)를 추구한다. 그의 기학은 물질적인 풍요로움과 육체적인 안락함을 동시에 추구한다는 측면에서 정신과 육체의 건강함이 공존하는 사회를 만들려고 하는 사상이라고 할 수 있다. 최한기

표1

	성리학	최한기의 기학
문제의식	'존심양성(存心養性)'	무기력을 극복한 활기넘치는 '대동사회'
도덕론	정(靜)적인 도덕론	동(動)적인 도덕론
이상적 사회 인간상	수양론(修養論)적 천 = 이태극(理太極) 대동사회 천인합일(天人合一)의 경지에 이른 인간상	'신기의 활동운화' 의 천인이 천인운화 기준에 맞추어 통치하는 국가
선악관(善惡觀)	인성(人性)	천성(天性)
성선설에 대한 입장	성선설(性善說)_맹자 유사	성선설 부정, 성악설에 가까움_순자 유사
인성과 천성	인성의 인식과 추측지리	천성의 조리는 유행지리
추구하는 사회	도덕적 수양론을 통한 대동사회	대동일통의 사회, 곧 대동사회

표1 성리학과 최한기의 기학의 특징과 차이점

의 기학은 이러한 측면에서 오늘날 기술발전이 고도화된 가운데 기가 중심이 되는 도덕적 국가를 어떻게 만들어야 할 것인가에 대한 상상력을 자극한다.

유교적 이상 국가(대동일통 사회)를 만드는 기본원리를 설명하는데 있어서, 최한기의 기학은 유교의 개념에 근거하고 있지만 기일원론의 계보를 잇고 있기에 기존의 성리학과는 개념상 여러 부분에서 대립적인 특성을 지니고 있다. 우선 성리학은 도덕적 이상 국가로 나아가는데 있어서 형이상학적인 고정불변의 리를 중시하므로 무언가 고정적이고 정(靜)적인 경향이 강하지만, 최한기의 기학은 활기 넘치고 수시로 변하는 칠정(희노애락애오욕)에 근거하여 사유하므로, 동(動)적인 것이 중심되며 이를 바탕으로 대동사회를 구현하고자 한다. 이상적 사회상에 있어서 주자학이 개인의 수양이 확장되어 천인합일의 경지에 이르는 성인의 인간상이었다면, 최한기의 기학에서는 신기의 활동운화를 통해 천인활동운화에 도달한 하늘 사람이 천인운화의 기준에 맞추어 통치하면 이상적인 사회를 수립시킬 수 있다고 보았다. 이러한 점에서 그의 사상은 좀 더 현실적인 방안이라고도 볼 수 있다. 성선설의 입장으로 보았을 때 성리학은 맹자의 영향을 받아 성선설을 강조하지만, 기학에서는 성선설을 부정한다. 오히려 순자의 성악설의 입장에 가깝다고 볼 수도 있다.

최한기는 리와 기가 각각 플라톤의 형상과 질료와 유사하거나 대등한 범주로 착각하는 학문적 한계를 보였다. 그것은 여전히 전근대적 삶을 살고 있었던 조선의 한계 속에서 일정 부분 어쩔 수 없는 것이기도 했다. 최한기는 당대 조선의 사회와 현실을 주자학의 정적 논리에 의해 많은 것들이 제대로 작동하지 않는 병든 상태로 판단했다. 실제로 당시 정치와 삶의 양태는 따로 운행되고 있었고 무질서했다. 기학은 유교적 이상국가 건설이라는 시대적 한계는 있었으나, 과학적, 실증적 방식의 근대적 개념이 유입되어 사회과학적으로 새로운 사회를 만들고자 했던 진일보한 사상이었다.

역사의 가정이란 부질없는 것이기는 하지만, 제국주의 열강의 침탈과 일제의 침탈이 없이 점진적인 발전이 있었다면 어땠을까? 앞서 살펴본 것과는 달리, 우리의 도시건축은 지금과는 다른 양상이었을까? 한국 역시 근대성을 접목시키고자 하는 시도와 함께 기학의 계보에서도 근대성을 접목시키고자 하는 시도가 있었다. 그러나 제국주의 열강이 근대성을 앞세워 무력 침탈한 것과 근대적 과학기술 및 문화는 너무나 강력한 것이었기 때문에 이에 속수무책으로 당하는 형국이었고, 무작위로 이식되는 근대성에 한국인은 고통스럽게 대응해야만 했다.

0502 동학의 발생 및 사상의 종합과 한국적 재해석

4

수운(水雲) 최제우는 조선 말 동학 창시자로 천인합일, 경천(敬天) 사상, 유, 불, 도 사상, 개벽 사상 등 동북아 사상과 천주교(기독교) 사상, 그리고 한국의 무속적 특성까지 모두 융합시켜 동학을 창시했다. '제우(濟愚)' 라는 이름은 어리석은 중생을 구제한다는 의미로 35세에 직접 작명했다. 그의 집안은 선조 최진립(崔震立)이 의병을 조직하여 순국해 병조판서로 추서되기도 했으나 이후 자손들은 벼슬없이 쇠락했다. 그는 부친의 사후, 3년상을 마치고 각지를 떠돌며 다양한 경험을 하며 조선사회의 문제를 인식하여 해결의 의지를 가지게 되었다. 그는 어떤 승려로부터 『을묘천서(乙卯天書)』라는 비서를 얻으면서 신비한 체험을 하고, 천성산 적멸굴에서 수행했다. 이후, 수운은 경주로 돌아와 용담정에서 수행하며 득도하고

4 최제우 초상

동학을 창시했다. 그는 한글로 '용담가(龍潭歌)', '안심가(安心歌)' 등을 지어 포교했지만, 이후 교세가 빠르게 확장되면서 지도층으로부터 서학(西學)으로 몰리게 되어 위험에 빠지게 되었다. 이에 최시형을 2대 교주로 임명하고, 계속해서 포교 활동을 하다가 경주에서 붙잡혔고, 사회를 어지럽힌 죄로 처형되었다. 동학은 인도의 힌두교와 유사하게 동북아, 한국의 각종 사상과 샤머니즘 토테미즘 및 해외종교인 천주교까지 흡수하여 한국적인 사상으로 변모시켜 한국사상의 저류지의 역할을 하고 있다. 동학사상에는 한민족이 형성되는 최초의 시기에 기일원론의 특성과 유사한 부분이 있는 신화적 이야기와 무속신앙(샤머니즘, 토테미즘)과 유교, 불교, 도교 등을 포함한 종교사상의 내용 등이 결합되어 있다. 동학에는 근대적 특성의 평등사상과 심지어는 기독교 사상까지도 포용된 복합체 혹은 사상의 저류지로서의 특성이 있다. 한민족의 사상, 종교, 근대성 등의 다양한 요소들이 모두 혼합되어 있는 것이다. 동학사상의 원리를 살펴보는 것은 비빔밥과 같은 혼성의 특성을 보이는 한국 문화와 종교적 특성을 이해할 수 있는 효과적인 방법이 된다.

동학에서는 '성(誠)'의 기원을 하늘의 질서 체계에서 찾는다. '성(誠)'은 본래의 마음인 순수한 하늘의 마음을 정성스럽게 받드는 것이 인격 수양이며, 모든 인간을 한 몸으로 인식하는 평등사회를 구현할 수 있는 평화적인 실천 방안이다. 동학은 '지기(至氣)'를 세계의 존재 근거와 운행의 주체로 여긴다. 그것은 기일원론의 계보의 연장선상에 있음을 알 수 있다.

동학은 끊임없이 움직이는 '한 기'의 모이고 흩어짐에 따라 우주 만물이 형성되기도 하고 사라지기도 하는 것으로 여긴다. 이 '한 기'로서의 '지기'는 인위적인 노력을 기울이지 않더라도 저절로 이루어진다(無爲而

化). 둘째, '무사불섭(無事不涉)' 은 허령창창한 '지기' 가 우주 만물의 일에 항상 관여한다는 뜻이다. 셋째, '무사불명(無事不命)' 은 '지기' 가 우주 만물의 생성과 변화에 깊게 관여하기 때문에 모든 일이 제멋대로 진행되지 않고, 천도(天道)에 부합하여 진행되고 있음을 의미한다. 이는 동학이 '무사불섭' 과 '무사불명' 하는 '지기' 의 작용을 통해 우주 만물의 생명 활동에 적극적으로 참여하고 있음을 뜻한다. 넷째, '형이난상(形而難狀)' 은 형상이 있는 것 같으나 형용할 수 없음을 의미한다. 다섯째, '문이난견(聞而難見)' 은 들음이 있는 것 같으나 보이지 않는다는 의미이다. 이는 '지기' 가 인간의 감각 기관을 통해 그 본질이 규명될 수 없음을 의미한다. 여섯째, '혼원지일기(渾元之一氣)' 에서 '혼원(渾元)' 은 우주가 형체를 갖기 전의 본체로서의 원기(元氣)를 의미한다. 이때의 '혼원' 은 경험의 굴레에 묶이는 범주를 넘어서는 근원적인 것으로, 음과 양이 미분리된 카오스의 상태를 의미한다. 따라서 동학에서 중시하는 '혼원지일기' 는 우주 만물의 생성과 변화의 근거를 의미하는 근본 개념이다.' [4]

수심정기에서 '심' 은 기일원론의 계보의 연장선상에서 기의 운행 즉, '지기' 의 '심(心)' 으로 바라본다. 양명학의 마음(심)도, 성리학에서 '성즉리(性卽理)' 의 '심' 도 아니다. 동학은 유교의 도덕관의 영향을 받아 천도(天道)와 인도(人道)를 통일시켜 도덕적 존재가 되어야 한다고 본다. 하늘로부터 부여받은 기로서, '수심정기(守心正氣)' 는 기의 운행의 순수한 마음을 지키고 기의 운행을 올바르게 한다는 것이다. 이를 위해 하늘님을 봉양할 때, 성(誠), 경(敬), 신(信)의 실천적 삶을 중시한다. 동학은 인간의 몸 자체가 우주이며 몸속에 하늘님의 지기를 가지고 있으므로, 나의 마음이 곧 너의 마음이며 하늘의 마음이다. 이것은 나, 너, 그의 내면의 깊숙한 곳인 공적영지에 들어가면 모두가 같은 범아일여, 천인합일 등의 특성이 유사하게 나타난다.

4) 이정애, 동학의 '성(誠)' 관에 나타난 기일원론(氣一元論) 문제, 유교사상문화연구 제92집, 2023년 6월, p135

동학사상에서는 천도(天道)에 생명의 의지가 깃들어 있다고 보았다. 천도는 우주에 내재되어 있는 생명력의 자기표현이다. 우주는 만물에 생명력을 부여해 준다. 하늘은 만물을 감싸주고, 땅은 아래서 받쳐주며, 땅은 양분과 수분으로 자양분을 제공하는 상호보완, 상호 대대의 원리가 숨어 있다. 부모와 같은 천지자연에 생명력을 부여하고 자라나게 하는 도덕적 원리로 파악한 것이다. 그래서 성리학적 우주관에서 우주적 질서는 도덕적 질서로 인식된다. 천도(天道)는 곧 인도(人道)라는 것이다. 그래서 천지자연의 길을 본받아 사는 것이 바로 '인간의 길' 이라고 보았다.

요약하자면, 동학사상은 도교적 관점의 세계관과 주술적인 샤머니즘적인 요소, 그리고 불교에서 상대적으로 주술적인 특성이 있는 정토사상 등이 결합되어 나타난 종교사상이자, 민중 운동이었다. 성리학은 사대부 양반계급을 중심으로 유, 불, 도를 통합한 보수적인 통치 체계를 중시했다. 그러나 동학은 유불도의 영향을 받았지만, 이와는 달리 일반 백성들을 중심으로 유행하던 도교적 자연관과 무속신앙(샤머니즘)의 요소, 그리고 불교의 정토 신앙적인 요소들이 복합화되며 독창적으로 발전했다. 특히 근대의 외국 세력이 무력으로 침탈하고 나라가 어지러울 때 동학운동은 구원 사상과 함께 도교의 전복적, 도피적 세계관과 맞물려 혁명 세력으로 변화하게 되었고, 이에 대한 지도 계급의 강력한 박해로 소멸하게 되었다. 김용옥은 '신석기 혁명 이래 그 어느 누구도 수운과 같이 왕권을 넘어서 신권에 본질적인 도전장을 낸 사람은 없었다. 니체는 신을 살해하려고 하였지만, 수운은 신의 본모습을 드러냄으로써 신과 인간에게 동일한 생명력을 부여했다.'[5] 라고 주장하며 최제우의 동학운동의 의미를 긍정했다.

동학사상은 한국의 천인합일로부터 성리학, 그리고 조선 시대 기일원

5) 김용옥, 수운이 지은 하느님 노래, 용담유사, 통나무, 2022, p25

론에 이르기까지 동북아 세계관과 기를 중시하는 흐름의 연장선상에서 근대성과 기독교의 개념까지 포함하여 복합화하여 사상, 종교를 종합한 특성을 보인다. 이러한 특성은 이후, 유영모, 함석헌, 장일순의 계보에까지 영향을 주며 한국 특유의 기일원론적 계보 형성에 강하게 영향을 끼쳤다는 점에서 한국성의 형성에 있어서도 중요한 의미가 있다.

0503 유영모 다원주의 신학, 함석헌의 씨알철학과, 장일순의 좁쌀철학

–유영모의 다원주의 신학

5

다석(多夕) 유영모는 기독교, 십자가의 도를 한국적 방식으로 생각하여 새롭게 다원주의 신학을 제시한 인물이다. 19세기 말에 태어난 유영모는 당시의 교육환경에 맞추어 유학을 공부했고, 한학에 조예가 깊었다. 그는 한글사상과 동양사상을 접목하여 기독교를 독자적으로 해석하고자 했다. 그는 한글의 구성원리를 중심으로 유, 불, 도가 종합되어 있는 성리학의 내용 즉, 도교의 동북아 세계관(우주론)과 생명철학과 불교의 종교적 인식론을 덧붙여 유교적 윤리로 재해석하여 통합시키는 역할을 했다.

서양의 선과 악 등의 이분법적인 논리는 배타성과 우월성의 개념을 만들었다. 신과 피조물의 이분법적 개념은 이후 근대에 주체와 객체의 지위의 구분을 만들면서 동시에 증오심과 투쟁, 고통을 양산해 왔다. 기독교 교리에서 진리의 하나님이라는 오직 하나의 길만 있다는 이데올로기적 교리는 부작용이 필연적으로 발생할 수밖에 없다는 것이다. 유영모에게 무는 유, 무를 내포하면서 동시에 초월하는 절대적 하나를 의미한다.

5 유영모 초상

'여기서 '하나' 라는 것은 전체로서의 하나이며 그것은 아무것도 없는 하나이다.' 6) 라는 언급처럼 유영모의 사상은 일종의 동양적 '도(道)' 의 개념과 연계된다.

전통적으로 기독교에서는 그리스 형이상학의 체계를 빌려 인간의 몸을 입고 이 땅에 내려온 신, '예수' 에게 동시에 두 가지 본성이 함께 있음을 강조해 왔다. 서양인들은 예수의 형이상학적 본성에 대해서 논의하는 것이다. 참 인간이자, 참 하느님(신)의 두 가지 양립할 수 없는 개념이 하나로 합쳐져 신성을 형성한다는 교리를 체계화한 것이다. 로마는 기독교를 국교로 공인했다. 그러나 이후에 기독교는 하나의 제국에 하나의 종교와 신학만이 존재해야만 한다는 '국가 이데올로기' 로 변질되었다. 형이상학적인 신의 영역과 역사적 사실의 인간으로서의 예수의 삶이 조화를 이루지 못하고 국가적 이데올로기로서의 탑다운식, 즉 '위로부터의 기독론' 으로 변화된 것이 계속 이어져 내려온 것이다.

이와는 달리, 남미 해방신학과 아시아 해방신학과 같이 '보톰업' 의 기독론도 있다. 이들은 역사적인 인간인 예수의 삶이 온전하게 논의되지 못하고 국가 이데올로기에 로고스가 독점되어 종속되었음을 비판하며 새로운 운동을 전개하고자 했다. 역사적 예수의 행적과 활동으로부터 기독교의 새로운 모형을 추구한 것을 '아래로부터(보톰업)의 기독론' 이라고 한다. 그들은 '하나님의 신비의 전체' 를 보여주고자 하지 않고 '예수의 삶을 따라 사는 것' 에 초점을 두는 다원주의적이고 실천적인 관점으로 신학을 전개했다. 이들의 관점은 그 지역의 특성과 외적 변수에 따라 다양하게 전개되었다. 죽음과 관계된 종교, 어떻게 죽느냐의 문제를 사유하는 종교는 타인을 위해 자기 자신을 희생제물로 쓰이도록 실천하는데 그 목적이 있다고 할 수 있다.

6) 김진희, 동양사상의 우주론에 입각한 유영모의 신학, 신학사상, 131호, 2005, p169

유영모는 예수가 가난한 사람들을 위해 기꺼이 자신의 목숨을 십자가에서 버림으로써 하나님의 뜻을 이루었다는 점에 주목했다. 그런데, 서양의 사상이자 이야기인 기독교 교리를 취하면서 그가 교육을 받아온 유학을 버리지 못하고 통합하고자 했던 것은 그가 유교의 선비적 특성이야말로 실천의 삶을 살 수 있는 중요한 부분이라고 생각했기 때문이다. 유학에서는 모르면 어쩔 수 없지만, 일단 알게 되면, 선비는 목숨을 걸고 아는 것을 지키기 위해 실천해야만 하는 것이 중요한 덕목이었다.(知行合一) 도가의 생명철학이 함께 결합되어 있는 성리학은 그래서 생명으로서 자연과 하나가 되어야 하며, 아는 것을, 자연의 이치를 목숨을 걸고 엄정하게 지키는 것을 중시했다는 점에서 선비정신과 하나가 되는 것이다. 공자는 알면서도 실천하지 못하는 것을 성찰했다. 공자의 '살신성인(殺身成仁)', 즉 자신을 죽여서라도 '인(仁)'을 이루라는 공자의 말씀은 마치 예수가 자신의 육체를 십자가에 매달아 하느님의 의를 구하고 영원한 생명을 얻은 것과 유사하다고 생각했다.

많은 종교 관련 인물들에게서 공통적으로 보이듯, 유영모 역시 육체적 금욕을 중시했고, 세 가지 해악이 되는 삼독(三毒)을 절제해야 한다고 보았다. 그에게 그러한 절제는 자신의 몸을 먹고 희생하는 예수의 종교적 삶 및 실천과 동일한 것이었다. 불교의 무아의 경지에 이르는 것, 살신성인의 원리를 융합시키는 것은 서양과 동북아 사상을 접목시켜 융합시키는 것이라고 볼 수 있다. 유영모의 해석으로는 '한아님'의 생명인 '얼나'로 거듭남이며, 예수는 하느님의 생명 그 자체이며, 인간의 몸을 빌려 신이 내려온 '그리스도'가 된 것이다. 자신을 희생시켜 모든 사람의 마음으로 들어가 영원한 생명을 누리게 된 것이다.

—유영모가 한글의 구성원리를 통해 재해석한 기독교

『정역』 연구자이자 한글학자 이정호는 『훈민정음의 구성원리』에서 한글의 구성 원리를 '천인합일'의 개념으로 풀었는데, 그것은 동북아 사상에서 도교적인 관점에서 보았을 때 '천인합일'의 정신이 녹아 들어가 있는 것이다.

우선, 그가 보는 한글의 'ㄱ'은 위(하늘)에서 무언가를 수직적으로 내려보냄을 상징한다. 반대로 'ㄴ'은 위(하늘)에서 내려주는 무언가를 순순히 받아들이는 것을 뜻한다. 'ㅁ'은 언어의 시초이며 몸의 일부로서, 먹고 마시고 물고 하는 입이 행위하는 많은 것들을 상징한다. 또 'ㅅ'은 두 다리로 온전하게 서 있는 생명을 상징한다. 'ㅇ'은 비어있는 공(空)을 상징한다.[7] 그것은 불교에서의 무아와 공의 개념을 상징한다. 세계의 운행으로 상징되는 도의 원리는 허공에 꽉 차 있는 기의 흐름이다. 불가시적인 도의 흐름으로 세계가 운행되는데, 이것은 가시적인 임금을 섬기는 유교적인 특성이나 우상을 섬기는 종교의 특성과는 배치되는 개념이다.

하늘과 사람을 잇는 사람의 존재. 그것은 한자 '무(巫)'의 형상과 의미와 같이, 인간으로서 하늘과 땅을 잇는 사이의 제사장의 역할이다. 그러나 그 제사장의 역할은 모든 각각의 사람들(개체)에게 공통적으로 존재하며 하늘(세계)의 운행과 연결되어 있다. ㅡ, ㅣ, 를 근간으로 하여 하늘에서 내려오고 땅에서 그것을 받고, 그 사이에 인간이 존재하며 그 사이를 잇는 것, 그 모습을 유영모는 '긋'이라고 우리식으로 개념화했다. 하늘과 땅과 인간 즉, 삼재(三才)가 하나로 연결되어 상호 조화를 이루는 것, 그것이 하나라는 생각은 동북아 사상의 중요한 등줄기가 되고 있다. 여기에 가장 작은 개체도 곧 하느님이고 간절하고 진실된 마음으로 섬기는 것이 곧 나를 섬기는 것이다. 그것은 세계의 생명, 자신의 생명을 존중하는 태

7) ㄱ으로 시작하는 단어; 건원(乾元) 하늘에서 생명의 씨가 땅에 내려오는(수직적 사랑)뜻 거룩, 검(神)
ㄴ으로 시작하는 단어: 나다(生), 날다(飛)
ㅁ으로 시작하는 단어: "마시다, 먹다, 문다“
ㅅ으로 시작하는 단어: 사람, 삶, 숨, 싹, 씨

도로 나아가게 된다. 이처럼 유영모의 사상은 유, 불, 도교가 종합된 성리학의 내용 중 도교의 동북아 세계관의 핵심인 주돈이의 무극이태극(無極而太極) 개념을 중시하여 받아들이고, 무(無)의 개념을 기독교에 융합시키는 참신한 시도를 했다는 점에서 주목할 필요가 있다.

'없음' 의 '무(無)' 를 설명하는데 유영모는 정신의 개념이 들어가 있는 '얼' 이라고 보았고 그러한 생명력으로부터 '나(生)' 가 태동되어 '나(我)' 가 된다고 했다. 유학의 개념으로 말하자면 우주를 통째로 둘러싸고 있는 맹자의 '호연지기(浩然之氣)' 의 개념으로 말할 수 있을 것이다. 유영모는 기독교의 하느님을 가리켜 '없이 계신 이' 로 해석했다. 그래서 '얼나(얼은:어른)' 가 생성된다고 보았다. 다석에게 '없이 계신 이' 는 신이자 인간, 인간의 몸을 빌려 내려오신 신이므로 절대와 상대적인 개념, 전체와 개체를 함께 보는 개념이다. 다시 말해, 천인합일의 개념으로 본 것이다. 예수의 생명, 얼의 생명, 나의 생명 그것은 모두가 하나이다. 인도, 동북아 세계에서 주요하게 다루어졌던 인도의 범아일여(梵我一如), 혹은 도교의 천인합일(天人合一)의 계보가 이어지고 있는 것이다. 이것은 마치 스피노자의 범신론적 '신' 의 개념과 같이 동북아 세계관에서 '도(道)' 혹은 '무극' 이라는 신의 개념으로부터 실체가 투사되어 양태를 변화시켜 생성되는 특성을 설명하는 것과 유사하다. 유영모는 이러한 생각으로부터 '생명의 씨앗' 의 개념을 만들어 사용했다. 이러한 그의 사상은 이후 '씨알 철학' (함석헌)과 '좁쌀 철학' (장일순)에 거의 직접적인 영향을 주었다고 볼 수 있다. 유영모 사상의 미덕은 동북아 사유의 근간을 순 한국어와 한국적 개념으로 다시 추출하고 기독교적인 세계관에 적용하여 한국적으로 재해석했다는 점에 있다.

유영모는 우리가 잘 아는 기독교의 주기도문을 다음과 같이 자신의 순 한글 해석 개념을 적용하여 암송하곤 했다고 한다.

'하늘에 계신 우리 아버지 이어 이에(예수) 숨 쉬는 우리 속에 밝은 속알(바탕)이 밝아 더욱 나라 찾음 이어지이다. 우리는 삶에 힘씀으로 우리 새 힘이 나고 우리는 지는 짐이 우리를 누르지는 않게 되어지이다. 오늘날 우리에게 먹이를 주옵시고 우리의 오늘이 아버지의 뜻을 이루는데 먹히어지이다. 우리가 이제 땅에 부딪힌 몸이 되었아오나 오히려 님을 따라 위로 솟아 갈 줄 믿습니다. 사람사람이 서로 바꿔 생각을 깊이 할 수 있게 하옵소서. 고루 사랑을 널리 할 줄을 알게 하여 주옵소서.'

여기에서 유영모는 한글 자음, 모음 해석으로부터 나온 '삼재(三才) 개념'을 통해 동북아 사유의 범아일여, 천인합일 개념과 연결시키고, 무극이태극(無極而太極)의 음양오행 개념으로부터 나오게 되는 씨앗의 생명의 태동과 생성의 개념이 기독교적인 핵심 내용에 창조적으로 녹아 들어가게 만들었다. 이른바 동서양의 종교적, 사상적 핵심이 잘 녹아 들어가 있고, 유영모의 독특한 시각이 잘 들어가 있는 해석이라고 할 수 있다. 여기에 민족주의적인 특징도 가미되어 그의 사상은 토착적인 기독교 운동으로 발전되었다. 그러나 4권에서 살펴보았듯이, 민족주의는 항상 전체주의적인 특성으로 쉽게 오염되고 변질될 수 있으므로 주의가 필요하다.

예수가 인간의 몸을 입고 태어나 하늘의 영을 내리받아 '참 얼나'로 거듭나 신과 하나가 된 것, 자기를 버려 모든 개체의 죄를 대속한 것, 이를 통해 모든 이의 마음속에 들어가 새로운 '절대 생명'을 얻게 된 것, 그래서 세계와 '하나'가 되는 것을 잘 상징하고 있다. 그래서 내 속의 하나님, 하나님 속의 나는 함께 생명으로서 공통되는 것이다. 삼재의 개념을 통해 하늘의 소리를 받아내림과 땅의 받아들임 사이에 사람이 연결되어 하늘로 들어 올려져 '얼나'가 되는 개념을 만들어 냈던 것을 기독교의 개념에 연결한 것이다. 이것은 상당 부분 동학의 '시천주(侍天主)' 개념과도 연계된다. 하늘의 부름을 받아들여 하늘과 하나가 되는 것, 각 개체가 하나가 되면 타인 속의 천주도 함께 평등하게 잘 모셔야 된다는 것이다. 그것은 범아일여와 천인합일의 정신이 평등한 관계에서 하느님을 섬겨야 하는 내용이 중심이 되는 것으로, 인격신이자 유일신이 중심이 되는 서양 종교와 동북아 사상이 만나는 지점이 된다. 그것은 단순히 일치되는 것에 중심을 두는 것이 아니라, 생명의 가치를 중심으로 공동체 생활을 주요한 가치로 삼고 있는 것으로, 오늘날의 생활에서도 이러한 가치를 중심으로 실천적으로 변화를 만들어 나갈 수 있는 중요한 방향성을 만들어 냈다는 점에서 중요하다고 하겠다.

유영모의 사상은 동학사상으로부터 많은 영향을 받았다. 수운 최제우가 전체(하늘)와 개체(나)의 관계에서 신적 본질이 일치하며 이러한 천인합일과 유사한 평등성의 개념을 가지고 실천을 통해 현실을 변화시켜 나가려고 했던 것과 같이, 유영모의 사상은 유사한 지점을 공유하고 있다. 그의 사상은 동북아 사상의 순환적인 특성과 함께 '하나'가 만물 속에 있으면서도 만물을 초월하는 개념의 '범재신론'의 면모를 보인다. 자연스럽게 본연지성(本然之性)인, 일자(一者)로부터 생성된 개체는 다시 그것을 찾아 돌아가는 것(歸一)으로, 이것은 순환하는 개념이다. 가히, '종교 일원주의'로 규정할 만한 방식이다. 그것은 불교가 진여(眞如)의 세계를 보는 것, '견성(見性)'을 주요한 목표로 했던 것과 유사하다. 또 유교적인 측면에서는 리를 제거하고 기를 중시하는 기일원론(氣一元論)적 세계관에 좀 더 친숙한 사상이다. 그의 사상은 유불도가 종합된 성리학의 영향과 선비 사상, 그리고 이를 바탕으로 하여 동북아의 음양오행의 세계관으로 기독교를 재해석한 방식이다. 서양의 형이상학은 두 가지 대립적인 가치의 맹렬한 대립성을 바탕으로 하여 상호 투쟁의 결과 한쪽의 방식이 죽고 변증법적으로 통합되어 일방향으로 나아가는 방식이다. 그러나 동북아 사상은 상호 존중을 중심으로 상호 반응속에서 조화를 이루어 나가며 '순환' 하는 것을 중시한다. 성리학에서 유학자들이 성(誠)과 경(敬)의 개념으로 세계를 바라보는 바와 같이, 그에게는 '천지인' 모두가 정성을 다해 모셔야 하는 존재이다. 상호 존중과 공경을 통해 자연과 하나가 되는 것, 특히 먹는 것 자체가 한울이므로 미물 자체도 공경의 마음으로 대해야 한다는 것이다. 이후 한국에서 나타나는 생명 사상은 그의 영향을 많이 받은 것이다. 이것은 종교나 성리학의 주요 가치를 넘어 보편적인 가치로 승화시킬 수 있는 부분이다.

—함석헌의 철학과 현실 투쟁

6

함석헌은 평안북도 용천 출신으로, 사상가이자, 민권운동가 겸 문필가로 재야에서 독재 정부에 맞서 싸우며 자신의 철학을 정립했다. 그는 '폭력과 권위에 대한 저항' 을 평생 일관되게 추구하며 저항의 사상과 신념을 가지고 있었으며, 이를 중심으로 항일운동, 반독재 운동에 앞장섰다. 그는 평양고등보통학교에 진학하면서 1919년 3·1 운동에 적극 가담했고, 이후 오산학교에서 안창호, 이승훈, 조만식으로부터 민족주의 교육을 받으며 큰 영향을 받았다. 이후 일본 도쿄 고등사범학교(현재 츠쿠바대학교)에서 우치무라 간조(內村鑑三)의 문하에서 기독교를 공부(성서연구회)하면서 무교회주의의 영향을 크게 받았다. 그는 모든 강압적인 제도에 저항했다. 심지어 교리 교회에도 저항하여 무교회주의를 따랐다. 그것을 그는 '의(義)' 라는 개념으로 설명했다. 1928년 귀국

6 함석헌 초상

후, 함석헌은 오산학교에서 잠시 근무하다가 1942년 '성서조선' 사건으로 교도소에 복역했고 해방 후, 성서 강해를 지속해 왔다. 그는 1942년 '성서조선' 사건으로 일제에 체포되어 서대문경찰서에서 복역했다. 그는 1947년 3월 월남하여 YMCA에서 성서 강해를 계속했다.[8)]

그는 1956년부터 '사상계'의 주필로서 사회비판을 본격적으로 시작했다. 자유당 정권에서는 '생각하는 백성이라야 산다' 등의 글들을 기고하면서 저항했으며, 군부독재를 비판하는 각종 글을 기고함으로써 군사정권에 저항했다. 함석헌은 이 시기 '사상계' 발행인 장준하와 함께 시국강연회를 개최했다. 그는 명동사건, YWCA 위장결혼식 사건으로 여러 차례 고초를 당했다. 사상계가 강제 폐간되고 난 이후, 함석헌은 1970년 『씨알의 소리』를 창간했고, 민중운동을 전개하면서 반독재민주화운동과 민중 계몽운동에 힘을 기울였다. 함석헌의 '씨알 사상'은 일반 시민들(씨알) 이 독자적으로 자신의 주체성을 자각하라는 계몽적 의미를 지니고 있다. 또한 '씨알'은 '씨앗'과 '알'을 의미하며, 생명의 시작과 끝을 의미하기도 한다. 주요 저서로는 『성서적 입장에서 본 조선역사』(1948), 『인간혁명』(1961), 『역사와 민족』(1964), 『뜻으로 본 한국역사』(1967), 『통일의 길』(1984) 등이 있다.

—함석헌의 씨알 사상

함석헌의 사상은 '씨알 사상'으로 대표된다. '씨알'은 자신의 본성을 갖는 민중 계급으로 수렴되는데, 씨알 자체가 평등성을 상징한다. 씨알은 생명의 동일성이 차별적 다양성(多)을 지니고 본성상 무한한 개방성을 갖는다. 민중을 포함한 만유의 소통적 평등성을 자각하게 하는 것이다. '개체는 전체를 그 속에 내포하고 있는 완결된 자기원인적 실체라기보다는, 정확히 말해서 전체와의 관계성 속에서 그 개체성을 얻는다.'[9)]는 것이다.

8) 성서조선사건: 1942년에는 조선에 돌아와서 계속 발행했던 종교지 『성서조선』지(誌)가 일본의 탄압으로 폐간되는 사건이 일어났다. 1942년 3월호에 실린 글을 문제삼아 발행인과 독자들 수십 명이 체포되어 투옥된 사건이다.

9) 김경재, 함석헌의 씨알 사상 연구, 신학연구 11월호, 1989, p88

씨알은 종교적 특성을 상징하기도 한다. 종교적 영감을 가지고 영원무한자의 초월적 신성과 생명 활동을 동경한다. 그는 아래로는 생명의 조각이면서 동시에 물질적 유한성이라는 한계를 가진 씨알을 사유했다. 함석헌은 20대에 베르그송과 샤르댕을 접목했고, 그의 생명철학은 성서 신학적 관념과 동양 철학적 관념을 결합시켜 독특한 한국적 사상의 틀을 형성했다. 그가 주장하는 천도(天道)와 인도(人道)의 전체성은 수직과 수평이 교차하는 '십자 구조' 를 갖는다. 십자 중심에 영원자를 향한 본질적인 수직적 사랑과 죄스러운 인간에 대한 현상적인 수평적 사랑이 있다. 그의 사상의 십자구조는 종교적 초월성(수직성)과 내재적 생명성, 서민적 평등성(수평성)을 갖는다. '나' 는 그 교차점에서 사유와 실천의 모순을 변증법적으로 종합해 내어야 한다. 이른바 '씨알의 변증법' 을 창조한 것이다.

씨알의 인간상은 '바닥 사람' 을 내세우고 있다. 함석헌은 장재의 '태극도설' 개념으로부터 영향을 받았기 때문에, 그의 사상은 마음의 '내적 수렴운동' 으로 정의내릴 수 있을 것이다. 그것은 나의 본질을 자각하는 운동으로 민중성과 생명성의 바닥으로 내려가 참 자아를 인식하고 그것을 실현하는 것이다. 이것은 만유의 생명이 발현되고 자기 표출이 진행되는 것으로 바라본 최시형의 동학 개념으로부터 영향을 받은 것으로 볼 수 있다. 그것은 체제에 억압당하고 고통받는 현실에 저항하여 자유를 쟁취해야 하는 조건이 된다.

'사람은 과학의 대상도 되지만, 보다 더 철학의 대상, 종교의 대상입니다. 그것은 맛봄의 세계 감동, 감응(感應)의 세계입니다. 감동, 감응이란 뵈지 않는 전체에 하나됨입니다.' 10) 라고 함석헌이 언급한 바와 같이, 그는 사람을 '창조적 비약의 자연' 으로 보았다.

10) 함석헌, 생활철학, 전집 12, p239

함석헌은 베르그송의 『창조적 진화』에서 나오는 개념으로부터 많은 영향을 받아 우주를 역사적 진화의 관점에서 바라보고 정신적 생명 원리가 계속되는 가운데 때때로 '비약(飛躍)' 하여 자유를 실현하는 개방적 발전사로 해석했다. 생명은 '자기 초월' 의 추진력과 미래를 형성해 나가는 창조력이 있다고 본 것이다. 씨알은 그러한 평등성 가운데 자기 비약의 가능성이 존재하는 혁명적인 특성이 녹아들어 있다고 보았다. 이규성은 '혁명은 우리의 바닥에서 만나게 되는 내적 생명의 시간적 전진과 공간적 개방의 충동을 표현하는 행동이다.' [11] 라고 규정한다. 정신의 자유는 우주 전체로 확장되어 우주의 존재 의미를 묻는다. 이를 위해 저항성과 개방성을 통해 씨알은 우주적인 소망과 비전을 간직하고 폐쇄적인 사회도덕을 돌파하고자 했다. 그것은 일종의 목적론적 성격을 가진 윤리적 형이상학에 가깝다. 그는 개체의 진정한 자유와 개체성은 고립되어 있지 않고 독립성이 중심이 되면서 동시에 우주적 연대를 통해 저항하고 도약할 때 가능하게 된다고 본다. '하나됨' 의 철학을 주장하는 것이다.

함석헌은 표면적으로는 기독교 신자이다. 그러나 그는 인도 사상과 동북아 사상을 관통하는 기(氣)의 사상과 생명 사상을 접목하여 융합시키면서, 서양의 하느님 개념까지도 한국적 방식으로 새롭게 재해석하고자 했다. 그래서 기독 교단에서는 그를 이단으로 여겼다. 김영호는 함석헌이 '국가주의의 극복' (초국가주의), 세계주의, 전체주의, 한(사상, 철학) 같은 주요 주제들이 다양한 글 속에서 변주곡처럼 반복되고 있다고 언급하고 있다.[12] 그는 심학은 심지본체(心之本體)를 깨닮는 것으로부터 자기변형의 완성을 이루는 마음의 기술로 보았고 '반성은 심연과 같은 무를 이기고 실현되는 영원자의 창조적 생명에 근거하려는 내면화의 운동이다.' [13] 라고 주장한다.

11) 이규성, 한국현대철학사론, 세계상실과 자유의 이념, 이화여대 출판부,2012, p492
12) 함석헌 편집위원회, 씨알의 소리 함석헌 선집1, 한길, 2016, p641
13) 이규성, 앞의 책

또 *'절대로 기가 죽어서는 아니 된다. 기가 생명이다. 혁명전야는 언제나 그런 법이다. 이것은 우리로 하여금 낡은 것에 대한 집착을 완전히 버리고 새로운 창조에 대한 신념을 가지게 하기 위하여 있는, 역사의 몰아치는 채찍이다.'*[14] 라며 기의 변화와 운동을 중시한다.

*'어두운 밤 고요한데 파도는 구만리로 치솟는다. 우주적 심정은 우주적 기상(浩然之氣)가 되고, 이 기상은 영원자와의 합일에서 오는 기쁨과 절대 자유를 획득하는 주체적 근거가 된다.'*라고 언급했듯이[15] 그는 자연과 역사의 진화는 퇴화의 힘에 의해 원환을 그리면서도 상향 진화하는 변증법적 역사관을 가지고 있다. 함석헌은 자신의 사상을 세 가지로 요약한다. 첫째, 생명은 적응이다. 둘째, 생명은 대듬(거부)이다. 셋째, 생명은 지어냄이다. 생명의 대드는 본성(바탈, 성) 뒤에는 끊임없이 새것을 지어내려는 줄기찬 힘이 움직이고 있다. 생명은 자람이요, 피어남이요, 낳음이요, 만듦이요, 지어냄이요, 이루잠이다. 생명 의지는 영원히 된 것(완성)이면서 영원히 되자는, 또 되고 있는 것(미완성)이다. 생명은 창조적 진화 과정이다. 투쟁의 방법은 비폭력이다.

함석헌은 자연사는 잠자는 의식(무의식)이 깨어나게 하는 과정으로, 생명의 자기실현의 역사는 신의 실재적 계시이며, 시간적 세계는 신의 자유로운 창조과정으로 보았다. '씨알은 창조적 확산의 원리이다. 생의 기(機), 곧 vital한 것은 인간의 내면화에 의한 자유의 완성이라는 방향으로 끊임없이 진화하고 때로 비약하며 창조한다' 라고 함석헌은 생각했다. 자기의식은 투쟁과 승인이라는 억압을 벗어나 우주적 전체성과 결합하는 것이다. 천인합일, 범아일여의 정신과 같이 부분과 전체, 전체가 부분과 연결되어 있다는 의미이다. '나' 는 '나' 의 주인임을 자각하고, 자유의 윤리로서 우주로 확장된다. 함석헌의 나는 정치적 자주성과 우주적 인간성

14) 함석헌 편집위원회, 들사람 얼 함석헌 선집2, 한길, 2016, p286
15) 이규성, 앞의 책, 2012, p51

(씨알)에 대해 자각적으로 사유하는 주체이다. 여기에는 전일자(하나이자 모든 것)라는 개방적 전체성을 배경으로 갖고 있다. 그는 씨알 민주주의가 우주사의 전망과 사명을 지닌다고 보았다.

'함석헌의 종교언어는 표면적으로는 기독교적인 것으로 출발하고 있지만, 그의 종교, 윤리, 이성, 과학, 언어는 궁극적으로 하늘의 뜻의 다양한 국면일 뿐, 특정 종교에 얽매이지는 않는다. 기독교가 진리를 전유할 수 없는 까닭은 '하나님의 입'을 전유할 수 없기 때문이다. "한 소리는 만인의 종교"이고, 이 같은 소리, 이 같은 진리가 기독교에서는 기독교식으로 나타났을 뿐이라는 것이다.' 16) 그만큼 함석헌은 인도 사상과 동북아 사상을 관통하고 있는 기의 사상을 중심으로 베르그송과 샤르댕의 생명 사상과 헤겔의 변증법적 특성을 적용해 기독교를 재해석함으로써 하나의

7

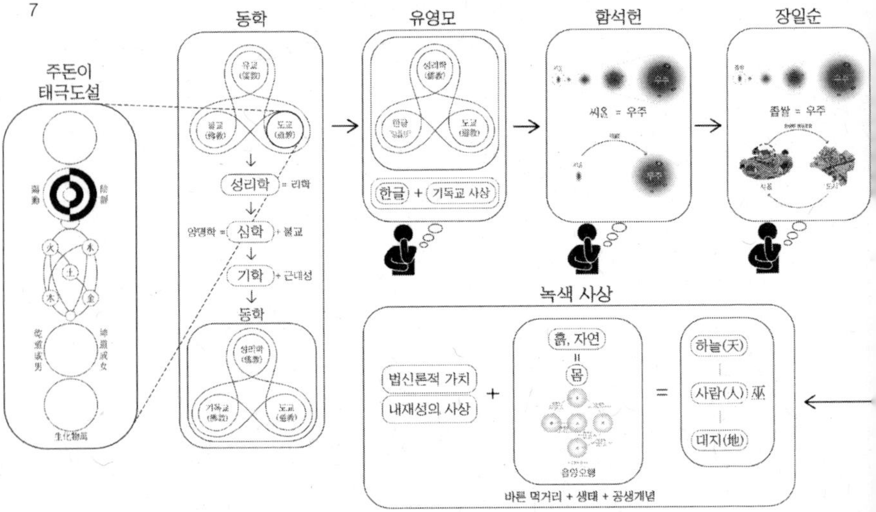

16) 정대현, 한국현대철학, 그 주제적 지형도, 이화여대출판문화원, 2016, p62

7 한국 기일원론의 계보

거대한 한국적 생명 사상 체계를 종합했다.

—장일순의 좁쌀 철학

8

장일순은 대한민국의 시민운동가, 사회운동가, 서화가, 교육가로, 1960~1970년대 강원도 원주 지역 협동조합 운동을 주도했고, 1970년대 후반 이후 지역 중심의 '생명 운동'을 제창했다. 그는 생명(존중) 사상을 기반으로 생명 운동을 뿌리내리게 한 철학자이다. 그는 1940년 원주에서 소학교 졸업 후 서울에서 공부하며 1945년 경성공업전문학교에 입학했다. 그러나 해방 후, 국립대학 설립 반대 운동을 하며 제적되었다. 이후, 1954년 대성 중고등학교를 설립하여 이사장을 역임했고 1960년대 중반, 원주 신용협동조합을 설립하여 최초로 이사장 직을 수행했다. 1980년대에는 농산물 도농 직거래 조직인 한살림' 창립에 참여했다.

장일순은 60년대 몇 차례 선거에 나가 낙선했고, 5.16 군사 정변을 기점으로 중립화 평화통일론을 주장하며 수감되었으나, 이후 지학순 주교와 함께 원주 지역에서 협동조합을 설립하고 1980년대 생명 운동 확산에 주도적인 역할을 수행했다. 이러한 그의 행보는 그의 사상과 실천이 일치하는 것이었다. 그가 주로 원주에서 활동한 바와 같이, 그는 지역을 중심으로 반독재 민주화 운동을 병행했는데, 그는 생명들 사이에서 협동과 공생을 중시했고 이러한 생각을 실천하기 위해 지역 협동조합운동을 통해 연대했다. 그는 시국의 현안에 따라 천주교 사제들과 신도들이 시국기도회를 개최하며 독재 정부에 저항했다. 특히, 1974년 지학순, 김지하의 석방 운동을 주도하며, 엄혹한 시절 반유신 운동 등의 민주화 운동을 전개했다.

8 장일순 초상

1970년대 후반부터 그는 생명 운동(사상)의 가치와 중요성을 강조하기 시작했다. 그는 생명 운동 사상을 실천하는 방법론으로 '생활협동조합운동'을 추진했고, 1983년 협동조합 '한살림'이 창립되어 사업이 본격화되었다. 결국 그는 1985년 6월 24일 전국 최초로 원주 소비자협동조합 설립을 주도했고, 1989년 '한살림 모임'과 '한살림선언'의 창립과 활동을 기획했다. 그의 활동은 1990년대 지방자치 활성화와 자립화에 많은 영향을 끼쳤고, 시민운동단체와 생명 운동에 지대한 영향을 끼쳤다. 이후 '참여와 자치를 위한 시민연대회의' 고문직을 맡기도 했다.

—장일순의 학문과 저술, 사상과 작품

장일순은 동학사상과 노장철학으로부터 많은 영향을 받았다. 장일순은 노자에 해박하여 자신의 생명 사상의 입장에서 재해석하여 『도덕경』 해설서를 출판했다. 또 자신한 자세로 생명 사상에 대한 강연, 대담집인 『나락 한 알 속의 우주』를 출판했다. 그는 동북아 사상의 역사에 있어서 노장사상에 심취하여 동북아 세계관, 특히 음양오행이 중심이 되는 세계관에 자신의 사상의 근원을 두었다. 그의 삶은 마치 죽림칠현과 같이 자연에 은거하며 소요하는 학자의 모습을 연상케 한다. 이에 걸맞게 그는 서예 및 그림에도 조예가 깊어 난을 즐겨 그렸고, 난에 사람의 얼굴을 담는 그림을 즐겨 그렸다. 그는 서화에 재능이 탁월하여 많은 수의 서화를 남겼다. 난초를 그린 서화의 수가 많고 특히, 민초들의 삶에 대한 연민으로부터 시작된 그림은 좁쌀 한 알을 난에 새기면서 그 안에 사람의 얼굴을 그리는 '얼굴 난초' 작품 연작이 유명하다. 또 그는 한겨레 신문의 제목의 글씨를 쓴 사람으로도 잘 알려져 있다.

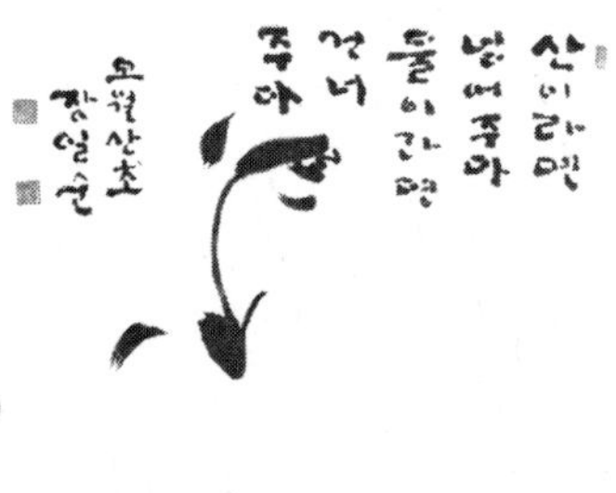

9

9 장일순의 서화 작품

장일순은 도덕적인 품위의 정체성을 유지하고 도덕적인 순수성을 지키고자 노력했다. 세상의 척도보다는 기독교적인 가치에 맞추어 정의와 청빈한 삶을 추구했다. 이를 실천하기 위해 그는 대성학원을 설립하고 '참 되자' 를 학교의 교훈으로 설정하여 참의 가치관을 가르쳤다. 이는 성리학에서 도교의 동북아 세계관과 유교의 엄격한 선비정신이 결합된 가치관을 중심으로 하고 기독교적 세계관을 재해석한 것이다. 그는 수도승과 같은 특성으로 진실되고 엄격한 자세로 온전하고 고결한 가치를 유지하고자 하는 의지를 드러냈다.

그의 사상에는 고등종교 혹은 민족종교의 교리들과 일맥상통하는 공통점이 있는데, 그것은 마치 '범재신론' 과 같이 세상 만물 안에 하느님, 부처, 한울이 존재한다는 것이다. 우주 만물인 천, 지, 인과 세계의 각 개체, 혹은 하찮은 미물까지도 이러한 특성이 존재한다는 것이다. 따라서 모든 생명을 경외하고 동등하게 대해야 한다고 생각한다.

그는 '좁쌀 한 알' 조차에도 우주가 존재한다고 생각했기 때문에 모든 생명을 아우르는 생명의 철학을 전파했고, 이에 대한 실천을 위해 '생명 농업' 과 '공생' 을 주창하여 자연의 방식으로 농사를 짓고 착한 소비를 하는 '한살림 운동' 을 전개했다. 그것은 모든 생명을 아우르는 생명 운동의 사상으로, 좁쌀 한 알속에도 그 속에 우주가 다 들어 있다는 의미이다. 이런 사유는 전체와 개체가 동일하다는 일즉다 다즉일(一卽多, 多卽一)의 화엄불교의 세계관과 일치하고, 비천한 사람이라도 천하와 맞먹는다는 '맹자의 정의론' 을 떠올리게 만든다. 그뿐만 아니라 그 안에는 자연의 순리를 강조한 노장사상이 담겨있다. 앞서 유영모의 사상에서 언급한 바와 같이, 그는 다석 유영모의 사상의 연장선상에서 사유를 발전시키고 이를 실천했다. 앞서 살펴보았듯이 다석은 노장사상의 음양오행의 세계관과 유학에서의 엄격한 선비정신 그리고 동학사상의 시천주(侍天主) 사상으로부터 영향을 받아 그 사상들을 기반으로 기독교 사상을 재해석했고 장일순의 사상 역시 연장선상에서 천인합일의 생명을 중시하는 사상을 전개했다.

자본주의는 인간을 도구화하여 자본의 속성에 따라 착취하고자 하는 경향이 강하며, 산업화하면서 자본의 이익을 위해 환경을 고려하지 않고 생명을 경시하고 오염시키는데 무감각한 경향을 보인다고 그는 비판했다. 또 공산주의 역시 인간해방이 아니라 인간을 새로운 차원으로 '재노예화' 한다고 비판했다. 그는 공산주의가 권력을 당과 관료에 집중시켜 새로운 지배계급을 만들었다고 주장한다.

'장일순의 사상은 유불도, 기독교, 노장사상, 마르크시즘, 간디즘, 해월 사상(동학)까지 통찰하여 생명 사상으로 풀어냈다. 김지하는 장일순의 사상을 다음의 세 가지의 특성으로 요약했다. 첫째, 모심과 섬김사상(동학 시천주 영향)이며, 둘째, 평화사상(비폭력, 낮춤)이며, 셋째, 무위사상이 그것이다.'[17] 이와 같이 장일순은 자본주의와 공산주의의 폐해와 단점을 극복하기 위해 모든 사람이 존중받으며 공동체를 이루면서 생명 사랑을 실천할 수 있는 '한살림 모임'의 원주 소비자협동조합을 설립했다. 당시는 소비자 협동조합과 사회적 기업, 풀뿌리 민주주의, 지방 분권의 다원주의적 개념이 없던 시절이었다. 당시의 기준으로 생각했을 때, 장일순은 선도적으로 오늘날 풀뿌리 민주주의의 보톰업(bottom-up)의 가치를 실천하며 새로운 운동을 제시한 것이다. 또한 자연을 사랑하고 동등하게 대하고자 하는 태도는 시대를 앞서간 것이며, 오늘날에도 여전히 통용될 수 있는 가치이다.

17) 김소남, 해방이후 함석헌의 생명사상-장일순과의 비교를 중심으로, 인문과학연구 제25집, 2017, p22

장일순의 한살림 선언은 총 5개의 장으로 구성되어 있는데, 인류의 위기를 진단하고 해법을 위한 철학을 제시했다. 장일순은 현대사회의 병폐가 나타나는 원인을 기술적 산업주의가 만들어 내는 기계론적 사고체계로 보고 이를 비판하고 이후, 우주의 생명 원리와 창조적 진화를 이야기하여 '인간 안에 모셔진 우주 생명'에 대해서 언급한다. 이 선언은 생명사상을 실제 실천하는 '한살림' 협동조합 운동에 대해서 언급하는 것으로 마무리된다. 장일순은 자연의 파괴와 핵, 공해 등 자본사회와 공산주의 사회의 폐해를 모두 비판한다. 그의 사상은 유불도의 성리학과 동학, 그리고 기독교 정신인 서학이 동시에 만나 이들 가운데 공통 분모를 가지고 있다. 그러기에 거기에는 동양 서양의 종교와 불교, 노장사상을 넘나드는 사상들의 내용이 망라되어 있다. 장일순은 생명 사상을 중심으로 근대적인 상호 대립과 혁명적 변혁이 아니라 보듬어 살려내는 은근한 혁명을 추구하는 자신의 논리를 설파하고 그 논리를 중심으로 실제 적용하고 실천하는 것까지 다채로운 사상들이 넘나듬을 보여준다.

"우리에게 말씀하시는 예수님의 가르침은 무한한 감동을 줍니다. 하늘을 나는 새, 들에 핀 백합화도 먹이고 입힌다는 말씀인데 하느님은 날짐승 하나, 풀 한 포기도 빠뜨림 없이 섬기신다는 뜻이요, 먹이와 입는 것이 되어주신다는 뜻이요, 풀 한 포기 새 하나에도 하느님께서 함께하신다는 뜻입니다. 또한 오늘의 수고는 오늘로서 그치고 내일 걱정을 말라는 것은, 상대적인 시간에 매여서 살지 말고 절대적인 시간인 영원하신 하느님의 생명에 동참하라는 엄숙한 명령이십니다."[18]

납작 엎드려 밑으로 기고 있는 상황을 한자로 쓰면 '모실 시(侍)'가 되는데 그것은 세상의 모든 사람들과 특히 아이까지도 동일하게 정성스럽게 모시라고 하는 동학의 시천주(侍天主)의 의미를 차용한 것으로 볼 수 있

18) 장일순, 나락 한 알 속의 우주, 녹색평론사, 2016, p18

다. 모든 만물, 모든 생명이 있는 만물을 사랑하고 정성으로 경외하며 돌보고 대하는 것이 신을 대하는 것이고 곧 나를 잘 대하는 것이라고 할 수 있다.

—박동환, 보톰업의 '풀뿌리' 사상

4권에서 살펴보았듯이, 일제 강점기에 경성제대의 철학과에서 수학하던 한국 근대 철학자들에게 '철학' 이라는 것은 서양의 앞선 기술과 정신계의 특성을 온전하게 모방하여 빠르게 받아들여야 하는 학문의 '정수' 로서 받아들여졌다. 이들에게 유, 불, 도의 사상은 애써 무시되는 상황이었다. 박종홍, 이규호, 김형효 등 한국 철학 1세대들은 일제 강점기와 해방 이후, 학문적 다양성이 배제된 상태에서 서양철학이라는 근대적 세계관이 무비판적으로 이식되었기 때문에 독자적인 '주체성' 이 결여된 상태로 철학을 했다고 볼 수 있다. 조국 근대화를 최고의 계몽적 가치체계로 삼은 박정희 정권 통치하에서 한국 현대철학자들은 민족의 관념을 이용하여 유학과 천인합일 사상을 재해석했다. 그들의 조선 성리학의 재해석은 일정 정도 성과를 성취했다고 볼 수 있다. 정권의 목적과 이데올로기의 도구로써 사용되는데 적합한 정도에 한해서 말이다. 이들의 민족 중심의 사상은 '근대 시민' 으로서 개인의 생각의 자유를 강조하는 측면을 민족의 관념으로 억제하여 전체주의화 시키고, 일상의 불만은 '가족의 조화' 라는 개념으로 유연하게 '내부화' 할 수 있는 방법론으로 사용되었다. 유교는 박정희 정권에서 그러한 방법론으로 도구적으로 이용된 측면이 있었다.

박동환은 미국에서 철학을 공부했고, 철학의 근본적인 특성을 연구하고 강조했다. 그는 역사적으로 한국 사상사에서는 당시의 외부 사상을 선도적으로 수입하여 전파만 했을 뿐이지, 주체적으로 극복하고 새로운 사상을 내놓은 것에는 한계가 있었음을 지적한다. 그의 관점에서 보았을 때, 삼국시대로부터 고려시대까지는 당 제국의 화엄종, 천태종, 선종이 들어와 지성계를 지배하면서 불교계의 주요 담론과 사회적 분위기를 주도했다고 보았다. 조선 시대에는 송 제국의 주자학(성리학)이 도그마를 완벽하게 장악하여 600여년의 역사를 좌지우지했다고 생각했다. 고려 시대에는 불교 이데올로기가, 조선 시대에는 강력한 유교 이데올로기가 한국 정치, 사회, 경제, 문화 전반을 지배했다고 본 것이다. 근대로부터 일제 강점기를 거쳐, 70년대까지는 독일 관념론이 지배적이었다고 보았다. 즉 한국의 지식인들은 주체적인 철학을 수행한 것이 아니라 선진 사상을 배워온 '지식보따리상'이 선진 사상의 콘텐츠를 전파한 것에 불과했다는 입장인 것이다. 이후, 1980년대에 마르크스의 정치경제 철학이 학생운동권을 중심으로 연구되고 실천되었다. 이러한 사상들은 기득권보다는 변화를 갈망하는 주변부 계층의 요구에 의해 받아들여진 것이었다. 1990년대에는 정치, 사회, 경제적으로 민주화되고 사회의 경제성장이 고도화되면서 모순들의 많은 부분들이 극복되자, 마르크스 사상을 중시하던 일부 운동권 세력이 프랑스 진보적 철학을 통해 돌파구를 열고자 했다. 그들은 억압되고 소외되고, 배제된 개체의 개성을 폭발적으로 드러내고 존중하는 사회적 분위기를 만들고자 사회운동의 해방구로서 프랑스 철학을 받아들였다. 한국 역사에서 사상을 언급했던 지식인들은 주로 외국으로부터 선진 사상을 배워와서 전파하는 인물들이 대부분이었다. 향후 한국은 모방자, 관망자, 혹은 지식보따리상의 역할에서 벗어나 주체적인 사상의 지평을 열 새로운 사상이 절실히 필요하다.

그러나 한국 철학의 장점이자 독특한 특성은 특유의 '적용성' 혹은 '변용성'이다. 한국의 입장에서 서양철학이나 동북아 철학 자체도 모두가 외부에서 온 철학이었으므로, 상황에 따라 우리의 방식대로 잘 적용하여 바꾸어 나간 역사를 보여왔다. 반대로 생각하면, 우리의 철학은 시기와 상황에 따라 그때 그때 유연하게 변신, 변화하는데 능통한 역사를 지니고 있다고 볼 수도 있을 것이다. 그것이 어떻게 보면 반도의 특성이자 한국의 장점이라고 볼 수 있을 것이다. 원형을 정초한다기보다는 시류에 따라 민감하게 시대적 핵심 사상을 잘 받아들이고 우리의 현실에 맞게 '변용' 했다고 할 수 있다.

그럼에도 불구하고, 단군 이래, 천인합일의 정신과 함께 변화하지 않는 정신은 하늘과 땅과 연결하여 자연의 기의 흐름과 동화되고자 하는 생명 사상이며, 그 중심에 면면히 흘러오고 있음을 알 수 있다. 서양의 사고는 보편적인 지성으로 세계와 개체를 논리적 차원에서 숙고하고 설명할 수 있음을 중시한다. 박동환은 세계와 연결된 생명으로서의 '개체' 를 사유해 온 한국 사상의 역사에 대해서 강조한다. 각 개체인 소라들이 자신에 맞는 자신의 외적 변수에 대응하여 세계에 적합한 소라껍데기를 갖는 것과 같이 외적 변수에 적합한 생명의 사유체계를 주장하는 것이다.

전체와 다수의 결정에 따르게 하는 것은 상당 부분 폭력성을 내포하고 있다. 개체의 자유와 독립성을 희생시키고자 하기 때문이다. 이러한 방식은 대부분 탑 다운(Top-down)의 방식이라고 할 수 있을 것이다. 그러나 오늘날 후기구조주의의 특성과 유사하게 동시대성은 전체적인 특성에서부터 벗어나 개인의 자유를 중시하는데, 특히, 억압받고 소외되고 배제되고 망각되어 있는 개체의 욕망과 무의식적인 특성들을 온전하게 드러낼 수 있는 보톰업(bottom-up)의 방식을 중시한다. 들뢰즈 철학에서 다수와 소수라는 것은 양적 개념이지만, 소수자와 다수자는 질적 개념에서 큰 차이를 보인다. 예를 들어, 유럽 왕족이나 귀족은 양적으로는 소수이지만, 전체 시민들을 다스리는 질적 차원으로 보았을 때에는 다수인 것이다. 다중의 연대의 철학에서는 개체의 연대가 큰 힘이 되고 소수자가 되어 삶의 주인의식을 갖게 되면 사회를 바꿀 수 있는 생성의 힘을 갖게 되는 것으로 생각한다. 자신이 주변에 있다고 생각하지 말고, 그곳이 중심이라고 생각하고 경쟁력을 키워 하나의 중심이 되어야 한다는 것이다. 주변에서 새로운 중심이 되고자 하는 결심을 하고 실천함으로써 새로운 중심이 될 수 있고 각각의 개체들이 연대하면 새로운 지형이 생성될 수 있다. 자기가 있는 바로 그곳이 새로운 중심이 될 수 있다는 생각의 전환이 필요하다. 임제(臨濟) 선사의 '수처작주, 입처개진(隨處作主 立處皆眞)' 19)의 의미가 이와 유사하다.

앞서 언급했듯이, 한국 지성사의 대표적인 인물들은 대부분 지식 전파상의 역할을 수행해 왔다. 이제 우리는 동, 서양 사상 어느곳에도 치우치지 않고 동시대적 외적 변수를 모두 수용하고 보편적으로 통용될 수 있는 새로운 사상을 사유하고 전파하여 '새로운 중심을' 형성시킬 수 있어야 한다. 원효와 같은 인물이 이러한 특성을 보이면서 당시 독립적인 사상의 지형을 형성할 수 있었다. 한국적 사상을 힘이 있게 사유하여 경쟁력 있는 '새로운 중심'이 된다면 그것은 한국의 사상을 넘어 세계적인 사상이 될 수 있을 것이다. 박동환은 한국적 철학이 동서양 어느 곳에도 치우치지 않고 장점을 취하여 새로운 가능성이 될 수 있음을 보여주었다. 그는 주변이 중심이 되는 논리를 계발하는데 중요한 단서를 제공했다. 종교, 자본에 있어서도 계속해서 폐해가 존재할 수 있지만, 소수자인 타인을 배려하고 새로운 중심이 될 수 있는 철학을 계속해서 발전시켜야 할 것이다. 이처럼 박동환은 소수자 그룹의 연대와 새로운 중심을 위한 실천이 세상을

19) 선종 임제선사의 언급으로, '가는 곳마다 주체가 되라, 지금 서 있는 곳이 모두 진리이다'라는 의미

바꿀 수 있다고 보았다.

—소결

앞서 4권에서 살펴본 바와 같이, 아카데미의 상아탑에서 정식으로 철학을 공부한 한국 철학 1세대의 상징적인 인물들은 신남철, 박치우, 박종홍이다. 이들의 행보와 운명은 20세기 세계사의 모든 사상의 이데올로기 문제들이 집약된 한국 근대사의 비극만큼이나 상징적인 행보와 결말을 보였다. 특히, 박종홍은 유, 불, 도가 종합된 성리학을 공부하고 한국사상을 헤겔의 사상과 결합시켜, 화엄 사상과 같은 방식으로 민족주의 국가 이데올로기로 도구화하여 사용했다. 또 다른 흐름으로 도교의 음양오행과 천인합일의 특성, 그리고 유학의 기일원론의 특성이 결합되어 나타난 양명학과 기학의 흐름이 있었다. 이후 이러한 기일원론의 특성에 천주교와 근대적 평등 정신까지 결합시킨 동학이 생성되었고, 동학으로부터 영향을 받은 재야 세력의 사상과 실천적 운동이 이어졌다. 이들의 사상은 한국적 방식으로 서학(천주교)의 근대성을 재해석하여 생명 사상과 연결시킨 흐름이었다. 유영모, 함석헌, 장일순은 이러한 방식으로 기일원론의 특성이 가미된 생명 사상을 중심으로 각자의 방식으로 사상을 실천하며 권위적인 독재 체제에 저항하고 생명 활동을 전개했다. 그들은 보수적 기득권에 안주하지 않고 끊임없이 저항하며 평등한 생명 사상을 통해 세계, 혹은 각 개체 속의 신의 속성을 발견하며 성심을 다해 모시는 것, 그것이 각 생명을 평등하게 잘 섬기는 것이며, 자연, 세계, 그리고 각 개체를 사랑하고 존중하는 방식이라고 주장하고, 이를 발전시키고 실천해 나갔다. 이러한 방향성은 기존의 서구의 사상의 폐해를 극복할 수 있는 실천적 대안이 될 수 있을 것이다.

이제, 근대에 서양의 이성의 폐해를 겪은 이후, 반성으로부터 나온 서양의 사유들의 계보를 파악하고 이후 이에 공명한 한국의 사상의 흐름과 한국 현대건축의 적용 양상에 대해서 살펴보기로 하자.

근대사상의 폐해 극복을 위한 사상과 움직임

4권에서 살펴본 바와 같이, 데카르트 이후 근대사상은 자연을 기계적인 방식으로 이해하고 분석하고 재단하는 이성의 방법론을 정교화했다. 신의 자리에 근대 이성의 주체를 위치시키고 세계와 객체(인간 포함)를 자신의 잣대로 분석하고 평가했다. 그 과정에서 의도치 않은 폭력성이 발생하게 되었고, 정, 반, 합의 변증법적인 과정에서 개체의 개성과 자유를 희생하여 목적론적인 '수단'으로 몰아가려고 하는 '동일성'의 폐해들이 나타나기 시작했다. 근대의 과학기술과 산업혁명은 인류에게 눈부신 발전과 편리함을 가져다주었지만, 그로 인해 발생하는 제국주의, 1, 2차 세계대전, 유태인 대학살 등의 극심한 폐해를 경험하게 만들었다. 현상학 이후, 구조주의, 후기구조주의 계열의 다양한 사유체계는 상당 부분 이러한 눈부신 발전의 이면에 나타나는 폐해를 반성하고 보완, 극복하고자 하는 움직임의 일환으로 나왔다고 해도 과언이 아니다. 이제, 한국 현대사상에 영향을 주었던 20세기 주요 사상사의 흐름을 살펴보면서 한국 사상사에 어떠한 영향을 주었는지에 대해서 살펴보기로 하자.

0504 근대사상의 도입과 민족주의의 접목과 변용

4권에서 살펴보았던 바와 같이, 유럽 대륙의 합리론 계열의 근대적 사고는 데카르트로부터 시작되었다. 데카르트의 '나는 생각한다. 고로 존재한다.'라는 철학적인 문장은 신으로부터 독립하여 이성적으로 사고하는 인간중심의 사고가 발생했음을 의미한다. 그것은 신의 자리에 인간이라는 주체를 위치시키고 객체를 대상화하여 이성적으로 판단하는 것이다.

다른 것은 다 의심한다고 해도 생각하고 있는 이 순간, '내가 생각하고 있다' 라는 그 생각 자체를 의심할 수는 없을 것이다. 주체가 신과 같은 방식으로 이성을 이용하여 객체를 진공과 같은 고요한 상태에서 판단하는 것, 그것이 근대 사유의 출발점이었다.

그러나 영국의 경험론적인 흐름에서 흄은 근대적 주체를 '해체' 하게 된다. 즉, 흄은 주체라고 생각하는 것 자체가 이전에 경험했던(선험의) '지각의 다발' 이 결합되어 만들어 내는 것에 불과하다는 파격적인 주장을 펼쳤다. 내가 독립적으로 생각하여 판단한다고 믿었던 '주체' 가 단순히 이전에 경험하며 만들어 낸 인상들의 복합체(인상의 다발)에 불과하다는 주장은 인류에게 충격을 주기에 충분했다. 이를 통해 데카르트의 근대적 주체는 해체되며 위기가 발생했다. 중세에 모든 것을 신의 판단에 의해 세계를 이해하고 진리를 이해하는 것에서 벗어나 드디어 인간은 새로운 '주체' 가 되어 진리에 다가갈 수 있다고 생각했는데, 그 믿음에 심각한 문제가 생긴 것이다. 이에 독일의 칸트는 주체가 외부의 '물 자체' 를 인식할 수는 없지만, 올바른 인식의 틀과 형식을 통해 온전하게 대상을 인식할 수 있는 체계를 만들 수 있다고 주장함으로써 '근대적 주체를 재건' 했다. 이후 자아(自我)와 비아(非我)를 구분하여 주체를 신적 지위에 위치시키는 피히테를 거쳐, 헤겔에 이르러서는 변증법적으로 주체와 세계(객체)가 통합되는 사상을 발전시켰다. 변증법은 정과 반이 투쟁을 거쳐 하나의 합(合)으로 몰아가는 과정을 계속해서 거치게 되면, 하나의 발전 방향성이 일방향으로 생성되고 그것이 발전하여 최종적으로 '절대정신' 으로 귀결된다고 강조한다. 이 과정에서 각 개체의 자유와 개별성은 절대정신의 실현이라는 큰 목적하에 정, 반의 대립에도 불구하고 합(合)으로 몰아가게 되어, 개체의 개별성과 개성, 및 자유를 상당 부분 희생시키는 '동일성' 의 폐해를 가져오게 되었다.

근본적으로, 어떤 동물이든 각각의 종에서 진화를 거치는 과정에는 필연적으로 여러 가지 유전자가 섞이고 새로 출현하고 경쟁하면서, 적자생존을 통해 진화하게 마련이다. 그런 측면에서 사실, '민족' 이라는 개념은 존재할 수 없다. 하나의 단일 민족은 더욱 그러하다. 단일 민족이라고 하더라도 인간은 근본적으로 '하이브리드' 일 수밖에 없다. 태고로부터 인간은 다양한 지역의 다양한 인종들과 교류하고 피를 나누며 섞여왔다. 따라서 '민족' 의 개념을 강조하는 것은 무언가 분류를 통해 유무형의 사적인 이득을 채우고자 하는 사특한 '권력에의 의지' 로부터 나오는 것일 가능성이 높다. 앞서 4권에서 언급한 대로 헤겔의 절대정신의 실현은 각 개체들의 자율성 및 자유, 개성을 희생시켜 합이라는 목적성에 이끌리도록 강요한다. 헤겔의 절대정신이라는 동일성으로 몰아가고자 하는 것, 또 민족주의 정신으로 강요하는 것, 등이 헤겔의 사유로부터 영향을 받은 것이다.

개체와 전체가 하나임을 강조하는 화엄 사상이 당 제국의 제국적 이데올로기를 만들어 전체주의로 몰아갔던 것과 같이, 또 일본 제국주의 시절, 대동아 공영사상을 주장하며 침탈했던 과정에서 화엄 사상이 핵심적인 역할을 했던 것과 같이, 그것은 개체의 자유와 개성을 희생하도록 강요하는 특성이 있었다. 마찬가지로 '너도 포함해서 우리와 함께 목적을 이루자!' 라고 강요하면서, 정, 반, 합의 과정을 통해 한쪽으로 몰아가려는 동일성의 방식은 필연적으로 개별적인 개성을 무시하고 동일화시키는 폭력적인 폐해가 내포되어 있다고 할 수 있다. 민족주의 역시 이러한 측면의 성향이 강할 수밖에 없다.

근대 시기에 민족을 강조하면서 무언가를 의도적으로 구분하고 특정 집단의 이익을 위해 이데올로기적으로 몰아가는 분위기를 만들면서 폐해를 만들었던 것에는 이러한 특성들이 내포되어 있었다. 앞서 4권에서 살펴보았던 한국 1세대 근대 철학자 3인의 엇갈린 행보와 비극적인 운명은 한국 현대사의 근대성의 영향이 어떻게 결과지어지게 했는지를 반성하게 만든다. 이후, 살펴보게 될 현상학, 구조주의, 포스트모더니즘, 해체주의, 후기구조주의 등의 사유의 흐름은 직, 간접적으로 이러한 근대적 주체의 폐해를 보완하고 극복하고자 하는 움직임으로 나타나는 것이었다.

0505 현상학 사유의 한국적 적용

현상학은 이성의 폐해에 거의 직접적인 반동적 사유의 움직임이 철학적으로 체계화된 것이다. 데카르트의 사유 방식은 주체가 마치 신의 입장에서서 진공과 같은 고요한 공간에서 객체를 조용히 관찰하는 느낌이다. 거기에는 주체에 따라 함부로 판단할 수 있는 폭력성과 잘못 판단할 수 있는 오류의 가능성이 내재되어 있다. 생각하는 주체에 따라 함부로 객체를 판단할 수 있는 오류의 상황이 발생할 수 있으며, 이것은 여러 가지 문제를 만들어 낼 수 있다. 서구 열강의 제국주의가 식민지 쟁탈을 하는 것, 그것은 주체의 입장에서는 야만에서 벗어나도록 계몽을 베푸는 것이지만, 당하는 입장에서는 폭력적인 강요이자 압제일 뿐이다. 일제 강점기의 폐해가 그러하다. 2차 세계대전이 발발하고 히틀러가 유태인 및 집시를 대량 학살했던 사건은 서양의 이성의 폐해의 정점이었다. 어떤 사람(주체)가 편견을 가지고, 누군가(대상, 객체)를 함부로 판단하는 것은 잘못된 것이다. 혈액형 혹은 mbti에 따라 어떤 사람을 그런 성향의 사람이라고 함부로 판단하면 안되는 것과 같다.

양차 세계대전 이후 서양은 이성에 대한 반성을 통해 거의 반동적으로 현상학적 흐름이 나타났다. 현상학의 창시자 훗설은 주체와 객체 사이에서 판단함에 있어서, 일단 '판단중지' 를 요구한다. 좀 더 명확하게 파

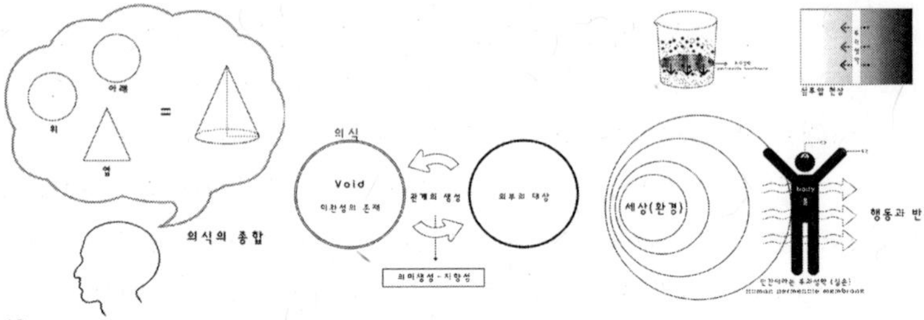

10

악하기 위해 선불리 판단하지 말고 여러모로 잘 보고 판단하자는 것이다. 주체와 객체를 괄호를 쳐서(괄호치기) 묶어서 다각도로 살펴보고 판단해도 늦지 않다는 것이다. 또 현상학은 대상에 대한 관심을 통해 그 대상이 하나의 의미로 다가오는 '상호관계' 를 통해 '의미' 가 생성되는 '존재' 를 중시한다. 이른바 주체가 특정 대상에 관심을 두며 '존재자' 에서 '존재' 로 변화하는 마음의 '지향성' 의 문제와 연결된다. 이를 통해 각 객체들은 세계에 애정과 의미를 부여할 수 있을 것이다. 또 진공의 상태와 같이 고요한 상태에서 객체를 판단하는 데카르트의 사고방식은 머릿속, 관념 속의 세계일 뿐이다. 그러나 세계는 그렇게 고요하기만 하지는 않다. 바람이 불기도, 비가 오기도, 때로는 태풍이 불기도 하고 전쟁이 발생하기도 하며, 외적 변수가 발생하고 영향을 주는 것이 세계이다. 현상학은 이러한 외적 변수에 따라 다른 결과와 다른 의미가 발생할 수 있다는 점을 중시한다. 하이데거가 '세계-내-존재' 를 중시하는 것이 이러한 측면을 본 것이다. 진공속의 특정한 관념의 세계가 아니라 비바람이 몰아치고 항상 변화하는 외적 변수에 영향을 받는 존재가 인간이다. 하이데거는 시적 언어의 능력을 긍정했고, 또 막연한 '불안감을 안고 있는' 한계 조건 속에서 판단을 해야 하는 '현존재' 로서의 인간을 사유했다. 이후 '실존주의' 철학자들은 부조리한 현실의 외적 변수 속에서 인간은 막연히 죽음으로 향해가는 '불안감(Angst)' 을 안고 그것을 초극하여 세계를 좋은 방향으로

10 현상학의 주요 개념

실천적으로 바꾸고자 하는 방향으로 나아가야 한다고 역설했다.

그러나, 단점을 보완하고자 하는 현상학에도 난점이 남아있다. 여전히 불완전한 주체가 살아있는 '주체 중심'의 사고라는 것이 문제이다. 현상학은 '무전제의 원리', '괄호치기' 및 '지향성'의 개념을 통해 '존재'의 의미의 얻게 되고 주체의 폐해가 될 수 있는 부분에 안전장치를 둠으로써 폐해의 가능성을 보완하고자 했다. 함부로 판단하지 않고 판단을 중지(판단중지)하고 대상과 주체를 묶어 좀 더 정확하게 대상을 판단하고 결정(괄호치기)을 내렸다고 가정해 보자. 그럼에도 불구하고, 판단의 오류는 발생할 수 있다. 예를 들어 히틀러가 성급한 판단을 유보하고 이렇게 저렇게 경험하고 따져보았는데도 불구하고 유태인을 학살하는 것이 여전히 '정의'라고 판단하고 결심하여 실행했다면 어떻게 되는가? 현상학에도 여전히 주체 중심의 사고가 살아있기에 오류의 가능성이 계속 남아있다. 현상학의 대가인 하이데거가 대학 총장 시절, 나치를 옹호하는 글을 여러 차례 쓰며 나치에 부역한 사실은 이후, 그의 사죄와 참회와는 별도로 현상학의 한계를 잘 보여주는 사건이다.

건축의 측면으로 보았을 때 건축은 관념속의 모형과 같은 건축이 아니라 세계(그 지역)와의 관계속에서 '세계-내-존재'가 될 수 있는 방식이 되어야 할 것이다. CF속의 매끈한 외관과 실내 공간 즉, 마치 미스 반 데어 로에의 무균질의 공간과 같은 작품인 '바르셀로나 파빌리온' 처럼, 그의 건축공간에서는 생활의 감각, 일상의 감각을 느끼기 힘들다. 오늘날 현대인의 식사를 생각해 보자. 이전 농촌의 삶이었다면 장작을 준비하고, 불을 피우고, 장작이 타는 냄새를 맡으면서 물을 길어와 밥을 짓게 될 것이다. 이어서 주변의 텃밭에서 각종 야채를 따오고 감자, 고구마를 캐와 건강한 한 끼의 밥상을 만들 것이다. 여러 가지 준비에 몸은 피곤하겠지만 자연의 싱싱함과 싱그러움의 감각과 일상의 감각을 느끼면서 감사하게 밥 한 끼를 먹게 될 것이다. 그러나, 오늘날 바쁜 도시의 생활에서는 어떠한가? 우리는 한 끼를 해결하기 위해 손쉽게 외식하거나 더 편리하게는 자동차를 타고 프랜차이즈 햄버거점의 Drive-Through를 통과하며 빠르게 한 끼를 구매하게 된다. 그 과정에서 햄버거라는 음식은 자연의 한가운데에서 준비하며 생활세계의 감각을 느끼는 식사가 아니라 상품을 획득하는 느낌으로 '변질' 된다. 그것은 마치 게임에서 주인공이 '어느 상점에 들어가 게임머니를 지불하고 음식을 사서 생명 에너지를 10포인트 획득하셨습니다!' 하는 느낌처럼 상품을 구매했을 뿐이다. 즉, 식사라는 전통적인 생활세계의 감각이 자본의 상품화로 변질되는 것이다. 이와 같이, '생활세계의 식민화 현상' 이 발생하는 것은 현대사회에서 큰 문제로 다가온다.

'한국 땅에 현상학이 처음 도입된 것은 해방(1945) 전에 경성제국대학 인문학부 철학과의 일본인 교수들에 의해서다. 김규영, 윤명로 등에 의하면 이때 몇 개의 현상학 강의 그리고 후설의 『이념들 I』의 강독 등이 있었다고 한다. 윤명로는 해방 후 서울대학교 인문대학 철학과를 졸업(1948)할 때 후설의 명증 개념을 졸업논문으로 제출하고 있다. 1940년대와 1950년대에 현상학은 박종홍, 고형곤의 강의에서 가끔 논의되기도 했지만, 부수적임에 불과하였다.' [20] 이후 하이데거는 해방 이후 철학 1세대에 의해 탐구되고 논의되었다. 앞서 4권에서 언급한 근대 철학자 박종홍은 특히 한국전쟁 이후, 하이데거의 현상학과 실존주의에 관심을 두고 연구하여 후속 세대들을 배출했다. 그러나 당시 한국의 상황은 전후 복구가 최우선 과제였고, 일본인이 빠져나간 상황에서 근대화를 시급하게 진행하기에도 벅찬 상황이었기 때문에, 서구에서 근대사상이 발생하고 그에 직접적인 반동으로 순차적으로 발생했던 현

20) 한전숙, 현상학과 현대철학, 한국 현상학의 역사와 전망, 2000, 5월호, p291

상학과 실존주의의 흐름과는 달리, 70년대 중반 이후, 어느 정도 근대화가 진행되고 난 시점으로부터 시간차를 두고 한꺼번에 관련 논의들이 담론화되었다. 학문적으로는 '조가경'이 독일 유학에서 돌아와 1959년에 서울대학교에서 강의를 시작하면서부터 현상학이 좀 더 내실있게 다루어지게 되었다. 이후, 조가경의 『실존철학』(1961)이 당시 이 방면의 거의 유일한 전문적인 소개서로서 판을 거듭하여 출판되었다. 한국 사회에서는 근대화가 본격적으로 진행되었던 박정희 정권의 시기에 현상학이 본격적으로 논의되었고, 그 중에서 하이데거의 사상과 실존주의가 주로 논의되었다. 실존주의 사상은 마르크스주의에 영향을 받아 사회를 실질적으로 변화시키고자 하는 진보 진영과 운동권의 담론으로서 주로 지지되었다.

'한국 사회는 상당 기간동안 실존주의의 철학적 호소력에 부응했다. 일제 강점기, 한국전쟁과 혼란기, 군사 독재 그리고 민주화 이후에도 자본시장과 기계 문명의 소외는 삶의 의미나 위로를 실존주의에서 찾게 했다. 한국의 많은 철학자들은 여기에 주목했다. 그중에서 표재명은 키에르케고르의 글을 통해 자신의 철학을 지속적으로 탐구하고 집필한 전형적 경우로 생각된다.'[21] 라는 의견처럼, 이들의 계보는 성리학을 따르는 사대부들 중에서 수구적인 집권 세력과 대척점에 있던 기일원론의 세력들이나 서학을 중시하는 강화학파의 학맥과 연계되어 있었고, 동학을 통해 성리학과 서학, 그리고 한국적 신앙 등이 가미된 사상과 연계되었다. 이후, 기독교를 한국적으로 해석하는 사상가들이 부조리한 현실을 극복하고자 하는 일환으로 실존주의 사상을 접목하여 기독교를 한국적으로 재해석한 사상과 실천의 계보를 만들어 왔다. 한국에서는 1976년 한국 철학회 산하에 현상학 분과 연구회가 발족하면서 후설 현상학의 윤독회로 시작했고, 1978년 '한국 현상학회'를 발족하고 이후, 이곳으로부터 한국칸

21) 정대현, 한국현대철학, 그 주제적 지형도, 이화여대출판문화원, 2016, p85

트학회(1991), 하이데거학회(1992), 한국해석학회(1993)가 분기되어 나가면서 학문적 깊이를 더해갔다.

0506 구조주의 사유의 접목과 영향

여전히 주체 중심의 사고가 살아있는 현상학에는 오류가 발생할 수 있음을 앞서 언급한 바 있다. 그렇다면 새로운 사유는 이와는 다른 방식이 필요할 것이다. 주체의 오류를 피할 수 있는 새로운 사유의 방법론을 찾기 위해 '구조주의'가 새롭게 등장했다. 사실, 구조주의는 누군가 구조주의를 의식하고 새로운 학문체계를 만든 것이 아니라, 후대의 학자들이 편의상 분류하고 구분하여 정의한 것이다. 구조주의는 인류의 공통 분모가 되는 근본구조를 연구했다. 인종과 관계없이 인류 공통의 근본 구조에 대해서 연구하기 때문에 구조주의는 인간에 대해 더욱 더 깊은 이해가 가능하게 만들었다.

20세기 들어서 이전에 존재하지 않았던 새로운 '구조주의' 학문 분야가 다수 등장했다. 대표적으로 소쉬르의 언어학은 인류 공통의 기표 및 기의의 언어구조가 만들어 내는 문법구조 등, 근본구조를 연구했다. 사회학 분야 역시 20세기 들어 처음 등장했는데, 사회학은 인류 공통의 사회적 특성을 연구했고, 뒤르켐은 각 지역의 특수성이 있기는 하지만 사회구성원들이 만들어 내는 공통의 근본구조의 사회적 특성들을 연구함으로써 전세계 공통으로 나타나는 사회적 특성들을 분석했다. 레비 스트로스의 경우, 미개하다고 생각했던 아프리카 원주민의 결혼풍습이 유럽 선진국의 결혼 풍습의 구조와 큰 차이가 없음을 밝힘으로써 서양인들에게 큰 충격을 주었다.

프로이트의 정신분석학의 경우, 정신의 구조가 의식의 자아(ego), 윤리

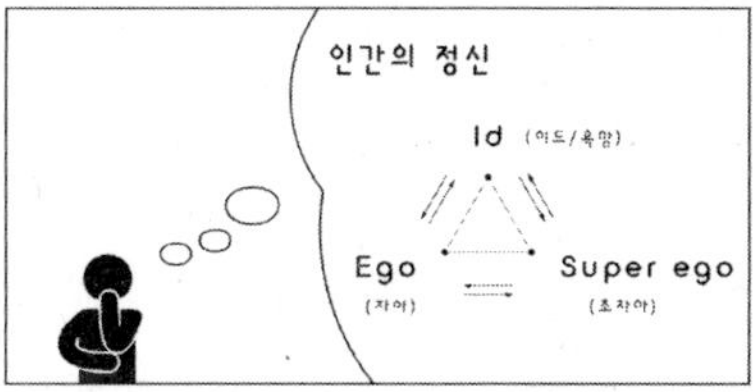

[11]

성의 초자아(super-ego), 무의식적으로 침범하고 범하려고 하는 이드(id)로 구성되어 상호 복합작용을 하고 있다고 분석하고, 상호 역학관계를 연구했다. 그는 무언가 침범하고 위반하려는 무의식의 이드가 오히려 더욱 중요한 작용을 하면서 의식을 조종하고 있다고 주장했다. 정신분석학은 인류의 의식이 만들어 낸 눈부신 성과들이 사실은 무의식에 의해 조종받으며 만들어진 것이라고 폭로하면서 인류에게 큰 충격을 주었다. 이처럼, 구조주의자들의 학문적 특성은 이성적인 부분뿐만 아니라 감성적, 무의식적, 사회, 문화 전반에 이르기까지 인류의 공통적인 구조를 분석함으로써 합리적으로 인간을 파악하고자 했다. 그들이 의도하지는 않았지만, 결과적으로 구조주의는 현상학의 주체의 단점을 보완하는 방향으로 나아갔다.

구조주의자들에게 사회는 이미 구조화되어 있고 결정되어 있다는 입장이다. 우리들은 마치 장기판의 말 혹은 체스판의 말처럼 태어나면서부터 사회에서 이미 정해진 방향으로 역할을 하게 된다고 본다. 이른바 '결정론' 적 입장이고 정치적으로는 '보수적' 입장이다. 앞서 언급한 대로, 구조주의는 데카르트의 방식과는 다른 방법론이다. 데카르트가 이성적이고 관념적인 사유를 하는 방식은 고등학교 이과에 한정되는 논리적인 부분에 집중된다. 그러나 인간 세계에는 그 외에 문과의 특성도 있고 예체능의 특성도 있게 마련이다. 구조주의는 단지 이성적인 부분만이 아니라, 문화, 예술, 사회, 심리(무의식)까지도 종합적으로 고려하여 인간 세계의 근본적인 공통 분모를 탐구한다. 이를 통해 구조주의는 문과, 이과, 예체능의 영역 모두를 아우르는 방식으로 인간의 근본구조를 고루 파악

11 정신분석학의 개념

12

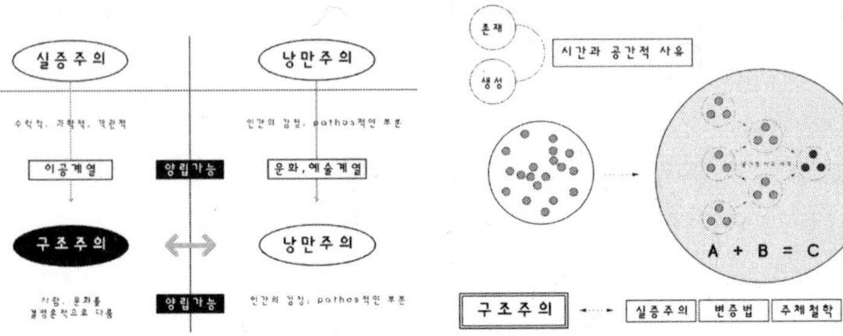

하여 이해하고 그에 맞는 솔루션을 제공할 수 있게 되었다. 이른바 현상학의 단점을 극복할 수 있는 계기가 만들어지게 된 것이다. 데카르트의 합리적인 사유는 문과와 예체능에 해당되는 부분과 양립할 수 없지만, 구조주의는 그러한 측면까지 골고루 양립하면서 포용한다. 그런 점에서 구조주의는 인간의 다양한 측면들을 고려하여 인간의 근본구조를 연구하고 만족시키는 방식으로 근대성의 폐해를 극복하고자 했다.

'구조주의가 한국에 처음으로 소개된 것은 1968년 『사상계』 7, 8, 9월호에서 구조주의를 특집으로 다루면서이다. 당시 서울대학교 불문학과 이휘영 교수는 그의 젊은 제자들과 함께 레비-스트로스, 롤랑 바르트, 토도로프 등의 글을 번역하여 특집을 꾸밈으로써 각 분야에서 진행되고 있던 구조주의의 물결을 한국에 소개했다. 그것을 계기로 해서 많은 계간지와 학술지에서 구조주의에 관한 단편적인 연구들이 발표되었다.' 22) 이때의 구조주의는 프랑스에서도 그랬던 것처럼 기호학과 뚜렷하게 구분되어 사용된 것이 아니라 자주 혼용되었다.

70년대부터 박정희를 옹호했던 바 있고, 전두환 정권 시기에 국회의원과 정신문화연구원 부원장을 지낸 김형효의 구조주의 연구는 '구조'

12 구조주의의 주요 개념

22) 김치수, 한국 기호학의 회고와 전망, 한국기호학회 기호학연구 16권, 2004, p10

자체를 기존 구조를 옹호하는 방향으로 쓰였다는 점에서 특별하다. 김형효는 『한국전통사상, 그 원형연구를 위한 연습-레비 스트로스의 구조주의 방법론에 의거하여』라는 논문에서 구조주의 문화인류학자인 레비-스트로스의 방법론을 사용하여 한국 전통사상의 근본구조를 탐색하고자 했다. 그러한 방법론은 한국 전통의 근본구조의 특성을 파악하고자 했던 레비 스트로스와 유사한 방법론을 따른 것이었다. 그러나, 그의 구조주의적 접근방식은 박정희 독재정권의 구조를 인정하고 강화하고자 하는 목적의식의 일환으로 행해진 것이며, 보수적 구조에 대한 친화적 접근방식이라는 측면이 있다. 들뢰즈가 구조주의 자체 내에 후기구조주의적 특성이 이미 내포되는 방식으로 해석하여 진보적 관점에서 후기구조주의의 문을 활짝 열어 제꼈던 것과는 달리, 김형효는 전통사상을 구조주의적 관점으로 연구하여 전통의 민족적 이데올로기로 몰아가기 위해 구조주의를 활용하고자 하는 성향을 보였다. 그는 단군신화로부터 시작하여 고주몽, 박혁거세의 신화, 오이디푸스, 창세기 신화를 비교 연구한다. 그가 집중하는 전통의 구조는 서양의 신화와 다른 점을 부각시키면서 한국적인 것의 자부심을 강조하며 이데올로기화 시키고 있다. 보수적인 구조주의적 관점을 정권의 찬양 혹은 유지의 도구로써 쓰여지기를 자청했던 것이다.

구조 자체는 '칼' 이라는 '도구' 와 같이 선악의 개념이 내재되어 있지 않다. 사용자의 행위에 따라 의도의 선악이 구분된다. 마찬가지로 구조주의에는 그 구조를 강화하고자 하는 세력의 움직임과 그것을 탈주하여 새로운 구조를 만들고자 하는 탈주의 움직임이 동시에 잉태될 수 있다. 구조를 바라보는 관점에 따라 달리 해석하여 실천하고 행동할 수 있기 때문이다.

다원적 포스트모더니즘 사상의 접목과 한국적 전개

0507 포스트모더니즘의 사상과 절충적 특성

오늘날, 사상적 담론으로는 여전히 포스트모더니즘의 시대에 살고 있다. 모더니즘과 포스트모더니즘에서 '포스트(post)' 라는 단어는 여전히 논쟁거리이다. 'post' 라는 단어는 벗어난다는 '탈(脫)' 혹은 '정반대(anti-)' 의 의미와 '이후' 혹은 '연속' 이라는 의미에서 전혀 다른 담론이 서로 대립하고 있다. 전자는 차이와 다양성을 강조하면서 모더니즘과는 전혀 다른 반대편의 특성이 있는 것으로 바라보고 있고, 후자는 모더니즘이 자체의 모순을 극복하면서 '연속' 적으로 점진적인 발전을 이루고 있다고 본다.

료타르와 하버마스의 담론과 논쟁은 이러한 대립적인 담론의 핵심을 논의하고 있다. 포스트모더니즘의 세계는 모더니즘이나 근대성의 핵심적인 사상을 펼친 언어학자 소쉬르에 대한 분석과 비판으로부터 나오게 된다. 구조주의는 주로 소쉬르의 언어학에서 기원하여 주로 담론화되었다. 포스트모더니즘은 구조주의의 취약성을 공격하며 시작되었다. 료타르는 기표(문자)와 기의(의미)의 관계가 고정된 것이 아니라, 그 사회, 시대에 따라 달리 결합되는 양상에 주목한다. 예를 들어, 기표(문자)는 기의(뜻)와 결합되는데, 프랑스어의 경우, 나비(papyon)와 나방이 같은 단어(기표)로 쓰이고 있다. 이처럼 기표와 기의는 그 시대별, 나라별, 상황별로 달리 결합될 수 있다. 이번에는 기표의 근본적인 취약성에 대해서 살펴보도록 하자. 소(ox)라는 단어가 '황소' 라는 의미의 기표인지 맞다(○) 혹은 틀리다(×)라는 것인지, 아니면 ○×○×가 반복되면서 만들어 내는 하나의 이미지인지 구분이 어려운 것과 같이 소쉬르가 이야기하는 기표와 기의의 고정된 구조주의적 언어학의 관계에 대해서 허술함을 공격한다. 한 사회집단에서 언어소통의 구조의 허술함을 폭로한 것이다. 료타르는 이처럼 언어로 구조화되는 현대사회의 거대 담론에 대해 이의를 제기하고 차이와 다원성에 대한 논의를 진행한다.

13

'포스트모더니즘' 이라는 용어는 1970년대 후반 찰스 젱크스가 '포스트모더니즘' 이라는 단어를 사용하기 시작하면서 건축 분야에서 가장 먼저 정착하게 되었다. 그는 건축에서의 모더니즘의 기능주의를 비판하고 여러 가지 이전의 건축언어를 인용함으로써 급진적인 건축어휘의 '절충'을 주장했다. 포스트모더니즘은 아방가르드적인 차이와 해방의 철학이라 말할 수도 있고 모더니즘의 연장선상에서 구조화가 더욱 정교화, 심화되는 것으로 말할 수도 있다. '모더니즘의 외형적 구조를 성공적으로 만들어 내게 되면, 기존의 구조가 미처 껴안을 수 없었거나 가려졌거나 무시되었던 ' 사이 '의 다양한 차이와 욕망 등을 인정하고 포함시켜 더 완전한 구조로 이행하고 있는 것으로 볼 수 있다.' 23)

포스트모더니즘이 키치(kitsch)적 요소들을 사용하는 것은 천박함과 충격의 거친 미학을 사용함으로써 모더니즘의 형이상학적 엄격함과는 전적으로 대비되는 이미지를 만들어 낼 수 있기 때문이다. 모더니즘의 엄격한 태도와는 달리, 포스트모던 건축은 기묘하고 자기비하적, 정신분열적 요

13 포스트모더니즘의 기표와 기의의 의미

23) 임기택, 포스트모더니즘과 건축이론, 시공문화사, 2014, p7

소들의 혼성모방(패스티쉬)적 배치를 주로 이용하면서 상업적인 목적을 달성하고자 하는 경향이 강하다.[24)]

포스트모더니즘은 결국 '언어의 차이'를 만들어 내는 방식에 집중하게 된다. 보들리야르가 이야기하는 기표의 허구적 특성은 이미지가 중심이 되어 작동하는 현대사회의 단면을 잘 드러내고 있다. 포스트모더니즘 시대의 '가짜의 허상'을 의미하는 '시뮬라크르'는 현실에는 없으나 현실보다 더욱 현실을 지배하는 경향이 있다. 아이들이 미키마우스를 진짜 쥐라고 생각한다거나 라이언 킹을 진짜 사자라고 여긴다거나, 전쟁을 시뮬레이션 게임으로 오인하는 것이 그것이다. 실제로 현실에서 징그러운 쥐(rat)를 맞닥뜨리거나, 사람을 공격하는 굶주린 사자 앞에 서거나, 피비린내 나는 전장의 한복판에 떠밀려 서 있게 된다면, 시뮬라크르의 가짜 이미지가 얼마나 허구적인 것인가를 온몸으로 생생하게 경험할 수 있을 것이다. 보들리야르는 '하이퍼리얼리티'의 세계를 이야기하면서, CNN에서 인류 최초로 생중계되었던 미국과 이라크의 페르시아만 전쟁이 '일어나지 않았다'고 주장했다. 전쟁의 참혹함이 하나의 실시간 전투 게임과 같은 이미지로 전락하여 '시뮬라크르'가 되었다고 생각했기에 보들리야르는 그 전쟁 자체가 가짜인 '환영'의 차원으로 넘어갔기 때문에 벌어지지 않은 것이나 마찬가지라고 주장했다. 또 그는 역설적으로 '테마파크(theme park)는 우리 실세계의 환경이 테마파크보다 더욱 더 테마파크의 놀이동산과도 같다는 사실을 은폐하기 위해 존재한다'라고 주장한다. 테마파크가 부조리한 현실을 가리는 소비적이고 이미지적인 것으로 채워져 있고, 여전히 현실 공간은 테마파크의 화려한 무대세트와 같은 공간 이면에 노동의 착취가 존재하는 것 이상으로 그 공간과 시스템을 운영하는 저소득 노동자들의 격한 노동으로 채워지는 공간이라는 것이다. 벤츄리가 이야기하 듯이 '장식된 헛간(Decorated Shed)'은 라스베가스의 풍경에서 알

24) 임기택, 같은책, p21

수 있듯이, 소비적인 이미지로 가득 찬 간판(sign) 이면에 군대 막사(헛간)와 같이 가장 기능적이면서 천편일률적으로 무미건조한 공간들이 펼쳐지고 있음을 강조하고 있다. 화려한 가짜의 이미지 이면에는 냉혹하고 기능적이고 억압적인 현실의 공간이 숨어있음을 폭로하고 있는 것이다.

박정희 군부독재 정권 시기에 한국인들은 개인의 개성과 다원성 등, 많은 것들이 희생되고 근대화의 목적으로 사회의 모든 역량을 강제로 집결시키는 고통스러운 과정, 즉 '동일성의 폐해'를 경험했다. 이 시기는 독일의 비스마르크 재상이 철권 통치를 하며 전체주의 국가로서 산업화를 이룬 시기와 유사한 양상의 시기였다. 한국은 산업화의 눈부신 발전을 이루었지만, 개인의 자유와 개성을 탄압하고 동일화시켜 하나의 국가의 목표를 향해 일사불란하게 움직이는 것을 최우선 과제로 삼았다. 서양에서 현상학과 실존주의, 그리고 구조주의와 포스트모더니즘은 서구의 지성사의 점진적인 발전과 공명하는 흐름을 보였던 것과는 달리, 한국 사회에서는 일정 부분 학문적인 논의는 있었다고 하더라도 실질적인 다원성의 학문과 문화의 움직임은 80년대가 되어서야 가능할 수 있었다.

한국전쟁 이후, 한국인은 근대화의 과정을 겪으면서 압축성장하며 서구의 다원적인 특성과 담론이 무차별적으로 도입되는 역사를 경험했다. 따라서 한국 현대사에서는 시기별로 뚜렷하게 특정 사상이 단층을 이루면서 각각의 지형을 이루고 있지 않으며, 마치 비빔밥과 같이 다양한 것들이 공존하고 충돌하고 뭉개져 있는 형국으로 응축되다가 90년대 들어 폭발하는 경향을 보인다. 이 시기에는 독재 정부가 국가 주도의 사업의 정신적 측면을 강조하는 민족주의적 정신계의 특성이 있었으며, 다른 한편으로는 부조리한 현실을 저항과 참여로 극복하고자 하는 실존주의적인 움직임이 있었다. 운동권 출신들은 마르크스주의를 중심으로 실존주의적으로 실질적인 변화를 위한 실천을 추구했고, 앞서 살펴본 함석헌과 같은 재야인사들은 이러한 사상에 있어서 중심이 되는 인물 중 한 명이었다.

박정희 대통령이 암살되고 군사 쿠데타를 통해 권력을 찬탈하여 체육관에서 제 5공화국 대통령이 된 전두환은 국민들의 불만을 잠재우고자 야간통행금지를 해제하고 이른바 3S(Screen, Sports, Sex)의 문화산업 부문을 활성화시켰다. 거기에는 국민의 경제 수준이 높아지고 중산층이 두터워지면서 문화에 대한 다양한 니즈를 충족시켜줌과 동시에 정치적 관심을 멀어지게 하려는 의도가 숨어있었다. 정치적 논의와는 별도로, 이 시기에 포스트모더니즘의 다원적인 특성과 문화현상, 사회적인 분위기가 형성되었고, 시민의식의 성장과 경제의 성장 그리고 문화적인 성숙도 역시 높아졌다. 이른바 다원주의적인 시대로의 변화가 이루어지고 있었다.

1980년대에 들어, 87년 6월 항쟁과 89년 베를린 장벽의 해체와 동유럽 공산주의의 몰락이 이어지면서, 다원적인 포스트모더니즘의 논의도 본격화되었다. 87년 6월 항쟁으로 민주화되었던 당시 상황에서 한국의 사상의 지형도는 급격하게 변화하게 된다. '포스트모던의 수용에 있어 독일의 경우는 80년대 중반 이후부터 하버마스와 후기구조주의와의 논쟁이 주목을 받았다. 한국에서는 1982년 이합 핫산이 서울대에서 포스트모더니즘에 대해 강연한 것이 최초였다. 그 뒤 백낙청 교수가 이 내용을 비판적으로 정리 개진했다. 비판론과 옹호론이 전개되었다. 87년 6공화국이 출범하면서 본격적으로 담론들이 논의되기 시작했다.' 25) 80년대에 전두환 군부독재에 맞서 싸우며 부조리한 현실을 극복하고자 마르크시즘에 영향을 받은 리얼리즘이 대세로 연구되고 실천되다가, 포스트모더니즘의 논의는 87년 6공화국이 출범하면서 본격적으로 논의되기 시작했다. 리얼

25) 나종석, 90년대 한국에서의 포스트모더니즘의 수용사 연구, -학제적 주제의 사회인문학적 탐색 시도, 철학연구, 120호, 2011.11, p254

리즘은 마르크시즘의 관점에서 근대화를 성취하기 위해 이데올로기적으로 몰아가는 자본사회의 부조리한 현실을 목도하면서 느끼는 비참함을 날것 그대로 표현하고 담론화했다. '리얼리즘'은 주로 운동권에서 부조리한 현실을 폭로하며 변화를 위한 실천 운동으로 도구적으로 사용된 측면이 있었는데, 이후 새로운 시대의 다원적 언어의 차이에 집중하는 포스트모던 시대로 그 역사의 장이 넘어간 것이다.

0508 해체주의의 한국적 적용

해체주의는 사상적 담론의 위계로 보면, 포스트모더니즘이라는 거대한 동시대 담론 체계 하에 있는 후기구조주의의 일부로서 존재한다. 집합의 개념으로 살펴보면 '포스트모더니즘 > 후기구조주의 > 해체주의'라는 '집합' 개념의 '위계 관계'로 생각할 수 있다. 포스트모더니즘의 한 갈래로 후기구조주의가 나타났고, 후기구조주의의 한 갈래로 해체주의가 나타나게 된 것이다. 해체주의는 '해체'라는 단어 자체가 무언가 과격하고 극단적인 느낌이 있지만, 실제로는 묘하게도 '안정화'에 그 방점이 있는 철학 담론이다. 해체주의는 자크 데리다가 주도적으로 창안했고 건축 분야에서는 피터 아이젠만과 논의하면서 해체주의 건축 작업에 직접적으로 참여한 적이 있을 정도로, 동시대 건축과 거의 직접적으로 연계되는 철학 담론이다.

14

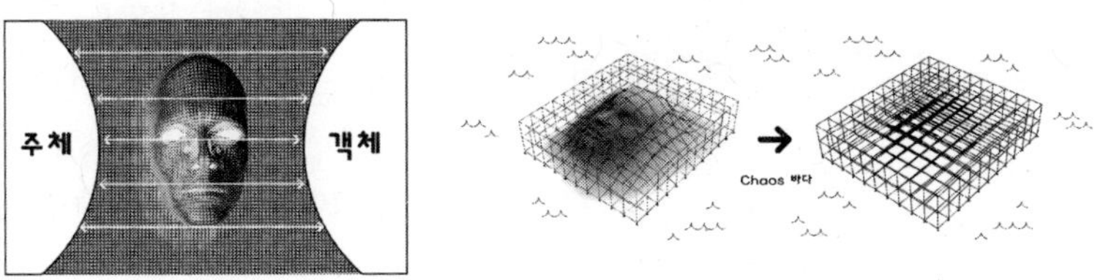

14 해체주의의 개념

해체주의는 주체와 객체 사이에 '유령' 과 같이 이미 들어와 있는(always already) 무언가에 대해 사유한다. 주체와 객체 사이에서 무의식 속에 억압되고 배제되고, 무시당하는 것들이 온전하게 드러나게 하는 것에 관심을 두는 것이다. 예를 들어 '나는 화장실에 가고 싶다' 라는 문장을 썼다고 가정해 보자. 데리다는 이 문장을 쓰는 순간 '지연' 과 '차이' 가 발생하는 '차연(différance)' 이 발생한다고 보았다. '차연' 은 해체주의를 설명하기 위해 데리다가 고안한 단어이다. 이 문장을 쓴 사람은 다양한 욕구와 욕망이 이면에 작용하면서 이 문장을 썼을 것이다. 물론, 일차적인 의미로 화장실에 대소변의 생리적인 욕구를 해결하기 위한 의미로 쓰였을 수도 있을 것이다. 그러나 어떤 여성의 경우, 새로 만난 남성이 마음에 들었고, 그 남성에게 잘 보이고 싶어서 화장실에 가서 화장을 고치고, 옷매무새를 고치고, 헤어스타일을 손보고 오고 싶다는 욕망이 작용했을 수도 있다. 그렇다고 한다면 '나는 화장실에 가고 싶다' 라는 문장을 기입했을 때, 자신의 여러 가지 욕망이 작용하면서 쓰여진 그 문장은 이미 그 진정한 본 뜻을 전달하는데 있어서 '지연' 과 '차이' 가 발생할 것이다. 해체주의는 그동안 인류가 해왔던 글쓰기의 방법론은 무의식이 억압되면서 지연과 차이가 발생하며 그 간극이 심각하기 때문에 그동안의 언어 및 소통체계를 모두 해체하고 새로운 소통의 글쓰기 방법론을 생각해야 한다고 주장하는 사상이다. 이를 극복하기 위해 데리다는 '미래완료' 의 글쓰기의 기법을 제안한다. 현재에 기입하는 순간 지연과 차이가 발생하기 때문에 현재에 쓰는(기입하는) 순간, 앞서 언급한 바와 같이 다양한 욕망을 한꺼번에 기입하여 온전하게 욕망의 커뮤니케이션을 전달할 수 있는 방법론을 생각해 보자는 것이다. 마치, 콘베이어 벨트에 자신의 욕망이 차례차례 다가오는

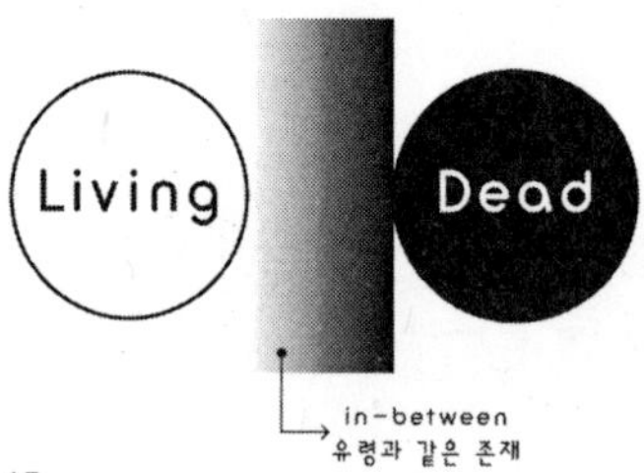

15

15 해체주의의 개념

방식이 아니라 미래를 가정해서 모든 욕망이 한꺼번에 밀려 들어오는 가운데 한 번에 글을 쓰면서 동시에 모든 것을 표현할 수 있는 새로운 방법을 강구하자는 것이다. 그래서 데리다는 주체와 객체의 '사이(in-between)' 공간에 주목한다. 주체와 객체가 서로 다르기 때문에 근본적으로 발생할 수밖에 없는 소통의 차이를 '미래완료적 글쓰기'로 극복하고자 하는 것이다. 이를 위해서 그는 사이 공간에 '유령'처럼 이미 들어와 있는 부분을 온전히 드러낼 수 있도록 하기 위해, 주체와 객체 양 극단에서 끊임없이 오가는 다양한 욕망의 키워드들을 예를 들어 설명한다. 그의 담론은 사회에서 억압되고 배제되고 소외된 부분들을 온전하게 드러내서 건강하고 안정된 사회를 만들도록 하는데 도움이 될 것이다. 데리다 자신이 프랑스로 이민을 온 알제리계 식민지 출신이기도 하고, 알제리에서는 박해를 피해 은밀하게 예배를 드렸던 기독교 가정에서 자라왔던 가정사가 그를 그러한 담론에 관심을 가지도록 만들었던 측면이 있었을 것이다. 따라서 주류와 비주류 혹은 이질적인 이방인이 프랑스 주류와 함께 소통하며 안정적인 사회를 만들어 나갈 수 있도록 기존의 체계를 해체하고 새롭게 안정화를 이룰 수 있는 담론을 주장한 것이라고 할 수 있다. 해체주의가 활발하게 담론화되었던 세기말은 다원적인 특성과 불안함이 더하여져서 일견, 다채로운 특성이 무분별하게 드러났던 시기였다. '해체주의'라는 담론의 이름에서 드러나듯이 첫 느낌은 무언가 기존의 것을 송두리째 거부하고 모든 것을 해체하고자 하는 과격한 느낌을 받게 마련이지만, 해체주의의 진정한 의미는 이처럼 사회와 문화에서 억압되고, 소외되고, 배제된 것들과 무의식적인 것들이 온전하게 소통되고 드러나고 안정화되게끔 하는데 근본적인 취지가 있다고 할 수 있다.

한국 사회에서 해체주의는 80년대 말, 포스트모더니즘의 다원주의를 경험하고 90년대 들어 세기말의 불안했던 감성과 함께 강화되면서 한 때 유행했다. 한국에서 해체주의는 포스트모더니즘 담론 이후, 기존체계를 거부하고 파편화되는 개인을 중시하는 측면에서 일정 부분 성과가 있었던 것도 사실이지만, 일종의 니힐리즘의 경향이 더욱 강하게 드러난 측면도 있다. 당시 경제는 급속도로 성장하고 있었고 사회 전반의 인프라와 문화적 다양성이 성숙되는 시기였다. 이에 발맞추어 서양의 다양한 사상적 담론들과 문화들이 한꺼번에 유입되어 향유되고 그 성과물이 등장하는 시기이기도 했다. 과거 권위주의적인 군사 독재 정부에서 벗어나 문민정부가 탄생하는 시기가 맞물리면서 정치, 사회, 문화 각 분야에서 새롭게 자유로운 생성이 창발하고 있었다. 마치 먼동이 트기 직전이 가장 어두운 것과 같이, 한국 사회에서는 포스트모더니즘과 해체주의 담론이 새로운 시대를 열었던 것이다. 해체주의는 권위주의적 특성이 지배하던 시기에 논의되면서 기존사회의 한계를 넘어서 21세기의 새로운 사회를 예견하는 담론이 되었다.

우리나라에서 '철학자 김상환은 90년대 초반부터 현대 프랑스 사상가들 중에서도 특히 데리다의 해체론에 주목했다. 이런 데리다에 대한 관심은 1996년 『해체론 시대의 철학』(문학과 지성사)이라는 저서로 나타난다. 그도 90년대 후반에 탈근대론으로 출발해서 동양적 사유의 가능성에 주목해 왔다. 김상환에 따르면 데리다의 해체론을 비롯한 다양한 탈 근대론은 철학의 죽음이라는 주제에서부터, 그리고 이 죽음의 주제는 서양적 사유의 극복과 탈서양적 사유의 가능성에 대한 물음으로부터 기인한다.'[26] 포스트모더니즘의 한국 담론 전개와 마찬가지로 90년대 들어서 본격적으로 포스트모더니즘 계열의 다양한 사상, 특히 해체주의, 후기구조주의 등이 한꺼번에 들어오면서 논의되었다. 90년대 말은 홍콩이 중국에 반환되는 시기이기도 했고, 컴퓨터 오작동의 대란으로 인해 인류가 멸망할 수도 있다는 Y2K[27]의 불안감과 디스토피아적인 분위기가 만연했으며,

26) 나종석, 90년대 한국에서의 포스트모더니즘의 수용사 연구-학제적 주제의 사회인문학적 탐색 시도, 철학연구, 120호, 2011.11, p94

27) Y2K: 가장 유명한 컴퓨터 버그이자 전세계적 위기를 잘 극복한 사례. 데카당했던 세기말 전세계를 공포로 몰아넣은 괴담. 1900년과 2000년이 똑같이 뒤가 00이므로 구분이 어려워 컴퓨터가 오작동될 수 있다는 우려가 커졌고 통제하는 주요 시설이나 장비, 특히 핵무기 등의 통제가 오작동 문제가 발

동시에 밀레니엄의 새로운 세기를 기대하는 희망이 뒤섞여, 기묘하고 불안하고 '데카당(décadent)' 28)한 시기였다. 디스토피아적인 감성으로 퇴폐적이고 다원적인 것들이 뒤섞여 혼란한 가운데 자아의 정체성이 파편화되고 상실되는 현상이 사회 전반적으로 만연했던 것이다. 그러나 그러한 상황에서 다채로운 표현이 분출된 만큼 표현적인 예술의 각 장르에서는 한국 '문화 황금시대' 라고 불리기도 할 정도로 다양한 문화가 생성되었다. 이 시기에는 다양한 시도를 통해 기존 사회체제에서는 볼 수 없었던 다원적인 사상과 문화들이 한국적으로 재해석되고 실험되며 창발하는 시기이기도 했다.

0509 세기말과 후기구조주의 사상의 영향과 전개

'생성의 철학' 은 고정된 이데아의 세계와 같은 고요한 관념의 세계의 주제 및 가치에 대해서 논하기보다는, 인간의 정념이나 감정 등 변화무쌍한 '변화' 의 세계를 사유한다. 후기 구조주의의 대표적인 철학자인 들뢰즈의 사유는 '생성의 철학' 이라고 칭할 정도로, 다양한 외적 변수들이 섞여 들어가면서 만들어지는 '생성' 의 가치를 중시한다. 이때 무의식의 다양한 욕망의 잠재성의 요소들이 의식의 이면에서 활발한 잠재성의 움직임을 만들어 낸다. 그것이 오히려 현재 보이는 것보다 더 큰 작용을 하고 그것이 보여지는 의식의 결과를 만든다는 것은 현대인들에게 큰 충격이었다. 내가 생각하여 이야기한다고 데카르트는 생각했는데, 다양한 외적 변수들과 무의식이 '나' 라는 몸의 신체를 통해 외부로 말을 하도록 만드는 특성이 있다는 것이다. 내가 주체적으로 말한다고 생각했지만, 무의식이 작동하여 말을 하도록 조종당하고 있었다는 것이다. 예를 들어, 우리가 조선 시대의 사대부 가정에서 태어난 양반이라고 가정해 보자. 엄격한 유교 교육을 받은 나는 '남녀칠세부동석' 이라는 개념에 익숙한 상태로 양육되었을 것이고, 그것이 당연한 것으로 받아들이고 있었을 것이다. 누군

생할 수 있다는 괴담이 유포되면서 사회적 파장이 있었다. 대비를 충분히 한 결과 큰 문제는 없었다.

28) 데카당(décadent): '퇴폐'와 '타락'을 뜻한다. 한 비평가가 19세기 말 프랑스 상징파의 기교, 탐미적 태도, 절망, 파멸, 향락의 태도로서, 로마 말기의 퇴폐기와 유사하다면서 '세기말 문학' 을 '데카당' (décadent)하다고 표현했는데, 오늘날에도 세기말의 이러한 특성들을 지칭하는 용어가 되었다.

가 이 관습을 지키지 않는 상황을 목격한 후, 설교한다고 가정해 보자. 사대부 양반은 7세 이후에는 남녀가 공적인 공간에 한 자리에 앉아 있을 수 없다는 유교의 가르침에 따라 불호령을 내렸을 것이다. 그러나 오늘날 '남녀칠세부동석' 의 규율이 정당하다고 생각하는 사람은 전혀 없을 것이다. 이 때, 그 사대부의 호통은 누가 말하는 것일까? 그 양반 사대부는 자신이 생각해서 자신이 이야기한다고 생각할 것이다. 조선 시대 유교 이데올로기 사회구조에서 교육받으며 그 규율을 당연하게 받아들이며 성장한 사대부에게 그것은 자신이 생각하기에 올바른 것으로 체계화되어 정신과 몸이 반응하고 있었을 것이다. 그렇다면 그러한 호통의 말들은 그 사대부가 주체가 되어 생각하고 말하는 것일까? 조선 사회의 암묵적 규율의 구조가 시키는 것일까? 또 다른 예를 들어보자. 북한에서 태어난 학생에게 수령을 찬양하는 것은 당연하게 생각할 것이다. 또 중동에서 태어난 남자들이나 종교 관계자들에게 있어서 여성들이 불편을 감수하면서 부르카를 써야 하는 것은 당연한 일일 것이다. 이처럼 특정 시대, 특정 사회가 만들어 낸 구조하에서 양육된 주체는 스스로 생각한다기보다는 어떻게 보면, 그 사회가 규정하는 이데올로기의 구조속에서 말해짐을 당하는 수동적 입장의 한 요소였을 뿐이라고 생각할 수 있다.

그러나 세상에는 그 구조로는 설명할 수 없는 다양한 부분들이 존재한다. 그 구조로는 설명할 수 없는 성소수자의 영역과, 억압되고 배제되고 망각되는 이면의 어둡고 습한 부분들이 엄연히 존재하고 있다. 때로는 그 요소들이 그 구조를 완전히 깨고 나가며 그 구조 자체를 완전히 허물어버리고 새로운 사회구조를 만들어 내는 혁명, 혹은 쿠데타와 같은 것들이 발생하기도 한다. 이것들은 기존의 구조체계로는 설명하기 어려운 부분들이다. 후기구조주의자들은 구조주의의 연장선상에서 연구하며 구조주의로는 설명하기 어려운 욕망의 심리적 측면에 집중하는 경향을 보인다. 이들은 수면 아래의 무의식이 작동하는 거대한 욕망의 바다에 사회구조가 위태롭게 떠 있다고 간주한다. 그 구조는 욕망의 바다로부터 솟아오르는 파도의 물결에 의해 때때로 구조 일부가 허물어져 다시 새로운 구조로 생성되며 재편된다. 드물게는 구조로 남아있다가 혁명이나 쿠데타와 같은 거대한 파도가 몰아쳐서 기존 구조를 완전히 허물고 다시 완전히 새로운 구조를 만들어 낸다. 이처럼 후기 구조주의는 이면의 욕동의 부분, 특히 무의식의 작동 매커니즘에 대해서 사유한다. 그동안 한국 사회에서는 구조 이면에 소외되고 억압받고 배제되는 욕망의 요소들이 유난히 강하게 은폐되어 왔다. 유교의 교육을 받고 일제 강점기의 식민지 생활과 한국전쟁, 그리고 군부 독재기간 동안 강제적인 근대화를 겪으면서 목소리를 내지 못하고 억압되고 배제된 요소들이 상대적으로 매우 두터웠다.

성소수자인 방송인 홍석천은 90년대 말 커밍아웃을 하고 난 이후, 모든 방송사에서 퇴출당했다. 그는 방송에 적합한 인물이 아니라는 이유로 각종 방송프로그램에서 강제 하차당하고 이후 10여년간 자신의 의도와는 상관없이 모든 방송활동을 중단할 수밖에 없었다. 성소수자의 취향에 대한 개인별 호불호는 별도로 하고, 같은 사회의 일원으로서 자유롭게 발언하고 활동할 수 있는 자유가 제약되는 것은 건강한 사회라고 말할 수 없다. 후기구조주의 사상은 이렇게 억압되고 배제되고 소외된 사회의 요소들을 올바르게 복권시키고 함께 포용하며 안정화시키데 상당 부분 기여를 해왔던 것이 사실이다.

이전의 권위주의 시대에는 철학 분야의 담론들이 주로 제도권에서 논의되고 영향력을 행사했던 것과는 달리, 이 시기에 이르러서는 비제도권에서도 활발하게 연대하고 조직화하여 새로운 철학적 담론을 형성하고 운동도 일어나는 현상이 '생성' 되기 시작한다. '선불교와 들뢰즈의 이론을 연결시켜 사유하는 노력을 일찍부터 시도한 철학자는 이정우이다. 그는 1998년 서강대 교수직을 사퇴하고, '철학아카데미' 에서 강의하면서 프랑스의 후기구조주의와 동양의 선불교를 가로질러 사유하는 모험을 계속했다.'[29] 제도권 교육이 아닌 재야 철학자들이 연대하여 스스로 조직하여 커리큘럼을 조성하는 자발적 교육 시스템은 보통업의 풀뿌리 민주주의 및 '연대' 의 목소리를 상징하고 제도권 구조 이면의 잠재성의 움직임이 생동하는 후기구조주의적인 움직임의 교육체제였다고 말할 수 있다.

29) 나종석, 90년대 한국에서의 포스트모더니즘의 수용사 연구, -학제적 주제의 사회인문학적 탐색 시도, 철학연구, 120호, 2011.11, p93

디지털 시대 전환과 후기구조주의 사상의 접목

0510 한국적 에코, 녹색사회의 담론

동북아 사유의 전통에서는 계속해서 범아일여, 천인합일 등의 자연과의 일체화된 삶을 추구하는 사상과 기일원론의 삶의 태도와 사상적 계보가 이어져 내려왔다. 그것은 '내재성의 사유'라고 칭할 수 있을 정도로 자연 만물의 운행이 신의 속성인 도(道)가 내재된 법칙에 따라 운행하는 것으로 생각했기 때문이며, 그에 따른 자연과의 삶의 일치와 순응을 중시한 까닭이다. 동시대 담론에 있어서도 환경을 중시하는 사상들과 녹색 사상 등은 이러한 특성들과 일맥상통하고 한국 사상의 계보를 잇는 요소들이 이어져 내려오고 있다. 이에 대한 대략적인 계보는 다음과 같다.

동북아 사상에서 노장사상은 공맹 사상과 같은 인위성을 배격하고 도의 순리와 무위(無爲)를 중시했다. 물처럼 자연스럽게 흘러가는 법칙을 중시하는 상선약수(上善若水)의 개념을 중시하기도 한다. 불교에서는 당나라 제국의 시기에 일즉다, 다즉일(一卽多, 多卽一)의 화엄사상 즉, 모든 것이 자연(세계)과 하나라는 전체성을 강조하는 화엄사상이 중심적인 역할을 하게 된다. 주역은 끊임없이 변화하는 세계에 의미를 부여하고 마음을 다스리는 '중용'의 학문체계로, 양과 음이 공존하고 서로를 대대(待對)하는 방식에 집중한다. 주역의 사유는 중앙을 중심으로 순환하며 양과 음의 변화의 양태를 사유한다. 거기에서 음양오행의 개념이 나오는데, 다섯 가지의 요소들로 구성된 세계가 상생, 상극의 관계로 설정되어 있다는 점과 상호작용하여 순환하고 있다는 것을 설명할 수 있으며, 이 요소들의 구성과 역학적 법칙을 사유한다. 이러한 개념은 건축 도시 분야의 풍수지리에도 영향을 주었다. 동북아 사상의 주요 흐름 중 하나는 끊임없이 변화하며 순환하는 자연에 순응하고 하나가 되고자 하는 자세를 사유했다는 점이 중요하다.

고대 유교와 노장사상의 태동 이후, 한나라부터는 시대별로 유, 불, 도 가운데 자신의 시각을 중심으로 타 종교를 재해석하는 방식으로 상호 경쟁하고, 또 상대방의 이론을 받아들이면서 발전했다. 한나라 때 동중서는 도교를 중심으로 유교를 재해석했는데, 음양의 원리를 도덕원리로 해석하고 이를 정치에 응용했다. 또 현학은 노장사상을 바탕으로 불교를 해석했는데, 그들은 도의 개념을 복합화했고 여기에서 '현학적' 이라는 단어가 만들어졌다. 주돈이의 태극도설은 '무극이태극' 이라는 개념을 전개하며 리가 존재하고 기의 흐름에 의해 변화와 흐름이 만들어지는 개념을 처음으로 제시했다. 주돈이는 도교적 세계관과 유교적 질서 체계를 수립하며 토착적인 선종(禪宗)의 설립에 영향을 주었다. 그는 '태극→음양(氣)→오행→만물' 이 생겨나는 다이어그램을 만들었다. 이는 동북아 세계관의 개념을 처음으로 다이어그램으로 '시각화' 했다는데 중요한 의미가 있다. 장재는 태허(太虛)의 개념(기의 이합집산과 만물의 동일성)을 중심으로 세계의 일부로서 모든 '타인' 을 사랑해야 한다고 보았다. 개인의 깊은 내면의 참 자아는 세계의 각 자아와 연결되어 있고 그것이 우주의 흐름과 운동과 하나가 된다는 것이다.

불교가 융성하던 수, 당 제국 시기에 천태종은 나가르주나의 중관불교의 주요 경전인 '법화경' 을 토대로 민중이 중심이 되는 실천 종교의 특성을 보였다. 이후, 당 제국에서는 불교가 국교로 공인받고, 귀족을 중심으로 학문(문자)을 중심으로 하는 불교인 교종을 발전시켰다. 화엄종은 바수반두의 유식 불교를 중심으로 하여 일즉다, 다즉일(一卽多, 多卽一)의 사상을 강조하여 백성들의 하나됨을 강조하는 제국적 사상으로 발전했다. '회창법란' 사건 이후, 선종(禪宗)으로 독자적 발전이 이루어졌는데, 이것은 불교의 도교적 토착화를 통한 발전과 변형이 이루어지며 등장한 변종의 토착 불교 종파였다. 선종은 문자적인 방식의 깨달음보다는 직관적 깨달음(돈오)과 점진적인 수행(점수)을 중시했다. 이러한 모든 것이 세계와 참 자아(아트만)가 하나가 되고자 하는 정신적, 신체적 수행의 시도였다.

'김종욱은 지구 생태계에서 불교의 형이상학적인 중중무진법계의 화엄적 질서를 추정하는 동시에 복잡성 과학에서의 비선형적 인과를 확인한다. 그는 생태계를 복잡계와 법계가 상호 의존성, 순환성, 항상성으로 만나는 통일체라 생각한다. 그리고 인간 삶의 생태계가 복잡계에 의해 확인되면서 법계를 나타낼 때 인간 경험은 무상성(無常性), 무아성(無我性), 공성(空性)에 도달하게 되리라고 본다.'[30] 라는 의견과 같이 세계(자연)와 '참 자아(아트만)'가 하나라는 생각은 불교와 동북아 사상의 계속되는 주요 주제였다.

송나라 때 주자(주희)는 성리학(신유학)을 정립하여 합리성의 리(理)와 성(性)을 강조했다. 이와 대립적으로 육구연은 마음의 기를 중시하는 심즉리(心卽理)설을 주장했다. 명 제국에서 신유학은 심(마음수양, 致良知)을 강조했고, 기(氣)가 중심이 되는 '심학(心學)'이 발전했다. 왕수인은 마음을 잘 다스리는 것에 집중하는 양명학을 창시하며 지행합일(知行合一)을 강조했다. 그는 격물치지 중 '기'의 요소인 마음의 '치지(致知)'를 중시하였고, 주자학은 격물(格物)을 중시했다. 청 제국의 신유학은 기학으로서 과학적 물질론을 가미하며 조선의 실학에 영향을 주었고 일정 부분 당시 근

30) 정대현, 한국현대철학, 그 주제적 지형도, 이화여대출판문화원, 2016, p308

대성을 접목시킨 것이었다.

한국은 마음속의 리가 구비되어야 함을 강조하며 도덕성과 능동성을 주장했다. 그러한 도덕성과 능동성이 바로 천지사물의 '원리'라고 보며 교조적인 성리학을 좀 더 심화시켰으나 다른 사상(심학, 기학)은 강하게 거부했다. 최제우가 창시한 동학은 천제(天帝)의 개념이 고대 한민족의 범신론적 개념(샤머니즘, 토테미즘)으로 이어지며 유, 불, 도의 성리학의 특성 그리고 서양 천주교의 특성이 모두 종합된 사상이었다. 동학의 회통정신, 통합정신, 평등 정신을 강조하며 신을 모시는 '시천주(侍天主) 사상'은 자연과 하나가 되고자 하는 특성이 윤리적인 삶과 동일시된다는 사상의 계보가 종합된 것이다. 이러한 특성은 만물에 신이 깃들어 있다고 보고 기를 중시하는 한국 사상의 특성과 연결된다. 앞서, 유영모, 함석헌, 장일순의 사상을 살펴보았듯이, 자연과 생명을 중시하는 천인합일의 정신은 심지어 천주교나 기독교까지도 한국적 관점의 자연적 '신'으로 해석하면서 자연과 친화되고 합일되는 삶을 실천하는 수준에 이르고 있다. 특히 장일순은 생명 중심의 자연주의를 강조하면서 자연과 하나가 되는 공동체의 삶과 방식(협동조합)을 실천했다.

한편, 불교 사상은 범아일여(梵我一如)의 자세를 강조하므로 거의 직접적으로 자연과 하나가 되고자 하는 세계관을 가지고 있다. '서재영은 한국 선원이 불교 전통과 생태화되는 방식을 잘 분석하고 있다. '풀과 나무도 성불한다(草木成佛)'라는 불교 신앙은 흙과 몸이 하나(依正不二)라는 자연과 인간의 관계적 존재론에 기초하여 모든 존재에 불성이 내재되어 있음(無情佛性)을 전제한다. 한국 불교는 이를 토대로 한가하게 살고(閑居靜處), 욕망을 줄이고(少欲知足), 먹을 만큼만 먹고(拔羽供養), 숲과 자연을 보호하는 산주(山主)가 되어, 농사일 자체를 수행(禪農一致)으로 하는 삶의 형식을 추구한다.'[31] 앞서 살펴보았던 장일순의 사유와 실천의 삶과 연계되는 부분이다.

한면희는 동북아 사상의 중요한 개념들을 이 시대 문화의 언어와 필요에 맞추고 엮어내어 동시대의 인도주의적 생태관을 전개한다. 그는 보수적 환경주의와 급진적 생태주의를 대조적으로 비교하는 것으로 시작한다. 한면희는 '기(氣) 생태주의'에 이르기 위해 먼저 동서가 보이는 주류적 방법론의 차이에 주목하는데, '유기적 공생 관계로 보면, 자연의 생명가치와 인간의 환경파괴가 갖는 의미가 선명하게 드러난다. 자연의 각 존재가 서로 내적 관계를 맺고 있으며 그런 관계를 통해 서로 서로가 기대어 생명을 유지하게 되는 생명 가치를 자연과 생태계가 갖는다.'[32]라고 언급하면서 인간은 자연과 분리되어 있는 것이 아니라 기의 흐름의 연장선상에 놓여 있음을 주장한다. 그는 인간 역시 자연으로부터 연계되는 음식으로부터 기를 받는다는 입장을 견지하며, 이를 동양의학과 식생활에 대한 논의로 확장시킨다. 동북아의 음양오행과 의술에서 논의되는 사상의 연장선상에 있음을 확인할 수 있는 대목이다. 자연의 '기'에 의해 길러진 자연식을 통해 건강할 수 있고, 정기에서 정(精)은 몸의 바탕이며, 기(氣)는 신의 주인이고, 몸(形)은 신이 머무는 집이라는 것이다. 신(神)은 기를 먹고 몸은 음식을 먹으니 함께 연계되어 있으므로 자연과 동일하게 살고 먹어야 한다는 논리이다.

한면희는 보수적 환경주의와 급진적 생태주의를 대조하면서 서양의 환경주의의 경우, 인간이 중심이 되었고 인간이 우선적으로 목적이 되고 자연은 후순위가 된다는 점과 자연은 자원이라는 관점을 가지고 있다고 비판한다. 그는 목적의식에 따른 세계관이 오늘날 자연의 파괴의 원인이 되었다고 진단한다. 환경보수주의는 문제가 생기면 그에 따른 해결책을

31) 정대현, 한국현대철학, 그 주제적 지형도, 이화여대출판문화원, 2016, p308
32) 한면희, 한반도 녹색공동체 이념: 기(氣) 생태주의와 백두대간의 문화, 환경철학, 2002년 1월호, p51

내놓으면 그만이라는 태도이다. 그러나 생태주의는 열역학과 물리학을 배경으로 '생태(eco)' 라는 개념의 단어를 도입함으로써 '자연적 존재(동식물 개체, 빛, 물, 대기, 흙, 바람)들이 서로 분리되어 있는 것이 아니라 유기적으로 연계되어 각종 지구 생명체를 부양한다고 인식한다.'[33] 이 모두가 자연(세계)과 내가 하나라는 생각의 실질적인 실천을 위한 방법론으로 간주하면서 나오는 태도이다.

앞서 살펴본 바와 같이, 유영모, 함석헌, 장일순, 한면희 등의 철학사상을 살펴보면 현대철학과 동시대 철학에 있어서 동학과 거의 유사한 측면, 특히 자연과 일체화되고자 하는 생명 사상, 그에 따른 실천적 움직임이 함께 이어져 내려오며 계보를 잇고 있음을 알 수 있다. 건축 부문에 있어서 이러한 측면은 풍토와 연결된 에코 건축의 특성으로 나타났는데, 그것은 보수적 환경주의에 좀 더 가깝다고 할 수 있다. 오늘날 동시대의 새로운 생태주의적 관점의 건축, 그 윤리적인 실천이 함께 뒤따라야 하며 적절한 방법론이 필요하다고 할 수 있다.

0511 디지털 시대의 변화와 생성의 철학

21세기에 들어서면서 사회적으로 가장 큰 변화 중 하나는 본격적인 디지털 시대로의 전환을 들 수 있을 것이다. 90년대 각 가정에 PC가 보급될 수 있을 정도로 성능과 가격 면에서 괄목할 만한 발전과 성장이 있었고, 광속 통신망의 설치가 일반화되어 실시간으로 전세계가 연결되면서 소통할 수 있는 환경이 조성되었다. 사업의 주체들은 더 나은 조건에서 비교우위의 생산력을 획득하기 위해 세계의 공장을 자처하는 중국을 포함하여 제3세계로 공장들을 이전했고, 각종 운송 및 통신 수단의 발전으로 인해 무역량은 비약적으로 증가했다. 세계의 자본은 통신망의 발전과 증시의 세계화와 맞물려 급속하게 확장되고 발전되었다. 이익이 될 만한 지역

33) 정대현, 한국현대철학, 그 주제적 지형도, 이화여대출판문화원, 2016, p313

에 대규모 자본이 순식간에 응집했다가 이익을 실현하면 빠르게 빠져나가는 상황이 편리하고 자유로워졌다. 이른바 '글로벌 신자유주의'의 세계가 출현한 것이다. 이익을 위한 이합집산의 규모와 속도가 이전 시대와는 비교할 수 없이 빠르게 재편되고 해체되는 상황이 등장하게 된 것이다. 이를 통해 인류는 빠르게 생멸하는 자본의 발전으로 생성되는 달콤한 열매들을 다양하게 경험할 수 있게 되었다. 이와 비례하여 자본의 급속한 집중과 개발, 과도한 소비, 환경의 파괴에 대한 폐해도 동시에 경험하게 되었다. 인류는 이른바 글로벌 신자유주의 세계의 출현과 그 특성과 폐해를 경험하게 된 것이다.

후기 자본사회의 매커니즘, 특히 신자유주의 시대와 디지털 시대의 매커니즘을 가장 잘 설명할 수 있는 철학사상은 바로 들뢰즈의 사유였다. 이 사상은 각 요소들의 끊임없는 이합집산을 통해 새로운 방식으로 자본의 순환 관계와 변화를 설명가능하게 하면서 동시에 그것이 무의식의 욕망에 의해 추동된다는 것을 사유했다. 이제 들뢰즈의 사유에 대해서 논해보도록 하자.

들뢰즈에게 영향을 준 대표적인 철학자는 스피노자, 니체, 베르그송이라고 할 수 있다. 스피노자는 관념적으로 변화하지 않는 이데아의 세계를

16

16 들뢰즈, 생성의 철학의 개념

사유하기보다는 수시로 바뀌는 감정의 문제를 합리적으로 판단하고 다스려서 올바르게 통제할 수 있는 것이 '윤리' 라고 생각했다. 니체는 한계를 초극하는 초인의 자세를 감정의 추동력인 정념을 통해 성취하고자 했다. 베르그송은 심리적인 시간의 인지와 종합을 통해 선형적인 시간관이 아닌 순환적 시간관을 설정하는데 영향을 주었다. 들뢰즈는 이들의 사유를 창조적으로 복합하여 자신의 세계관을 창조했다. 그는 세계의 운행을 다양한 요소들이 복합화되며 끊임없이 변화하는 순환적인 특성으로 바라보며 이러한 작용이 인간의 무의식과 강하게 연계되어 있다고 주장한다.

들뢰즈의 사유에서는 사유하는 '주체' 와 판단의 대상인 '객체' 라는 이분법적인 구도를 벗어나는 시각을 보여준다. 그에게 '존재' 라는 것은 '사건', '운동', '효과' 등이 존재이며 '주체' 이다. 그는 세계를 구성하는 요소들 간의 관계들이 만들어 내는 사건과 효과 등 각 상황에서 주체를 만들어 내는 움직임이 있을 뿐이라고 생각한다. 끊임없이 변화하는 세계를 사유함에 있어서 그는 눈에 드러나는 현상 이면에서 다양한 심리적인 요소(무의식)들이 서로의 관계와 욕동의 추동에 의해 화학 반응을 일으키면서 새롭게 무언가를 생성해 나간다는 것이다. 그 때, 각 요소가 만나고 반응하면서 만들어지는 것은 관계의 만남이라는 '사건' 을 통해 발생하게 되고 그것은 하나의 '효과' 를 만들어 내게 된다. 그 순간의 주체는 새롭게 생성된 주체이며 그 주체는 또 다시 다른 요소, 사건의 관계와 만남에 의해서 새로운 주체로 계속해서 리뉴얼되며 차이를 보이는 가운데 '생성' 되며 새로운 '복합체' 가 된다. 다른 요소와 만나게 되면 또 다른 주체가 생성되는 식이다. 들뢰즈는 각 요소들의 관계에 의해서 네트워크화되는 고구마 뿌리줄기와 같은 '리좀' 의 개념을 설파한다. 그의 주요 저서 중 하나인 『천 개의 고원』은 다양한 요소들의 섞여듬 곧, '리좀(rhizome)' 의 네트워크의 연결과 생성 특성에 대한 상징적인 제목이다.

17

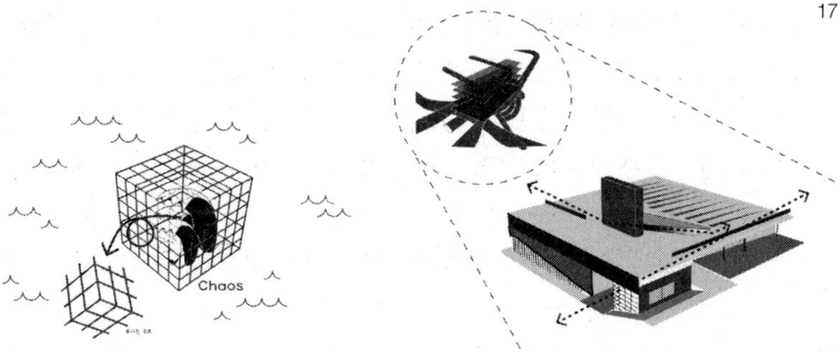

새로운 요소들의 관계와 만남을 통해 생성되는 사건과 효과는 새로운 '의미'를 만들어 낸다. 그 의미는 하나의 힘의 방향성을 가지게 되는데, 그 힘의 방향성은 각 요소들의 욕망의 힘의 추동력에 의해 그 방향을 가지게 된다. 들뢰즈의 세계관에서는 새로운 것은 아무것도 없다. 계속해서 새로운 것, 새로운 시간, 새로운 방향성이 유입되기 때문이다. 일상이 반복되고 되풀이되는 것 같지만, 오랜 시간이 지난 후 과거와 현재를 비교하면, 그 사이의 변화가 뚜렷하게 감지된다. 이와 같이, 심리적인 관조를 통해 바라보게 될 때, 또 무의식의 시각으로 응시하게 될 때, 우리는 시간의 흐름에 따른 일방향성의 시간성이 아니라 순환성의 시간성임을 경험하게 된다. 그것은 겉으로 드러나지 않는 잠재성의 세계이자 무의식의 세계이다. 드러나며 현실화되는 것은 이미 잠재성이 수면 아래에서 드러나기 위한 운동이 진행되고 있음을 의미하고 어떠한 특이지점에서 현실화되는 것이다.

각 요소들이 만나고 섞여 들어가면서 복합화되는 가운데 생성되는 일시적인 결과물은 그 요소들이 욕망하는 무의식의 추동력에 의해 욕망이 투사된, 혹은 욕망을 투사시키는 '기계'가 된다. 그 기계는 또 다른 요소

17 후기구조주의의 특성과 생성의 특성

가 접목되면 또 다른 욕망의 추동력에 의해 다른 기계가 된다. 다른 양태, 다른 모습으로 나타나는 양태는 욕망의 목적에 따라 차이를 만들어 낸다. 전쟁을 수행하기 위한 '전쟁 기계', '추상 기계' 등의 개념은 신자유주의 세계에서 순식간에 자본이 집적되고 투자와 개발이 일어나고 이내 그 목적(자본의 집적)이 이루어지게 되면 순식간에 자본이 회수되고 빠지면서 빈껍데기만 남게 되는 특성을 설명하는데 적합한 개념이 되고 있다.

건축은 들뢰즈의 사유를 즉물적으로 설명하기에 용이한 분야이다. 쇠퇴한 지역의 재개발 과정을 생각해보자. 건축에 있어서 잠재성은 변화의 시점이 무르익을 때 자본의 흐름에 따라 개발이 용이할 때까지 기다리고 있다가 본격적으로 잠재성이 현실화되어 눈에 드러나게 되면서 건축물로서 짧은 시간에 굳건하게 현실화된다. 그 건물을 현실화시키기 위해서 이전에 물밑에서는 개발의 이익을 기획하고, 관계자가 움직이고 적절하게 상호 내용의 보완을 통해 잠재적인 움직임이 이루어지고, 작업이 진행되면, 상대적으로 짧은 시간 동안에 활발한 구축활동이 눈앞에 벌어지면서 튀어나오듯 현실화되는 것이다.

들뢰즈 이후, 지젝의 사유는 헤겔의 변증법과 정신현상학적 측면, 그리고 라캉의 무의식이 분석 요소들이 잠재적으로 반응하여 사회, 문화, 정치적 현실로 드러나는 부분을 동시에 사유하고 있다. 그는 무의식이 작동하는 사이의 간극 부분에 집중하고 있다. 들뢰즈의 사유가 무의식의 욕망의 추동력에 의해 끊임없이 변화해 나가는 측면에 집중하는 사유이고, 다소 무자비하게 작동하는 신자유주의적 특성을 설명하기에 적합한 철학 담론이라고 한다면, 지젝의 사유는 드러나는 것과 드러나지 않는 것, 드러나게 하는 무의식의 요소들이 정치, 사회적인 측면에서 어떤 방식으로 사회적 '주체화'를 이루고 구조화되는지를 고찰하면서, 그 '구조화'의 매커니즘의 작동방식에 집중한다. 바디우의 사유 역시 후기구조주의 사유의 흐름의 연장선상에 있지만, 수학의 집합론과 같은 엄밀함을 기본으로 하여, 특정 사건 이후 그 사건이 만들어 내는 사회적 반향과 그 남겨진 영향이 어떻게 사회에 지속되는지에 대한 '충실성' 개념에 집중한다. 그는 세상에 큰 영향을 끼쳐 그 영향이 후세에 지속되며 변화시키는 것을 '드문 주체' 로 생각한다. 개개인 모두 각각의 주체가 아니라 '드문 주체' 만을 '진정한 주체' 로 인정한다.

한국에서 들뢰즈의 유목주의(노마디즘)의 사유는 1990년대 후반부터 2000년대 초, 중반에 활발하게 논의되었고 여전히 현재 진행형이다. 프랑스 철학으로 대표되는 들뢰즈의 철학은 데리다 및 후기 구조주의 계열의 철학과 함께 90년대 우리나라 진보성향의 세력과 젊은이들에게 많은 영향을 끼치며 대안적인 철학으로 각광받아 왔다. 프랑스 철학은 1970년대 ~90년대 초에 이르기까지 군부독재와 권위주의 시대에 '실존주의' 에 영향을 받아 저항했던 운동권 세력과 1987년 넥타이 부대로 대표되는, 길거리 시위에 참여했던 386세대 및 486세대에게 새로운 '대안의 철학' 으로 자리매김했다. 그 배경에는 1990년대 들어 문민정부가 수립되고 민주화되면서 군부 독재정권에 저항하던 운동권 세력과 진보 세력들에게 저항의 대상이 일순간에 사라져버리는 상황이 주요하게 작용했다. 이미 세상은 엄혹했던 권위주의 정치체계를 극복하고 민주화 시대의 문이 새롭게 활짝 열린 상황이었으며, 경제는 나날이 성장하고 문화는 창발하고 자유를 향유하고 있는 시절이었다. '구심점' 을 잃은 운동권과 진보 세력들과 젊은이들에게 프랑스의 진보 계열의 철학은 지적 열망과 문화적 다양성의 니즈를 채워주었다. 동시에 그들의 사유는 좀 더 풍성한 자유를 갈망하며 저항하고 투쟁하고 유목민처럼 옮겨 다니며, 느슨하지만 효과적으로 '연대' 하는 동시대 철학의 토대가 되었다. '생성의 철학' , '사건의 철학', '노마디즘' 이라고 명칭되는 이러한 들뢰즈 계열의 사유들은 모두가 프랑스 진보 계열의 철학들을 칭하는 이름들이다.

한국에서는 한국의 '철학 아카데미'와 '수유 너머' 등에서 새로운 세기를 위한 대안의 철학으로 시민들과 함께 하는 공동체와 유사한 철학의 모임을 시도했다. 관 주도, 혹은 제도권 교육기관에서의 움직임이 아니라 자발적인 참여와 교육, 공동체를 지향했다는 점에서 이들의 자발적인 대안교육 체계는 새로운 시도로 여겨졌고, 철학의 대중화를 위한 실천적인 움직임이었다.

0512 밀레니엄 이후 기일원론의 특성과의 연계지점

스피노자는 '내재적 신' 의 개념이 세계 만물에 존재하며 하나의 신적 실체가 그 속성을 유출하여 흘러 나가면서 각 '존재자' 에게 영향을 주며 생성되고, 그 과정에서 하나의 신적 양태로서 굳어져 나타나게 된다고 보았다. 헤겔은 정, 반, 합의 과정이 반복되면서 하나의 목적론적 방향성이 생긴다고 보았고, 정, 반, 합의 과정이 계속해서 진행되면 '절대정신' 에 이르게 된다고 생각했다. 여기서 절대정신은 스피노자의 '신' 의 개념에서 강하게 영향을 받았다고 볼 수 있다. 합리적인 관점에서 신의 실체와 속성, 양태에 대해서 사유하고 세계의 운행에 대해서 사유했던 것은 헤겔의 '절대정신' 의 개념을 통해 나타난 것이다. 그러나 헤겔은 목적론적인 방식을 통해 동일성으로 전체를 통합시켜 목적으로 나아가는 '운동의 힘' 을 사유했다. 셸링이 목적론적 특성이 없이 범신론과 유사한 '자연' 으로서의 신적 개념을 발전시킨 것과는 달리, 헤겔은 절대정신으로의 운동 방향성이 신적 속성으로 나아가는 '목적' 이 있었기 때문에, 정, 반, 합의 운행을 하게 된다고 보았다. 이 부분이 바로 동일성을 강요하는 근대성의 폐해가 발생할 수 있는 지점이다. 목적을 위해서는 개인의 자유와 개성을 상당 부분 통제하여 하나의 목적으로 나아가게 하는 도구적 수단이 되는 측면이 있기 때문이다.

동북아 도교의 사상에서 노자의 '도(道)'의 개념은 양과 음이 조화를 이루면서 순환하고 평형(중용)을 이루어 나가며 엄정하게 운행하는 세계의 법칙을 의미한다. 동북아 사유로 본다면, 헤겔의 절대정신으로의 여정은 도의 운행과 움직임이라는 유사한 측면이 있다. 차이점이 있다면, 도의 운행은 자연(自然)이 스스로 그러한 것처럼 어떤 이유나 목적이 존재하지 않는다. 자연의 운행이 그러하고 자체의 법칙에 의해 '중용'의 가치를 이루며 순환할 뿐이다. 기일원론은 리와 기의 작용에 의해 세상이 운행되는 가운데, '기(氣)'의 움직임으로부터 모든 세계 만물의 사물 현상의 발생과 발전을 설명한다. 기일원론은 리일원론과 대립하고 물질적인 '기'가 세계의 기초를 이룬다고 보았다. 기일원론의 관점에서 리는 기가 생기고 운행하면서 나타나는 것으로, '기'가 운행할 때 내재하는 이차적인 법칙에 지나지 않는다고 본다. 기일원론자들은 모든 것을 물질적인 '기'의 자기 운동으로 설명한다. 양과 음의 상호작용으로 모든 사물이 생성되고 운행되고 발전하게 된다고 본다. 이들에게는 우리의 지각 역시 기가 모여 인식되게 되는 것으로 보았고, 영국의 경험주의와 유사하게 경험과 관찰을 중시한다. 조선 시대 사단칠정 논쟁 역시 이러한 논쟁으로부터 시작되었다. 기의 운행과 물질이 중시되는 주기론은 기를 중심으로 세상을 바라보지만, 기 하나만으로는 운행을 설명할 수 없고 기가 운행하면서 리가 따라오는 것이므로 어떻게 보면 상호의존적이라고 할 수 있다. 이것은 어느 부분에 중점을 두고 세계의 운행을 바라보는가의 차이이자, 당파적인 관점으로 이용되기도 한다.

'내재적 사유는 데카르트의 '코기토(cogito)'로 표명되는 반성적 내면성의 발견에서 시작하지만, 아인슈타인의 상대성 이론은 데카르트적 자연관을 폐기한다. 세계에 관한 사유는 시간, 공간, 물질, 정신, 지각 등과 같은 범주들을 재정위하여 내재화시키고, 분석철학도 비트겐슈타인을 거치면서 환원적 지식 모델을 포기한다. 다른 한편, 초월적 사유는 분석적 직접성의 신화에서 벗어나 복잡성의 차이를 수용하는데서 출발한다. 여기에서 수직적 상상력이 가동되어 규칙의 원천을 묻고 뿌리를 흔든다. 진위의 구별 자체보다는 그런 진위 구별의 가능성이 성립하는 공간을 여는 데 관심을 갖는 것이다.'[34] 라는 언급처럼, 데카르트의 근대적 사유와는 대척점에 있는 특성들을 확인할 수 있다.

기일원론은 막힌 혈을 뚫듯 기의 흐름이 원활하게 흐르면서 생성하는 자연의 법칙을 사유한다. 그것은 요소들의 관계에 의해 생성되는 것이며, 다이어그램과 같이 다양한 힘(계열)의 연결을 통해 생성되는 양상을 사유하는 것이다. 기일원론자들은 기의 운행을 통해 리가 드러나는 것이 일종의 '윤리' 라고 생각한다. 기일원론의 사유와 유사한 '들뢰즈의 경우 계열들 사이의 핵심적인 관계는 연접(/합언), 통접(/연언), 이접(/선언)의 관계이다.'[35] 라고 언급한 것과 같이 계열들이 사건들에 의해 관계를 생성하는 구조는 다른 힘에 의해 또 다시 새롭게 생성되며 부가되고 변화되므로 생성을 사유한다는 점에서 그리고 그것이 인간의 마음(무의식)에 의해 작동한다는 점에서 일정 부분 기일원론과 유사한 부분을 공유한다. 들뢰즈에게 잠재성은 무수하게 접혀 있는 주름이며 그것이 펼쳐지며 운동해 나가며 창조되어 나가는 것이다. 들뢰즈식으로 생각하면 '사건-의미' 의 크고 작은 특이성들의 운동이 '펼쳐지는 것' 이다. 동북아의 '주역' 에서 사건, 의미, 행위의 개념은 이러한 주름이 펼쳐지는 변화의 양상을 사유하는 것과 유사하며 끊임없이 변화, 생동하는 부분의 무상함을 사유하는 불교의 연기론과도 연계된다. 그것은 결국 기일원론의 계보로서 변화와

34) 정대현, 한국현대철학, 그 주제적 지형도, 이화여대출판문화원, 2016, p155
35) 이정우, 세계철학사4, 길, 2024, p148

생성을 사유하는 현대 철학과 연계될 수 있다. 근대 이후 서구의 학문이 대체로 세밀하게 부분들로 나뉘었지만, 후기구조주의의 사유와 동북아 사유는 전체를 종합한다는 측면에서 중요하다.

구조 이면에는 생성된 구조를 허물어뜨리고 새로운 구조를 만들어 낼 수 있는 아페이론[36]이 꿈틀대고 있다. 바디우는 생성의 움직임에 의해 만들어지는 사건이 주체에 의해 진리의 수준으로 격상하고자 하면 사건 이후 계속해서 영향을 주는 '충실성' 이 담보될 수 있는 집합(대중)들의 역할을 중시한다. '드문 주체' 는 그래서 충실한 접속의 실행자이다. 고정불변의 이데아의 실재보다는 차이의 '장(field)' 에서 생성을 이루는 구조를 동반한다. 차이를 보이는 요소들이 다양체를 만들어 내는 것은 최한기의 기학의 구도와 유사하다.

베르그송에게 의식은 순수활동성이며 바깥을 향하며 활동하는 것이다. 바깥은 하나의 장(field)이다. 의식에 의미를 부여하는 현상학적 환원 역시 의식의 활동성이다. 그 활동성은 필연적으로 각자의 '체험' 으로 귀결되고 그것은 무의식과 연계되며 환원된다. 이면의 욕동과 그와 반응하며 만들어 내는 구조는 구조주의 철학의 사유의 중점적인 주제이다. '구조는 현상이 아니다. 구조는 비-가시적인 차원으로서, 현상과 의식의 차원이 아니라 무의식적 추상공간이다.'[37]이라는 의견과 같이, 무의식의 요소들이 구조 이면에서 활동하며 '의미' 를 생성하는 것이다.

의미를 생성하는 것은 순수기표이며 그것은 구조의 위치에 따라 결정되고 달라진다. 마음의 변화는 이러한 구조의 변화와 움직임에 따라 달라진다. 서양의 근대철학이 명백하게 '주체' 가 있다고 가정하는 것과는 달리, 생성의 철학과 동북아 기일원론은 선험적 주체를 해체한다는 점에서

36) 아페이론: 무한정한 존재의 뜻인 접두어 a-와 경계 혹은 한도를 의미하는 'peras'의 조합으로, 세계 전체를 생각했을 때 생성과 소멸이 무수히 발생하고 순환하고 있지만, 전체적인 시각에서는 변화가 없으므로 신적인 것으로 판단한다.
37) 이정우, 앞의 책, 2024, p440

유사한 부분을 공유하고 있다. 마음을 작동시키는 무의식의 영역은 욕망과 관련된 생성의 차원이다. 생성의 결과로 구조가 새롭게 정립되고 그 구조는 무의식의 작동에 따라 또 다시 변화하게 된다. 구조를 인식할 때 서양의 그 인식하는 '주체'는 이미 그 구조 바깥에 서 있는 것이다. 바깥의 바깥을 스스로 자체의 내부에 접으면서 주름으로 펼쳐진다. 그 주름은 결국 '생성'과 '변화의 펼쳐짐'이다.

생성의 변화는 항상 억압(통제)과 탈주의 힘겨루기로 나타나는 움직임과 변화이다. 알튀세르의 이데올로기 개념을 생각했을 때 '지배 이데올로기(의 여백)→어떤 계제의 생성(우발성)→저항적 이데올로기의 생성의 방향이고, 다른 하나는 계급투쟁(의 잠존)과 투쟁 일반→저항→지배 이데올로기의 반작용의 방향이다. 핵심적인 것은 계제/우발성이라는 바깥의 바깥을 저항하는 주체의 안으로 되-구부려 주름-접는 것이다.'[38] 라는 의견처럼, 기의 흐름은 생성이고 그것은 욕망과 이데올로기적 투쟁의 흐름을 통해 주름이 펼쳐지고 접히는 생성의 과정을 되풀이한다.

데리다의 경우에도 주체와 객체의 사이의 부분, 즉 주체와 개체의 '사이'에서 온전하게 소통하는데 문제가 되는 무의식의 요소들에 주목한다. 그는 주체의 동일성의 문제로 각종 문제가 발생했던 근대성을 반성하고 개체의 개성과 욕망을 억압하고 배제시키고 소외시켰던 부분을 온전하게 드러내어 화합하고 안정화하는 과정을 통해 동일자를 탈구축하고자 한다. 후기구조주의자들의 사유는 대부분 이러한 관점을 중시한다. 지젝의 경우에도 정치, 사회, 문화적으로 억압된 무의식의 욕망이 만들어 내는 부정적인 사회현상들에 초점을 맞추고 욕망이 온전하게 드러날 수 있는 방안에 대해서 사유한다. '주체는 이 결여의 기표를 실재(대상a)로서 되찾음으로써 자신의 욕망의 그래프를 완성한다. 반면 들뢰즈와 가타리의

38) 이정우, 세계철학사4, 길, 2024, p479

욕망은 차이 생성의 역능으로서, 최한기식으로 말해 끝없이 활/동/운/화하면서 기화하는 기와도 같은 것이다. 주체는 이런 욕망의 흐름이라는 터 위에서 성립하며, 이들은 이런 주체를 욕망하는 물체라 부른다.' 39) 이러한 경향은 전적으로 무의식과 기의 흐름들이 만들어 내는 생성의 힘을 사유한다.

'내월적 상상력을 위한 김상환의 역사적 논변은 20세기 서양 사상사를 섭렵하여 도달한 서양철학이 동쪽으로 오고 있다라는 믿음에 근거를 둔다. 그가 관찰한 최근 서양의 세 주제는 복잡성, 차이, 내재성이다. 서양 사상사에서는 낯설지만, 동양 사상사에서는 친숙한 이 주제들에서 그는 사상의 동점(東漸)을 읽어낸다. 이 주제들은 고대 그리스에서 싹텄던 합리적, 과학적이라는 서양 전통의 사유 방식을 대치하면서 탈서양, 탈근대의 화두가 되고 있지만, 이미 동양 전통의 노장 사상에서는 이전부터 선명하게 존재했다.' 40) 김상환의 관점처럼, 서양은 자체의 모순을 극복하기 위해 동북아의 내재성의 사유에 주목하고 동쪽으로 이동하며 변화를 실천하고 있는 것이다. 그 내재성의 사유는 노장사상으로 대표되는 동북아의 사상과 세계관이 영향을 끼치고 있다.

이와 관련하여 노자와의 상호 연계성, 의존성, 관계성 등의 연계는 다음의 내용과 같다. '세상의 사유는 논리적이고 관념적인 것을 대상으로 하는 것도 있고 그와는 달리 동적인 것을 사유하면서 변화하는 것에 대한 논쟁이 상호균형을 이루었다.(중략) 이들의 논쟁은 모두가 세상에 고정불변의 관념이 존재하는가?에 대한 주장과 함께 변화하는 무언가에 대해 주장하는 것이 상호 당파적 투쟁과 정치적 입장과 결합되는 역사를 만들어 왔다.(중략) 움직임과 변화를 사유했던 노자의 사유와 생의 철학의 계보인 들뢰즈와 노자의 사유에는 여러 가지 공통점을 발견할 수 있다.' 41)

39) 이정우, 앞의 책, 2024, p484
40) 정대현, 앞의 책, 2016, p155
41) 임기택, 생성의 철학과 건축이론, 시공문화사, 2015, p108

노자의 철학은 '관계의 철학' 이라고 말할 수 있다. 관계의 철학은 하나의 개념으로는 설명이 불가능하다. 그 이유는 끊임없는 운동과 변화를 만들어 내기 때문이다. 그것은 이성을 부정하고 변화하는 경험의 영역을 긍정하는 것이다. 세계는 유와 무의 상호의존의 '관계' 이다. 유는 무를 기다리고 또한 무는 유를 기다리며 서로에게 의존한다.[42] 따라서 세계는 유와 무의 조합 및 상대적인 측면으로 이루어져 있다. 그래서 노자는 세계가 상호 다른 힘들의 대립면에 존재한다고 보았다. 서양철학의 존재론적 개념, 관념적 개념과는 달리 세계가 관계로 이루어져 있다는 시각임을 알 수 있다. 대립된 힘들은 마치 꼬여있는 새끼줄처럼 여러 가지의 요소들이 상보적으로 뒤섞이면서 서로를 기다린다. 그리고 서로 다른 요소들의 경계면이 형성된다. 그리고 순환한다. 모두가 들뢰즈의 사유들에서 나온 키워드들과 유사함을 느낄 수 있는 부분이다. 공자의 인위적 정치사상과 대립하여 노자는 '도(道)' 라는 개념을 설정하고 이를 설명하기 위해 음, 양의 상대적 개념을 도입한다. 그는 세계가 '도' 로부터 나오고 '도' 에 의하여 생성, 사멸의 운동을 한다고 하는 객관적 관념론을 전개했다. 근대 이성의 공고한 구축물과 같은 구조에 대항하여 생성, 효과, 사건 등의 운동과 변화에 대한 주제를 주요한 사유 대상으로 풀어나갔다는 점에서 노자 사유의 유사성과 학문적 연계가 가능하다. 노마디즘의 공간 담론은 역시 노자의 사유와 음양의 조화에 대한 훌륭한 유추가 될 것이다.[43]

서양은 동쪽의 동양으로 이동하고, 동양은 근대의 시기에 제국주의 열강에 의해 서양의 사상과 기술과 문화가 강제적으로 이식되어 서쪽으로 이동하는 경향을 보이고 있다. 이 가운데 자체적으로 진화하여 현재는 중앙에서 만나 자체의 장점을 확대하며 경쟁하는 시대가 되었다. 동북아 사유의 단점을 극복하고 서양의 것들을 취하면서 동시에 서양이 갖지 못하는 것을 주체적인 시각으로 극복하는 방향성이 중요한 시점이 된 것이다.

42) 최진석, 생각하는 힘 노자 인문학, 위즈덤 하우스, 2015, p191
43) 임기택, 앞의 책, 2015 발췌

—생태적 녹색 윤리성(천인합일)

일단, 동시대를 사는 우리는 정복하고 이용하며 대상화시키는 자연에 대한 서양의 근대적 인식을 반성하는 것으로부터 시작해야 한다. 이를 위해 건축과 도시 분야에서는 자연과 환경을 하나의 동일한 생명체로 인식하는 시각의 전환이 우선시 될 필요가 있다. 우리는 세계의 일부로서, 환경과 개인, 그리고 공동체 모두가 공생할 수 있는 윤리성을 지향해야 한다. 그것은 생명, 공생, 공존, 평등, 순환성의 가치로, 1, 2, 3권에서 살펴보았던 동북아 사유의 범아일여, 천인합일의 가치가 녹아 들어가며 만들어왔던 사상 및 건축적 가치와 일치한다. 역사를 인간과 사회의 관계로만 볼 것이 아니라, 의미를 생성하는 '통합된 전체'로 바라보고 자연과 일체화되는 방향성으로 그 관심을 확장하여 물리적 환경을 구축할 필요가 있다. 그러한 자세의 변화가 선행될 때 비로소 기존의 도시, 건축의 분위기에서 새로운 가치의 결과물로 변화될 수 있을 것이다. 생명과 근원을 탐구하는 녹색 담론은 사람과 물질을 하나로 인식하면서 자연스럽게 주위를 둘러싼 '풍경'이 될 수 있다고 보고 그것이 하나로서 인식될 수 있도록 그에 맞추어 행동하며 실천할 때 자연스럽게 윤리적인

18

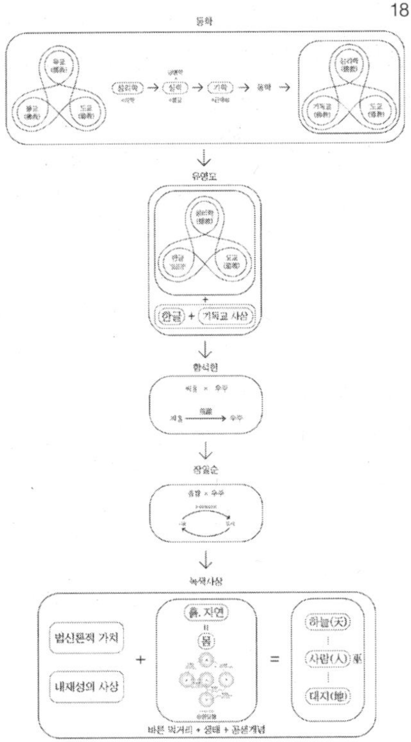

18 한국기일원론의 계보

삶과 도시, 건축이 될 수 있다고 설파한다. 단순히 기술적 해결로 에너지를 절약하고 지속가능한 솔루션에 집중하는 것이 아니라 더 나은 인간적 가치에 집중해야 한다는 것이다. 즉, 풍토와 지구(세계, 우주) 전체를 하나로 보고, 기후의 변화에 맞추어 불편하고 상대적으로 낮은 기술 수준이라 할지라도 나, 너, 그, 우리, 세계가 하나로서 연결될 수 있고, 바람직한 공동체성을 확보할 수 있는 철학과 환경과 도시 건축을 만들어야 할 것이다. 또 건축을 욕망을 채울 수 있는 하나의 '오브제'로서 바라보는 것이 아니라, '자연의 일부'로서 유기체적인 '풍경(landscape)'으로서 인식하게 된다면 자연과 환경과 끊임없이 상호 영향을 주고받는 '영조(營造)'의 개념으로 건축을 바라볼 수 있을 것이다. 우리는 인간 중심적인 근대의 사고에서 자연의 가치를 회복하여 인간과 자연이 합일하는 것이 최우선 가치가 될 때 윤리성이 확립되고 인격 수양의 대상이 될 수 있을 것이다.

이제, 5권의 한국 현대사상의 특성을 정리할 시점이다.

동학사상에서는 생명력의 자기표현인, 천도(天道)에 생명의 의지가 깃들어 있다고 보았다. '천도(天道)는 곧 인도(人道)'라는 것이다. 그래서 천지자연의 길을 본받아 사는 것이 바로 '인간의 길(人道)'이라고 보았다. 동학은 유불도의 영향을 받았지만, 이와는 달리 일반 백성들을 중심으로 유행하던 도교적 자연관과 무속신앙(샤머니즘 및 토테미즘)의 요소, 그리고 불교의 정토 신앙적인 요소들을 복합화했다. 심지어는 기독교의 평등사상까지도 복합화하고 한국적으로 신을 해석하여 독창적으로 발전했다. 동학은 이후, 유영모, 함석헌, 장일순의 생명 사상과 실천 운동까지 영향을 끼쳤고, 이후 동시대의 녹색 사상까지 이어져 하나의 계보를 이루고 있다.

한국 현대 철학은 일제 강점기에 경성 제국대학에서 서구의 학문적 시스템으로 철학이 도입되는 가운데, 주로 독일 관념론이 중심이 되어 태동되었다. 박치우, 신남철, 박종홍은 이 시기 두각을 나타내며 한국 현대 철학 1세대로서 활발하게 활동을 이어 나갔다. 그러나 일제 강점기와 해방의 시기, 그리고 20세기 인류의 이데올로기적인 사상적 소용돌이의 한가운데에서 각자의 삶과 철학은 전혀 다른 방향성을 갖게 되었고, 일부는 비극적인 결말을 맞이하기도 했다. 그러나 박동환의 경우, 정권에 친화적이었던 박종홍과는 달리, 같은 권위주의 시대를 살았다고 하더라도 풀뿌리 민주주의와 같이 보통업의 철학을 강조한다.

유영모의 다원주의 신학은 단군신화로부터 도교의 내재적인 신의 속성인 도의 운행의 체계를 받아들였고, 동학과 기독교적인 관점까지 접목하고 한국적으로 재해석하여 자신만의 독창적인 신학을 설립했다. 한마디로, 한국적인 사상의 관점에서 기독교를 재해석한 방식으로 자신의 기독교관을 제시한 것이다. 기독교 역시 그는 동북아 사상의 관점으로 해석했고, 특히 한글의 생성 개념을 동원하여 해석하는 부분은 매우 독창적이다. 이후 함석헌은 다원주의 신학과 실존주의의 영향을 받아 군부 독재 및 사회의 부조리한 부분에 저항했다. 그의 '씨알 철학' 은 앞서 언급한 유영모의 다원주의 신학으로부터 영향을 받아 민중들을 상징하는 '씨알'(씨앗+알)이 곧 세계 전체의 의지이자 뜻임을 강조했다. 함석헌은 생명의 비약의 개념을 중심으로 평등과 순리의 가치를 온몸으로 실천하는 삶을 살았다. 장일순의 경우, 이러한 사상의 연장선상에서 '소비자협동조합' 이라는 '녹색 공동체' 의 실질적인 실천의 방법론을 고민하며 '풀뿌리 민주주의' 의 가치를 실험하고 실천했다. 그의 '좁쌀 철학' 은 함석헌의 '씨알' 사상과 일맥상통하며 민중들의 풀뿌리 민주주의의 가치, 개개인의 평등적 가치와 연대의 힘을 긍정하는 세력과 사상을 상징한다.

한국은 일제 강점기와 한국전쟁으로 인해 근대화를 제대로 성취하기 힘든 상황이었다. 당시 한국은 전후 복구와 이어지는 정치적 혼란과 군사 쿠데타와 군부독재의 과정에서 재건과 근대화가 최우선시되는 시기였다. 먹고사는 것이 시급한 시기였기 때문이다. 그래서 사상적 논의는 있었지만, 현상학과 실존주의는 대학의 사상적 탐구 정도로만 수행되었고 군부독재에 저항하는 실존주의 계열로 분류되는 운동권의 실천적 움직임 정도만이 있었을 뿐이었다. 그러나 사회적으로는 관 주도의 정권 친화적인 민족주의적인 이데올로기가 사상의 측면에서 주류를 형성했다. 근대화가 어느정도 진행되면서 구조주의적인 담론이 일부 언급되는 정도였다. 이후 80년대 들어서 경제성장이 이루어지고 자유의 정도가 늘어나면서 활발하게 포스트모더니즘 및 해체주의 등의 해외 사상과 문화적 사조들이 유입되고 문화적, 사상적 발전이 급속도로 진행되었다.

무분별한 절충의 시기 이후에 90년대 들어 문민정부가 들어서고 자유가 전방위적으로 확대되면서, 이른바 문화의 황금 시기가 찾아왔고, 외부로부터 도입된 문화를 한국적 감수성으로 재해석하여 새롭게 창조하며 생성시키는 시대, 즉 문화적 욕망과 생성이 분출하는 시기가 찾아왔다. 이후, 세기말의 현상으로 인해 불안정한 사회 분위기와 불안감 등 '데카당' 한 문화적 상황이 만연했고, 포스트모던 및 해체주의의 파편화되고 자아 정체성의 분열 현상이 넘실댔다. 또 디지털의 시대의 변화와 세계화로 인해 신자유주의적인 특성이 지배하기 시작했다. 90년대부터 2000년대 이후 프랑스 철학이 운동권 및 저항적인 지식인들 사이에서 대안의 철학으로 각광받았다. 이들의 담론들은 경제적 성장과 자유가 확대되면서 더 나은 사회를 추구하는 가운데, 사회에서 억압되고 배제되고 소외된 부분을 양성화시키고 안정화시키는 사회적 담론으로 자리 잡았다. 동북아 사유의 기일원론의 전통은 기의 움직임 속에 리가 드러나는 방식으로, 또 끊임없이 저항하는 감수성으로 새로운 가치를 만들어 나가는 동북아적 사유의 새로운 가능성을 만들어 나가고 있다. 또한 동시대에는 프로이트, 라캉의 정신분석학을 중심으로 정치, 사회, 문화적인 측면을 분석하는 지젝과 '집합'과 '충실성'을 주로 사유하는 바디우의 사상 등 후기구조주의 계열의 사상들이 활발하게 담론화되고 있다. 오늘날 한국 사상에는 이러한 부분과 동북아 기일원론의 계보의 공통분모를 접목하여 새로운 잠재성을 현실화시킬 수 있는 방안이 요구되고 있다.

들뢰즈의 사유는 자본주의 욕망의 움직임으로 만들어지는 움직임과 생성을 사유하고 조화시키는데 효과적이다. 자본의 특성상 자본에 반하는 움직임은 수단과 방법을 가리지 않고 집요하게 영토화하고 억압한다. 그것은 무의식의 욕망에 의해 작동하는 자본의 흐름과 변화의 생성과 관련된다. 그의 사유는 다양한 요소들이 자본의 집적을 위해 배치를 바꾸어 가며 다양체(복합체)가 되는 생성의 과정을 사유한다. 통제하고 억압하고자 하는 영토화의 움직임과 탈주하고자 하는 탈영토화의 힘겨루기는 계속해서 변화를 만들어 나가며 순환한다.

자유주의와 자본주의는 물질적 풍요와 발전에 지대한 영향을 주고 창발적인 역동적 움직임과 변화를 만들어 냈지만, 불안정성과, 파괴, 이기심, 탐욕, 그리고 불안정을 가져왔다. 케인즈는 전체주의적 성격을 띤 공산주의에 대해 적대적이었다. 그러나 개인의 자유를 절대시한 시장 불간섭주의에도 찬성하지 않았다. 이정우는 케인즈의 언급을 예로 들며, 자본주의가 마음(무의식)의 욕동에 의해 움직이지만 역설적으로 절대적 자유에도 비판적이다. '그의 목표는 자본가들로부터 자본주의를 지키는 것이었다. 자본주의는 경제적으로는 높은 효율성과 생산성을 내포한 역동적인 체계이지만, 동시에 윤리적으로는 사회적인 것을 파괴하는 비윤리적인 체계인 것이다.' 44) 많은 장점이 있음에도 무의식에 의해 주요하게 작동하는 자본과 자본주의는 특유의 비윤리적 특성이 내재하고 있기 때문에 이에 대응하는 적절한 솔루션이 필요하다.

서구의 철학적 특성을 생각해 보았을 때, 근대 이후, 서양의 철학은 문제가 많은 '주체' 의 사유의 오류, 독단의 폐단으로부터 벗어나 존재-인식의 순환성을 추구하여 보완해 왔다는 점이 중요하다. 동북아적인 관점으로 이야기하면, 기에서 시초하여 기로 생성하고 다시 기로 되돌아가는 순환성의 사유가 중시되는 이유이다. '만물은 기에서 나와 기로 돌아간다. 이 기는 물질이 아니라 물질성, 생명성, 정신성을 모두 갖춘 실체이다.' 45) 마음의 변화는 역시 기의 변화와 같은 것이며, 마음을 중시하는 기일원론과 불교, 유, 불, 도를 통합한 성리학의 주요한 관심사였다. 최한기의 신기(神氣)의 개념 역시 연장선상에서 동북아적인 세계관(우주관)의 인간 존재론을 추구했다.

물질과 정신은 궁극적으로 연속적이다. 종합하는 것은 결국 신체를 통해 마음속에서 수행해야 한다. 세계의 운행과 마음의 운행은 그래서 본질적으로 유사하다. 신체는 '세계-내-존재' 로서 '마음' 이라는 키워드와 현상학이 만나게 되는 것이다. 최한기로부터 베르그송의 사상적 계보의 과정을 비교연구하고 현상학적 관점을 비교 연구하는 것은 향후 중요한 과제가 될 것이다.

건축 부문에서도 이러한 사회 분위기와 함께 근대화 이후 사상의 흐름과 공명해 왔다. 근대화의 압축성장과 권위주의적 이데올로기의 시대를 넘어오며 건축 역시 이러한 사회 분위기와 긴밀하게 연계되며 공간과 경관을 구축해 왔다. 이제, 동시대 담론과 함께 동북아 사유를 중심으로

44) 이정우, 세계철학사4, 길, 2024, p563
45) 이정우, 앞의 책, 2024, p490

새로운 잠재성과 가치를 사유하고 건축적으로 현실화시킬 수 있는 방안에 대해서 살펴보기로 하자.

동북아 사상과 연계된
PART II
동시대 건축 담론과 작품

한국 현대건축 1세대의 건축과 한국성의 담론화

1권부터 3권까지 우리는 동북아 사유의 원형으로부터 한국성의 특성이 어떻게 생성되었고 그와 공명해 왔던 한국건축의 '한국성'이 형성된 사상적 근원에 대해 살펴보았다. 서양의 외재적 이원론적 사유와는 다르게 동북아의 '내재성의 사유'는 기일원론의 사상적 계보를 만들어 내며 서양의 건축과는 다른 동북아 건축 및 한국건축의 차이를 만들어 냈다. 한국이 처한 특수한 반도의 풍토는 동북아 사상의 특성과 함께 대응하며 '한국성'을 드러내는 특유의 건축문화를 형성해 왔다. 이러한 특성들은 동시대 건축에서 새로운 차원으로 해석하고 적용할 수 있는 잠재성의 영역으로 여전히 작동하고 있다. 4권에서 우리는 서양의 근대성의 발전과 함께 강제적으로 침탈되어 이식된 근대성의 양면성에 대해서 살펴보았다. 서양의 근대 과학기술로 인한 많은 장점과 진보가 있었음에도 불구하고, 주체와 객체의 대상화와 분리에 따른 과학기술의 발전과 동시에 폭력적인 근대성의 '동일성의 폐해'도 발생했음을 함께 살펴보았다. 눈부신 발전과 이면의 심각한 폐해는 동전의 양면과 같다. 근대성의 다른 이름은 효율성을 바탕으로 자본의 집적을 강조하는 가운데 통제적 속성이 폭력적일 정도로 강화되는 과정이라고 달리 말할 수 있다. 이미 산업화, 자본화, 물질화가 이루어져 있는 가운데 동시대에 이러한 근대성(모더니티)의 특성들 중에 장점은 취사선택하고 동북아 사상의 기일원론의 계보에서 잊혀지거나 미처 적용할 수 없었던 가치들을 새롭게 조명하고 잠재성을 현실화시킬 수 있는 방안을 찾아야 할 것이다. 일부는 가치체계나 태도의 근본적인 변화를 촉구해야 하는 영역도 존재한다.

서양 사상은 근대성의 폐해를 극복하기 위해 동양의 사유에서 중시했던 부분을 접목하면서 우측으로 이동했다. 반면, 동북아 역시 서양의 사상과 근대성이 이식되고 자체적인 진화를 이루면서 서측으로 이동하였고, 글로벌화가 진행되었다. 이제 세계는 보편적인 특성이 기본이 되는 가운데 각자의 사상과 문화를 접목시켜 발전시키면서 상호 경쟁하는 양상이 전방위적으로 펼쳐지고 있다. 문화의 특성상 서로 보편적인 가치를 중심으로 경쟁력이 있는 문화가 중심이 되고 이후 변방으로 그 문화가 전파되며 흘러 나가는데, 이러한 현상은 물의 흐름과 같이 자연스러운 일이다. 동북아 사상과 문화적 가치는 서양의 근대적 특성과는 다른 차원에서 다양한 잠재력이 존재한다. 우리는 동시대의 물적 토대의 긍정적인 면들을 유지, 발전시키면서 동시에 동북아 사상과 문화적 가치를 접목하여 새로운 문화적 콘텐츠를 만들어 내야 할 것이다. 그렇게 될 때, 자연스럽게 경쟁력을 확보하며 타 국가에 우리의 사상과 문화가 흘러 나가게 할 수 있을 것이다. 이미 한국의 문화적 잠재성과 생성의 흘러내림과 외부로의 유출은 현재 진행형이다. 이제 기일원론이 중심이 되는 새로운 방향성의 건축적 흐름이 창발할 수 있는 시기가 무르익었고, 새로운 차원의 경쟁력 있는 성과물이 등장하고 있다.

지정학적 특수성이 작용하면서, 한국은 동북아 국가들이 경험했던 서구 제국주의 열강의 침탈의 시기를 거쳐, 일제 강점기, 한국전쟁, 냉전 등 계속되는 인류사의 역사적, 사상적 문제로 고통을 겪어왔다. 서양이 근대성의 단계에서 장점과 폐해를 거치면서 점진적으로 경험하게 되었던 모더니즘으로부터 포스트모더니즘의 과정에서 나타난 사상적, 사회적 특성들을 한국은 단시간 내에 압축해서 경험해야만 했다. 그 가운데 나타나는 다양한 혼란과 폐해와 문제점도 존재했다. 그러나 한국전쟁 이후 압축 성장하며 근대화를 성취했고, 다양한 사상과 문화를 한꺼번에 받아들이면서 창발했던 문화 생산물들은 오늘날 한국의 용광로와 같은 창조적 생산력의 원동력이 된 것도 사실이다. 이제는 '서울'과 '부산'이라는 세계적인 대도시가 가지는 다차원적인 문화의 유입 현상과 새로운 양상의 문화 생성의 양상이 전세계적으로 새로운 차원의 문화 경쟁력을 가지는 시대가 되었으며, 동북아적인 가치와 문화가 자연스럽게 녹아 들어가면서 주목을 받는 시대가 되었다. 이른바 기일원론의 계보의 특성이 자체적인 진화를 거쳐 본격적으로 힘을 발휘하기 시작한 것이다. 이제, 그 잠재성의 새로운 발현을 알리는 한국 현대건축의 기원으로 거슬러 올라가 건축가들의 행보와 작품들을 살펴보도록 할 것이다.

0513 한국 현대건축 1세대의 모더니즘 건축과 구조주의적 실험

한국 현대건축 1세대 건축가 중에 걸출한 쌍두마차가 존재했는데, 그 인물은 김수근과 김중업이다. 이들은 한국 현대건축의 상징적인 양대 산맥이라고 할 수 있는데, 여러 가지 측면에서 대조적인 특성을 보인다. 또 한 명을 손꼽으라고 한다면, 순수 국내파 건축가로서, 한국적 정감의 건축을 추구했던 이희태를 들 수 있다. 이들은 한국 현대건축의 발전 단계에서 당시 세계적 조류의 대부분을 포함하여 한국적 현실에서 그것을 실험하고 성취하며 건축계를 이끈 선구자들이었다. 먼저 김수근과 김중업은 수학 배경과 뛰어난 역량만큼이나 그들의 건축의 스타일과 행동 영역은 대조적인 부분이 많았다. 그들은 대학에서 정식 교수도 했고, 실무에서는 건축계에서 대표적인 양대 건축 그룹으로 성장했다. '공간' 그룹과 '김중업 건축연구소'에서 수련하고 독립한 건축가들은 향후 우리나라 건축계에서 각각 주요한 지형을 형성해 왔다. 이처럼 김수근과 김중업은 이후 한국 현대건축사에서 주요한 작품들을 수행하는 건축가들의 '인큐베이터' 역할을 수행했다. 또 이희태는 특유의 비례감각과 한국적 감각을 중심으로 한국적 추상성의 새로운 건축적 실험을 제시하며 그 가능성을 확장시켰다. 이제 그들의 사상을 중심으로 그들의 주요 작업과 사상, 그리고 그 의미에 대해 살펴보도록 하자.

−김수근의 네거티비즘(Negativism)과 한국성의 탐구

19

김수근은 1971년 미국 범태평양건축사 수상 연설 때, 자신의 건축사상인 '네거티비즘'을 처음 발표했다. 네거티비즘은 한국적 사색의 공간과 동북아 사상과 공명하는 한국적 건축공간의 특성을 종합하여 자신의 이론을 정립한 것이었다. 그에 따르면, 한국 전통 주거에서 문방(文房) 및 정자는 그러한 동북아 가치의 특성을 잘 보이는 공간으로, 서양의 개념으로는 설명하기 어려운 부분인데, 이 이론은 그러한 한국성을 잘 설명하고 있다. 김수근의 '네거티비즘'라는 용어는 네거티브(negative)라는 단어에서 나온 것으로, 명암을 실제와 정반대로 표현하는 사진 기법의 명칭에서 연유한 개념이다. 이것은 현상의 이면을 중시하는 노자의 역설적 상황을 강조하는 방식으로부터 도출된 개념이다. 그 단어는 동북아 사유로부터 기원한 '본질'에 대한 일종의 '은유'로 쓰인 것이다. 건축 도면을 그릴 때 흰 종이에 검은색 펜으로 벽체를 그리지만, 실제로 우리가 쓰고자 하는 것은 검은색의 벽으로 둘러싸인 흰색의 공간임을 잊지 않아야 한다. 마찬가지로 우리가 집중해야 하는 것은 기능적이고 외형적인 특성을 강조하는, 국제주의 건축으로 대표되는 서양의 합리적 건축공간(포지티브 요소)이 아니라, 인간과 시간과 문화가 함께 공존하는 동북아적인 가치의 공간(네가티브 요소)에 집중하여 창조적으로 재해석하자는 의미가 되는 것이다.

그는 동북아 사유에 공통적으로 내재하는 유, 불, 도의 사상에서 도출

19 김수근 초상

된 개념을 중심으로 다섯 가지의 특성을 지닌 네거티비즘의 개념을 주창했다. '네거티비즘'의 사상이 정립되고 그의 건축공간에는 이 개념이 지속적으로 적용되면서 구축되었다. 김수근은 네거티비즘을 통해 자신의 현대건축을 계획하면서 동북아 전통사상과 전통 건축의 이면에 흐르고 있는 한국적 특성을 발현시킬 수 있는 동시대 건축과 이론을 제시하고 있는 것이다. 그의 다섯 가지 핵심 개념은 다음과 같다. '어떤 목적이든 필요 이상의 공간을 차지해서는 안된다.'는 의미에서 '적정공간'을, 태양의 열과 빛, 맑은 공기, 물, 흙과 같은 자연 자원에 의존하는 '자연공간'을, 공간의 안과 밖이 똑같이 이용될 수 있는 '통합공간'을, 기능적으로 애매하면서도 다양한 목적으로 사용될 수 있어 방문자들에게 다양한 체험을 제공하는 '기분공간'을, 구조적인 가변성이 있는 '자궁공간'을 제시하고 있다.[46)]

여기에서 적정공간은 공간의 윤리성과 관련된다. 그것은 한 사람이 필요 이상의 자원과 공간을 차지하여 다른 사람과 공존할 수 있는 기회를 무너뜨리면 안 된다는 윤리적 가치를 중시하며 자연 자원의 절약, 보존, 공존의 가치를 고려해야 함을 강조한다. 자연공간은 오늘날 에코 건축이 지향하는 자연 친화 건축과 에너지 효율성을 추구하는 것을 기본적으로 포함하면서 동시에 인간과 자연이 동북아적 가치에 맞게 기의 개념으로 일체화될 수 있는 삶과 건축적 해결을 목표로 한다. 마찬가지로 공간의 안과 밖이 똑같이 이용될 수 있는 통합공간은 내외부의 연속과 함께 재료의 통일성, 그리고 기의 흐름에 있어서 자연과 하나가 될 수 있는 건축적 솔루션과 삶의 일체화를 추구하는 것을 의미한다. 기능적으로 애매하면서도 다양한 목적으로 사용될 수 있는 해프닝의 기분공간, 그리고 구조적 가변성이 있는 자궁공간은 모두가 현대건축의 불확정성의 공간 혹은 자연의 기의 흐름과 함께 하면서 동시에 무자성(無自性)의 특성을 보이는 가

46) 김수근, 건축에 있어서의 네가티비즘, 공간, 공간사, 1983.12, p17~18

변적, 불확정적 공간을 추구하는 것으로 볼 수 있다. 이러한 특성은 동북아 사상과 한국 건축공간에서 발견되는 본질을 꽤 뚫어 잘 요약한 것으로, 그의 계획에 계속해서 실험하면서 적용된 개념이다. 김수근은 최순우와 함께 전국의 다양한 전통건축과 민가들을 답사하면서 구조주의적 관점에서 한국건축의 공간의 본질적인 특성들을 추출해 냈다. 그것을 그는 현대 공간에 적용하여 수준 높은 동시대 건축으로 승화시켰다. 불교의 무자성(無自性)의 특성과 유사한 기분공간, 자궁공간은 유희, 해프닝 혹은 불교의 '비움(空)'의 개념과도 연계된다. 이러한 개념은 이후 그의 제자인 승효상의 '어반 보이드(urban void)'의 개념으로 이어진다. 또한 유사한 관심을 공유했던 4.3 그룹의 '풍경(랜드스케이프)' 개념에서 '마당' 혹은 '보이드'의 키워드에 영향을 주었고, 그들의 작업에 연계 혹은 계승되었다고 말할 수 있을 것이다.

김수근의 건축은 작은 매스들로 구성되는 선들의 중첩을 통해 군집을 이루는 조형을 펼쳐왔다. 기와지붕의 경우에도, 직접적인 은유적 표현보다는 기와의 평면의 선들이 겹치면서 만들어 내는 지붕 선들의 군집을 형상화하는 편을 선호했다. 그것은 우리네 산지 지형이 겹쳐지면서 만들어 내는 실루엣과 유사하다. 전통 건축의 군집 형태를 현대적으로 추상화하여 표현한 국립청주박물관과 국립진주박물관을 살펴보면, 이 점을 확인할 수 있다. 김수근의 건축은 주변의 자연지형(자세)과 군집의 형태가 일체화된 듯한 건축 조형을 보이는 경우가 많다. 그것은 마치 전통 마을의 경관에서 기와지붕의 군집이 만들어 내는 이미지와 유사하다. 또한 그의 건축에서는 성(聖)과 속(俗)을 분리하고 전이의 공간적 체험을 다양

20

20 김수근, 지붕선들의 중첩, 스케치

21

하게 배치하는 경향을 보인다. 이것은 우리나라 산지 불교사찰에서 보이는 건축적 시퀀스와 전이 과정에 대한 건축적 경험을 기본으로 하여 외부에서 외부로, 외부에서 내부로, 내부에서 내부로 연결되는 '건축적 시퀀스'와 다시 외부 자연으로 연결되는 순환의 건축적 시퀀스를 중시하며 계획한 것이다. 이것은 방문자가 해당 공간을 경험하면서 내면에서 만들어지는 한국적 '공간 경험의 종합'을 강조하는 계획적 고려이다. 그가 계획한 공간 사옥과 청주박물관 및 경동교회 등에서 이러한 특성들이 잘 드러난다.

김수근은 천재적인 건축적 감수성과 실행력으로 한국 현대건축에서 한국성의 실현에 있어서 큰 성취를 이루어 냈고, 후대 건축에 지대한 영향을 끼쳤다. 또 인간적인 카리스마와 용병술의 능력이 탁월해서 그의 사무실에는 당대의 재능있는 인재들이 많이 모였고, 그의 사무실에서 수련하고 성장한 역량있는 건축가들이 배출되어 한국 건축계의 주요 인물들이 되었다. 또 공간잡지의 창간 및 각종 문화예술의 지원자로서 한국 예술계에 큰 공헌을 했다. 그러나 역사적 사건과 고문 피해자와 관련된 시설인, '남영동 대공분실'을 설계한 곳이 김수근이 수장으로 이끌었던 '공간'이라는 것은 부인할 수 없는 팩트로 남아 있다. 그 시설이 국가 주도의 개발 시대에 독재 권력과 가까이 지내며 수혜에 가까울 정도로 많은 작업들을 수행했던 천재 건축가의 이면에 존재하는 부인할 수 없는 근대성의 또 다른 측면의 모습이었다. 그러한 측면에서, 그것은 한국 현대 건축사의 어두운 그림자를 대표하는 건축부문의 '사건'이자 국가 이데올로기 시설의 '상징'이라고 말할 수 있다. 서구의 근대성이 폭발적으로 발전하

21 김수근, 공간 신, 구 사옥

던 시기에 이성의 명암이 극명했었던 것과 마찬가지로, 그것은 근대화의 목적을 위해 전국민이 일사분란하게 움직였던 독재정권 시기에 권력과 가깝게 지내며 활발하게 활동했던 천재적인 양면적인 어두운 '그늘'의 모습이었던 셈이다.

—김중업, 한국 현대건축의 한국성의 '신화' 생성

김중업은 아방가르드로서의 특성과 자존심을 유지하며 군부 독재 세력과 건축 분야에 비판을 가하다가 프랑스로 강제 추방당하여 망명을 떠나야만 했다. 김수근이 계속해서 군부 독재 정권과 가깝게 지내면서 국가 주도의 대규모 사업들을 다양하게 수행했었던 것과 달리, 김중업의 행보는 대조적인 것이었다. 김수근이 워커힐을 주도적으로 계획하고 구축하던 시기에도 김중업은 함께 작업하기를 요청받았음에도 불구하고, 외국인들 앞에서 한국의 여인들이 쇼를 해야 하는 시설을 건축가가 계획할 수는 없다고 거절했을 정도였다. 그의 작품은 귀국 초기에 세계적인 거장 르 꼬르뷔지에에게 직접 배웠던 영향이 강하게 나타났으나, 이후 세계적 조류의 보편성을 중심으로 한국적 현실에서 한국성을 현대건축에 녹여내 표현하는 것을 중요한 가치로 삼아 훌륭한 건축적 성취를 이루어 냈다. 김중업의 대표작이면서 동시에 한국 현대건축의 원점으로 인정받고 있는 '주한 프랑스대사관'은 김중업이 르 꼬르뷔지에에게 사사받고 귀국하여 수행한 작품 중 최고의 작품이다. 프랑스 대사관은 보편적인 세계적 건축 기술과 문화적 수준과 함께 독자적으로 한국성을 녹여내어 수준 높게 차별성을 획득한 작품이다. 당시 한국의 척박했던 경제력, 기술력, 사회적 인식을 고려했을 때, 프랑스 대사관 계획은 차원이 다른 성취를 이루어 낸 탁월한 작품이었다. 세월이 지나면서 대사관의 업무의 확장과 변화에 따른 증, 개축 과정에서 일부 동의 멸실과 대사관 업무동 지붕의 안전 문제로 인한 변형 및 훼손이 있었다. 그러나 그의 작품은 작품의 시대적 가치를 인정받아 2023년 원형과 최대한 가깝게 복원되었다. 프랑스 대사관은 김중업의 대표작이지만, 대사관저와 업무동이라는 기능의 특성상, 일반인의 접근이 쉽지 않아 마치 '신화' 와 같이 손이 닿지 않는 이데아의 세계와 같이 먼 곳에 위치하고 있는 것처럼 느껴진다. 마치 올림푸스산 위의 신전의 한국 버전처럼 느껴지기도 한다. 그러나 어찌 보면 그러한 상황으로 인해 보석과 같이 빛나는 수작(秀作)으로 오랫동안 남아 '원형' 을 보존할 수 있었을 것이다. 김광현이 '주한 프랑스 대사관은 근대건축이 그리던 기술의 신화와 고뇌가 없이 수입된 프랑스의 엘레강스와 한국적 정취의 융합이라는 레벨에서 정지하고 있다' 라고 비판했는데, 일정 부분 수긍할 수 있는 대목도 있으나, 당시의 척박했던 시기의 관점으로 보았을 때, 프랑스 대사관이 당시 건축 분야의 최고 수준의 세계적 흐름을 받아들이고, 한국적 특성을 훌륭하게 녹여낸 작품이라는데에는 이견이 없을 것이다.

우리나라는 산지지형이 80% 정도로 구성되어 있어서 경사진 지형의 특성이 강하게 콘텍스트에 작용하고 있는 국가이다. 한국은 산맥의 지형을 기의 흐름이 굳어진 것으로 간주한다. 그래서 기의 흐름을 거스르지 않고 적합하게 건축물이 자리 잡을 수 있도록 '좌혈' 을 찾는 것과 기의 흐름에 원활하게 자신의 삶과 자리를 우주의 운행의 흐름과 맞추려고 했던 경향이 강하다. 따라서 경사 지형에서 바라보는 것과 안에서 밖을 바라보는 뷰는 철저하게 자연(세계, 우주)과 일체화되는 방안을 고려하여 배치된 것이었다. 이러한 관점에서 하늘(세계)을 품은 마당을 우선적으로 고려하여 자리를 잡고, 그 마당을 중심으로 하여 세밀하게 마당과 연계된 대청마루, 그리고 안방과 각방의 연계를 고려하여 필요한 기능들을 순차적으로 배치한다. 또 사찰의 경우, 경사진 대지에 세워지는 각 건축물은 자연의 기의 흐름인 지형을 거스르는 행위를 최소화하는 것, 즉, 성토나 절토를 최소화하는 방향으로 터를 자리잡도록 계획하고 건축물을 배치하기 때문에, 건축가는 자연스럽게 산지 지형의 콘타(contour)를 고려하며 배치하게 된다. 그래서 우리나라의 건축물, 특히 산지의 건축물들은 규모가 크고 내부 공간이 풍부한 건축물을 세우기가 어려운 측면이 있다. 성, 절토를 많이 하게 되면, 산지의 기의 흐름을 끊어내는 형국이 되기 때문이다. 낮은 지형에서 높은 지형으로 오르게 될 때 곡선의 지형의 가파른 경사를 자연스럽게 오르게 하기 위해서는 일반적으로 지형을 이용하여 완만하게 지그재그로 경사로를 오르도록 계획할 수밖에 없다. 김중업의 프랑스 대사관의 경우에도 분절되어 있는 매스들이 시각적으로 세밀하게 동의 배치 각도를 조정하면서 하늘과 맞닿아 있는 부분들이 조화를 이루도록 계획되어 있다. 이들 매스들은 지어지는 과정에서 좀 더 시각적으로 세밀하게 조정되며 하늘과 주변 산세와의 조화를 이룰 수 있도록 고려되었다. 그러한 미세한 조정은 설계가 끝나고 시공이 이루어지는 가운데에도 계속되었다.

산지 지형에 주로 배치되는 한국 사찰의 경우, 신체의 이동을 중심으로 하는 과정적 경험을 통해 순례자는 종교적 클라이맥스를 향해 나아간다. 불교의 '공적영지(空寂靈智)' 의 순간은 세계와 내가 하나가 되는 경지에 이르기 위해 부처에게 나아가며 마지막으로 '견성(見性)' 의 경지를 온

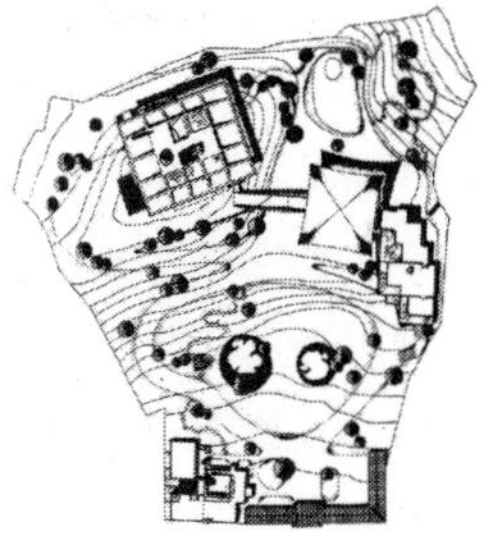

22

22 김중업, 프랑스 대사관, 배치도

몸으로 경험하게 되는 순간이다. 건축적으로는 여러 건축적 시퀀스의 과정을 거쳐 마침내 대성전(본전)의 부처를 바라보는 순간이다. 이후 뒤를 돌아 멀리 보이는 산맥과 전경을 바라보면 세계의 삼라만상과 나의 존재가 범아일여(梵我一如)임을 깨닫고 다시 세상으로 나아가게 된다. 지금까지 언급한 것들이 모두가 '범아일여(梵我一如)', '천인합일(天人合一)' 하기 위한 방법론이 정교화된 것이다. 그것은 부석사 무량수전에 오르는 과정과 이후, 안양루에서 펼쳐지는 소백산의 절경(자연, 세계)을 감상하고 다시 속세로 나아가는 과정과 유사하다.

마찬가지로, 프랑스 대사관의 경우, 이러한 한국적 특성들이 적용되어 나지막한 구릉지에 배치되어 있다. 프랑스 대사관은 북한산으로부터 인왕산 남산의 자락에 위치하여 내백호의 풍수적 특성을 보인다. 입구로부터 건축물이 배치된 지형까지는 최고 12m 정도의 높이차가 있으며, 점진적으로 상승하는 접근로를 따라 움직이며 건축물을 바라보게 되어 있다. 각각의 매스는 기하학적으로 배치된 것이 아니라, 구릉 지형에 맞추어 배치되어 있다. 부분과 전체는 상호의존적이다. 진입하면서 각 지점에서 보여지는 장면은 지형의 순응과 조화의 외부적 시각과 내부에서 주변 자연 지형을 바라보는 시각이 상호의존적으로 조화를 이루고 있다. 지형에 순응하는 매스들의 배치와 현대적으로 재해석한 곡선의 처마 조형이 경관적으로 미묘하게 맞물리고 충돌하지만, 조화를 이루면서 시적 울림을 반향하고 있다. 대사관저와 대사관 업무동의 극적인 처마의 곡선은 대조를 이루고 있으며, 서로 어긋난 축으로 배치된 건물들이 미묘한 차이를 보이며 공명하는 동시에 조화를 이루고 있다. 각각이 독특한 대사관 지붕의 배치는 불국사의 석가탑과 다보탑의 차이와 조화를 연상케 한다. 프랑스 대사관은 각 건축물의 다양한 높이와 스케일, 처마의 곡선의 충돌들로 인해 연속되는 전망의 변화를 보여준다. 그것은 단순히 조화로운 자체 건축물 간의 조형만이 아니라 주변의 산세, 특히 하늘과 맞닿은 세계와의 만남과 관련되는 조형이다. 그래서 프랑스 대사관은 각 동들이 그 자체로 스스로를 드러내는 '존재'로서의 의미를 지니고 세계(하늘, 지세)와 조화되어 있다. 안영배는 일찍이 화엄사 등 불교 사찰의 측면 진입을 연구하며 탑과 주변 건축물의 지붕과 산세 등과 조화를 이루는 사찰의 배치의 각도를 합리적 방식으로 분석한 바 있다. 정인하 역시 프랑스 대사관의 구릉지 배치에 대해서 유사한 방식으로 분석한 바 있다. '대상화된 관점에서 단순히 시각적인 조화를 분석하는 것은 다분히 서양의 시각으로 분석하는 오류를 범하고 있다'는 시각도 있지만[47], 주변 산세와 조화를 이루며 최선의 조화를 이루어 세계와 하나가 되고자 하는 통합적 관점으로 본다면, 이 방식은 동북아 사유의 범아일여, 천인합일과 합치되는 방식이라고 할 수 있다.

배치에 있어서 프랑스 대사관 프로젝트는 대사관저, 대사 집무실, 영사관, 영사관 직원 주택 등의 네 개 동으로 구성되어 있다. '대사 집무실과 대사관저는 마치 자기장을 형성시키는 중심처럼 건물 주위로 하나의 장(場)을 형성한다. 그리고 이렇게 각각의 건물에 형성된 장은 마치 여러 개의 자기장이 서로 충돌하면서 전혀 다른 모양의 자기장을 만들어 내듯이, 건물 서로가 영향을 미치고 있다. 그래서 보는 이들에게 특이한 체험을 유발시킨다.'[48] 라고 평가했듯이, 각 동들은 상호의존적이면서 동시에 지형에서 각자의 영역의 자기장을 형성하며 공명하고 있다.

앞서 1권에서 살펴보았듯이, 한국 사찰의 배치는 기의 흐름을 중시하는 동북아 사유의 영향 하에 마당을 중심으로 배치되면서 각 건축물이 하나의 '장(場, field)'을 형성한다. 그것은 부분과 전체를 통합하는 유기적인 전체(소우주)를 만들어 내는 만다라와 유사한 특성이 있다. 프랑스 대사

47) 건축평단, 2015.겨울, 건축의 한국성, 토론-건축의 한국학파들_이상헌 교수의 의견
48) 정인하, 시적 울림의 세계_김중업 건축론, 시공문화사, 2003, p82

관의 경우에도 마찬가지로, 이러한 장(場)의 특성과 같이, 전체와 부분의 힘겨루기를 통해 조화를 이루는 배치의 특성이 보이고 있다. 그것은 앞서 언급한 지형의 존중과 순응의 배치, 그리고 시각의 미묘한 조정을 통해 일어나게 된다. 이러한 특성들은 김중업이 한국적 감수성, 특히 산지 지형에서 미묘하게 조정되고 통합된 소우주를 만들어 낸 산지 사찰의 배치 감수성과 결합되어 있는 것이라고 볼 수 있다.

이러한 내용은 김중업이 '밀바의 집' 의 계획안을 수행하면서 실험하고 다듬은 생각들이 발전되고 농밀해진 것이라고 할 수 있다. 밀바의 집의 경우, '건물들은 직각으로 배치된 것이 아니라 미묘한 각도로 서로 엇갈려 있다. 그리고 이들은 전체 수영장을 중심으로 배치되어 우리의 전통 마당처럼 이곳을 내부화시킨다. 건물에 접근하는 법도 특이하다. 처음 건물에 들어섰을 때 중앙의 지붕이 강한 목표점을 인식시킨 다음, 동선을 서서히 오른쪽으로 끌어들인다.' 49) 라고 분석하는 바와 같이, 구릉지형에 분절된 매스들이 조화를 이루면서 배치되어 있는 가운데 지형을 따라 접근하면서 느끼게 되는 미묘한 시각적 조화를 고려하고 조정한 것이다.

23

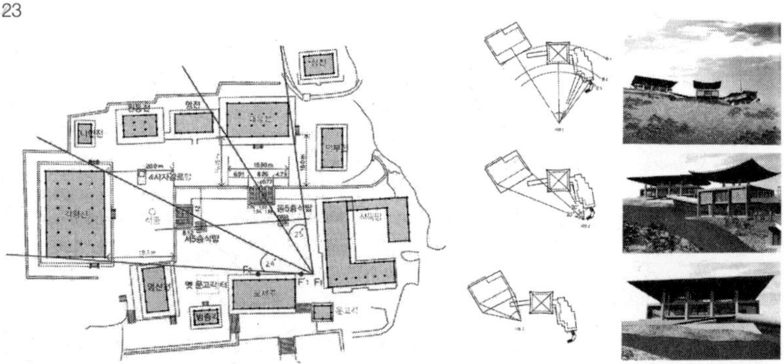

49) 정인하, 앞의 책, p84

23 안영배, 화엄사 시각적 분석(좌), 정인하, 프랑스대사관 움직임에 따른 시각적 분석

서양 건축은 주요 파사드가 존재하여 한 번에 시지각적인 영향을 강하게 주는 반면, 동북아 건축은 각 홑 채들이 분절되어 배치되면서 한 번에 인지되지 않고 모두 경험하고 종합할 때 전체를 통합적으로 인지할 수 있다. 동북아 건축의 주요한 특징 중 하나가 바로 군집되어 있는 건축군을 경험할 때 시점의 이동과 몸의 이동을 통해 전체를 통합하여 감지하게 된다는 점이다. 또 산지 사찰의 경우, 부처가 모셔져 있는 대웅전을 중심으로 마당에 배치되어 있는 또 다른 부처의 화신(化神)인 석탑을 배치함에 있어서 미묘한 축의 조정을 행하여 왔다. 우진각 진입의 특정 순간, 즉, 클라이맥스의 순간을 미세하게 조정하여 최적의 장면을 만들어 낸다. 한국의 사찰 건축은 주변 산세와 하늘(자연)과 건축물들의 군집의 조화와 처마의 곡선의 조화, 그리고 그 가운데 부처와 석탑의 위치와 조화가 가장 완벽한 감동의 순간의 경관을 만들어 내는 것이다. 일찍이 건축가이자 학자인 안영배는 화엄사 등 주요 사찰의 각 건물들의 배치 가운데 가장 조화로운 장면을 만들어 내는 각도를 분석한 바 있다. 정인하의 경우, 유사한 방법론을 통해 12m의 구릉의 접근 방향에 따라 이동 과정의 미묘한 변화를 포착하고 주요 지점에서 산세 및 하늘과 조화를 이루는 장면들을 각도별로 분석했다. '이런 생각은 당시 김중업과 함께 이 프로젝트에 참여했던 안병의의 증언에서도 잘 뒷받침된다. 그에 따르면, 김중업은 실시설계가 끝나고 공사가 진행되는 중에도 계속 이곳을 찾아와 지붕의 높이와 형태를 세밀하게 조정했다고 한다.' 50) 이러한 증언을 생각해 보면, 프랑스 대사관의 경우에도 김중업은 이러한 조화를 염두에 두어 면밀하게 계획을 진행하고 또 시공 중에도 미세한 조정을 수행했던 것이다. 이러한 접근방식과 태도는 2권에서 '마음의 공간구축론' 을 중심으로 한국적 건축을 만드는 세계관과 '영조(營造)' 의 세심한 태도를 잘 반영하고 있다는 것을 증명하는 대목이다.

50) 정인하, 앞의 책, p85

김중업의 대표작인 '프랑스 대사관'은 이렇게 본능적이고 직관적으로 감지되는 한국성의 특성들이 고스란히 현대건축의 어휘로 소화되어 재창조된 역작이다. 프랑스 대사관은 단순히 한국적 감성의 처마의 곡선이 적용되었다는 형태적 측면 외에, 한국건축이 가지고 있는 과정적 특성과 세계(자연)와 마음속의 종합, 한국적 특성의 배치와 시각적 조정, 그리고 천인합일의 사상적 고려가 함께 이루어져 있었기에 오늘날까지 그 가치를 인정받고 있는 것이다.

—김중업의 한국적 선의 흐름과 기의 흐름을 중시한 디자인 방법론

24

그의 건축에는 한국적 선과 기의 흐름을 중시한 '원초적 존재 의지의 감각'이 강하게 드러난다. 이러한 감각들은 그의 사무실을 거쳐간 곽재환, 이일훈, 차운기, 김석철 등 시적(詩的) 존재 의지를 중시하는 건축가들과 건축작품의 계보를 만드는데 큰 영향을 주게 된다. 그것은 김수근의 사무소를 거쳐간 건축가들의 합리적이고 이성적인 계획의 계열과는 달리, 좀 더 앵포르말(Informel, informal)한 분위기, 즉 시적(詩的) 선과 유연성의 감각을 사용한다는 점에서 확실하게 차이를 보이고 있다. 그의 유작인 '88올림픽 세계평화의 문(1988)'은 한국적 서정성과 전통 감각이 훌륭하게 융합된 작품으로, 한국적 선의 상징성을 바탕으로 한국적 기상의 솟구치는 조형감각과 유려한 지붕선을 잘 보여주고 있다. '건축은 응결된 음악이라고 단언했던 김중업에게 한국적 선과 조형은 하나의 리듬감을 선사하면서 음악적인 기의 움직임이 살아 숨 쉬는 느낌을 주는 대상으로 강하게 영향을 주었음에 틀림이 없다. 훌륭한 건축은 '압축된 음악'이며 '빛과 그늘의 조화'이다. 나는 시간과 음을 선택한다. 적막한 자연속에서 땅과 음이 조화를 이루는

24 김중업, 88서울올림픽 세계평화의 문

건축을 하고 싶다.' 51) 김중업과 절친했던 이타미 준(유동룡)은 이처럼 김중업의 건축을 시적으로 표현하기도 했다. 또 김중업의 기의 흐름이 유동하며 선과 조형의 감각이 만들어지는 방식을 이타미 준은 다음과 같이 평가했다. '김중업 씨가 건축에 선을 자주 사용한 것도 조형의 자유를 추구하는 인간의 염원을 강하게 표출한 것이라고 할 수 있다. 그러나 파형의 아름다움, 즉 부정형의 아름다움은 건축 디자인적 표현을 넘어 생생함과 빛으로 표현될 때 비로소 자유로워진다. 그것이야말로 전위의 운명을 가진 건축가 김중업 씨에게 어울리는 것이다.' 52)

주한 프랑스 대사관과 함께 김중업의 대표작인 '제주대학교 본관'은 김중업의 시적 체취가 담긴 탁월한 건축으로, 유려한 곡선의 조형성이 유람선이나 비행기를 연상케 하는 작품이다. 실제로 바다가 보이는 대지는 일제 강점기에 일본군의 군용비행장으로 사용되기도 했는데, 작품은 마치 바다를 떠다니는 유람선 혹은 막 이륙할 것 같은 비행선의 형상을 연상케 한다. 또 배치도를 보면 다양한 곡선의 동선을 만날 수 있는데, 현관의 조개껍질 형상과 2, 3층으로 연결되는 경사로와 원형 수직 계단 등은 바다의 생명력과 역동성 및 시적 조형성을 느끼기에 충분하다. 익숙한 르 꼬르뷔지에의 조형 언어와 함께 김중업 특유의 한국적 시작(詩作)이 완성된 것이다.

또 '서산부인과' 계획은 평면에서 출산과 생명을 상징하는 산부인과

25

51) 이타미 준, 돌과 바람의 소리, 학고재, 2004, p130
52) 이타미 준, 앞의 책, 2004, p136
25 김중업, 제주대학교 본관

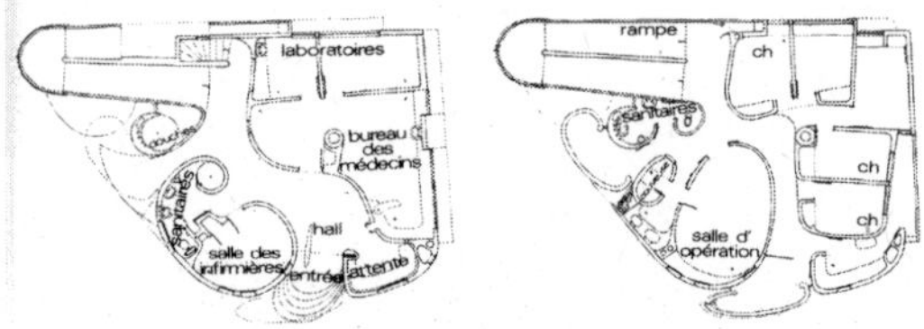

26

의 친숙한 형상들의 특성과 조합을 잘 보여주는데, 발코니와 대기실 등의 공간은 마치 태아가 자궁에 편안하게 안착해 있는 모습을 연상케 하는 부드러운 곡선으로 구성되어 있다. 또 남성의 성기를 상징하는 램프는 유연하게 건축적 산책을 즐길 수 있는 램프로서, 연속적이고 부드러운 수직 동선의 흐름을 이끈다. 만년에 이르러 그의 한국성과 관련된 작업은 일련의 문화시설 건축설계 공모에서도 계속 이어졌다. 그러나 애석하게도 김중업의 후기 설계공모 작품들은 프랑스 대사관의 창조적 방식이 하나의 자신의 '유형'이 되어 스케일상 확대되어 반복 재생산되는 방식으로 제시되면서 작품의 질이 떨어지기 시작한다. 귀국 후, 지병으로 에너지가 떨어진 측면이 있었고, 사무실의 경영이 악화된 상황에서 어떻게든 당선이 중요했기 때문으로 짐작된다.

정인하는 한국의 미를 '자연의 본원적 성향인 질박함과 소박함, 전체적인 조화를 중요시하는 대범함, 충만하고 생동감 넘치는 호방함, 지나치게 격식에 얽매이지 않는 넉넉함과 여유로움, 마음을 움직여 저절로 웃음짓게 하는 천진성, 품위를 잃지 않는 단아함 등을 들 수 있을 것이다.'라고 정의했고, 또 다른 하나는 한국의 대표적인 정감인 절박함과 소쇄함이다.[53] 라고 한국적 미를 규정했다. 또 그는 김중업 스타일을 첫째, 건물 몸체와 지붕을 분리하는 것, 둘째, 전통 목조건축의 '구축성'을 강조하는 것으로 보았다.

26 김중업, 서산부인과
53) 정인하, 집은 노래 불러야 한다: 한국근대건축의 기점 김중업, 하늘아래, 2002, p84

'그의 건축은 엄격한 기하학적인 정형에서 벗어나서 파격과 여유로움을 추구한다. 그의 파격은 주로 과장된 형태 언어의 탐구에서 비롯되었다.' 라는 의견처럼, 김중업의 건축은 초기에 르 코르뷔지에와 중, 후기에 가우디로부터 강하게 영향을 받았기 때문에 그 두 가지 경향이 융합된 것으로 볼 수 있다. 그의 작업에서는 지붕선에서 역동적이고 시적인 선들이 나타난다. 실제로 김중업은 자신의 건축에 고구려의 힘찬 선들을 재현해 보고 싶다고 언급하곤 했다. 그는 북방 유목민들이 미술에서 볼 수 있는 예리하고 동적인 성격의 살아있는 선을 추구했다. 또 새로운 기술과 전통을 어떻게 결합시킬 것인가가 그의 주요한 관심사 중 하나였다. 김중업이 '집은 노래 불러야 한다.' 라고 강조한 점과 후기 주택작업에서 '달팽이 껍질' 이라는 단어를 많이 사용했던 것과 같이, 마음의 기의 움직임을 반영하는 시적인 삶의 태도를 중시했음을 감지할 수 있다.54) 그는 지역의 미감에 근거하여 기의 흐름을 적용한 선적 표현을 중시했고, 그것이 단순히 머리 속의 계획으로 끝나는 것이 아니라, 건축 과정에서 주변의 산세와 콘텍스트의 특성을 고려하여 계획을 실천하는 과정에서 계속해서 세심하게 조정해 나가면서 건축물의 내외부의 조화와 자연과의 일체화를 추구했다. 물론, 이러한 그의 파토스적인 건축 성향이 '기의 건축' 을 추구하는 것으로 100% 동일시할 수는 없지만, 적어도 여러 측면에서 기일원론의 가치와 그의 건축이 공통 분모를 가지고 있음은 부인할 수 없는 사실이다.

이렇게 '존재 의지' 를 표현하고자 했던 김중업의 선은 한국인의 정서 속에 숨 쉬고 있는 '기(氣)' 의 흐름을 적극적으로 표현한 것이라고 볼 수 있다. 그의 선의 감각은 이후, 그의 사무실을 거쳐 성장한 건축가들의 정신에 깊은 영향을 주어 시적인 감성의 기의 흐름을 한국적 정서로 표현하는 건축의 계보를 만드는데 큰 역할을 했다.

54) 앞서 박동환에서, 생명으로서의 '개체' 를 사유해 온 한국 사상의 역사를 생각해 보았을 때, 각 개체인 소라(달팽이 껍질)들이 세계라는 외적 변수에 대응하여 자신에게 적합한 소라껍데기를 가져야 한다는 것은 외적 변수에 적합한 개체의 특수성, 즉 기일원론의 '생명 체계' 를 중시해야 함을 주장하는 것이다.

－이희태(작품분석) 및 방법론

이희태는 한국 현대건축 1세대로, 한국적 정감을 바탕으로 한 한국적 선과 한국적 요소들을 재해석한 모더니즘 건축을 만든 것으로 유명하다. 그는 한국에서 교육받고 스스로 자신의 작품세계를 구축한 토종 건축가로서, 김수근, 김중업과는 달리 다른 차원의 한국적 감성을 선보였다. 일견 그의 건축은 합리성에 근거한 구조주의적 방식으로 한국건축의 요소들을 분석하여 표현하고 있다. 그러나 그는 그 요소들을 특유의 추상적 감각을 포함하여 한국적 선과 구성요소의 조합을 통해 세련된 조합과 비례의 감각을 선보이고 있다. 그의 건축의 몇 가지 두드러지는 특징은 다음의 세 가지 측면으로 바라볼 수 있다.

첫째, 형태의 비례감각이 뛰어나다는 특징이 있다. 그는 형태적인 측면이 강한 건축을 구축했는데, 감각으로 인식되는 형식미가 훌륭한 건축을 선보였다. 그의 작품에서는 일관되게 엄격한 규제와 비례를 보여준다. 초기작인 혜화동성당(1955)은 직사각형의 몸체와 사각기둥인 종탑의 단순한 구성이지만 뛰어난 비례감각을 선보인다. 즉, 모던한 비례구성 자체가 아름답다. 이희태는 저층부를 이루는 직사각형은 정확하게 2대 1이며 종탑과의 구성과 비례의 형식미가 아름답다. 스스로의 본능적인 감각으로 완숙한 경지의 비례감각을 성취한 것이다. 절두산 천주교 순교성지의 경우, '각기 다른 지붕 형태에도 불구하고 지붕 두께와 건물 높이 사이의 일정한 비율

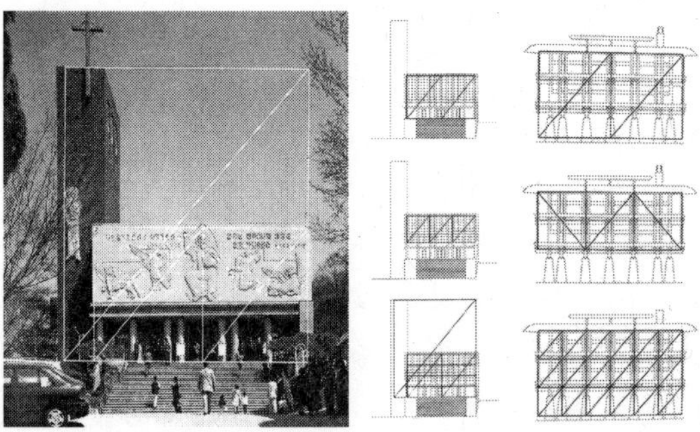

27

55) 정인하, 한국의 근현대건축, 열화당, 2023, p259
27 이희태, 혜화동 성당과 절두산 순교성당의 비례감각(정인하 도면 인용)

이 유지되는 점은, 이성적인 판단 이전에 이희태가 갖는 본능적인 감각의 일부라고 생각된다.' [55] 라고 언급한 바와 같이, 이희태 건축은 시각적으로 안정적인 비례감각과 함께 한국적 모더니즘을 수준 높게 성취하고 있다. 통계국 청사의 경우에도 사각형의 입면 비례체계를 통해 훌륭한 감각의 면 분할과 구성(콤포지션)이 이루어지고 있다. 이 계획은 정면에서 높이를 가로 방향으로 3등분 하여 세로로 창살을 대었는데, 이는 수평으로 보았을 때, 사각형의 비례와 나뉘어 구성된 각 면이 상호 균형을 이루고 있다. 이것은 이희태 건축의 특유의 특징이다.

둘째, 현대적 재료(콘크리트)와 전통양식(목구조의 재현)을 조합하여 형식미를 추구했다. 그는 전통적 건축 요소들의 형식미로 인하여 다양한 조형 언어를 표출했고, 목구조 형식의 구조체와 독특한 지붕 형태를 창조하고 발전시켰다. 절두산 천주교 기념관에서 보여지는 목구조 형태가 대표적이라고 할 수 있는데, 기념관은 지붕을 아래로 내리고 그 안에 장식적인 기둥을 배치하면서 목구조의 형식을 보이고 있다. 그는 계획할 때 항상 경복궁의 경회루를 마음속에 두고 있었으며, 그로 인해 목구조 형식의 기둥을 노출시키는 것과 기단부의 주초 형태 등 형태와 목구조를 응용한 구성이 많이 관찰된다.

셋째, 3단 구성의 분리를 주로 사용했다. 그는 대개 필로티-열주-처마지붕의 세 요소로 건물을 구성했는데, 이는 전통 건축의 기단-벽체-지붕이라는 3단 구성을 중심으로 작업을 진행하면서 나타나는 특성이다. 이희태의 건축에서 주로 나타나는 기단부는 전통적인 주춧돌 모양의 필로티로 건물을 들어 올려 계획했으며 주위를 발코니와 테라스로 돌렸다. 그의 입면이 주로 3단 구성으로 계획되는 것은 전통사상의 '천지인(天地人)'의 특성을 고려한 것으로 판단된다. 절두산 기념관의 경우, 기념관, 성당,

종탑의 공통된 언어인 천, 지, 인의 세 가지 구성 요소를 사용하여 기단부의 초석, 기둥, 지붕이 3단 구성을 보이는 것이다. 또 깊게 드리워진 기념관의 처마는 초가지붕의 형태를 보이는데, 다소 과장된 느낌이며 처마의 기능도 함께 수행하고 있다.

넷째, 시퀀스의 건축을 추구했다. 절두산 기념관의 입구에 들어서면 경사위에 올라 있는 기념관의 지붕과 그를 받쳐주고 있는 쌍주 형식의 열주가 보인다. 이후 방문자는 한국 전통 형식의 입면 요소를 적용한 기념관을 바라보면서 길을 따라 경사지를 오르고, 계단과 램프 두 가지 접근로에 도달하게 된다. 여기에서 동선을 선택할 수 있는 전이 공간이 나타나며, 기념관과 성당의 기단에서 높이의 차이 및 지붕이 중첩되는 형상을 감지할 수 있다. 이러한 방법론은 진입할 때 구릉에 위치하는 한국 불교건축의 건축적 시퀀스와 유사한 체험을 하게 되는데, 이것은 자연스럽게 한국적 시퀀스 미학을 떠올리게 만든다.

그의 주요 작품인 절두산 순교자 성지 기념관을 살펴보자. 사이트인 절두산 성지는 지형과 역사와 건축이 통합된 천주교 순교자들의 역사적 기억과 추모의 장소이다. 두 개의 분리된 건물은 건물 외벽에 걸쳐진 회랑으로 연결되고 있으며, 이희태는 이를 통해 기능적 통합을 꾀했다. 절벽 정상에 자리한 성당은 상승감을, 중간에 자리한 기념관은 안정감을 주면서 절두산 지형의 수직적 느낌을 강화시킨다. 기념관의 지붕 처마 부분은 초가지붕을 연상시키는 완만한 곡면으로 처리하고 가운데 우뚝 솟은 종탑의 모서리를 부드럽게 처리하여 전체적인 디자인

28

28 그림 이희태, 절두산 순교성지

의 일관성과 균형을 유지했다. 그는 두 건물을 대각선으로 배치하고 그 접점에 높은 종탑을 세워 서로 통합시켰다. 박물관과 성당의 두 매스를 연결하는 외부 회랑은 유연한 곡선과 엄격한 직선이 대비를 이룬다. 또 매스는 불규칙한 지형에 순응하며 배치되어 있고, 쌍기둥 열주와 난간, 경회루의 주초와 하부기둥을 연상시키는 요소 등, 한국 목조건축에서 유추한 요소들을 현대적으로 번안하여 적용했다.

29

남산 국립극장(1969)의 경우에도 전체적인 구성 형식은 지붕, 몸체, 기단의 3단 형식을 보이고 있는데, 이것은 천, 지, 인을 중심으로 3단 구성을 취한 전통 건축을 자신만의 전통적 표현으로 재해석하고 있는 것이다. 그는 한국인에게 각인되어 있는 지붕, 몸체, 기단의 요소들을 현대적으로 다시 해석하여 재구성하는 방법론을 주로 사용했는데, 국립극장에서 그러한 태도를 잘 발견할 수 있다. 그는 내재적인 전통성을 추구했지만, 재료와 형태 자체는 직접적인 연관은 없다. 그의 작품은 현대적으로 재해석하면서 조형적 형태를 추상화하고 엄격한 비례와 현대적인 재료로 구축했기 때문에 매우 한국적이고 토착적인 정감을 드러내 보인다는 특징이 있다.

국립극장은 근처의 자유센터와 함께 박정희 군부 정권이 추구했던 민족주의적 성향의 근대적 건축이 위치한 특성과 분위기, 콘텍스트에서 자유로울 수 없었다. 전면에서 보여지는 거대한 위압적인 스케일과 열주, 좌우 대칭의 파사드, 넓은 진입 광장 등이 자유센터의 문법과 유사한 느낌을 준다. 민족주의적인 설계지침을 노골적으로 강제하는 방식으로 한국적 지붕과 상징을 적용할 수밖에 없었던 당시 분위기를 생각했을 때,

29 이희태, 남산국립극장

우리는 당시의 어쩔 수 없는 시대적 한계를 발견할 수 있다. 그 역시 앞서 언급했던 근대성의 폐해, 즉 민족주의 건축의 도구적 경향과 강압적인 시대적 분위기를 거스를 수 없었을 것이다. 그럼에도 불구하고, 이희태의 건축은 한국적 정서와 특유의 감각으로 그러한 시대적 억압으로부터 일정 정도 탈주하고 있는 양상을 보인다. 전통에 대한 자신만의 재해석과 현대적 추상화가 성공적으로 이루어지고 있기 때문이다.

—한국적 구조주의 건축의 흐름

앞서 언급한 대로, 구조주의는 인류 공통의 근본구조에 관련된 논의를 연구하고 발전시킨 담론이다. 소쉬르의 언어학과 프로이트의 정신분석학으로 대표되는 구조주의 철학은 다양한 학문 분야를 생성시키며 인류 공통의 근본구조를 연구했다. 구조주의는 데카르트 이래, 근대 이성이 주체에 권위를 부여하고 이과 중심의 물리적, 이성적 부분에 치우친 관심과 판단에서 오는 폐단을 극복하고자 했다. 이에 구조주의는 이과, 문과, 예체능을 모두 포함하여 무의식의 심리적 부분까지 사유하는 방식으로 학문적 관심을 전환하고 통합시킴으로써, 근대 이성의 폐해를 극복하고자 했다. 마찬가지로 건축의 근본적인 구조가 기존 도시체계를 넘어 확장되면서 끊임없이 새로운 영역으로 반복적으로 패턴화되면서 구성되는 실험이 건축계에도 등장했다. 건축은 언어적인 구축의 시스템과 무척이나 유사한 특성을 갖는다. 소쉬르는 언어의 근본구조에 의해 세계와 인류가 공

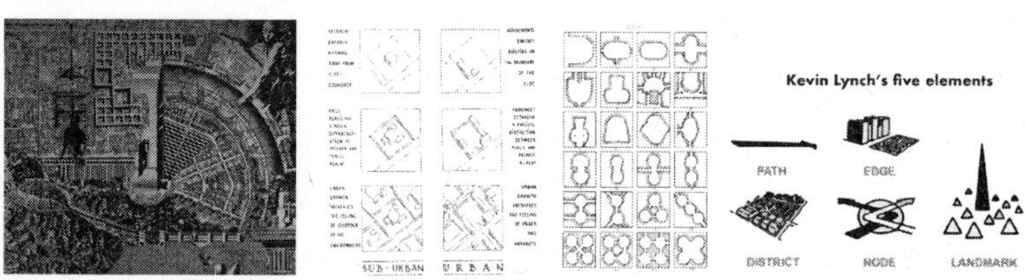

30

30 구조주의적 도시의 근본구조 탐구 경향(알도 로시, 크리에형제, 케빈 린치의 개념)

31

통으로 적용할 수 있는 근본적인 건축적 방법론(어휘)을 탐구했고, 이후 건축계에서는 구조주의의 흐름으로 두 가지 경향이 존재했다.

우선, 그들은 기존의 도시 및 건축의 역사의 근본적인 공간구조와 기억을 탐구하여 기존 도시의 근본 구조(유형)를 계승하며, 이와 잘 어울리는 동시대적 구조를 제시하고자 했다. 이러한 흐름과 관련하여 건축 유형학이 구조주의 계열의 하나의 축이었고, 다른 하나의 축은 건축 언어구조의 근본 특성을 탐구하여 그것이 새로운 방식의 구조가 되어 무한히 확장되어 뻗어나갈 수 있는 건축적 실험이었는데, 그것은 유토피아의 열망을 성취하고자 하는 메가스트럭쳐 운동의 건축 실험이었다. 전자가 회고적이고 과거와의 조화를 중시하는 보수적인 경향의 움직임이라고 한다면, 후자는 미래지향적이고 아방가르드적인 진보적 경향의 움직임이라고 말할 수 있을 것이다.

1960년대 스미슨 부부의 메가스트럭쳐 운동이나 일본의 메타볼리즘의 동경만 계획, 콘스탄트의 베니스 도시실험, 요나 프리드만의 공중도시 등의 실험은 '건축이라는 인류 공통의 공통된 근본적인 건축의 언어구조가 무한히 확장되며 기존도시를 초월하는 메가스트럭쳐로 구축되고 기존도시와 반응하며 새로운 도시의 문법을 만들 수 있을 것이다' 라는 새로

31 단게 겐조, 동경만 계획, 요나프리드만 공중도시, 김수근, 여의도계획

운 비전을 실험한 것이었다. 그것은 한편으로는 철과 콘크리트, 구조 기술 및 설비 기술들을 결합시켜 인류 공통의 주거의 형식과 구조(언어구조)가 확장되고 뻗어나갈 수 있다고 보는 사상의 흐름과 공명했던 것이다.

1960년대는 세계대전 이후 복구와 함께 경제적인 풍요를 이루고 있었던 시기로, 중산층의 경제력이 비약적으로 향상되었고, 이를 바탕으로 다양한 문화가 창발하던 시기였다. 한편, 이 시기는 자본주의와 공산주의의 대립이 격화되던 때였고, 달 탐사와 달착륙이라는 낭만적인 SF적 상상력이 실현되던 시기였다. 당시는 권위주의 시대를 넘어서 다원주의의 시대로 넘어가고 있었고, 다양성의 니즈가 충만하여 폭발하던 시기이기도 했다. 히피문화의 저항적 특성과 B급 감성의 다양한 문화적 양상들이 전위를 표방하며 새로운 문화적 지형을 만들었다. 1960년대 유럽과 미국, 일본 등지에서 다채로운 양상으로 나타난 미래지향적인 비전의 페이퍼 건축과 계획들이 등장했다. 1960년대와 70년대까지 메가스트럭처와 메타볼리즘, 콘스탄트의 기존도시와 메가스트럭처 구조의 충돌과 결합의 작품 경향은 언어적인 구조주의의 특성이 확장, 발전되는 경향을 보이는 것이었는데, 동시에 그것은 낭만적인 상상력의 소산이기도 했다. 서양과는 달리, 한국의 1960년대 말은 국가 주도의 이데올로기적 계획과 엘리트 건축가들의 비전이 뒤엉켜 함께 공존하던 기묘한 시기였다. 집권의 정당성을 확보하기 위해, 또 강력한 근대화 정책의 추진력과 미래 비전에 대한 상징성을 동시에 홍보해야 했기 때문이었다.

김수근의 경우, 구조주의의 두 가지 세계적인 트렌드를 모두 흡수하고 한국적인 방식으로 두 가지의 특성 모두를 실험한 건축가였다. 우선, 메가스트럭처 계열의 건축으로 청계천 세운상가와 여의도 계획을 선보였고, 이의 연장선상에서 시도했던 퐁피두 센터 설계경기 계획안 역시 그러한 군집의 특성과 확장의 실험의 연장선상에서 나온 계획이라고 말할 수 있다. 또 다른 하나의 축은 한국의 사찰들과 고택 등, 고건축을 답사하면서 한국적 공간구조와 치수 등을 면밀하게 연구하여 한국적 공간을 만들고자 한 시도 등을 들 수 있다.

32

서양은 서구의 근대화의 과정 중에 나타났던 다양한 폐해를 경험하고 난 이후, 극복의 움직임으로 담론화되면서, 대안의 움직임으로 현상학과 구조주의의 건축 실험이 나타났다. 이러한 움직임과는 달리, 그 시기의 한국은 일제 강점기, 해방, 한국전쟁을 거치면서 시급히 국가 인프라와 재건 사업에 몰두해야 하는 여건이었기 때문에 전혀 다른 상황에 처해 있었다. 한국전쟁 이후, 한국은 주로 미국원조에 의존했던 상황이었으나 점차 경제가 발전하면서 차관 경제로 전환되었다. 김수근이 활동을 시작한 시기는 우선 먹고 사는 기초적인 문제가 시급했던 때였는데, 그것들은 대부분 미국의 차관으로 해결되고 있었고 국가 기간산업은 일본의 차관으로 진행되고 있었다. 당시는 미국과 소련이 자본주의와 공산주의의 체제 경쟁을 하던 시기였고, 한국과 북한은 극한의 대치를 보이던 상황이었다. 이후, 베트남 전쟁이 발발면서 다시 한번 양 체제간 대리전쟁의 양상이 되풀이되었고, 한국은 베트남 파병을 통해 각종 지원과 외화를 획득하여 이를 기반으로 경제발전의 기회로 전환시킬 수 있었다. 그 시기에는 경부고속도로와 포항제철 등 국가 기간산업 인프라의 건설에 군인들이 적극적으로 개입했고, 마치 전투를 수행하는 것처럼 불철주야 전진하며 목적을 달성했다. 또한 서울에는 고가도로와 삼일빌딩 및 세운상가 등, 근대

32 김수근, 세운상가 계획

화의 상징적 시설들을 건설되었다. 또 몬트리올 및 오사카 엑스포의 한국관에서는 현대건축의 역사성과 미래의 비전을 제시했다. 민주화와 경제가 발전한 90년대 이후에 다원적인 포스트모더니즘 시기에 이르러서야 현상학, 구조주의, 포스트모더니즘, 해체주의 등의 서구 담론들이 한꺼번에 들어와 논의되고 사회 문화적으로 다양하게 실험되는 시기를 맞이할 수 있었다.

박정희 정권의 시급한 과제는 먹고사는 '경제'의 문제였다. 그래서 박정희 정권은 국가적 인프라와 재건 사업에 몰두해야 했고, 아무것도 없는 상태에서 그것을 수행하기 위해서는 능력있는 엘리트들을 선별하여 국가가 전폭적인 지원을 해주고 빠르고 정확하게 그 목적을 성취하는 방식을 택했다. 국가는 사업을 진행시키는 동안, 특정 엘리트들의 주도하에 인력 교육과 산업적 역량을 확대, 재생산하는 방법을 선택할 수밖에 없었다. 그것은 해외 원조자금 중 엔지니어링 업체에 의한 용역비용으로 외화가 또다시 대규모로 유출되는 것을 막기 위한 조치이기도 했다. 한국기술개발공사(이하 기공)는 소수 정예로 신속하고 효율적으로 사업을 진행하면서 동시에 교육 및 인력양성도 함께 진행할 수 있도록 했다. 기공은 당시 한국 '기술인력의 용광로' 역할을 하였고, 외화 유출까지 막아야 하는 임무를 수행했던 것이다. 사실, 억압적이고 보수적인 특성의 국가 권력의 주체들과 새로움을 창조하고자 하는 아방가르드 진보세력은 태생적으로 어울릴 수 없는 조합이다. 당시 건축의 실험적 특성을 강조하는 유토피아 아방가르드적 성격이 강했던 김수근과 휘하의 재능있는 젊은 건축가들이 억압적인 군부 세력과 함께 뜻을 같이 하는 기묘한 시기가 일정 기간 지속되었다. 억압적 '국가'와 탈 체제를 지향하는 상상력이 넘치는 '아방가르드'의 공존과 병치가 이루어진 드문 시기였던 것이다.

김수근은 한국기술개발공사(기공)의 사장을 역임하면서 이 시기에 한강 연안 개발, 삼일고가, 경부고속도로, 포항제철, 중문관광단지, 보문관광단지 등, 한국 현대사에서 굵직한 프로젝트들을 주도적으로 수행했다. 그는 한국의 근본적 산업구조의 근간에 참여했고, 자유 대한민국과 반공의 상징인 '자유센터'를 설계하기도 했다. 기공과 공간은 한국 건축과 문화계에 있어서 토탈 디자이너를 키우는 '바우하우스' 혹은 무테지우스의 '독일 공작연맹'과 유사한 역할을 수행하기도 했고, 대규모 협업의 사무소와 체제를 확립한 조직을 운영했다는 점에서 특별했다.

이 시기 구조주의적 관점에서 현대 건축어휘의 끊임없는 확장과 기존 도시구조와의 새로운 모색을 추구했던 메가스트럭처 작업이 바로 '세운상가'와 '여의도 계획'이었다. 세운상가가 계획된 사이트는 2차 세계대전 중 아시아 태평양 전쟁을 대비하여 만들어진 도심 내 폭 50m 길이, 1km에 달하는 소개 도로로 쓰인 부분으로, 해방 이후 무허가 건물군으로 난립하여 슬럼과 사창가로 변모했던 지구였다. 김수근과 서울시는 이 지구들을 정리한 이후에 1층에 자동차 도로를 두고, 저층부에 상가와, 3층 높이에 인공대지를 배치하고 종묘로부터 남산까지 이어지는 공중 보행도로를 연결하는 세운상가 계획을 수립했다. 세운상가 프로젝트는 5층부터는 아파트를 계획하는 메가스트럭처의 계획을 실행했는데, 이것은 6백년 역사의 고도의 심장부에 실행되었던 대담한 유토피아적 실험이었다. 이 계획은 당시 한국 최초의 대규모 주상복합 건축군이었다고 할 수 있다.

또 여의도 계획은 경공업 중심의 인천과 연계되는 축 선상에 있는 여의도에 다핵 대도시의 직주근접의 메가스트럭쳐를 실험했다는 점에서 큰 의미가 있다. 당시 군사 정부는 짧은 시간에 국가가 필요로 하는 시설과 군부독재의 부정적인 측면을 가려줄 이상적인 국가 비전과 상징을 필요

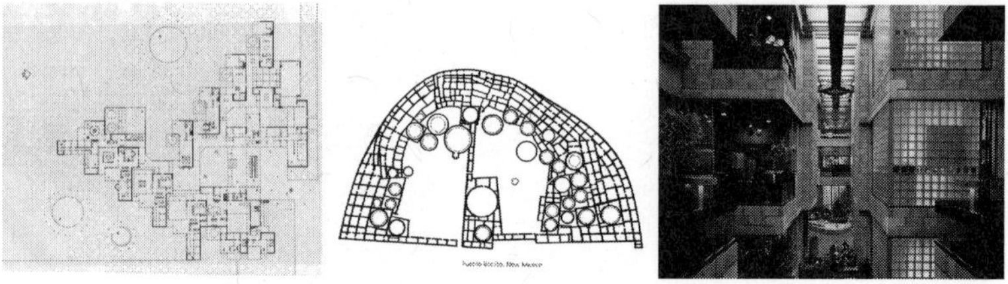

33

로 했다. 이러한 니즈를 만족시키기 위해 기공은 건축 부문에서 김수근이 중심이 되는 아방가르드들을 중용하여 독재 권력과 기묘하게 결합된 시스템을 운영했고, 이러한 기공의 사업 시스템의 영향은 여타 국가에 비해 효과는 강렬했고 그만큼 그늘도 짙었다. 세운상가와 여의도 계획은 당시 세계적으로 유행했던 구조주의적 건축의 흐름을 빠르게 흡수하여 국가가 주도하는 보수적인 역할과 도구로 쓰인 대표적 사례이다. 이것은 언어구조의 무한한 확장을 의미하는 건축적 실험이 보수적인 권력의 도구로 사용되면서, 역설적으로 건축가의 이상을 실현시키려고 했던 사업이었다고 볼 수 있다.

구조주의 건축의 또 하나의 주요한 흐름 중 하나는 1960년대 70년대에 있었던 네덜란드 구조주의 건축의 흐름이었다. 알도 반 아이크와 헤르만 헤르츠버거는 멕시코 푸에블로 원주민 마을과 아프리카 밀림의 원주민 마을을 답사하며 마을의 공간구조 및 세부 치수 등을 실측했다. 이를 통해 인류 공통의 마을 공간구조와 편안하게 느낄 수 있는 건축공간의 치수 및 프로그램과 관련된 공간의 근본 구조가 존재함을 발견했고, 그들은 이러한 데이터를 수집하고 연구하여 인류 공통의 근본 공간구조를 현대건축에 적용하는 건축계획을 실험했다. 그것은 유명해지고자 욕망하는 과시적인 건축의 경향과는 달리, 차분하게 인류 공통의 근본구조로 되돌아가는 건축을 추구하는 것을 의미한다. 이러한 구조주의적 연구 자세는

33 알도 반 아이크, 푸에블로 마을 구조, 헤르만 헤르츠버거

이후, 학계와 건축계에 지대한 영향을 끼쳤다. 인류 공통의 공간구조와 지역의 공통적인 건축적 유전자를 현대적으로 재해석하여 동시대화하는 자세와 건축적 실험에 큰 영향을 끼치게 된 것이다.

34

김수근은 최순우를 만나고 한국 고건축을 답사하면서 '한국의 미(美)'에 대해 눈을 뜨게 되었고, 이후 한국 각지의 중요한 산지 사찰과 고택들을 답사했다. 이러한 답사를 통해 김수근은 한국 특유의 마을 및 건축의 공간구조와 한국인에 적합한 치수 등을 고려하여 자신의 설계에 한국적인 공간구조를 적용하기 시작했다. 서울 종로구 원서동의 '공간 사옥'(1971~1977년)은 그의 대표작으로 꼽힌다. '공간 사옥'에는 반 외부공간을 '중간 영역'의 공간으로 계획하여 한국적 바닥의 중간 영역, 즉 무자성(無自性)의 회색 공간을 만들었다. 공간 사옥의 다채로운 레벨의 공간과 한국적 공간의 치수 및 공간구조 등은 앞서 살펴보았던 '네거티비즘'의 이론적 요소들이 실무적, 공간 구조적, 치수적으로 훌륭하게 성취되는 사례가 되었고, 한국성을 잘 적용한 작업이 되었다. 공간 사옥의 각 영역은 마치 한국 전통 건축의 공간의 흐름처럼, 비워내고 물 흐르듯 이어지는 공간구성이 탁월하다. 그가 중시한 바닥의 건축, 그것은 한국 고건축이나 사찰에서 발견할 수 있는 내외부가 모호한 공간, 세계와 자아가 일체화되는 자궁의 공간 등의 개념들이 적용되어 한국적 건축의 최고의 작품성을 성취한 것이었다. 그가 중시한 바닥의 개념은 한국건축에서 중요한 요소로 고려되어 왔으며, 동시대 건축에서도 화두로 계속해서 실험되고 있다.

34 최순우와 김수근 한국 사찰 답사

35

또 김수근은 청주박물관을 계획하면서 산지 구릉지형에 배치된 우리나라 마을의 공간구조와 군집의 미학을 연구하여 한국의 마을구조와 유사한 공간감을 주고 있으며, 지형에 따른 내외부 공간과 동선을 훌륭하게 연계시키고 있다. 김수근이 실천한 이러한 건축 방법론은 네덜란드 구조주의 건축가들이 원시 부족의 마을의 공간구조와 치수 등을 조사하며 인류 공통의 근본구조를 실현하고자 했던 방식 및 태도와 정확하게 일치한다. 김수근은 그의 작품에 한국적 공간구조, 한국인의 치수 등이 고려된 마을의 군집구조를 차용했고, 이를 창조적으로 재해석했다. 즉, 한국적 구조주의 건축의 특성들을 현대적으로 재해석하여 실험한 것이라고 할 수 있다. 그러한 점에서 김수근의 건축은 형태와 선의 이미지로서 한국적 감수성을 은유적으로 잘 드러낸 김중업의 작품 성향과는 차이가 있다. 김수근은 공간구조, 치수 등 객관적인 데이터를 근거로 하여 한국적 감수성을 접목하여 한국적 공간구조와 유사한 분위기를 창조하는 구조주의적 건축을 실험하고 훌륭한 작품을 성취했던 것이다. 한국은 압축성장하면서 근대화를 이루었고, 이후 짧은 시간에 사상과 문화가 동시다발적으로 논의되고 생성, 분출되었는데, 김수근의 경우, 모더니스트로서 구조주의적인 성향을 중심으로 하여 짧은 시간에 다양한 실험을 선구적으로 진행한 스펙트럼이 넓은 건축가였다. 동시에 그는 세계적인 조류의 건축을 발빠르게 흡수하며 적극적으로 적용하는데 주저함이 없었던, 개척자 정신이 투철한 건축가였다.

35 김수근, 청주박물관

앞서 언급했듯이, 구조 자체는 '도구'와 같이 선악의 개념이 내재되어 있지 않다. 구조주의에는 구조를 바라보는 관점

36

에 따라 그 구조를 강화하고자 하는 세력의 움직임과 새로운 구조를 생성하고자 하는 탈주의 움직임이 동시에 잉태될 수 있다. 김수근은 국가 이데올로기적인 구조(시설)를 만드는데 긴밀하게 협조했다. 이 가운데 그는 세운상가 및 여의도 계획 등, 건축의 근본적 공통언어의 확장과 관련된 진보적 구조주의 계획을 선보였다. 이후 그는 이러한 특성과는 다른 차원에서 한국성을 잘 구현한 문화인류학적 구조주의의 건축이라는 두 가지 흐름을 모두 제시하는 독보적인 건축작품 이력을 선보였다. 그가 근대성의 양면적 특성을 잘 상징하는 인물이기도 했고, 천재적인 재능으로 스펙트럼이 넓은 건축적 역량을 모두 보여주었기 때문이기도 하다. 그만큼 이 두 가지 상반된 작업의 경향은 김수근의 건축적 재능과 근대성의 양면적 특성이 한 천재적 건축가의 내면에 동시에 존재함을 상징하는 것이기도 하다. 여러 가지 의미에서 '대조'적인 세운상가와 공간사옥이 지근거리에 위치하며 실현되었다는 것은 아이러니한 사건이며, 당시 시대정신의 기록물이 되고 있다.

0514 부여박물관 왜색 논쟁과 본격적인 한국성의 담론화

–부여박물관 논쟁이 갖는 역사적 의미, 한국성의 의미

부여박물관의 왜색 논쟁은 척박했던 한국 건축계의 건축 담론의 형성에 큰 영향을 끼쳤다. 당시 한국은 전후 서양 모더니즘과 근대성의 무차별적인 도입과 대규모 적용이 최우선 과제였던 상황이었다. 이 논쟁은 극소수

36 김수근, 공간사옥, 한국적 치수의 공간

의 대규모 문화시설 및 관청 등에 한하여 콘크리트 기와 지붕 등의 한국적 모티브를 일차원적으로 적용하는 설계 방향성에 일대 파문과 논쟁을 일으켰던 '사건' 이었다. 당시 부여박물관은 매스컴에서 "일본 신사를 닮아"의 제목 혹은 '왜색 시비에 휩싸인 논쟁 종합박물관' 이라는 제목의 기사들이 나면서, 세간의 관심과 함께 비판이 비등하고 있던 상황이었다. 부여박물관은 일본 신사와 유사하게 보이는 지붕 형태와 함께 정문에는 일본 신사의 '토리이(鳥居)' 와 매우 유사한 형태적 특성을 보이고 있었기 때문이다. 비교적 해방된지 얼마 지나지 않은 시기였기 때문에, 일본이라면 치를 떨었던 당시 분위기에서 새로 개관되는 국가 문화시설이 일본 신사와 닮았다는 소식은 신문과 방송에 대서특필되며 큰 이슈가 되었다. 일본 신사 건축의 특징인 '지기(千木)' 는 지붕 끝에 X자 형태의 나무가 교차하는 형태로 구축된다. 부여박물관은 이러한 형태적 특징이 발견된다. 또 일본에서 공부하고 귀국한 김수근의 이력이 알려지면서 더욱 그러한 비판이 고조되었다. 동시에 부여가 내선일체 발상의 성지이자, 아스카 문화의 원천지라고 선전하며 관광 사업에 이용했던 일본 제국주의의 역사적 왜곡 행적 문제도 부각되었다. "비범한 설계" 혹은 "원시적인 생명력이 느껴진다"라고 평가한 심사위원도 있었지만, 전반적으로 왜색의 시비는 계속되며 증폭되었다.

이 작품의 왜색 논쟁은 전통을 단순히 모방하고 있는가, 혹은 전통을 해석해 새로운 창조의 길로 가고 있는가에 대한 질문을 제기하게 만들었다. 당시 김중업은 1967년 9월 12일 동아일보에 "*건축가는 자기를 자기 건축에 표현한다. 그저 막연히 "전통의 내재미와 외적인 형식미' 의 추구가 아*

37

37 부여박물관

니라 자기의 발견이고 더 큰 의미의 자기 즉, 전통이 소환되며 그것을 통하여 하나의 '조형'이 탄생된다."라고 자신의 의견을 피력하고 있다. 여기서 김중업은 김수근의 부여박물관 작업이 전통을 수준 높게 재해석하여 창조적으로 나온 것이라기보다는 모방 수준의 습작 정도로 생각하여 비판한 것이다. 그는 선과 선, 면과 면이 서로 관통되는 디테일을 사용하고 있기 때문에 일본적 색채가 매우 강하다고 판단했다. 또 그는 내부 공간처리의 디테일에서 나타나는 입체감을 중시했는데, 부여박물관이 그러한 특성을 따르고 있다고 생각했던 것이다. 일차적으로는 형태를 바라보고 있지만 동시에 그리고 최종적으로 공간적인 특성 또한 강조하고 있는 것이다.

부여박물관의 왜색 논쟁은 단순히 기와지붕, 곡선미, 한국적 디테일 등, 형태 위주의 특성보다는 공간 위주의 방향으로 김수근의 건축이 급선회하는 계기가 되었다. 이러한 측면도 길게 보았을 때 김수근에게 긍정적인 역할을 했다고 할 수 있다. 이것은 1960~70년대에 세계적으로 활발하게 연구되었던 문화인류학적 특성의 구조주의 연구의 조류가 발 빠르게 반영된 것으로 볼 수 있다. 이후 김수근을 포함한 공간 출신의 건축가들은 단순한 형태의 모방보다는 한국적 공간구조를 재해석하고 인류 공통의, 또 한국적 공간구조 유전자의 공통 분모를 적용하고자 했다. 그러한 관심은 김수근 사후, 자연스럽게 직간접적으로 그의 영향을 받았던 4.3그룹 멤버들의 비판적 지역주의의 담론과 작품 경향으로 이어졌다.

다시 구조주의 건축의 흐름을 살펴보자. 네덜란드의 알도 반 아이크와 헤르만 헤르츠버거 등은 아프리카 부족, 멕시코 푸에블로 마을 등 공간구조, 치수, 디테일 등 세계의 여러 지역의 원주민 마을들을 답사하며 실측 조사했다. 그들은 여기에서 인류 공통의 근본적인 생활구조 및 공간구조가 내재하고 있다는 사실을 알게 되었고, 각종 데이터를 수집하고 공통 분모를 정립하여 자신의 작품에 적용하여 표현했다. 그들은 제례 의식의 공간구조를 탐구하여 그 공간구조와 분위기, 치수, 디테일 등의 요소를 종교 공간에 적용하거나, 마을 공간구조 등을 집합 주거 및 고아원의 구조 등에 적용하여 설계에 적용하는 방식을 사용했다. 이성적인 방식으로 조닝하면서 무미건조한 모더니즘 건축을 만드는 폐해를 극복하기 위해, 그들은 합리적 방식으로 인간의 파토스 및 무의식과 관련되는 부분 즉, 예체능과 문화적 특성과 연계되는 인류 공통의 근본 구조의 특성을 연구하고 적용하는 방안을 모색했다. 국립부여박물관은 전통을 강조하는 시대적 분위기 속에서 왜색 시비에 휩싸였고, 이 사건을 계기로 김수근은 이후 한국건축과 한국성에 대해 치열하게 연구하게 되었다. 여러 논란이 있지만, 자신에게 굴욕적일 수 있었던 사건을 자양분 삼아 긍정적으로 승화시켜 진일보하는 계기로 삼았던 것이다.

부여박물관의 왜색논쟁은 당시 척박했던 수준의 건축문화 상황에서 '한국성' 이라는 수준 높은 추상적인 담론이 이루어지고 대중들에게 각인되는 계기가 되었다는 점에서 긍정적인 측면이 있다. 부여박물관 왜색 논쟁은 전후 복구와 근대화를 위해 기능 만족이 최우선이었던 당시의 건축적 상황에서, 평가의 차원과는 별도로 한국적 정체성의 자각과 함께 한 차원 높은 건축적 표현을 위한 '건축 담론' 을 만들어 내는 사건이 되었다는 점에서 의의가 있었다. 이 사건은 무분별한 서양 건축양식의 삽입 혹은 근대건축의 적용이 아닌, 진정한 한국성을 가진 건축은 어떻게 추구해야 할지에 대한 사고의 시발점이 되었다. 또 김수근이 이후 진지하게 한국성을 추구하며 훌륭한 건축적 성취를 이루는데 자양분이 되었다는 측면에서 중요한 사건이었다.

—김홍식의 『민족 건축론』

38

80년대 이후, '민족 건축' 이라는 진보층의 변화를 위한 실천 개념과 당시 전두환 정권(제 5공화국)에 대한 저항의 감수성을 바탕으로 한국성을 추구하는 건축 운동이 전개되었다. 1987년 창립한 '청건협' 의 사회운동도 건축 분야에서 저항적 감수성으로 변화를 실천하기 위한 사회참여의 일환이었다. 김홍식은 『민족건축론』 및 『대동건축론』을 저술하면서 민족성에 대한 관심을 고취시키며 건축의 한국성에 대해서 지속적으로 연구했다. 김광현은 김홍식의 『민족 건축론』을 다음과 같이 비평한 바 있다. 그는 우선 '이 책은 니시야마 우조의 책 『현대의 건축』(1956)과 같은 노선이었으며, 특히 하라자와 아즈마의 『건축철학서설』(1956)의 유물론적 내용을 너무 많이 사용하고 있던 것이 아주 유감이었다.' 라고 언급한다.[56] 김홍식은 이전의 한국 건축사는 관 주도의 권위적인 건축이 중심이 되어왔는데, 오히려 그것을 실제로 구축해 온 '민중' 의 건축이 중요하다고 역설하며 민중 건축에 대해서 관심을 유도하는데 성공했다. 즉, 건축은 사회, 경제적 이데올로기의 산물이며, 또 민중 문화속에서 건축의 전통 논의가 이루어져야 된다는 생각을 수렴시킬 것을 주장한 바 있다.

김광현은 이 글에서 민중의 사회적 조건을 기반으로 하여 한국의 전통 건축을 재평가하고 근대의 성격을 재규정했다. 김광현은 건축의 본질을 사회적, 생산적, 기술적인 측면에서 재해석하면서 몇 가지 문제점을 제기한다. 민중을 들고 있지만, 민중의 생활 조건을 개선한다는 점에서는 근대건축(CIAM 포함)이 지향하는 점과 정확하게 같다는 것이 첫 번째이고, 사회, 경제체계와 형태의 규칙 체계는 서로 변증법적인 과정을 거치

38 김홍식, 민족건축론
56) 김광현, 세계의 문학, 1988년 봄호(47권)_근대화에 접목된 전통과 민중, p391

게 마련인데, 김홍식은 생산과 노동의 측면에서만 주로 다루고 있는 점에 대해서 비판하고 있다. 김광현의 견해로는 '근대건축이란 기술의 발전을 민중이 광범위하게 소유하고 있는가?' 라는 관점에서 결정되어야 한다고 결론짓고 있다. 그는 민가와 같이 계획자가 아닌 수용자의 입장만 대변하게 되면 문제가 될 수 있다는 입장을 표출한다. 김홍식의 민족 건축론은 당시 새로운 방향성을 가지고 한국성을 시도하고자 했던 지식인들에게 구조주의적 관점에서 한국성의 대안적 사고와 실천적 사고에 상당한 영향을 끼쳤다. 김홍식의 학술적 접근방식은 큰 영향을 끼쳤고, 다양한 연구자들이 '민가(民家)' 및 조선시대 실학에서 건축적 부문의 저술에 대해 활발하게 연구를 진행했다. 이 연구는 한국 건축의 본질을 사회적, 생산적, 기술적인 측면에서 재해석했다는 점에서 의의가 있다.

부여박물관 왜색논쟁과 함께 이후 생산된 김홍식의 『민족건축론』과 민중에 대한 건축담론은 무분별하게 신봉되던 근대성과 모더니즘 건축의 영향에서 점차 벗어나, 한국적 정체성과 차이의 담론을 만들어 내고 한국적 근본구조를 생각하는데 새로운 계기가 되었던 건축 담론으로 의미가 있는 학술작업이었다.

0515 동북아 기학과 동북아 근대성의 건축적 접목 가능성

앞서 언급한 대로, 서양의 사유는 근대성의 폐해를 경험한 이후, 지속적으로 근대성의 단점을 보완하고 극복할 수 있는 방향으로 나아갔다. 자연스럽게 근대성의 사유를 중심으로 하여 점차 내재성의 사유가 중심이 되는 동북아 사유의 특성을 접목하거나 방향성을 바꾸어 이동했다. 오늘날 서양은 동양으로, 동양은 서양으로 그 중심의 이동이 이루어지고 있다. 과학 통신 기술의 눈부신 발전으로 세계가 지구촌이 되고 실시간으로 네트워크화되면서, 두 세계는 다른 차원에서 서로 접근하며 하나의 시공간에 존재하는 듯한 생활을 경험하게 되었다.

서양의 사유와 움직임은 헤겔의 변증법적, 역사적 유물론의 특성에서 동북아 순환구조를 접목하며 우측으로 이동하는 변화가 있었다. 들뢰즈의 세계관은 후기자본사회의 특성을 반영하고 있으며, '홈 패인 것'과 '매끄러운 것'[57]의 상호 순환과 끊임없는 변화와 움직임을 강조한다. 이 개념은 근대성의 폐해를 일정 정도 탈주하면서 좀 더 원활하고 안정적인 방향으로 나아가는 후기자본사회의 특성을 보여주는 것이다. 반대로 동양의 경우, 천인합일, 범아일여의 순환적 세계관을 중심으로 진보적이고, 일방향적 역사관의 주체적 재해석을 통해 서양 사상과 문화, 과학기술의 접목과 경쟁, 유출(흘러나감) 및 접목의 새로운 가능성을 생각해 볼 필요가 있다. 사실, 그 내용은 이미 식민 시기를 거쳐 현재까지 현재진행형으로 진화해 나가고 있다.

일단, 우리는 자연을 정복하고, 이용하고, 대상화시키는 서양의 자연에 대한 근대적 인식을 반성하는데서부터 출발해야 한다. 우리는 건축과 도시를 하나의 생명체로 인식하는 시각의 전환이 우선되어야 한다. 환경과 개인, 그리고 공동체 모두가 공생할 수 있는 윤리성을 지향해야 한다. 그것은 생명, 공생, 공존, 평등, 순환성의 가치로, 1, 2, 3권에서 살펴보았던 동북아 사유의 범아일여, 천인합일의 가치가 녹아 들어가며 만들어왔던 사상 및 건축적 가치와 일치한다. 역사를 인간과 사회의 관계로만 볼 것이 아니라, 의미를 생성하는 '통합된 전체'로 바라보고 자연과 합일되고자 하는 태도를 중심으로 그 관심을 확장하여 물리적 환경을 구축할 필요가 있다. 그러한 자세의 변화가 선행될 때 기존의 도시, 건축의 분위기에서 새로운 가치의 결과물로 변화될 수 있다. 생명과 근원을 탐구하는 녹색 담론을 적용하면, 사람과 물질이 하나로 인식되면서 주위를 둘러싼

57) 홈패인것과 매끄러운 것: 들뢰즈는 주소를 매기듯, 영토화하고 통제화를 의미하는 것을 '홈 패인 것'으로, 탈주하고 유목민과 같이 탈영토화하는 특성을 '매끄러운 것'으로 개념화했는데, 홈 패인것에서 매끄러운 것으로 상호 순환되는 것을 강조한다.

'풍경' 으로 녹아 들어갈 수 있다. 자연의 풍경과 하나로서 인식될 수 있도록 행동하며 실천할 때 자연스럽게 윤리적인 삶과 도시, 건축이 될 수 있을 것이다. 건축을 하나의 욕망을 채울 수 있는 '오브제' 로서 바라보는 것이 아니라, '유기체적인 풍경' 으로서 인식하게 된다면, 우리는 세계(자연)와 인간과 끊임없이 상호 영향을 주고받는 '영조(營造)' 의 개념으로 건축을 바라볼 수 있게 될 것이다. 인간 중심적인 근대적 사고에서 벗어나서 자연의 가치를 회복하고 인간과 자연이 합일하는 것이 최우선적인 가치가 되며, 기(기후)를 적절하게 활용하는 공간으로 공동체적인 삶과 도덕적 삶이 우선시 되는 건축이 될 때, 윤리성이 확립되고 인격 수양의 생활과 함께 하는 파트너로서의 건축이 될 수 있을 것이다.

동북아 사유의 전통에서 계속해서 범아일여, 천인합일 등의 자연과 일체화된 삶을 추구하는 사상과 삶의 태도가 이어져 내려왔다. 그것은 내재성의 사유라고 칭할 수 있을 정도로 자연 만물과 운행이 신의 속성인 도가 운행하는 것으로 생각하여 그에 따른 삶의 일치와 순응을 중시한 까닭이다.

기의 흐름은 자연스러운 것으로 주변의 각 요소들에는 상생과 상극의 관계가 있고 유기체로서의 역할을 하게 되는 순환 체계이다. 자연을 존중하는 문화와 관련하여 완벽한 장인문화를 중시하는 일본과는 달리 한국 문화는 완벽성에 대한 무관심과 회피가 의도적으로 추구된다. 완벽성은 그 자체로 정지 혹은 죽음을 의미하기 때문에 한국 문화는 무언가 완벽하지 않은, 다시 말해 고정되지 않은 자연미가 중시된다. 그것은 끊임없이 변화하는 자연의 흐름과도 연계된다. 완벽함은 '정체' 되어 있는 것으로 볼 수 있다. 그래서 기의 흐름은 불완전함의 측면이 있으며 '변화' 의 연속선상에서 생각해 볼 수 있다.

눈에 보이지 않는 기의 존재와 채움은 동양화의 여백과 같은 기능을 하면서 외부와 소통하는 역할을 한다. 마찬가지로 동북아 건축에서 기의 흐름을 원활하게 하는 '채' 로서의 건축은 인간을 자연과 연계되게 하고 가족 및 공동체의 만남과 공동의식을 강화하게 하고, 내외부의 건축적 프로그램과 소통을 원활하게 할 수 있다. 여기에서 자연과 유기적으로 연계되게 한다는 측면과 공동체의 공동체성을 강화시킬 수 있다는 점이 바로 '기(氣)' 에 '도덕적 개념' 을 접합시킨 것이라고 할 수 있다. 동북아 건축, 특히 한국건축에서 건축물은 자연과의 융합물이고 인간-공간 사이의 커뮤니케이션을 가능케 하는 매개체로서의 역할을 한다.

전통에도 두 가지 관점이 존재한다. 과거의 것으로 변하고 발전하는 동적(動的) 속성을 지닌 것과, 현재의 삶에 영향을 주고 기능하며 의미를 생산하는 문화유산으로 존재할 수 있다. 바람직한 한국성의 건축문화는 동시대적 가치가 덧붙여져 계속해서 기능할 수 있어야 한다. 한국 사상에서는 계속해서 인간과 자연과의 하나됨을 가장 중요한 가치로 삼아왔다. 동학은 한국의 내재성의 기 일원론의 철학과 함께 유, 불, 도의 성리학의 특성 그리고 서양 천주교의 특성이 모두 종합되어 있는 종교이자 사상이고, 천인합일의 정신은 심지어 천주교나 기독교까지도 한국적 관점의 신으로 해석하는 계보적 특성을 보여왔다. 앞서 살펴보았던 유영모, 함석헌, 장일순의 계보를 살펴보면, 이러한 자연 중심의 생명 사상이 강조됨을 확인할 수 있다.

특히, 불교 사상은 오늘날 자연과 일체화된 삶의 실질적인 행동강령과 같은 삶의 태도를 제시하며 동시대의 자본, 기술 중심의 삶의 행태에 대한 반성을 촉구한다. 화엄적 질서와 함께 복잡계 과학에서의 비선형적 인과와 연결되는 과학과 불교의 범아일여, 천인합일의 특성은 자연과 인간의 상호의존성, 순환성, 항상성의 통일체로 상호 작용하고 있다는 깨달음과 함께 이에 맞는 삶의 자세와 행동을 촉구한다. 인간 생태계가 복잡계라는 과학적 증명은 불교의 무상성(無常性), 무아성(無我性), 공성(空性)의 결론에 도달하게 된다. 이것은 자신의 마음을 살펴 자연(세계)과 일체화시키는 삶을 촉구한다는 측면에서 불교뿐만 아니라, 이후 유교 역시 심즉리(心卽理)설을 주장하면서 마음(致良知)의 수행을 강조하는 양명학의 흐름을 만들었고, 아는 것을 기필코 지키는 지행합일을 강조하며 '치지(致知)'를 중시하는 문화를 만들었다.

한면희의 기(氣) 생태주의는 총체론적 관점의 방법론으로서, 기의 흐름의 연장선상에서 각 존재들이 유기적으로 연대된다. 각 개체 모두가 '범아일여' 이자 '천인합일' 의 연장선상에서 내재적 관계성이 실재한다고 보는 것이다. 즉, 심층 생태주의(deep ecology)에서 큰 자기실현은 타인과 하나됨을 확인하는 경로를 거친다. 한면희는 '기-생태주의는 생기 존중의 원리와 리기(理氣) 호혜성 원리, 그리고 리(理) 자율성 원리에 따라, 자연에 생기가 조성되어 순환하되 인간의 문화로 이어짐으로써 생태적으로 지속가능한 사회가 구축되면 정의가 사회규범이 되고 그에 따른 문화적 혜택과 부담이 구성원에게 공정하게 분배되어 누구나 자유인으로서 서로 협력하여 활기찬 삶을 누리도록 조성하고자 한다' 58)고 본다. 생명 사상, 자연과의 일체화 사상, 그에 따른 실천적 움직임은 동양의학과 식생활에 대한 논의로 확장되는데, 그에 따르면 '몸(形)은 신이 머무는 집' 이라는 것이다. 신은 기를 먹고 몸은 음식을 먹으니 함께 연계되어 있으므로 자연과 동일하게 살고 먹어야 한다는 논리이다. 이처럼 불교 신앙은 흙과 몸이 하나(依正不二)이고 인간 존재 자체에 불성이 내재되어 있음(無情佛性)을 전제하기 때문에 자신을 잘 살폈을 때 견성(見性)할 수 있다고 간주한다. 이러한 깨달음이 이루어지면 불교적 가치관에서는 한면희가 주장한

58) 한면희, 한국생태주의의 흐름과 현황, 문화과학, 특집, 생태주의와 사회운동, 2008년 12월호, p159

바와 같이 '한가하게 살고(閑居靜處), 욕망을 줄이고(少欲知足) 먹을 만큼만 먹고(拔羽供養), 숲과 자연을 보호하는 산주(山主)가 되어, 농사일 자체를 수행(禪農一致)으로 하는 삶의 형식' 을 중요시할 수밖에 없다. 자연스럽게 이러한 사유의 계보는 장일순의 사유와 같이 실천의 삶을 추구하는 생명 운동과 연결될 수밖에 없다.

앞서 살펴보았던 김수근의 '네거티비즘' 의 적정공간, 자연공간, 통합공간 등의 공간개념은 '한가하게 살고(閑居靜處), 욕망을 줄이고(少欲知足) 먹을 만큼만 먹고(拔羽供養), 숲과 자연을 보호하는 산주(山主)가 되어, 농사일 자체를 수행(禪農一致)으로 하는 삶의 형식' 을 중시하는 개념과 연계된다. 그러한 삶은 필요 이상의 공간을 차지하지 않고, 자연 자원에 의존하면서 안과 밖이 일관된 통합적인 공간으로 이용하고 불확정적인 공간, 구조적 가변성이 있는 개념 등, 자연과 일체화된 삶을 살기를 권면하는 불교적 가치관과 공명한다. 이처럼 불교의 자연 중심의 가치관은 김수근의 적정공간, 자연공간, 통합공간, 기분공간, 자궁공간의 개념과 연계될 수 있음을 확인할 수 있다. 이것은 동북아적 가치를 생각했을 때, 기의 흐름을 중시하는 자연과의 일체화된 삶을 추구하는 범아일여, 천인합일의 생활 태도와 공간으로 적용될 수 있을 것이다. 이처럼 동북아적 사상과 건축적 가치는 사상에서 오는 '태도' 와 연계되어 있다. 또한 기의 흐름인 기후는 불교에서 나, 너, 그, 우리의 공통된 감각과 대응을 만들어 낸다는 측면에서 공동체성을 향상시킬 수 있는 공간구조를 만들어 내는데 중요한 고려요소이다. 나, 너, 그, 우리가 하나가 되면서 자연 전체가 하나가 될 수 있는 '기의 공간' 이 바람직하다는 것은 '윤리성' 의 차원으로까지 격상될 수 있는 담론이 될 수 있다. 동북아 근대사상의 도입 및 기 철학의 잠재성은 한국성의 동시대적 발현에 있어서 이러한 태도와 연계하여 사유하고 공간과 물질을 구축해야 할 것이다.

기일원론의 계보로부터 영향을 받은 근대건축의 방향성 및 동시대 건축에서 한국성과 기일원론적인 특성을 보이는 건축작업은 어떻게 받아들여야 할 것인가? 또 체계보다 기의 측면이 강조되거나 한국적 기의 특성을 보이는 건축은 어떤 사례가 있을까? 우리는 한국적 지역주의 건축을 추구했던 건축가들의 작품사례들에서 이러한 특성들의 단서를 찾아볼 수 있다.

한국 지역주의 건축과 현대성의 접목

0516 지역주의 건축의 역사와 동시대 대응 전략

—지역주의 건축의 개념

한국성을 담은 동시대 건축을 추구한다고 하면 가장 먼저 생각할 수 있는 부분은 '한국적 지역주의 건축을 어떻게 만들어야 할 것인가?' 일 것이다. 달리 말해, '한국이라는 한반도의 지역적 특성과 풍토의 특성에서 어떻게 지역주의 건축을 만들어 내야 할 것인가?' 라는 물음으로 대체 될 수 있고, 그것은 한국성을 담은 지역의 건축을 위한 중요한 질문이 될 수 있을 것이다. 이를 위해 우선, 지역주의 건축의 개념과 이후의 건축 역사의 흐름을 살펴보도록 하자.

우선, 지역주의 건축은 '풍토' 라고 하는 특정 지역의 자연환경에 순응하는 건축을 추구한다. '풍토' 는 그 지역의 지질 및 지형과 기후, 식생을 의미하는데, 건축에서 풍토적 조건은 거의 절대적인 영향을 끼치는 외적 변수가 된다. 그 지역에는 풍토의 물리적 환경의 특수성이 반영되어 건축이 구축된다. 한편, 그 지역에는 거주하는 사람들의 정주(定住)의 역사와 문화, 기억 등을 포함하고 있다. 다시 말해, 지형, 도시의 콘텍스트, 역사 등을 반영하여 지역의 건축이 구축된다는 것이다. 그러나 건축은 단순히 물리적, 외적 변수의 조건만을 만족시키는 것이 아니라, 표현과 경관의 측면이 들어가기 때문에 의미론적인 영역(상징)까지도 포함되게 마련이다. 건축은 외적 변수에 대응하는 자연(세계)의 관리 부분과 함께 언어

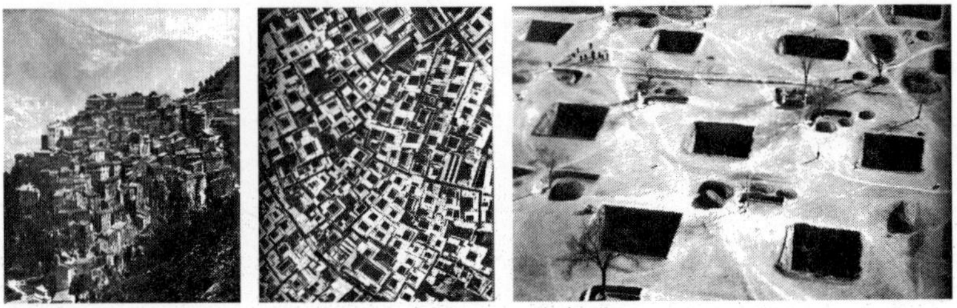

39

를 가진 인간이 사는 공간이므로, 거주하는 인간이 건축물을 통해 드러내고자 하는 '의미'에 대한 '해석'이 포함된다. 인간의 해석에는 인간의 삶과 문화, 의식과 무의식의 영역이 섞여 있다. 여기에는 물리적 자연조건을 초월하는 윤리적 해석의 문제가 접목될 수밖에 없다.

두 번째로, 지역주의 건축은 그 지역의 선조들의 지혜와 기억이 축적되며 구축되는 '건축 유형'을 보이게 마련이다. '지역성'이라는 것은 그 지역에서 사는 개인과 사회(공동체)가 그 지역의 특정 공간과 장소와 연계되어 만들어 내는 '집합적 정체성'이라고 할 수 있다. 특정 지역의 '건축 유형'은 지역과 장소를 묶는 정치, 경제, 사회, 문화, 관습, 제도 등의 조건들에 반응하고 거주 공동체 의식이 자연스럽게 형성되며 총체적으로 집약된 것이다. 지역 주민의 건축적 경험이나 정서를 형성하는 것은 오랜 기간의 역사적 연속성이 필요하다. 다시 말해, 옛 시기의 전통 건축은 선조의 지혜, 경험, 그리고 기억에 의존한다. 그래서 지역주의 건축은 지역의 경계 내에서 살아가는 사람들의 특정한 삶의 방식이 반영된 건축이라고 할 수 있다. 그러한 건축은 그 지역의 외적 변수(풍토)에 적합한 특정한 유형을 만들게 된다.

39 풍토건축과 지역적 특성

셋째로, 지역주의 건축은 장소적인 상징성을 갖게 되는데, 그것은 특정 장소와의 관계를 통해 물리적이고 의미론적인 차원의 특성이 새롭게 나타난다는 점이 특징이다. 그것을 우리는 현재에 '재발견'하게 되고, '재규정'하면서 지역주의 건축을 만들게 된다. 그것은 그 지역의 특정한 가치를 유지하는 것이므로 정치적으로는 보수적인 특성을 보인다. 하이데거는 '세계-내-존재'(being-in the-world)의 개념을 전개하며 세계의 외적 변수 속에서 반응하는 존재 기반의 장소 체험을 강조한다. 건축의 지역성은 우리 존재와 우리가 거처하는 공간과 장소 사이에서 규정되는 관계의 특성으로 나타나는 것이다. 우리의 존재와 장소가 상호 반응하고 교차하면 할수록 지역성의 특성이 원활하게 드러나게 되고 그 지역의 삶이 활발하게 약동하게 된다. 여기서 지역적 상징성은 지역의 물리적 특성과 상징을 만드는 의미론적 차원을 연결하며 재발견하고 재규정하면서 생성된다. 그것이 모이고 축적되면, 지역의 전통이 된다. 세계화가 진행되면서 이것이 바로 지역의 문화적 가치가 되는 것이다.

40

넷째로, 지역주의 건축은 보편적인 공통의 가치와 특정 지역의 고유한 특성을 연결하고 드러내는 작업이다. 지역성을 드러내기 위해서는 보편성의 큰 틀 내에서 다양성을 창조한다는 관점을 가져야 한다. 지역성은 사람들의 무의식의 차원 속에 은폐되거나 숨겨져 있는 도시의 기억과 체험이 내재되어 있다가 특정 순간에 드러난다. 그것은 사람들의 마음속에 물질과 정신이 공유된 상태로 삶 속에 내재화되어 있는데, 그것은 관습과 정서로 잠재성의 차원에 녹아 들어가 있다가 특정한 사건과 이벤트를 통

40 알바 알토의 지역주의 건축의 특성

해 표현되며 현실(상징계)에 드러나게(현실화) 된다. 이처럼 지역성은 지속과 차이(다양성)의 잠재적 운행 가운데 특정 순간, 특유의 정체성이 드러나게 된다. 그래서 지역성을 드러내기 위해서는 보편적인 공통의 가치를 보여주면서 동시에 지역 특유의 숨겨진 차원의 고유한 특성을 드러내는 '순간을 잡는' 작업을 추구해야 한다.

지역주의 건축의 네 가지 특성을 다시 정리하면, 지역주의 건축은 그 지역의 특정한 '풍토' 라고 하는 자연환경에 순응하는 건축이다. 또 지역의 선조들의 지혜와 기억이 축적되어 건축 유형이 형성된 건축이다. 또 지역주의 건축은 장소적인 상징성을 갖게 되는데, 그것은 특정 장소와 관계를 맺는 물리적이고 의미론적인 차원의 상징성이다. 또 지역주의 건축은 보편적인 공통의 가치와 고유한 특성을 연결하고 발굴하는 작업이다. 요약하자면, 한국성이 잘 적용된 지역주의 건축은 세계적으로 보편적인 동시대적 외적 변수를 잘 받아들이면서 동시에 이러한 네 가지 특성들이 조화를 이루는 건축일 것이다.

—지역주의 건축의 역사적 흐름

현대 지역주의 건축의 역사적 변화 과정은 크게 다섯 단계로 구분해 볼 수 있다.

첫 번째 단계로, 20세기 초부터 1960년대까지 자본과 기술의 발전을 중심으로 모더니즘 건축이 발전하면서 나타났던 건축과 도시의 문제가 나타났던 시기를 들 수 있다. 이 시기에는 획일적인 모더니즘 건축의 특성으로 인해 여러 가지 문제들이 발생했다. 모더니즘 건축을 추구했던 건축가들은 근대 서구 중심주의, 엘리트주의, 그리고 계몽주의로 근대건축이 자기 복제를 이어 나갔으며, 제 3세계의 토속적 풍토건축을 미개한 것으로 비하하거나 억압하고 배제했다. 서구 제국주의 열강은 이들 나라를 강제 침탈하면서 통치했고, 서구의 상징적인 건축을 강제하며 구축했다. 근대의 모더니즘 건축은 평균화, 표준화, 규격화를 지향했고 '국제주의 건축 5원칙' 의 근본 건축언어와 구조, 설비기술의 혁신적인 발전을 이루었다. 이러한 발전은 전 지구적으로 통용될 수 있는 보편적인 건축 언어의 적용과 발전을 가능하게 했다. 풍토의 기후조건과 관련 없이 이식될 수 있는 건축은 많은 장점이 있었지만, 근대성의 폐해와 같이 여러 가지 문제를 양산시켰고, 핵가족화 된 공간들이 늘어나면서 공동체성이 극도로 약화되었다.

두 번째 단계로, 1960년대 ~70년대에 이르러 합리적인 관점으로 역사적 도시에 대한 연구를 통해 기존 도시와 건축에 대한 유형을 연구했던 시기가 있었다. 이들은 역사 도시의 근본적인 공간 및 경관 특성을 현대 도시 및 건축에 응용하는 구조주의적 관점의 건축적 움직임이었다. 크리에 형제가 유럽 도시의 광장 유형을 연구한다거나, 알도 로시가 유럽 도시의 이미지와 형태를 합리적인 방식으로 분석한다거나, 케빈 린치가 '도시의 이미지' (경관)의 공통 분모를 연구했던 것이 바로 그러한 구조주의적 관점의 도시, 건축적 실험과 공명했던 흐름이었다. 한편, 노버그 슐츠는 '장소성' 을 중심으로 하는 담론을 제시하며 현상학적 관점에서 체험하고 지역과 사물과 의식을 통합하려는 움직임을 이끌었다. 또 다른 측면에서는 지역주의 모더니즘 역시 모더니즘이 변종과 같이 발전하고 있는 것으로 바라보는 시각도 있었다.

세 번째 단계로, 1980년대에서 90년대에 시도되었던 '비판적 지역주의' 의 흐름이 있다. 비판적 지역주의 건축은 새로운 방향성을 보여주었으나, 서구 중심의 언어 보편주의를 탈피하는데 어려움이 있었다. 비판적 지역주의는 기존 지역의 콘텍스트에 순응하면서 기존의 콘텍스트와 적절한 긴장감 혹은 대립적인 새로움을 확보하기 위해 투쟁했다. 즉, 모더니즘 건축의 특성을 중심으로 표현하되 적절하게 자신의 아이덴티티를 드러내는 전략을 사용함으로써 기존 건축 유형에 저항한다. 이것 역시 모더니즘의 발전적, 진보적 태도라고 볼 수 있다.

네 번째 단계로, 90년대 이후부터 2000년대 초까지 신자유주의의 '비장소성' 이 만연한 현상의 시기를 들 수 있다. 신자유주의가 발전하고 디지털 통신과 교역의 눈부신 발전, 해외여행의 활성화로 비장소성의 도시 현상과 관광사업을 통한 장소마케팅이 발전하게 되었다.59) 장소는 지역의 특성을 넘어서 상업화로 점차 물들게 되었다. 건축이 권력 자본의 종속물, 문화산업으로 변질되고, 지역성의 가치가 자본화로 종속되게 된 것이다. 신자유주의적인 특성 중 하나는 해외 스타키텍트(starchitect)들이 트렌드를 주도하면서 주요 도시에 그들의 건축이 세워지고, 특정 스카이라인을 형성하며 도시의 주요 아이덴티티를 형성시키게 되었다는 점이다. 따라서 이 시기에는 이러한 흐름에 대한 추종과 저항의 담론들이 형성되었다. 이에 단점으로는 가볍고 즉흥적인 디자인과 이미지가 난무하는 현상이 나타났다는 점을 들 수 있다. 지역주의 건축이 지역의 문화적 차별성, 고유성을 강조하며 지역 특유의 독창성을 주장하지만, 그와 동시에 글로벌리즘의 신자유주의로부터 형성된 우월한 서구 디자인이 점령하게 되는 현상도 동시에 나타나게 된 것이다.

마지막 다섯 번째 단계는 2000년대 이후의 시기로, 렘 콜하스가 주장했듯이 비장소성, '정크스페이스(Junk Space) 및 제네릭 시티(Generic City)' 60) 등의 특성에 충실한 세계 대도시가 양산되었고 신자유주의의 특성에 어울리는 거대한 건축과 도시를 상징하는 건축들이 삽입되었던 시기이다. 일부 다국적 스타키텍트(starchitect)들은 주요 도시에서 일부 대형 건축물

59) 이화여자대학교 건축학과, 건축의 지역성을 다시 생각하다_지역성과 장소성의 언어(배형민), 운생동 출판, 2012, p33의 의견을 요약함.

60) 정크 스페이스는 건물이 수직 수평으로 복사 증식되고 대규모화되면서 내부에 어떠한 프로그램이든 삽입이 가능해지면서 개별 건축공간의 특성이 무력화되는 현상을 말한다. 제네릭 시티(generic city)는 글로벌 도시화 현상이 급격히 확산되면서 세계 어느곳에 가더라도 신도시는 장소를 알아 맞추기 힘들 정도로 보편적으로 유사한 경관이 펼쳐지는 도시 현상을 말한다.

(bigness)들을 계획하고, 최대한 건축물들을 복합화시키며 도시의 주요 스카이라인과 이미지를 장악하고 경관을 구성하며 오늘날의 대도시 트렌드를 주도했다. 렘 콜하스는 신자유주의 도시건축의 단점을 중심으로 비판하기보다는 긍정적인 부분을 바라보면서 동시대적 특성을 반영할 수 있도록 더 많은 것을 사유할 때 긍정적인 발전을 이룰 수 있음을 강조했다. 이처럼 글로벌리즘은 '중심' 추구의 세계관이자 무한경쟁의 욕망과 부의 가치를 축적하는 것을 최우선으로 하는 세계관이다. 동시에 욕망, 탐욕이 지배하는 디스토피아적인 성향을 만들어 내는 세계관이라고도 볼 수 있다. 이 시기에는 지역의 고유성이 사라지고 식민지 문화현상이 가속화되었다. 현재는 인공적인 주변 환경을 새로운 자연으로 간주하고 장소성과 인공자연(조경)과 조화를 이루는 새로운 관점의 자연(건조 환경)을 만들어 내야 한다는 경향이 나타나고 있다. 오늘날에는 보편적 글로벌리즘과 로컬의 특성이 접목된 다양한 감각과 다양한 인식 체계를 만들어 내는 건축적 시도들이 등장하고 있다.

—지역주의 건축의 문제점

점차 글로벌리즘의 신자유주의의 영향으로 지역주의 건축에 위기가 나타나기 시작했다. 장소 자체가 '장소마케팅' 으로 상업화되면서 다양한 문제점이 드러났다. 매력적인 로컬의 장소가 관광에 이용되면서 상업화되고 지역의 아이덴티티는 상업적 가치로 환산되었다. 오늘날 어떻게 지역의 '차별성을 추구할 것인가' 와 '정체성을 추구할 것인가' 가 중요한 문제가 되고 있다. 상업화로 인해, 지역적 오리지낼리티가 있는 장소와 지역민의 삶이 구경거리로 전락하고 지가(地價)가 높아지면서 상승하는 임대료를 감당할 수 없는 원주민이 떠나가는 '젠트리피케이션' 현상이 만연하여 전세계적으로 심각한 사회문제로 등장했다. 지역과 주민의 삶에 적합한 지역성을 반영한 건축적 해결이 절실해진 것이다. 한편, '가장 한국적인 것이 가장 세계적이다!(身土不二)' 라는 구호를 중심으로 한국적 유산이나 가치를 당연한 미적 기준으로 고정화하는 것도 경계할 필요가 있다. 시대착오적인 봉건적인 가치를 오늘날에 되살리고자 하는 것도 경계할 필요가 있다. 이와는 반대로, 현실적이라고 하면서 외부에서 도입되는 보편적인 특성의 우성인자들을 현지에 무분별하게 적용하는 것도 경계해야 한다. 물론, 동시대의 가치와 과학기술, 근대성이 기본이 되어 있는 현 상태에서 지난 삶으로 되돌아갈 수는 없는 노릇이다. 그러나 민족 자본주의, 수구적 민족주의는 경계하는 자세가 필요하다. 통신과 미디어의 발전으로 실시간으로 모든 것이 변해나가는 상황에서 지역의 풍토성과 다른 세계적인 트렌드가 막강한 영향력을 행사하는 것이 오늘날의 현실이다. 그래서 로컬의 거친 원형으로서의 공간과 재료를 국제적 감각이나 기호에 맞게 재구성하고 탈영토화하는 자세가 필요하다.

한국의 건축은 압축적인 근대화의 과정을 거치면서 서양의 다양한 사상과 사조와 문화가 한꺼번에 유입되며 큰 혼란이 발생했고, 세계 각 지역의 우성의 특성들이 빠르게 접목되며 이질적인 상태로 혼합되어 왔다. 그것은 현재의 복잡다단한 한국의 동시대적인 정체성을 만들었다. 건축에 있어서 말이 많은 한국의 아파트 문화는 성공에 대한 욕망이 집단적으로 발현되어 현실화된 것으로 진단할 수 있다. 한국 아파트 문화는 주거문화와 각종 기술의 적용에 있어서 선진국의 우성의 형질이 접목되어 한국시스템으로 체화되어 현실에 드러났다. 한국의 아파트는 한국적 심미성과 기능성이 일부 접목되어 구체화 되었고, 이제는 좋든 싫든, 부정할 수 없는 현실이 되었다. 한국의 아파트 건축 문화는 기존 건축문화와 비교했을 때 장단점이 뚜렷하게 존재하는데, 일정 부분 현실을 인정하고 그 기반에서 질문 및 대안을 마련하는 자세가 필요한 상황이다. 이를 위해서는 지역주의 건축의 창조적 실행 방향성이 필요하다.

-새로운 지역주의 건축문화의 방향성(전략)

문화의 흐름이라는 것은 중앙의 주류와 변방(지역)의 지역 비주류와의 일종의 '파워게임' 이라고 할 수 있다. 실력이 있고 경쟁력 있는 보편성을 확보하는 것이 기본이 된 상태에서 계속해서 지역의 과거와 현재성의 가치를 접목시켜 발전시킬 수 있다면, 결국에는 문화적 특성과 경쟁력을 인정받으며 지역(변방)에서 중앙으로 문화의 역수출이 가능하게 되는 단계에 이르게 된다. 결국은 파워게임인 것이다. 이러한 방식을 통해 지역을 넘어 경쟁력 있는 창조적 지역주의 건축의 실행을 위한 방향성은 다음과 같다.

첫째, 현재 상태에서 보편적인 경쟁력을 확보하고 지역적인 특수성을 가미시켜 독특한 로컬 건축문화를 생성시킬 수 있어야 한다. 또 수구적인 민족주의를 극복하고 과거로 단순 회귀를 경계하며 중앙에 종속되는 것에 투쟁하고 진정한 보편성으로 나아가면서 경쟁력을 키워야 한다. 그 분야에 있어서 실력을 바탕으로 보편적인 경쟁력이 우선되어야 하는 것이다. 둘째, 중심과 주변(변방, 지역)이라는 이분법적인 오리엔탈리즘을 극복하고 21세기의 소비 다원주의에서 창조적 가치를 생성해 낼 수 있어야 한다. 셋째, 동시대적인 보편성을 기본으로 과거를 재해석하여 현재에 녹여낼 수 있어야 한다. 단순히 과거로 회귀하는 것이 아니라 동시대성을 충분히 경쟁력 있게 구현하면서 과거의 지역성을 함께 녹여 표현할 수 있어야 한다. 넷째, 현재의 유, 무형적 가치와 기억이 녹아 있는 비가시적인 영역을 지역성에 드러낼 수 있어야 한다. 지역성은 물질과 정신이 공유된 상태로 삶 속에 내재되어 있기 때문에 은유적인 삶의 관습과 정서(인식, 기억)에 연결된 이면의 모습을 끄집어내는 시적(詩的) 접근 태도가 필요하다. [61] 다섯째, 중심과 주변을 이분법화 시키지 말고 차이를 적절하게 끄집어낼 수 있어야 한다. 이면의 다양성, 장소성, 소수성, 일상성 등 근대

61) 이화여대 기획, 건축의 지역성을 다시 생각하다, 2012, p46 이승헌 의견 참고

성의 폐해를 치유할 수 있는 가치 있는 요소들을 적절하게 끄집어낼 수 있는 방법론을 개발해야 할 것이다.

–지역주의 건축의 실행방법론

앞서 살펴본 지역주의 건축의 개념과 역사, 그리고 문제점을 기본으로 하여 오늘날 지역주의 건축을 바람직한 방향으로 실행할 수 있는 실행 방법론은 다음과 같다.

첫째, 무엇보다 지역 특유의 풍토에 적합한 건축적 방식에 집중할 필요가 있다. 건축의 가장 절대적인 영향을 미치는 외적 변수인 풍토의 조건(기후, 물, 지형, 경도, 위도, 태양고도 등)을 합리적인 관점으로 접근하며 지역에 적합한 건축방식의 해결 방안을 최우선적으로 찾아야 할 것이다.

둘째, 오늘날의 합목적성을 기반으로 하여 한국의 기일원론의 유기적 특성을 보편적인 방식으로 발전시키는 것이 필요하다. 선조들이 발전시킨 건축 유형의 지혜를 탐구하여 오늘날에 기의 흐름을 중시하며 계획하면서, 앞서 언급한 창조적 지역주의와 적합하게 적용하는 작업이 필요하다. 오늘날 환경친화 건축의 주요 특성으로 여름 햇살을 최대한 차단하고 겨울 햇살을 최대한 받아들이는 원리를 적용한 기술, 즉, 전통 지붕의 깊은 처마와 유사한 기술적 방법을 현대적으로 적용하는 사례들을 좀 더 개발할 필요가 있다. 또, 창호지로 덧댄 문살을 통해 대기와 호흡하는 특성을 현대적으로 되살리며 한국적인 루버 및 선스크린(sun-screen)을 좀 더 세련되게 고안하는 등, 한국 건축의 창조적 디자인 방법론을 개발할 필요가 있다.

셋째, 현지에서 원활하게 통용되는 재료와 기술을 집중적으로 발전시킬 필요가 있다. 현지에서 주로 이루어지고 있는 재료와 작업방식은 그 지역에서 오랜 기간 필요와 효용성에 있어서 장점이 있기에 발전되어 온 것이므로, 현지에서 활발하게 통용되는 기술과 재료구축 방식을 좀 더 심화시킬 필요가 있다. 특히, 다른 나라에서는 쓰기 힘든 방식 즉, 현 지역에서 잘 쓰이는 재료와 구축 방식이 있다면 그것이 특정 지역의 건축의 장점 및 특별한 로컬의 특성이 될 수 있다. 그것은 그 지역에서 숙련된 기술자들과 재료들이 있고 그 지역의 현실에 정확하게 대응하며 만들어지는 '가치' 이자, '차이' 가 될 수 있기 때문이다.

넷째, 혼성성에 있어서 중심과 주변의 논리를 극복해야 한다. 지역(로컬)이라고 해도 외부 세계와 끊임없이 영향을 주고 받으면서, 현재에도 변화하고 있다. 필연적으로 모든 사람과 문화는 혼성이 될 수밖에 없고, 혼성의 결과물을 만들어 내게 되어 있다. 부대찌개가 한국전쟁 이후 미군이 주둔했던 역사에서 생성되었지만, 당시 현실에서 만들어진 것을 새롭게 해석하여 오늘날 새로운 음식문화를 만들어 냈고 다른 나라에 음식문화를 유통시키고 있듯이, 변방에서의 지역적 특성이 경쟁력을 가지게 되면 중심에서도 유통이 가능하고 또 다른 변방으로도 전파가 가능하다. 결국 보편성이 기반이 되고 시공간의 강도를 적절하게 조절하여 '혼종' 을 만들어 새로운 경험을 만들어 낼 수 있어야 한다. 복합화시켜 차이를 만들어 내면서 긍정적이고 경쟁력 있는 '차이의 생성물' 을 만들어 낼 때, 진정한 경쟁력을 가질 수 있다. 수구적 민족주의는 탑다운식의 고정된, 부정적인 논리일 뿐이고, 보톰업의 문화적 창발과 차이의 생성은 긍정적인 결과를 만들어 낼 수 있게 될 것이다.

결론적으로, 지역주의 건축이 나아가야 할 방향성은 4권에서 살펴본 바와 같이, 소수 엘리트가 주도하는 수구적 민족주의를 극복하고 경쟁을 통해 글로벌 보편성을 확보하면서 동시에 지역의 개별 가치를 확보하여 지역적 상징성을 획득하는 방향으로 나아가야 할 것이다. 우리는 경쟁력의 세계적 보편성과 특수성을 조화시킬 수 있는 방안을 고려해야 한다.

서양의 중세시기의 신 중심의 존재론을 넘어서서, 이후 근대의 인간 중심의 세계관은 주체와 대상화의 폐해와 동일성의 폐해를 가져왔는데, 대상화와 소유의식, 시각화의 상징성은 결국 근대성이 만들어 낸 주요한 장점의 가치이며, 동시에 폐해가 될 가능성이 있는 부분이다. 근대성과 지역성은 개념상 어울리지 않는 측면이 존재하지만, 현실에 기반한 건축 담론의 요소로서 지속적으로 통합이 요구되어 왔다. 근대성의 앞선 기술과 문화가 지역적 현실과 융합되어 새로운 지역적 건축으로 재탄생되어야 하기 때문이다. 일부 건축가들은 한국적 건축을 추구하기보다는 현실적으로 가장 적합한 것이면 그것이 바로 동시대의 가장 한국적 건축이라고 주장하기도 한다. 최선을 다해 동시대 건축을 만들어 낸다면 그것이 바로 동시대의 한국적 건축이라고 생각하는 것이다. 그저 묵묵히 자존감을 가지고 작업하다 보면 그것이 바로 지역성을 초월하여 보편적인 문화 경쟁력을 갖추며 멋을 만들어 낼 수 있다고 보는 것이다. 이런 태도로 자신의 문화를 만들어 나갈 때, 글로벌 환경에서 민감한 유행과 트렌드를 외면하고 자신의 작업에 온전하게 집중할 수 있다. 지역성과 보편성은 그래서 상반된 가치로 여겨질 수 있지만, 그것이 동시에 양립가능할 수도 있다. 세계화의 물결이 거침없이 침범하면서도 동시에 지역적 가치와 특징을 잃지 않고 경쟁력 있게 동시대적으로 재창조했을 때 역으로 문화가 수출될 수 있기 때문이다. 이때 중요한 것은 세계적 보편성을 지니면서 경쟁력을 갖추는 일이다. 글로벌화와 로컬화가 결합된 '글로컬화' 라는 화두는 이런 방식으로 논의되어야 한다.

결국, 건축의 지역성과 연계되는 담론과 관련하여 창조적으로 경쟁력을 확보할 수 있는 방법론에 있어서 경우의 수는 다음과 같이 생각해 볼 수 있을 것이다.

첫째, 한국 건축은 한국 지역에서 행해지는 건축이다. 둘째, 한국 건축은 한국 풍토에 맞춘 건축언어로 행해진 건축이다. 셋째, 한국 건축은 한국의 역사와 현재의 상황 및 미래를 의미론적 지평으로 놓고서 전개되는 건축이다. 넷째, 한국 건축은 한국에서 이어져 내려온 전통건축 수준의 세계관, 인간관, 가치관 등을 보편적인 철학의 수준으로 승화시켜 개념화한 건축이다. 첫째의 경우는 너무 소규모의 지역으로만 한정된 건축으로, 좁은 규정이다. 둘째, 풍토에 맞춘 건축언어로 행해진 건축은 동일성의 유형으로 침잠할 수 있는 위험성이 있다. 셋째, 특정 시점의 의미론적 특성만을 지칭할 수 있다. 넷째가 바람직할 텐데, 세번째 의 작업에 기반해 네번째의 작업을 행하는 것, 즉 다양한 전통들의 다양체(복합체)를 추구하는 것이 21세기의 건축의 길일 것이다.

건축적으로는, 신자유주의 시기에 행해졌던 대규모의 압도적 상징성을 획득하는 건축물의 구축을 지양하고 합리적 보편성을 기반으로 기술성을 접목하는 가운데 그 지역의 지형, 기후, 채광에 적합하게 반응하는 건축 및 공간구조를 도출해야 한다. 또 과거보다는 현재에 주목하여 물리적 환경의 특수성과 일상을 반영하는 것이 바람직하다. 지역성과 기술의 접목은 그 지역의 기술과 재료를 합리성에 입각하여 물리적으로 적용하는 과정이라고 할 수 있다. 글로벌 무역이 발전하고 기술 및 재료가 과거에 비해 신속하고 값싸게 수입되면서 기존의 전통적인 기술과 재료가 퇴출되는 경우도 존재한다. 그럼에도 불구하고, 오랜 기간동안 축적되며 체화되었던 감성과 기술 등이 한순간에 사라지기는 쉽지 않다. 동시대의 장점을 살리면서 과거의 차이의 이질감, 정체성 및 기억의 혼란을 극복해야 한다. 한국적으로는 전통 건축에 대한 재해석, 재발견을 통한 한국 건축의 정체성, 장소성, 혹은 일상성을 획득하고 탈주하는 가운데 동시대적 가치(비존재, 불확정성, 비실재, 비의미, 생성)를 적용하여 개념화하는 것이 필요하다.

계속해서 문화와 인종이 섞이고 초시간적으로 교류하는 동시대의 상황에서 지역주의를 다시 생각하고 강조한다는 것은 시대착오적으로 느껴질 수도 있을 것이다. 그러나 풍토의 조건은 특수하고, 그 특수한 풍토의 조건 하에서 선조들로부터 이어져 내려온 건축적 지혜와 특정 해결 방식으로 굳어진 '건축 유형' 은 오늘날에도 참조해야 하는 중요한 가치가 될 것이다. 세계적 보편성을 토대로 지역의 기후와 땅의 가치를 온몸으로 구축하고 표현해 왔던 선조들의 건축행태와 구성 방식은 기술적 발전만으로는 설명하기 힘든 역사적, 문화적, 신체적, 공동체적 특성을 만들어 내는 가치로 '재발견' 되어야 할 것이다.

이제, 지역주의 건축의 개념을 정립하고 보편성을 기반으로 수준 높은 지역주의의 건축을 추구했던 몇몇 건축가의 작품과 특성을 살펴보기로 하자.

—이타미 준, 한국적 미감(美感)의 건축 탐구

한국적 지역주의 건축을 수준 높게 성취한 건축가로, 이타미 준이 있다. 이타미 준(1937~2011)은 일본 도쿄 출생의 재일 한국인 건축가로, 한국 이름은 유동룡이며, 한국 정체성에 긍지를 가진 부모의 영향으로 평생 한국 국적을 유지하며 일본에서 살았다. 그는 죽을 때까지 이타미 준과 유동룡 사이에서 어느 나라에도 귀속되지 못하는 정체성의 혼란을 경험하며 삶을 살았다. 그래서 역설적으로, 재일 동포로서 정신적인 노마드의 삶을 살며 한국성에 대하여 타자화된 객관성을 담보하면서 수준 높은 한국성의 건축을 성취할 수 있는 능력을 키울 수 있었다.

41

이타미 준은 도쿄 도시대학 건축학과를 다니면서 한국 건축 및 예술문화 답사를 많이 다녔다. 그는 조선의 민화, 가구, 골동품, 그리고 한국 산하의 정서를 심도 깊게 연구했다. 이러한 관심을 바탕으로 그는 '한국의 미'와 관련된 책들을 저술했다. 또 프랑스 국립 기메 박물관에서 한국 건축가로서는 최초로 개인전을 열었다. 2005년 프랑스 예술훈장 슈발리에와 레지옹 도뇌르 훈장, 2006년 한국의 김수근 건축상, 2010년, 일본 최고의 건축상인 무라노 도고상을 수상했다. 그는 한국과 일본을 포함한 선진국에서 수상하면서 더욱 주목받았다. 그는 화가로도 활동했는데, 특히 이우환, 곽인식 등 사물 본래의 입장에 서서 자연을 동화시키는 경향을 보이는 '모노파(物派)' 화가들과 교류하면서 많은 영향을 주고받았다. 주요 작품으로, 충남 아산의 '온양미술관'(1982), 제주도의 '포도호텔'(2001), '수 · 풍 · 석 미술관'(2006), '방주교회'(2009) 등의 대표작을 남겼다.

그는 평생 한국을 그리워하며 한국성을 추구했던 '코스모폴리탄' 지역주의 건축가였다. 그는 획일화된 산업 사회의 시스템 속에서 반근대적인 태도로 '장소의 고유한 지역성'을 살려서 인간의 삶에 어우러지는 건축을 추구했다. 그는 사물에 대한 통찰과 신체 감각을 매개로 하여 입체적인 매스를 구축하는 건축을 선보였다. 그는 건축이 "나와 새로운 세계

41 이타미 준의 작품

42

를 매개하는 그 무엇"이라 여러 차례 언급한 바 있다. 그가 생각하기에 건축이란 신체가 땅, 장소, 공간 등과 경험하며 만드는 생생한 의미를 마주하기 위한 매개체라고 본 것이다. 그가 사용하는 재료는 소재 날것의 감각이 돋보이는, 무겁고 원시적인 건축의 재료를 주로 사용하여 구축하는 경향을 보였다. 그것은 한국 민가나 고건축 혹은 백자에서 보이는 원초적인 한국적 미감의 건축이다. 그는 '건축은 인간에 대한 찬가이자 자연 속에서 인간의 더 나은 삶을 위해 바치는 또 다른 자연'으로 생각하여 자연 친화의 한국적 건축을 구축했다. 제주도는 이타미 준에게 시즈오카에 이은 제2의 고향으로, 바다에 면하며 바람이 많이 부는 자연으로 다가왔으며, 말년에 그곳에서 평온하고 차분한 느낌의 명작들을 다수 완성했다.

'사람의 생명, 강인한 기원을 투영하지 않는 한 사람들에게 진정한 감동을 주는 건축물은 태어날 수 없다. 사람의 온기, 생명을 작품 밑바탕에 두는 일. 그 지역의 전통과 문맥, 에센스를 어떻게 감지하고 앞으로 만들어질 건축물에 어떻게 담아낼 것인가? 그리고 중요한 것은 그 땅의 지형과 '바람의 노래'가 들려주는 언어를 듣는 일이다.' 62) 라고 그가 언급한 것과 같이, 제주도의 '수.풍.석(水.風.石) 미술관'은 끊임없이 변화하는 자연의 기의 흐름에 시시각각 반응하는 건축의 아름다움을 잘 드러내 보여주고 있다. 특히 바람과 빛의 조화는 그의 조형과 자연과 사람의 매개체로서 '건축'이 무엇을 할 수 있는가에 대한 진정한 의미를 묻게 만든다.

42 이타미 준, 수.풍.석 미술관(신이치 사토 사진, 유동룡 미술관 제공)
62) 이타미 준, 'ITAMI JUN- Architecture and Urbanism 1970-2011 서문

이타미 준의 건축은 제주도의 자연과 벌판과 억새풀에 동화되었을 때, 자연의 기와 반응하는 하나의 '오브제'로서 가장 돋보이는 서정적인 건축이 되고 있다.

그가 조형의 순수성과 물성의 본질을 탐구하여 백자, 불상, 파르테논 신전 등에 매료된 것은 거기에서 원초적인 조형의 순수함을 찾을 수 있었기 때문이었다. '어떤 나라이든 민가(民家)는 각 지역의 자연과 사회 환경을 바탕으로 하며 서민들의 소박한 생활을 반영한다. 한국의 민가 또한 예외가 아니다. *'비원은 나처럼 늘 창조를 강요받는 건축가의 눈에는 어딘가 모르게 부족하고 소박했다. 기교를 부린 정원에만 길들어 있는 탓인지 단아하기는 하나 원초적이었고, 최소한의 인공이 가미되었다고는 하나 이것이 과연 정원일까 싶은 생각이 들 만큼, 단순하고 명쾌했다.'*[63]라고 고백했던 것처럼, 그는 단순 명쾌한 원초적인 건축적 구성과 자연과의 친화성이 그의 작품 전체를 관통하는 주요한 주제가 되었다. '혹독한 자연환경을 견디기 위해 아담하게 지은 한국의 민가는 자연 속에 소리없이 녹아 있다. 각 집의 낮은 처마와 추녀가 흐름을 이루고 선을 이룬다.'[64] 라고 그가 언급한 것과 같이, 지역 특유의 풍토와 자연의 기의 흐름을 세심하게 고려하여 건축하고 재료를 사용했던 그의 작업을 상기하게 만든다. 그는 한국인이 장마로 인해 습하지 않은 땅을 선호했다는 점과, 거실이 습하지 않도록 배수에 꼼꼼하게 신경을 쓴 것과, 낮은 담장을 통해 내외부를 구분하고 햇빛을 잘 받아들이면서 자연과 시각적으로 동화되어 살아가는 것을 추구했다는 점을 중시했고, 이에, 그는 한국의 특수한 풍토적 조건에 충실히 대응하고자 노력했다.

실제로, 그는 온양미술관을 설계하면서 그 지역에서 볼 수 있는 황토집, 특히 옛 모습 그대로인 '곳간'의 외관을 참고했다. 그는 그러한 감수

63) 이타미 준, 돌과 바람의 소리, 학고재, 2004, p55
64) 이타미 준, 앞의 책, 2004, p47

43

성을 바탕으로 오랜 세월의 풍화를 견뎌내며 자연과 풍토속에서 마치 숨쉬며 살아 있는 것처럼 동화되는 풍토건축의 미감을 살려냈다. 그는 그 지방에서 나는 돌과 흙을 건축의 구축에 사용했다. 또 지역의 특성과 풍토에서 비롯된 전통적 방식을 도입하고 역사적 기법(황토벽돌) 등을 자신의 건축에 적용했다. 이타미 준이 그의 건축을 그 지역의 돌과 흙을 두드려 쌓는 등, 현지 방식으로 구축했던 것은 이러한 생각이 자리 잡고 있었기 때문이다. 이타미 준은 주로 일본에 거주하며 활동했지만, 한국인 유동룡의 정체성으로 작품을 빚어냈다. 그는 한국을 그리워하며 타자적 시각으로, 또 코스모폴리탄의 보편적인 시각으로 한국성을 흡수하고 한국적 정체성을 구현하기 위해, 또 묵묵히 자신의 경쟁력을 키우기 위해 부단히 노력했다. 그는 지역주의 건축의 미덕을 충분히 구현하면서 동시에 현지 풍토의 조건인, 자연의 기의 변화에 동화되는 건축을 추구했다. 이타미 준은 탁월한 수준의 한국성의 건축을 동시대적으로 번안하여 선보였다는 점에서 대표적인 한국의 지역주의 건축을 후세에 남겨준 건축가로 기억되고 있으며, 그의 사후, 딸인 유이화의 건축작업으로 계속해서 그의 정신이 이어지고 있다.

—우규승의 한국성과 환기미술관

우규승의 환기미술관은 한국성을 잘 반영한 한국 현대 건축의 좋은 사례이다. 그는 미술관의 건축물들을 북악산의 자락에 배치하면서 지형에 순

43 이타미 준, 온양미술관(유동룡 미술관 제공)

44

응하여 건물들을 분동시켰고, 각 영역의 외부 공간들은 주변 자연의 레벨과 유기적으로 연계되도록 계획했다. 미술관이지만 마치 전통 건축의 한 옥군을 연상케 한다. 미술관 건축물들은 각 동이 분절되어 있고 초입에 위치하는 사랑방 느낌의 카페 건물이 진입부에서 관람객을 맞이한다. 상설전시관은 들어서면서부터 건축적 여정이 시작되어, 미술관 최상부의 북악산의 전경을 바라볼 수 있는 세로로 긴 개구부의 절정에 이르기까지 한국적 시퀀스의 공간이 잘 계획되어 있다. 관람객이 상설전시장으로 진입하게 되면, 기하학적 질서의 정사각형 공간과 그것을 휘감아 올라가는 사각형 외측의 계단부가 있는 전시 공간을 만나게 된다.

이러한 흐름은 관람객이 김환기 회화작품이 전시된 공간과 만나면서 마치, 김환기의 내적 자아에 이르는 듯한 느낌을 받게 된다. 다시 말해, 우리는 신체의 이동과 건축적 시퀀스를 통해 작품이 전시된 공간, 즉 그의 내면으로 인도되는 공간으로 초대받는 느낌을 받게 되는 것이다. 그 공간은 내적 아트만(眞如)의 공간으로, 중앙의 빛 우물로부터 쏟아지는 한 줄기 빛은 그 내적 자아의 공간에 이르게 되는 분위기를 더욱 증폭시킨다. 그것은 마치 불성(佛性)의 빛이 발산하는 '공적영지(空寂靈知)의 공간'에 당도한 느낌을 받기에 충분하다. 그 공간을 휘돌아 올라가면, 최종적으로 클라이맥스의 자연 전경을 만나게 된다. 세로로 긴 창 너머로 펼쳐지는 북악산의 수려한 전경을 급작스럽게 맞닥뜨리게 되면서 관람객은

44 환기미술관의 한국적 시퀀스

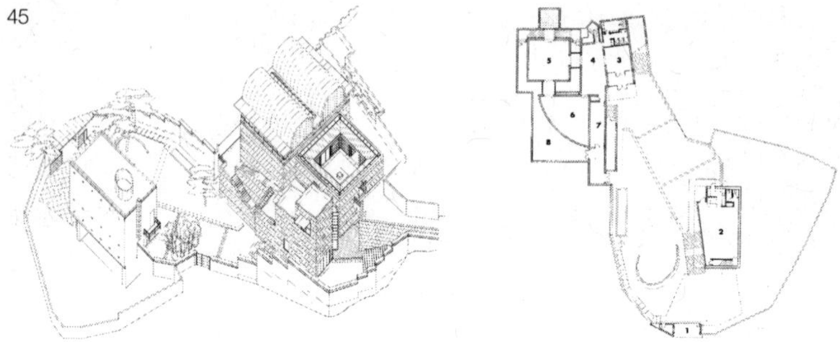

가벼운 탄성을 내뱉는다. 자연스럽게 관람객은 김환기 회화의 만년의 걸작들이 전시된 공간에 도달하게 되었음을 깨닫게 된다. 만다라의 화엄의 경지를 표현하는 그의 말년 작품에 이르는 건축적 이동 과정은 불교사찰 건축의 시퀀스를 따르고 있는 듯 보인다. 산사에 진입하면서 최종적으로 대웅전의 부처를 만나는 클라이맥스의 공간적 문법을 현대적으로 잘 상징화하여 구현했다. 빛 우물이 있는 상부공간은 마치 우리네 한옥의 마당과 중앙의 우물이 있는 형태로 표현되어 있다. 단면적으로 보면, 마치 빛을 발하고 있는 공적영지(空寂靈知)의 내부의 아트만이 존재하는 상설전시장이 있고, 이후 상승하여 빛 우물과 연결된 마당으로, 다시 우주(세계)로 연결되는 양상을 보여준다. 이는 내재성의 철학의 특성을 고스란히 보여주는 공간이자 조형이자 개념이 구현되어 있는 건축이다. 전체적으로는 깔끔한 디자인이 주가 되면서 추상화 된 볼트(vault)형의 지붕과 아연판으로 접힌 기와와 추상화 된 외부 담장의 디테일 등, 환기미술관은 구상과 추상을 적절하게 구사하다가 만년에 완전 추상으로 넘어가게 되는 김환기의 회화와 삶을 잘 상징하고 있으며, 그에 적합한 공간을 훌륭하게 구현한 한국 현대건축의 수작이다.

앞서 살펴보았듯이 한국 현대건축 1세대가 추구했던 한국성은 크게

45 환기미술관의 엑소노메트릭과 평면도

두 가지의 경향으로 볼 수 있다. 첫째로 '존재 의지'의 표현으로 상징되는 한국적 선적 움직임과 능동적 표현의 경향이고, 또 한 가지는 구조주의적 관점에 입각하여 한국적 공간과 경관의 구조를 합리적으로 판단하여 한국적 자연과 기의 흐름에 적합한 공간구조와 경관을 재해석하여 구축하는 방법론이다. 자연의 노래, 시적 감수성을 중시하며 한국적 감성으로 표현된 계열은 첫 번째로 김중업과 이타미 준과 같은 '기의 흐름'을 중시하는 작품 계열이며, 공간구조적 관점과 경관구조를 네거티비즘과 같은 한국적 공간구조 특성의 근본구조와 연계시킨 흐름은 두 번째 경향으로, 김수근과 우규승의 경우로 생각해 볼 수 있을 것이다. 오늘날에도 이러한 방식을 활용하여 지역적 감수성과 공간구조, 존재 의지의 표현이 가미된 창조적 지역주의 건축을 보편적인 동시대의 건축적 공간과 표현으로 접목시켜 실현하는 것을 시도하는 것이 바람직할 것이다.

0517 비판적 지역주의 담론과 4.3그룹의 활동 및 영향

'비판적 지역주의'는 건축 비평가 케네스 프램턴에 의해 주도적으로 논의가 시작된 건축 담론이다. 비판적 지역주의는 모더니즘의 특성을 발전적 관계에서 재조명하면서 지역성을 변증법적으로 접목하는 방법론으로 건축계에서 활발하게 담론화되었다. 간단히 요약하자면, '비판적 지역주의'는 모더니즘 건축과 지역주의 건축을 변증법적 과정을 통해 창조적으로 융합시키는 것으로 정의할 수 있을 것이다. 보편적인 모더니즘과 특수해인 지역성은 서로 다른 특성으로 인해 '양립'하는 것이 힘든 주제이다. 그것을 융합시키는 것은 결국 변증법적인 상호작용이 필요하다. 국제주의 양식이 전파되고 난 이후, 세계 각 지역에서는 지역주의 건축에 모더니즘 건축을 접목시켜 변증법적인 발전을 취하는 것이 일반적인 방법론이었다. 그만큼 모더니즘이 강력한 영향력을 행사했기 때문이다.

―비판적 지역주의와 한국의 도입과 적용

비판적 지역주의는 '비판적(critical)' 이라는 단어에서 유추할 수 있듯이 프랑크푸르트학파의 '사회비판이론' 으로부터 영향을 받아 등장했다. 이 이론의 '비판적' 이라는 단어는 인간의 형이상학적인 '자율성' 의 가치를 신봉하고 변증법적 투쟁 가운데 점진적인 발전의 과정을 신뢰한다는 의미이다. 프랑크푸르트학파의 2세대 철학자인 하버마스가 제시했듯이, 비판이론은 사회에 대한 비판적 관점으로 근대사회를 바라보되, 점진적인 이성의 발전을 믿고 추진하고자 하는 자세에서 나온 것이다. 근대성이 자체의 모순을 극복하고 점진적으로 진화한다는 믿음은 포스트모더니즘 역시 모더니즘의 진화된 형태로 바라보는 관점을 견지한다. 점진적으로 진화한다는 것은 헤겔의 변증법적인 과정을 거치는 역사적 발전 방향성에서 영향을 받은 것이다. '건축 분야에서 비판적 지역주의의 흐름은 지역적 가치와 이미지와 함께 외부적인 근대성의 요소를 적극적으로 반영함으로써 자생적인 요소들을 성숙시킬 수 있다고 생각한 것이다.' 65) 지역주의 건축은 모더니즘 건축과는 대립적인 특성을 지닌다. 모더니즘 및 국제주의 건축이 세계 어느 지역에 삽입되어도 그 기능을 만족시키는 것과는 달리, 지역주의 건축은 그 지역의 각종 외적 변수들의 특수해로서, 오랜기간 동안의 노하우가 축적되어 만들어진 것이기 때문에 다른 지역에 삽입되면 전혀 '생경한' 건축이 되는 것과 마찬가지이다. 90년대 한국의 4.3 그룹은 한국성을 고찰함에 있어서 비판적 지역주의의 영향을 지대하게 받았던 세대이다. 당시는 포스트모더니즘 혹은 해체주의 사조가 한꺼번에 무분별하게 들어와 난립하는 시기였다. 그들은 모더니즘을 제대로 경험하지 않은 채로 포스트모더니즘을 논하는 것, 해체할 대상이 없는데도 해체주의를 논하는 것은 온당치 않다는데 동의하고 다시 근본으로 돌아가 제대로 모더니즘을 공부하여 구현하면서 논의하자고 결의했다.

65) 임기택, 현상학과 건축이론, 시공문화사, 2014, p100

비판적 지역주의 건축은 모더니즘 건축의 어휘와 기술을 사용하여 최대한 지역주의 건축과 조화를 이루도록 계획하고 구축한다. 그러나 비판적 지역주의 건축은 단순히 그 지역의 콘텍스트에 순응만 하는 것이 아니라 적극적으로 '저항' 한다. 이 지점이 중요하다. 특정 지역의 유형으로 침잠하는 것이 아니라, 기존 유형과 의도적인 '기싸움' 을 자청하는 것이다. 비판적 지역주의 건축은 관찰자를 압도하는 시각적 풍경을 연출하는 데서 벗어나, 지형, 기후, 채광에 적합하게 반응하며 조화를 이루는 건축 공간구조와 경관을 도출하여 그 지역에 어울리는 촉각적 경험을 직조하고자 한다. 즉, 보편적이면서 진보적인 건축적 방법론과 함께 건축이 놓이는 지역의 콘텍스트에 초점을 맞추는 건축을 추구하는 것이다. 그래서 그것은 지역의 콘텍스트와 조화를 이루는 가운데 '적절한 긴장감을 유지' 하는 것을 목표로 한다. 동시대적인 특성과 기술 문화적 가치가 융합되어 구축되는 가운데 기존의 콘텍스트와 조화를 이루면서 동시에 적절한 '이질감' 을 보일 수 있어야 한다는 것이다. 조화를 이루면서 동시에 '긴장감' 을 창조하는 '변증법적 과정' 이 바로 비판적 지역주의의 본질이다. 이처럼 비판적 지역주의는 모더니즘의 초기 의도와의 연계성을 강조하고 비판적인 입장을 취하게 된다. 두 가지를 적절하게 혼합하여 재창조하기 위해서 의도적으로 비판적인 자세를 견지하는 것이다. 앞서 프랑크푸르트학파의 사회비판이론을 언급했듯이, 비판적 지역주의는 모더니즘의 폐해적 특성에는 반대하지만, 근대성의 진보적, 보완적 특성을 신뢰하며 발전시켜 나가는 자세를 신봉한다. 또한 단순히 지역 특유의 풍토건축이 되는 것도 거부한다. 다시 말해, 단순히 지역의 건축유형으로 몰락하지 않겠다는 것이다. 그래서 '의도적으로 낯설게 하기' 가 바로 비판적 지역주의의 핵심이 되며, 콘텍스트와 조화를 이루는 가운데 긴장감을 조성할 수 있는 방안이 매우 중요한 가치이다.

한국에서 비판적 지역주의의 건축적 태도와 계획방식은 80년대 중반 김수근, 김중업의 타계 이후, 갈 길을 잃은 한국 건축계에 새로운 방향성을 제시해 주었다. 비판적 지역주의는 4.3그룹의 건축가들에게 많은 영감을 주며 '땅의 해석'과 보편적인 세계적 조류와 변증법적 발전을 추구하는 방법론에 많은 영향을 끼쳤다. 이제, 비판적 지역주의의 영향 하에서 한국의 건축성을 추구했던 건축가들의 활동을 살펴보기로 하자.

—4.3그룹 활동과 한국성 탐구의 의미와 한계

'4.3그룹'은 1990년대 건축계에 새로운 활력을 일으킨 건축 운동이다. 1990년 4월 3일 결성된 것에 착안하여 '4.3그룹'이라고 명칭한 이 모임은 김수근이 타계하고 당시 공간 그룹을 이끌고 있던 승효상과 함께 조성룡, 민현식, 동정근, 우경국, 김인철, 백문기, 방철린, 이성관, 이종상, 곽재환, 이일훈, 도창환, 김병윤 등 14명의 중진 건축가들이 모여 발족했다. 이들은 '한국 건축의 역사적 가치를 회복하고 현대건축의 새로운 지평을 열고자' 하는 공통된 주제 의식을 공유하고, 상호 토론회와 모임을 이어가며 당시의 건축 담론을 주도했다. 그들은 '역사적 가치를 회복하면서 동시에 현대건축의 새로움을 덧입힌다'는 목적의식을 가지고 있었다. 이러한 태도는 비판적 지역주의의 건축적 태도의 가치와 일맥상통하는 것이었다. 당시 한국은 자본 상황이 급격하게 발전하던 시기였으며, 이로 인해, 전통적인 옛 주거 및 건축환경이 급격하게 사라져가면서 국적 불명의 포스트모던 건축이 한동안 유행하던 시기였고 그들의 관심사가 중요한 화두로 등장하던 시기였다.

1980년대 말, 한국 현대건축의 1세대 건축가 김수근, 김중업이 타계하면서 한국 건축계도 과도기를 맞이하게 된다. 당시에는 88올림픽의 개최와 더불어 한국 경제가 급성장하는 시기가 함께 맞물려 있었고, 1세대 건축가들의 뒤를 잇는 젊은 건축가들이 성장할 수 있는 사회적, 문화적 기반이 마련되고 있었다. 당시 한국건축의 미래를 이끌어갈 젊은 건축가들은 대한민국 건축의 정체성과 미래의 방향성에 대한 고민을 안고 있었다. 당시 건축계는 일시적으로 혼란한 상황이었다. 문민정부가 수립되고 경제는 비약적으로 발전하고 있었으며, 포스트모더니즘과 해체주의의 다양한 사상과 문화, 사조들이 한꺼번에 유입되며 물질적, 정신적 혼란과 공황 상태가 지속되던 시기였기 때문이다. 세계로 시장은 개방되었고, 한국건축계에서는 새로운 세대의 움직임을 필요로 했다. 당시 3, 40대로 구성된 4.3그룹은 이전 세대의 건축과 구분되는 새로운 돌파구가 되기를 원했다. 이러한 상황에서 4.3그룹 멤버들은 1990년대를 '세기말'로 규정했다. 당시는 1987년 창립한 '청건협'과 1990년의 소련 및 동구권의 사회주의 몰락과 포스트모더니즘과 해체주의의 유입, 홍콩의 중국 반환 등 세기말의 불안감이 극대화되던 시기였다. 세기말의 혼란한 상황만큼이나 국적 불명의 장식이 붙여진 포스트모던 건축, 해괴한 몸짓의 해체주의 건축의 경향이 등장했던 시기이기도 했다.

각자 건축설계사무소를 이끌고 있었던 4.3그룹의 건축가들은 자신들의 작품과 설계안을 상호 객관적으로 평가받고 건축 사상과 건축언어를 함께 공유하고자 했다. 이 그룹의 건축가들은 건축에 대한 거창한 목표나 선례가 되는 프로젝트를 공유하는 것이 아니라, 건축에 대한 서로의 견해를 밝히고 함께 해외 및 국내 고건축을 답사하며 건축에 대한 진정성을 탐구하는 것을 주요 목적으로 했다. 그들이 다룬 문제는 근대주의를 대표하는 서양 모더니즘 건축으로부터 탈피하여 한국건축의 전통성을 회복하고 진정한 건축의 의미 탐구를 추구하는 것이었다. 4.3그룹은 '한국건축의 역사적 가치를 회복하고 현대건축의 새로운 지평을 여는 것을 그 목표'로 했다. 역사적 가치를 회복하고자 한다는 목표와 한국성을 기반으로 하면서 동시에 현대건축의 보편적인 새로운 특성을 가미한다는 측면에서 4.3그룹 모임은 당시 세계 조류에 있어서 '비판적 지역주의'의 시대적 목적의식과 발맞추어 나간 운동이라고 할 수 있다. 4.3그룹은 1992년 12월 서울 동숭동 인공 갤러리에서 열린 '이 시대 우리의 건축'이라는 최초이자 마지막 전시회를 기점으로 해산되었다. 이 전시에서 승효상은 자신의 건축이념인 '빈자의 미학'을 최초로 선언했다. 또 민현식은 자신의 주요 건축 철학인 '비움의 구축'에 대해 언급했다. 그의 대표작 중 하나인 '마당 깊은 집'은 한국 주거건축의 공간적 분위기와 공간감을 현대적으로 재해석한 의미있는 저층의 공동주택 작업이었다.

4.3그룹은 단순히 당시 트렌드에 맞추어 따라가는 것을 거부했다. 그들은 모더니즘과 근대성을 제대로 경험하고 소화하지 않은 채, 포스트모더니즘을 논하고 따라 한다는 것은 어불성설이며, 해체할 대상과 역사가 쌓이지도 않는 상태에서 해체를 하는 것은 바람직하지 않다고 생각했다. 따라서 그들은 오히려 근대성의 근본이 되는 모더니즘 건축으로 돌아가 제대로 공부하고 한국적으로 토착화시킬 것을 '결의'했다. 모더니즘을 주체적으로 재해석하자는 것이다. 그렇다고 해서 그들은 자신의 건축이 민족주의적으로 흐르는 것은 철저하게 경계했으며, 동시에 산업화, 근대화 위주의 단순 생산적 건축 활동은 배제하고자 했다. 그들이 연구한 대상은 주로 르 코르뷔지에와 칸의 건축이었다. 특히 칸의 빛과 침묵의 메타포, 건축의 본질과 영속적 가치를 존중하며 연구했다. 따라서 이전의 건축에서는 주로 다루어지지 않았던 현상학적 건축의 본질, 지역적 가치, 감각과 감성이 함께 결합한 모더니즘 건축을 탐구하고 자신의 건축을 실험했다. 그들은 이전 세대와는 차별화되며 국제적 보편성과 지역적 특수성이 공존하는 길을 모색했다. 그러나 당시 4.3그룹은 다양한 출신과 성향의 젊은 건축가들이 모여 있었기 때문에 관계는 느슨했고, 주제 역시

큰 틀의 합의만이 있었을 뿐이었다. 그들의 뚜렷한 방향성은 지역의 고유성에 뿌리내린 (비판적 지역주의) 모더니즘을 추구한다는 공통점 하나였다. 김인철은 4.3그룹이 만들어졌던 것이 기성세대의 리그에 대한 반발같은 것으로 시작한 모임이라고 규정한다. 4.3그룹은 '이 시대 우리의 건축' 이라는 화두와 연령대가 비슷하다는 것만 공통점이 있을 뿐, 나머지는 다양한 방향성으로 표출되며 실험이 이루어졌던 '느슨한' 집단이었던 것이다. 한편, 그것이 바로 다원적 가치를 존중하고 새로운 시대의 경향을 반영하는 모임의 형식이었을 것이다.

정인하는 4.3그룹의 '랜드스케이프(풍경)' 개념을 중시하며 한국성을 논하고 있는데, 그들의 개념의 공통점을 그는 다음과 같이 언급한다. '4.3그룹 건축가들은 랜드스케이프를 마당과 땅의 흔적에 연계시켰다. 빈 땅에 새겨진 고유한 형상, 시간의 흔적, 거기에 내재된 오랜 삶의 방식 등이 랜드스케이프 건축에서 중요하게 작용했다.' 66) 승효상은 땅과 랜드스케이프(풍경)의 가치를 '지문(Landscript)', 즉, '땅의 무늬(地紋)' 라고 해석했으며, 땅을 스크립트와 같이 읽고 해석하여 그에 적합한 건축을 추구해야 하며 주변 환경에 녹아 들어가게 하는 것을 중시했다. 민현식은 '바닥 판' 의 구조가 '비움의 구축' 에 있어서 가장 중요하다고 주장했으며, 김인철은 공간구성에 있어서 경관을 중요한 보편적 가치로 여겨서 장소를 만드는 것을 중시했다. 조성룡은 풍경과 기억을 연계하여 건축과 자연의 풍경이 하나가 되는 '풍경(랜드스케이프)의 건축' 을 추구했다. 또 '풍경은 인간의 삶의 과정에서 일어나는 무수한 사건으로 각인되어 기억으로 남게 된다고 했다.' 이 모두가 땅의 특수한 가치와 '풍경(랜드스케이프)' 의 조화를 중시하는 비판적 지역주의의 건축적 태도와 일치한다.

4.3그룹의 결성과 활동은 선배 세대와는 차별되고 보편성과 단독성이

66) 정인하, 한국의 근현대건축, 열화당, 2023, p443

공존하는 길을 모색했다는 점에서 의미가 있는 운동이었다. 다른 한편으로, 전봉희는 4.3그룹이 결국, 건축 교육을 위한 집단이었다는 견해를 제시하기도 했다. 실제로 1991년에 경기대학교에서는 건축 디렉터 제도를 도입하면서 4.3그룹의 건축가들을 튜터로 초빙했다. 동정근, 김병윤, 민현식, 조성룡, 김인철은 결국 건축가에서 학교로 자리를 옮겼다. 이들은 스스로 교육과 강연, 그리고 정기적인 답사(한샘 후원)를 통해 교육활동을 조직하고 이를 수행했다. 이후, 이들은 SA(서울건축학교), 2000년 제1기 SAKIA(한국건축가학교) 등, 제도권 밖 대안교육 프로그램도 함께 진행했다. '4.3그룹의 일부 구성원들이 가졌던 개혁 의지는 사회적 제도와 관행의 개선을 향한 범사회적인 차원의 것과 교육을 통한 건축 내부의 개혁이라는 두 가지의 모습으로 드러났다.(중략) 교육으로 시작하여 교육으로 끝난 단체 4.3 그룹은 말하자면 하나의 학교였다.' 67) 라고 평가되기도 한다. 그들은 자체의 교육 프로그램과 상호비평 그리고 자신들의 작업활동과 후속세대의 교육 역시 활발하게 조직하고 전파했던 교육집단이라고 평가하고 있는 것이다. 그만큼 그들의 건축 활동과 교육활동은 이후 세대들에게 많은 영향을 끼친 조직이자 운동이었다.

4.3그룹은 비록, 멤버들 각각의 건축관은 달랐고 3년이 채 안 되는 짧은 기간동안 활동한 것이 전부였지만, 한국 현대건축에 큰 영향을 끼친 그룹이었다. 자본의 발전 단계에서 그들의 문제의식은 외세와 근대성에 의해 단절된 전통적 공간과 표현을 동시대적 공간과 표현으로 새롭게 해석했다는 점에서 의미가 있다. 그들의 작품은 기존의 콘텍스트와 조화를 이루면서 적절한 긴장감과 새로움을 동시에 성취하고자 하는 비판적 지역주의 이론 및 당시 시대정신과 조응한다. 4.3그룹의 행보와 작업은 90년대 이후 고도성장의 시기를 거치면서 나타났던 물질만능주의와 기존의 질서 및 문화와의 급격한 단절에 대응하고, 한국 전통과 정신에 대한 향

67) WIDE AR vol 31, 전봉희_4.3그룹 비평, p106

수를 갈망하는 니즈에 적극적으로 반응하며 한국성의 구현에 새로운 방향성을 제시했다는 점에서 의의가 있다. 4.3그룹의 등장은 세계적 보편성의 건축 흐름과 역사성에 발맞추어 한국 건축을 재해석하여 새롭게 생산할 수 있는 경쟁력을 갖춘 세대가 등장했음을 알리는 것이었다.

—마당과 풍경의 담론, 한국적 랜드스케이프 건축

'랜드스케이프(풍경)' 라는 단어는 4.3그룹에게 중요한 키워드이다. '재해석의 첫 대상은 모더니즘이다.' 우경국이 '여기서 얻은 결론은 비판적 모더니즘이나 비판적 전통 건축으로 대응하여야겠다는 생각이었다.' 라고 민현식이 언급한 것과 같이 4.3그룹은 마당의 사상과 연계되는 '풍경의 건축' 이라는 공통 분모가 존재했다. 그들은 비판적 시각으로 현대건축을 바라보고 전통사상과 전통 건축의 가치를 오늘날의 시각으로 녹여내야 한다는 측면에서 동일한 시각을 가지고 있었다. 그 비판적 시각의 중심은 "마당의 비움"을 통한 한국적 공간과 경관의 '추상성' 을 회복하는 것이었고, 그것이 자연스럽게 주위 풍경에 녹아 들어갈 수 있는 방법론을 고민했다. 그리고 그들이 만들어 낸 빈 공간의 여백은 도시 내에서 무조건 필지를 꽉 채워 수직 고밀화하며 만들어 내는 삭막한 도시적 공간과 경관에 대한 반성과 저항의 감수성을 내포하고 있다.

도시적 풍경에서 '어반 보이드(urban void)' 라는 키워드는 이렇게 한국건축의 '마당' 의 개념, 자연과의 연계, 주변과의 경관적 조화를 중시하는 태도로부터 나온 개념이었다. 다만, 초기에는 여전히 풍토의 기후, 땅의 조화보다는 마당 그 자체의 '오브제' 적인, 혹은 기능적인, 미학적인 측면에 집중하다가 점차 각각의 건축가들이 작품을 진행하는 가운데 땅의 가치와 의미, 그리고 기후와 기의 흐름의 조화를 중시하는 풍토건축의 동시대적 번안의 방식으로 발전되었다. 이러한 키워드는 경제가 발전하고 그들의 작업의 역량이 알려지면서 주로 주택설계에서 중대형 복합건축물 및 단지 등 규모가 큰 건축물을 외뢰받아 설계하면서 발전되었다. 그것은 도시적 맥락을 고려한 결과로 나온 것이라고 할 수 있을 것이다. '마당'과 '풍경'의 담론은 한국인의 주체적 관점으로 단순히 시각적으로 유사한 느낌의 '은유적' 한국성을 넘어, 그 본질에 다가가게 할 수 있는 실질적인 노력과 그 결과물이 나올 수 있는 토대가 되었다는 점에서 그들의 건축활동과 담론은 중요한 위치를 차지하고 있다.

―승효상의 '빈자의 미학'과 한국성

승효상은 4.3그룹의 리더 중 한 명으로, '빈자(貧者)의 미학'을 중심으로 한국성을 드러내는 건축을 추구해 온 건축가이다.

그의 건축 철학은 네 가지로 정리할 수 있다. 첫 번째로, '도시 속의 건축, 건축 속의 도시'인데, 도시가 다양한 삶의 집합체라면, 건축은 그 삶의 한 공동체를 영위하는 것이며 도시와 건축이 서로에게 열려있을 때 무한히 확장되는 삶을 가질 수 있다고 보았다. 이것은 아무래도 방이 건축이 되고 도시 역시 방들의 복합체라고 본 칸(Khan)의 영향을 받은 생각이라고 할 수 있을 것이다. 두 번째로. '무용(無用)의 공간'은 용도가 특별히 없어서 호명(呼名)하기 어려운 공간으로, 그러한 공간이 늘면 늘수록 다양한 삶을 담으면서 시퀀스와 삶의 드라마를 만들 수 있다고 주장한다. 이것은 김수근의 제자로서, 김수근의 네거티비즘의 해프닝(이벤트)이 원활하게 생성되는 '기분공간'에서 영향을 받은 것으로 추정할 수 있다. 세 번째로, 반기능의 특성이 있는데, 그는 기능적이라는 어휘가 실질적으로 편안한가에 대한 근본적인 물음을 제기하면서, 역설적으로 적당히 불편하고 적절하게 떨어져 있는 집이 건강하고 결과적으로 더욱 기능적이라고 말한다. 이것 역시 김수근의 네거티비즘의 '자연공간' 및 '통합공간'

개념과 유사한 특성을 보이며, 동시에 4.3그룹의 일원인 이일훈의 채나눔 사상 중 '홑 켜 공간', '외부와의 관계', '풍경', '선택의 다양성' 등의 항목들에서 강조하는 '불편하게 살기'와 일맥상통하는 부분이다. 네 번째로, 침묵의 요소가 있는데, 벽체는 스스로 한정할 뿐 스스로 목적이나 의미를 가지는 것은 아니며, 상업적으로 혼란한 도시에 침묵의 벽이 필요하며, 소박하고 하찮은 재료로 구축되더라도 본질에 충실한 건축을 추구한다는 것이다. 이것은 선비사상, 기독교의 수도승의 절제와 검약의 공간을 추구하는 그의 자세가 투사된 개념의 키워드이다.

'빈자의 미학'은 승효상의 대표적인 저서의 제목이자 그의 건축의 방향성을 드러낸 선언적 성격의 키워드이다. 그는 '빈자의 미학'을 '가난한 자를 위한 미학이 아닌, 가난할 줄 아는 사람을 위한 미학'이라고 설정했다. 가짐보다 쓰임이 더 중요하고, 더함보다는 나눔이 더 중요하며, 채움보다는 비움이 더욱 중요하다고 그가 주장하는 것은 노자의 역설적인 담론의 특성과 김수근의 '네거티비즘'의 역설적 사고의 연장선상에 있음을 확인할 수 있는 대목이다. 승효상이 내세우는 대표적인 키워드인 '빈자(貧者)'의 출처는 다음의 두 가지로 추정해 볼 수 있다. 그는 기독교 신자로서, 참회하며 '심령이 가난한 자'를 추구하는 기독교적 가치관이 키워드 형성에 중요하게 영향을 끼쳤을 것이다. 또 한국인으로서, 세상의 변화에 초연하며 가난한 자로서 절제와 자족 가운데 안빈낙도(安貧樂道)를 구하는 이상적인 선비정신에서 영향을 받았을 것이다. 그러한 태도에 따라 그가 추구하는 '빈자(가난한 자)의 건축'은 주로 속세의 복잡다단함을 제거하고 장식을 최소화하는 절제와 검박의 공간과 표현이 주가 되어왔다.

한국 현대건축 1세대를 이끌었던 김수근, 김중업은 세계적인 조류를 충실히 받아들이며 당시 세계 건축계에서 논의되는 담론과 트렌드를 충실히 한국적으로 해석하여 실험했다는 점에서 당시 한국 건축의 아방가르드 최전선에서 활동했던 인물들이라 평가할 수 있을 것이다. 김수근의 건축세계를 이어받은 승효상의 건축 역시 척박했던 한국적 환경에서 훌륭한 성과를 만들어 왔다는 점은 의문의 여지가 없다. 그러나 유걸이나 조민석과 같이 세계적인 흐름에 발맞추어 동시대적인 한국적 조건에서 보편적인 특성의 건축적 실험을 해왔던 부류와는 달리, 그는 지역성의 가치를 중시하는 작업을 견지해 왔다. 건축에 있어서 지역성과 땅의 문제는 중요한 가치이다. 동시에 빠른 속도로 변화하고 있는 동시대의 근대성(모더니티)의 상황 및 조건과 기술의 영역과 역동적인 한국적 발전 속도에 맞추어 발 빠르게 공명하는 자세 역시 중요하다.

우리는 4권에서 박정희, 전두환 정권의 '민족주의'는 정권의 정당성과 독재정권의 순종적 인간상으로 몰아가는 이데올로기와 직접적인 관련이 있음을 살펴본 바 있다. 비판적 지역주의를 받아들인 4.3그룹 건축가들은 이러한 폐해를 극복하고자 노력했다. 그들은 구조주의의적인 공간 인류학적 접근을 통해 한국적 공간과 한국적 특성이 녹아 들어가 있는 한국의 유전자를 가진 공간들의 유형들을 꾸준히 답사했다. 그들은 한국 공간구조의 공통 분모를 취사선택하여 그 속에 녹아있는 한국적 유전자를 현대적(한국적 모더니즘)으로 되살려내는 것을 주요한 목적의식으로 삼았다. 그 과정에서 그들은 직접적인 시각적 유형, 다시 말해 기와지붕이나 목 가구구조, 기와 담장 등을 현대적으로 해석하지 않고 그대로 차용하여 기존 유형으로 몰락하는 것에 대해서는 매우 부정적이었다.

그러나 비판적 지역주의 역시 지역적 건축 요소와 지역 콘텍스트를 중시하면서 세계적 흐름과 발전 방향성과 속도를 따르지 않고 과거라는

'익명성' 으로 퇴행할 수 있는 우려도 상존한다. 경제의 성장을 바탕으로 하여 민족적 주체성을 어느정도 획득하는데 성공하면, 다음 단계로 민족적 의식은 좀 더 다른 차원으로 관념화되는 경향이 있다. '빈자의 미학' 은 가난함(성경의 가난한 자의 비유)과 선비정신을 강조하며, 양반과 지배층의 상위계급문화(선비정신)의 청빈하지만 순수하고 풍요로운 정신상태, 그리고 수도원의 순수성과 차별성을 강조한다. 그는 이러한 개념을 긍정적인 가난함 즉, '빈자(貧者)' 로서 규정하여 자신의 건축을 차별화하는 수단으로 사용했다. 실제 도시의 저소득층을 위한 건축은 그의 작품 리스트에서 여러 건축가들과 수행했던 '백사마을 재개발 프로젝트' 와 이후, '하양 무학로 교회당' 에서 본격적으로 시작되었다.

과거 건축으로의 회고적 경향은 자본의 점진적 발전 단계가 부재한 채로, 기존의 역사와 단절되어 자본이 빠르게 성장하는 국가(특히 동북아시아 국가)의 특정 단계에서 두드러지게 나타난다. 이러한 나라들에서 나타나는 특징 중 하나는 근대성이 급속도로 진행되고 기존의 '기억' 과 관련된 공간들이 대규모 개발로 인해 빠르게 소거되면서 경험하게 되는 심리적인 공황과 같은 정신상태가 방어기제로 작동하는 특성이 있다. 그것은 발전을 주도한 세대들이 동전의 양면처럼 가질 수밖에 없는 감정 즉,

46

46 승효상, 사유원과 명정

'옛 것에 대한 상실감' 과 무분별한 개발과 이익 실현에 대한 '양심의 가책' 을 다른 방식으로 어루만져 줄 '포스트모던적인 수단' 을 필요로 할 때 등장한다. 그것은 자본의 발전 단계에서 나타나는 일종의 '징후적' 특징이다.

승효상은 여러 차례 "스스로 논리의 프레임을 설정하여 그것을 선언하고 그 프레임 안에서 행동하면 자유롭고 평안하다."라는 취지의 언급을 해왔다. 스스로 '이데아의 세계' 와 같은 '가치' 를 설정하고 그 한도 내에서 사유하고 실천하는 성향이 있는 것이다. 그의 이러한 건축적 자세는 급격한 발전에 대한 회고적 향수를 달래주는 훌륭한 방법론이 되었다. 그러한 태도는 자체의 이데아적 목표를 설정하고 그 안에서 안위하는 '내향적 자세' 의 구축 방식으로 이어졌다. 그가 계획한 대부분의 공간과 특히 그의 대표작 수졸당에서는 내향성의 공간어휘들이 주로 사용되었다. 또 그는 다양한 건축작업에서 외부의 계단과 접근 영역을 건축물의 상부 높이까지 이르는 가벽을 설정하고 이를 따라 오르는 동선과 브리지를 계획하면서 내적 영역의 외부 공간을 만드는 것을 선호하며 표현했는데, 이러한 방향성은 이와 무관하지 않다. 승효상은 우리네 마당은 생활뿐만 아니라 사고의 중심이며, 공동체를 발견하게 하는 의식의 공간이라고 보아 그 무형의 보이드 공간에 대한 성찰을 강조해 왔다. 수졸당의 마당과 흰 벽, 나무 한 그루의 단순함의 극치는 루이스 바라간의 공간 이미지로부터 강하게 영향을 받은 것이며, 한국적으로 번안하여 청빈한 삶 속에서 이상을 추구했던 선비의 정신을 담아내고자 한 것이다. 그는 수졸당에서 한국의 가난한 산동네와 서원, 수도원의 적막한 공간과 같은 이미지를 복합화하여

47

47 승효상, 수졸당

각각의 건축적 장면들을 만들어 내고 있다. 서원, 수도원이라는 이데올로기 기구(교육, 수행기관)의 시설과 가난한 산동네의 이미지는 어찌보면 모순적인 두 이미지일 것이다. 그는 수졸당에서 루이스 바라간의 한국 버전의 '내향적 세트 공간' 과 유사한 공간 이미지를 만들어 냈는데, 그것은 윤동주의 시와 같이, 자기연민과 애증의 감정이 동시에 드러나는 '자화상' 의 공간의 분위기, 즉 '양면성' 의 공간으로 다가온다.

승효상이 내세운 '빈자의 미학' 의 개념이 적용된 건축은 과연 전세계적인 보편성을 가질 수 있을 것인가? '빈자의 미학' 은 진정한 의미의 '빈자를 위한 공간' 이 되거나 아니면, 빈자와 부유한 자가 모두 공간적 부유함과 풍요로움을 '함께' 향유할 수 있는 공간이 되기 위한 실질적인 결과물이 되었을 때 더욱 의미가 있을 것이다. 그 단서를 우리는 '백사마을 재개발 프로젝트' 와 이후, '하양 무학로 교회당' 에서 찾아 볼 수 있다. 조선시대 유교의 선비정신만으로는 담을 수 없는 동시대성, 혹은 수도원이나 서원처럼 세속적인 것을 꾸짖는 것과는 다른 차원의 솔루션, 복잡다단한 동시대의 한국적 조건과 기술이 발전하는 보편적 상황에 대응하는 한국성을 적절히 반영하고, 전세계가 긍정할 수 있는 한국적 공간과 표현의 대안도 필요하다. '세계적 건축의 흐름속에서도 '지역' 이라는 이름으로 배타적이거나 은둔하지 않고, 경쟁력을 확보할 수 있는 보편적 지역주의와 한국성을 어떻게 구현할 수 있을 것인가' 는 모든 한국 건축인들의 당면 과제가 되고 있다.

-김인철의 풍경을 녹여내는 한국적 모더니즘의 건축

김인철은 4.3그룹의 일원으로 '한국적 모더니즘' 을 표방하며 작업해 온 건축가이다. 김인철은 1947년 경남 진해 출생으로, 홍익대학교와 국민대학교 대학원에서 건축을 전공했다. 이후 엄덕문 건축연구소를 거쳐 아르

키움을 설립하고 중앙대 건축학부 교수를 역임했다. 그는 한국성을 현대적으로 번안하여 동시대 건축을 추구하는 작품을 꾸준하게 실험해 왔다. 주요 작품으로, 김옥길 기념관, 행당동 청사, 웅진출판사, 어반하이브, 호수로가는집, 바우지움 등이 있다.

그가 만든 한국성의 주요한 개념은 '공간(共間)' 이다. M의 n승(m^n) 개념은 외부의 M의 n승(m^n) 관계 함수가 더해지면서 다른 차원의 공간(共間)이 된다는 논리를 세웠다. 사이의 다른 힘이나 외적 변수가 더해지면서 사이에서 함께 사용되며 시너지를 일으킬 수 있는 공간, 즉 가족 혹은 커뮤니티와 '함께 할 수 있는 공간(共間)' 을 만들어 낸다는 의미이다. 각각의 켜를 만들어 고유의 기능을 부여하고 그들에 사이를 두면 켜와 켜의 관계에 따라 결합과 이완이 발생할 것이며, 더불어 그 공간이 접하는 외부의 조건에 반응한다고 이야기한다.[68] 그때부터 외부의 피질이 유동적인 두께를 형성하면서 내외부의 중성적인 공간이 된다. 이분법으로 설명할 수 없는 '사이' 의 여백이 될 수 있다고 생각하는 것이다. 개념적으로는 틈의 건축과 열린 공간으로 명명될 수 있을 것이다. 이러한 개념은 2권에서 언급했던 '회색 공간' , '무자성(無自性)' 의 공간과 유사한 한국적 공간 개념이라고 할 수 있을 것이다. 다른 한편으로 체(體).용(用).상(相)의 건축개념 중에 '상(相)' 의 건축 문화적인 측면, 즉, 다양한 이벤트와 다기능의 공간으로 필요에 따라 활발하게 교류와 소통이 일어나고, 기능이 다하면 그것은 바로 다른 기능으로 전환될 수 있고 문화적 행위가 발생하면서 커뮤니티가 소통하게 되고, 문화를 만들어 나가는 '공간(共間)' 이 될 것이다. 김인철의 건축에는 '공간(共間)' 의 개념이 전반적으로 관통하며 구현되고 있다.

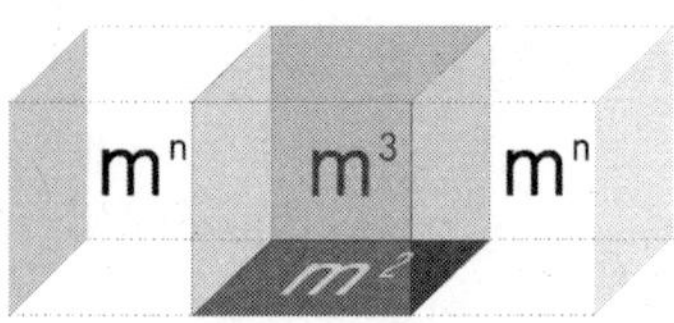

48

68) WIDE AR vol 41, 김인철 특집, p108

48 M의 n승(m^n) 관계함수와 공간(共間)의 개념

자신이 추구하는 건축은 '건축이 발생된 근원으로 돌아가 공간의 본질에 충실한 결과를 만드는 방법론을 추구하는 것이다.' 69)라는 그의 언급처럼, 김인철은 외부의 조건에 따라 켜와 켜 사이의 긴장과 이완을 만들 수 있는 공간을 추구하는 것이다. 그것은 한국건축에서 안과 밖이 구분되기 힘든 대청마루, 채와 채 사이의 지붕이 만나는 영역인 지붕 및 툇마루와 같이, 중성 공간이나 중간 영역(회색 영역)에 해당하는 부분을 동시대적으로 착안하여 구현하는 개념으로 볼 수 있다. 그러한 공간은 자연과 연계되어 외기의 변화를 민감하게 느끼며 커뮤니티와 소통하면서 이벤트가 생성되는 공간이다. 김인철은 '철근 콘크리트 등의 새로운 구법이 개발된 현 상태에는 주심포, 다포, 익공 등, 구조의 형식을 구분하여 구조에 따라 유형을 구분하는 것은 의미가 없으며 공간의 본질에 따라 충실한 고유의 공간적인 특성을 만드는 것이 중요하다' 라고 언급했다.70)

그의 작업 중 '호수로 가는 집' 은 굽이진 주변 산의 능선, 숲의 그림자가 드리워진 춘천 호수 근처의 천혜의 자연환경을 가진 사이트에 자리 잡고 있다. "자연 그대로에 점 하나만 찍었을 뿐" 이라는 김인철의 언급처럼, 그는 선조들이 추구했던 자연속에 산수화의 하나의 요소로서 자연에 녹아 들어가는 건축물을 담담히 제시하고 있을 뿐이다. 이 계획은 직사각형의 박스 건축이지만, 스스로를 드러내고자 하지 않고 주위 산세에 녹아 들어가는 조화에 중점을 두고 있다. 이 작업에서 김인철의 가장 큰 주안

49

69) 같은 책, p109
70) 같은 책, p109
49 김인철, 호수로 가는집

50

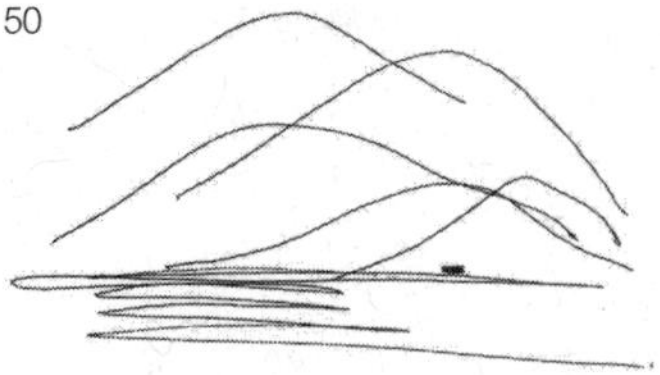

점은 외부에서 보여지는 모습보다는 내부에서 자연과 하나가 되기 위해 바라보는 풍경을 중점적으로 고려했다는 부분이다. 즉, 외부의 풍경을 끌어들이고 반 외부공간에서 자연을 즐기며 자신의 신체적 감각과 자연이 동화될 수 있는 건축적 방안을 고려한 점이 가장 중요한 특징이다.

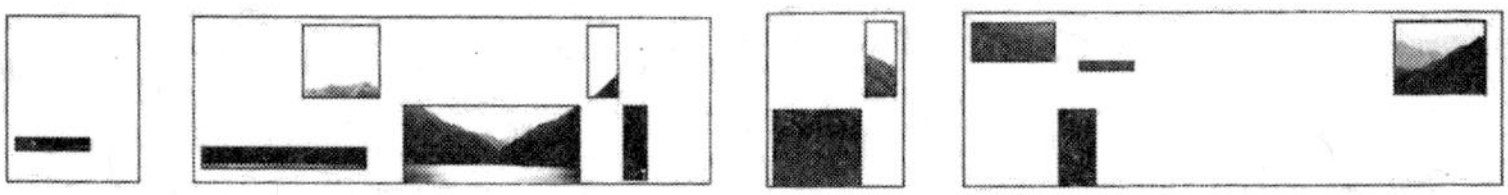

51

내부에서 바라보는 자연의 장면을 담은 '틈'과 '건축적 프레임'의 고려가 그것을 증명한다. 그것은 외부에서 보여지는 모습보다는 내부에서 외부를 지향하며 천인합일의 자연과 일체화된 삶을 살고자 했던 선조들의 자세를 떠올리게 만든다. 자연과 동화되기 위해 자연을 끌어들여 터를 잡고, 내부에서 외부(자연, 세계)와의 관계를 고려하다 보면, 자연스레 자연과 하나가 되는 건축은 부가적으로 따라오는 개념이라고 할 수 있다. 자연을 배경으로 삼는 건축은 결코 자연을 거스를 수 없고, 뛰어넘을 수도 없다는 것이 그의 생각이다.

경기 파주시 '마당 안 숲 주택'의 경우, 건축가는 자연의 기로 굳어진 경사 지형을 최대한 존중하여 집을 배치하고 경사지의 자연 식생을 자연스럽게 흘러내리게 하면서 집의 동선을 지형의 변화에 순응하며 좌우로 원활하게 연결하는 건축적 배치를 하고 있다. 건물은 본채와 별채 2개 동으로 이루어졌는데, 두 동의 가운데에는 조그마한 연못과 숲이 연결되는 자연스러운 경사로 이루어진 마당이 있다. '방들은 땅의 높이에 맞게 계

50 김인철, 호수로 가는집 스케치
51 김인철, 호수로 가는집, 자연을 끌어들이는 프레임

52

단으로 조절해 연결되어 언덕의 흐름을 따라 오르며 땅에 묻히기도 하고 솟아나기도 한다.'라고 언급한 것과 같이, 이 계획은 '마당 안의 산'이라는 표현과 같이 자연의 기운(氣)을 존중하며 집을 앉히고, 틈을 연결하고 동선을 열거나 벌리는 작업을 수행한 것이다. 산과 숲에 내어준 땅을 인공의 것으로 대체하면서 자연의 기의 흐름과 풍토를 고려한 방식으로 앉히는 것이다. 각 방과 생활공간은 창이 모두 산과 마당을 향하고 있어서 숲의 기운을 받으며 숲의 한가운데에서 자연의 기의 흐름과 함께 생활하는 느낌을 강조하고 있다.

'바우지움'은 설악산 자락에 위치하는 미술관으로, 몇몇 선적 벽체의 요소가 뻗어나가는 양상이 마치 미스의 베를린 country house를 떠올리게 만드는데, 이를 한국적으로 번안하여 동시대적으로 표현한 느낌이 들 정도로 진입을 이끄는 선들이 인상적이다. 이 선적 벽체의 요소들은 확장되며 건축물의 경계와 진입 동선 및 주요 미술관 건축의 공간의 외벽 프레임을 만들어 내고 있다. 그 주요 선들은 쇄석과 콘크리트를 현장에서 비벼 타설하면서 만들어 내는 '우연성'에 기반하여 한국적 돌담 혹은 자연 암반의 추상성을 획득하고 있다. 그 벽은 거친 질감을 드러내며 펼쳐지는 양상이 의외의 우연성을 만들어 내며 존재감을 드러내고 있다. 또 바우지움은 자연의 동화 및 시간의 흐름속의 풍화를 상징하며 한국적 감

52 김인철, 마당안 숲 주택

성의 추상성을 적용한 모더니즘 건축을 절묘하게 성취하고 있다. 이와 유사하게 김인철의 작품 '크메레스크' 의 벽돌은 진흙을 구워 속을 비운 경량벽돌들을 허튼 모양으로 쌓아 올려 숨 쉬는 벽을 만들었다. 이를 통해 바우지움과 유사한 방식으로 '구축의 우연성' 을 만들어 낸 바 있다. 현장의 기술과 현장 상황의 변수를 탄력적으로 적용하여 해결하면서 우연의 효과를 만들어 내는 것이다. 그 우연의 효과는 시간의 흐름에 따라 풍화되면서 자연의 일부로 여겨지게 되는 경지를 보여주고 있다. 그 돌담의 선은 적절하게 영역을 구분하면서도 외부의 자연에 열려 있다.

조경가 안상수와 협업한 외부 조경 공간과 수공간은 마치 창덕궁 '비원' 의 조경과 유사하게, 원래 그 자리에 있던 '자연' 과 같은 느낌을 주고 있다. 바우지움의 정원은 인공의 느낌을 최소화하여 자연 그대로의 경지를 표현한 뛰어난 한국적 조경의 수준을 성취했다. 주변 자연과 건축물, 그리고 근접한 조경 공간이 조화를 이루며 시간의 흐름에 따라 자연스럽게 '풍화' 되어 갈 것이다. 바우지움은 우연성의 돌담과 조각들과 자연이 어우러지면서, 자연의 일부로서, 문자 그대로 자연과 함께 하는 미술관의 정감과 분위기를 탁월하게 성취하고 있다.

53 김인철, 바우지움

54

'한국의 미' 라고 하면 흔히 사례로 나오는 청자의 귀족적 화려함과 백자의 서민적 소박함, 버선코, 혹은 처마의 곡선 등 선적 아름다움을 언급하는 경우가 많지만, 그것은 단순히 과거의 형태일 수 있다. 동시대의 한국에서도 여전히 통용될 수 있는 부분은 즉흥성, 유연성, 그리고 자부심이 기반이 되는 여유로부터 나오는 한국적 동시대성을 추상화하여 구현할 필요가 있다. 그것이 오늘날의 한국성이라고 할 수 있다. 김인철의 건축은 동시대적인 한국성을 바탕으로 과거 한국건축의 유산을 재해석한다. 동시에 현장 상황과 우연성을 기반으로 하여 시간의 흐름과 함께 자연스럽게 풍경으로 녹아드는 경지의 건축을 보여준다. 그것은 기가 발현되면서 건축의 리가 드러나는 형국이다. 그의 건축은 보편적인 모더니즘의 미학과 기술이 자연과 하나가 될 수 있는 내적 일체화를 추구한다는 점에서 탁월한 건축적 성취를 이루어 냈다.

0518 중심 및 변방 이론과 동시대 한국성의 건축적 방향성

—중심과 변방의 상호작용

지역주의 건축에 있어서 '지역' 이라는 의미는 '변방' 이라는 의미를 내포하고 있으며 그것은 동시에 '중심' 이라는 단어가 전제되고 있는 개념이다. 지역주의는 항상 중앙의 '주류 문화' 에 대한 상대적인 개념이며, 일종의 '저항' 의 의미를 내포하고 있다. 문화는 항상 상위 문화에서 하위문화로 흐르게 마련이며 그 때에 상호간 파워게임이 진행된다. 변방은 중앙

54 김인철, 바우지움

의 문화가 흐르기 때문에 상위의 문화가 복제되고 증식되며 이식되는 상황에 처하게 된다. 건축 역시 문화와 기술의 한 부분으로서 중앙의 상위 문화에서 하위문화로 흐르고 각 '형편'에 맞추어 '복제'된다. 가장 극적인 흐름은 전쟁을 통해 지배자의 건축 양식과 종교의 강압적 이식으로 인해 종교적 색채의 건축문화가 섞이는 것이다.

변방의 문화에는 항상 상위 문화에 대한 자신감이 결여되는 경우가 많다. 자신감은 비교 우위를 통해 획득되는데, 새로운 중심을 형성하기 위해서는 비교를 거부하고 스스로 자존감을 유지하면서 묵묵히 자신의 경쟁력을 키우는 것이 바람직하다. 중심을 닮고자 하는 욕망을 초월하고 지역의 경쟁력을 키우다 보면 새로운 중심이 형성되고 어느덧 보편적인 부분을 중심으로 하여 해당 지역의 문화가 외부의 하위의 문화로 흘러 나가게 된다. 건축의 역사를 살펴보면, 변방에 있다고 하더라도 스스로 자존감을 형성할 수 있을 정도로 노력하면서 동시대성을 접목하며 묵묵하게 자신만의 일을 수행할 때 지역의 특수성과 함께 경쟁력을 확보할 수 있었다. 세계적으로 주목받는 지역문화는 공통적으로 이러한 과정을 통해 자체적인 경쟁력을 확보했었다. 지역의 특성은 그 지역의 독특한 외적 변수에 대응하여 만들어지고 향유될 때 그 가치가 더욱 높아지고 감동을 선사할 수 있게 된다. 건축적으로는 감성적이고 감각적인 체험을 선사할 수 있을 때 가능하며, 도시문화 콘텍스트에서 시각적, 공간적으로 읽히거나 보여질 수 있을 때 그 경쟁력과 감동을 획득할 수 있게 될 것이다.

–혼성성의 매커니즘[71)]

건축은 다른 분야와 비교했을 때, 완성하는데까지 값비싼 비용과 오랜 시간의 구축 기간이 소요되고 그 나라의 기후와 풍토와 재료에 절대적인 영향을 받게 마련이다. 따라서 지역의 건축은 오랜 기간 그 지역만의 구축

71) 임기택, 건축평단, 건축의 한국성, 2015 겨울호, 임기택의 '건축의 한국성'의 일부 글을 발췌하여 새롭게 변용함.

방식과 재료의 사용, 공간의 사용 방식에 대한 지혜가 전수되며 다듬어져 왔고 그것이 그 지역만의 유형으로 정착되었다. 그러나 그것은 지역에 적합한 방식으로 서민들의 생활을 반영하면서 동시에 지역의 거주민들의 미적 감성에 부합하는 경제적인 조형을 지니므로 '차이'를 보이게 마련이다. 한국은 기후 역시 남북으로 긴 국토의 특성상 다양한 풍토의 특성에 대응하며 다양한 주택 및 공간 유형을 보여왔다. 그것은 우리의 옛 건축이 다양한 외적 변수에 적극적으로 적응한 결과로 나타난 산물이었다. 외적 변수를 받아들여 이 땅에 적합한 생산물(건축물)로 만드는 것은 자연스러울 것이다. 이 세상에 순수한 자기만의 것이 존재할까? 모든 것은 정도의 차이가 있을 뿐 외적 변수에 반응하여 적응하는 과정에서 혼성화되고 경쟁하며 생존, 진화, 도태를 반복한다. 기술을 포함한 문화는 흐르는 물과 같아서 자연스럽게 수준이 높은 곳에서 낮은 곳으로 흐르게 되어 있다. 그런 측면에서 세상에 온전하게 자신만의 문화 혹은 자신만의 특성이라고 불릴 수 있는 것은 존재하지 않는다. 어떠한 형태로든 영향을 주고받을 수밖에 없다. 또한 기후 및 재료 등의 외적 조건이 근본적으로 다른 환경에서 나오는 풍토적인 조건을 무시할 수 없다. 그러나 그러한 부분 역시 항상 새로운 기술과 문화에 의해 유동적으로 진화를 계속해 왔다.

대륙의 문화가 전파되는 위치에 있었던 '반도'라는 지정학적 특성이 있는 한국은 중국, 일본의 문화 사이에서 항상 과도기적이고 중간적인 위치에 있는 경우가 많았다. 우리가 언급하는 한국성은 외부의 문화를 민감하게 받아들인 지배계급의 종교나 이데올로기가 파생시킨 문화의 다양성만큼이나 다양한 가치관과 문화적 양태를 보여왔다. 또한 변화하는 정치, 종교적 상황에 따라서 문화의 헤게모니와 양태는 극적으로 변화하는 역사를 보여왔다. 주변 강국들 사이에서 수없이 많은 전란을 겪어오면서 상대적으로 적게 남아있는 고건축에서도 우리는 실로 다양한 유형이 나타나고 있음을 확인할 수 있다. 한국의 건축에 공통되는 규범이 부재한 것을 부정적으로 볼 수도 있으나, 긍정적으로 생각했을 때 우리 민족의 장점은 외적 변수에 거스르지 않고 조화를 이루는 것과 다양성을 포용하며 변수에 적절하게 반응하여 계속해서 조화로운 결과물을 만들어왔다고 볼 수 있다. 다양한 시대 상황과 외적 변수에 규범이 생성되지 않고 그 시대, 그 지역, 재료와 구법의 한계 내에서 순응하며 다양성을 보이고 있는 한국건축의 유산에 대해서 긍정적인 부분을 발견하여 동시대 건축에 적용할 수 있어야 한다.

정보와 교류가 상대적으로 적었던 과거에는 사회의 변화 속도가 느리고 정체되었기 때문에, 건축기술이나 재료의 사용, 풍토의 적응 방식에 있어서 지역만의 특성이 오랜 기간 정착되어 지역에서 보이는 특징적 유형으로 정착되는 경우가 많았다. 그러나 디지털 정보통신의 혁명적 발전과 원거리 여행의 대중화로 무시간성, 무장소성이 일반화되면서 유형은 상당 부분 경제적 목적(관광)의 경관 유지용으로 전락한 경우가 대부분이다. 역사상 문화를 꽃피우고 '~성(性)'을 만드는 경우는 예외 없이 다양한 민족의 흐름과 문화들이 혼성화 되면서 가능했고 이를 통해 강력한 경쟁력을 가지게 되었다. '~성(性)'의 경쟁력은 그러한 특성이 형성된 지역(나라)에 녹아들면서 생성되어 왔다. 로마의 경우와 칸이 지배한 원나라가 그러했다. 로마의 경우, 지중해 연안의 국가(당시 지중해 세계관의 모든 나라들)들의 백성들에게 일정 요건을 충족하면 로마 시민권을 주어 포용했다. 로마와 마찬가지로 지배권과 세금만 유지된다면 무엇이든 관대하게 받아들이고 토론할 수 있는 문화를 수용했던 원나라는 세계적 강국으로 유지되었다. 오늘날의 미국 역시 마찬가지이다.

일본의 식민 지배와 강대국 사이에 존재하는 지정학적 위치, 외세의 끊임없는 침략과 간섭 등의 불균형한 상태를 경험했던 우리는 21세기 한국성의 문화전략을 어떻게 가져가야 할 것인가? 앞서 살펴본 바와 같이 건축은 예로부터 지배자의 논리와 통제를 강화시키기 위한 수단으로 기능해왔다. 이 시점에서 다양하게 혼성화된 문화에 엄연히 존재하는 문화적 위계관계와 그 탈출전략에 대해 설파하는 바바의 논의를 살펴보는 것은 시의적절할 것이다.

세계 질서속에서 엄연히 존재하는 불평등하고 비대칭적인 힘들 속에서 혼성화가 자연스럽게 이루어지는데, 각자의 해석과 문화생산은 다양한 차원의 경계를 가로지르며 역동적으로 섞이며 혼종이 생산된다. 이렇게 생산된 혼성화는 비대칭적인 관계속에서 예속관계를 만드는 것이 아니라 역동적인 차이를 만들어 내게 된다. 그리고 그 차이는 '다름'으로부터 나온다는 것이다. 이 다름이 바로 새로운 아이덴티티를 만드는 것이고 그것이 바로 이 시대의 한국성을 만드는데 핵심적이라고 할 수 있다. 그것은 근대적 주체를 배격하고 이면의 힘과 중심화에서 멀어진 소외된 이면의 것들로부터 만들어지는 것, 혹은 드러나는 것을 사유하는 후기구조주의 사유와도 일맥상통한다. 들뢰즈의 노마드적인 의미의 차이를 만들어 내는 끊임없는 움직임과 시뮬라크르의 개념도 혼성화된 복합체라는 새로운 '차이'를 만든다. 또 데리다의 차연과 미래완료의 기입, 지젝의 사이 공간속에서의 상징적 측면을 사유하는 것과 유사하다.

에르난데즈는 혼성성에 대해 의미있는 저작들을 발표해왔던 호미 바바의 사례를 들어 다음과 같이 주장한다.

건축적 혼성성은 오직, '새로운' 합성 건축의 형성으로만 인도하는 것이 아니다. 그 대신, 혼성적인 건축은 깊고 복잡한 절차들의 한 중

*언으로서, 그것을 통해 그러한 절차들(사회적, 정치적, 역사적, 경제적)을 출현시킨다.*72)

이 내용은 지젝이 언급한 바와 같이 다양한 사이공간속에서 작용하는 심리와 함께 사회구조의 복잡한 제도적 절차 가운데 새로운 차이를 생산해내며 현실 세계에 새로운 속성과 영향을 끼치게 됨을 언급하는 것과 유사하다.

다시 그는 다음과 같이 언급한다.

*...제삼 공간은 혼성성이 표상하는 역(문지방)의 입지를 '공간화하는' 시도라고 주장할 수도 있다. 다른 말로, 제삼 공간은 혼성화가 발생하는, 그리고 그로부터 혼성이라는 명칭이 출현하는 사이공간에 어떤 특정한 가촉성을 부여한다.*73)

다양성을 받아들이고 다양한 문화적 특성을 대범하게 받아들여 한국적 감수성으로 새로운 것을 생산하고 그것이 세계의 공통적인 감수성을 건드리면서 비로소 세계적인 한국적 스타일을 만들어 낼 수 있다. 한국성을 대표하는 김환기의 작품세계가 거쳐왔던 과정을 생각해보자. 그의 초기 작품은 한국적 모티브가 눈에 띄게 인지되며 화폭을 구성하는 구상화에서부터 시작된다. 파리에서의 활동과 뉴욕에서의 활동을 통해 그의 작품세계는 더욱 확장되었고 당시 세계적 흐름을 경험하며 경쟁력이 높아지게 된다. 그의 후기 작품세계는 구상에서 벗어나 한국적 추상, 한국적 색채가 한 차원 성숙하게 발전하며 그는 마침내 세계에서도 인정받으며 한국 현대회화를 대표하는 화가 중 한 명으로 자리매김하게 된다. 그의 성취는 세계적 흐름에 발맞추는 경쟁력이 확보된 상태에서 자연스럽게 드러나는 한국적 감수성이 추상화된 양태로 나타난 것이며 오늘날 한국의 건축이 지향해야 할 한국성의 방향이라고 할 것이다. 한국적이어서 세

72) Felipe Hernandez, Thinkers for Architects 4 : 바바, 이종건 역, 스페이스타임 2010, p97
73) 같은책, p98

계적인 것이 아니라 세계의 흐름에 발맞추며 경쟁력이 확보되고 동시에 자연스럽게 동시대의 한국성이 드러나야 객관적으로 주관적으로 좋은 평가를 받을 수 있을 것이다.

영화 '첨밀밀'을 떠올려보자. 중국 대륙에서 홍콩으로 무작정 넘어온 소군(여명)이 낯선 땅 홍콩에 이방인으로 적응해가는 과정에서 우연히 이요(장만옥)를 만나게 되고 사랑하게 되지만 서로의 형편상 이별하게 된다. 뉴욕에서 상봉하면서 끝이 나는 이 영화에서 주인공들은 전체적으로 가난했던 시절의 고국을 떠나온 자신들과는 다르게 경제력이 가파르게 상승하여 뉴욕을 여행하는 수많은 중국 본토인들을 보며 묘한 감정을 느끼는 장면이 등장한다. 그들은 중국인도 홍콩인도 아닌 어정쩡한 이방인이었다. 한국성의 담론과 한국건축 역시 이러한 상황에 처한 것과 유사하다. 우리의 상황과 한국적 건축은 떠나가 타국에서 생활하는 한국인 2, 3세가 생각하고 떠올리는 이미지의 한국과 다르며 이미 반세기 넘게 전혀 다른 차원의 생활을 하게 된 북한의 것도 아니며, 일본의 한국학교 동포 2, 3세들이 떠올리는 이미지의 한국도 아니다. 한국은 빠르게 변화하는 세계와 발맞추고 경쟁하며 동시대를 살아가는 대한민국의 제반사항, 즉, 정치, 경제, 문화, 법과 절차들이 만들어내는 한국성(남한성이라고 이야기해도 좋을 것이다)을 지칭하는 것이다. 이제 우리는 이전의 한국적 처마선이나 비움 공간에 침잠하거나 미련을 두는 행위에서 벗어나야 한다. 무작정 옛것으로 돌아가서도 안되고, 그렇다고 방황만 해서도 안 된다. 현재를 염두에 둔 한국성을 발현시키는 건축은 코스모폴리타니즘과 민족주의의 경계선을 아슬아슬하게 줄타기하며 현재의 생활세계가 맞이하고 있는 제반 외적 변수들을 반영하며 유목인의 정신으로 새롭게 떠나는(만들어 내는) 자세가 필요할 것이다. 우리는 그것을 새로운 '번역의 과정'으로 볼 수 있다. 즉, 이전의 정신이 완전히 사멸하면서 온전히 새로운 물질에 새로운 정신이 주입되며 생산되는 것이 계속되어야만 한다.

앞서 언급한 바와 같이 '의도적으로 낯설게 하기'의 진정한 의미는 이러한 방법 중 하나였다. 현재를 도외시하고 과거의 역사에 함몰되는 것은 항상 경계해야 할 사항이다. 다시 말해 역사의 내적 모순성, 복수성을 담론화하고 그것을 현대적으로 변증법적 방법을 통해 있는 그대로의 객관성을 고양시킬 필요가 있다. 그것은 역사로부터 탈피한 순수사건에 주목하는 것이며 그것을 찬양해야 할 것이다. 한국성이 세계적인 흐름에 발맞추며 경쟁력을 가지는 가운데 자연스럽게 드러나야지, 처음부터 강조되는 한국성이라는 이데올로기는 거부할 필요가 있다. 세계적 수준의 구축적 지식과 문화적 소양, 자신감이 있으면 혼성화되면서 자연스럽게 한국적 특성이 드러나게 되고 한류 스타일이 만들어질 수 있을 것이다. 이 땅에서 태어나 이 땅의 콘텍스트에서 성장하여 무언가를 생산하는 사람이 외적 변수를 받아들이면서 생산하는 것은 의도적으로 똑같이 모방하지 않는 이상 한국적 특성의 차이를 보이게 마련이다. 외부의 다른 것을 받아들였다고 하더라도 그것은 이 땅의 특성과 제반 사항과 절차로부터 혼성화되어 나온 소산이며 차이를 드러내는 것이다. 이제 전 세계가 하나의 마을로 인식될 만큼 시공간의 제약이 사라지고 있는 글로벌 시대에 '민족국가'라는 단위는 큰 문제를 해결하기에는 너무 작은 커뮤니티 정도로 느껴지고 그렇다고 일상의 소소함을 다루기에는 거대하고 애매모호한 개념처럼 느껴지는 것도 사실이다. 민족주의가 어느정도 극복되고 안정화되는 것은 민족주의적 요소들과 코스모폴리타니즘이 적절하게 변증법적 생산으로 조화를 이루는 경우일 것이다.

결론적으로 한국성은 역사와 생산양식의 측면(변증법적 생산양식의 비평) 줄타기가 필요하다. 만프레도 타푸리가 비평에 대해 강조한 사항은 역시 오늘날 한국성의 의미를 생각하는데 유용하다. 한국성은 일체의 모든 민족주의를 포함한 역사주의로부터 독립해야 한다. 모든 역사는 규범화된 가치가 아니다. 현재와 함께 끊임없이 변화하고 흘러가는 것이므로 현실에 맞게, 다시 말해, 세계적 흐름에 발맞추며 생산하는 가운데 자연스럽게 한국성이 엿보이거나 드러나는 것이 바람직한 방법이다. 의도를 가지고 한국성이 드러나는 것을 궁극적인 자신의 정체성으로 삼는 행위는 이미 그 자체가 과거에 얽매여 있는 것이며 진보와 외적 변수에 닫혀져 있는 것이다. 그렇게 되면 그것은 이성이 저질러왔던 대상화의 폐해, 민족주의의 폐해를 반복할 수 있다. 불순한 의도의 이데올로기화를 방조하거나 권위주의로 침잠하기 십상이다. 그것을 오늘날 지역주의와 공동체주의를 강조하는 기득권 세력이나 학자들의 모습에서 발견할 수 있다. 민족주의와 코스모폴리타니즘의 경계 즉, 건축의 외부에서 한국성을 바라볼 수 있어야 한다. 이전의 시대와는 혁명적으로 다른 동시대가 보이는 특성들 속에서 건축적 경쟁력을 지니면서 낯설게 되고 동시에 한국적인 특성이 드러나기 위해서는 건축전반의 문화, 역할자들의 전반적인 의식수준이 향상되어야 하며 제도의 절차가 향상되어야 한다. 이제 과거 회귀로 빠져서도 안될 것이며, 세속적 욕망이 주가 되는 세계화와 현실을 무시하고 이데아와 같은 기억과 옛 이미지에 빠져있는 시효가 지난 건축 정책에서도 빠져나와야 한다.

19세기 이후 근대화를 지향하는데 있어서 조형 및 문화 관련 종사자들은 경제적 측면, 사회문화적 관점에서 근대화에 대한 서로 다른 태도 및 자의식과 결합하여 매우 복잡한 양상을 표출하고 있다. 한국성에 가치를 두는 건축가들은 지역문화의 특수가치를 접목시켜 나가면서 경쟁력 있는 자국문화 창출하기 위해 노력을 기울여 왔다. 건축 조형 및 공간구조의 정체성을 찾는 것은 서구 중심의 정신적, 물질적 폐해를 극복하기 위한 대안이 될 수 있으며 동시대 한국인들에게 삶의 질을 높이고 더 나아가 콘텐츠와 결합한 경쟁력 있는 건축문화 혹은 기술로서 발전해 나갈 수 있을 것이다. 그것이 바로 세계 시장에서 코스모폴리탄으로서의 경쟁력을 가질 수 있는 방안이 될 것이다. 이를 통해 동북아 문화 공동체에서 더욱 글로벌한 문화 공동체로서의 위상과 영향을 끼칠 수 있게 될 것이며 새로운 스탠다드 혹은 생활 규범을 만들어 낼 수 있을 것이다. 그것이 더 발전되면 하나의 시대정신으로서 사회 집단문화를 만들 수 있을 것이다. 자연과의 일체를 중시하는 천인합일 정신과 순환성의 정신을 위한 관조성이 바로 이러한 한국성의 특수성 혹은 경쟁력이 될 수 있을 것이다. 특히 자연과 지형에 순응하여 공간 및 재료, 구축방법론에 있어서 매우 유연한 적응성은 우리 민족의 독특한 특성으로, 보편성에 기반하여 경쟁력 있는 세계화가 가능한 공간 구축방법론이 될 수 있을 것이다.

-차운기의 한국적 존재 의지의 표현

자연과 기의 흐름을 중시하여 현대 지역주의 건축을 추구했던 건축가로 차운기가 있다. 그는 자존감을 바탕으로 묵묵히 자신의 건축 의지를 불태웠다. 그는 척박한 조건에서도 인간미가 넘치는 훌륭한 건축작품을 일구어내며 한국 건축의 새로운 가능성을 보여준 건축가이다. 그의 건축에는 한국적 선과 기의 흐름을 중시한 '원초적 존재 의지의 감각' 이 진하게 드러난다. 차운기는 1955년 전라남도 광주 출생으로, 1982년 인하 공전 건축과를 졸업했다. 졸업 후 그는 김중업 건축연구소에서 실무를 배우고 1987년 삼청동에 '아꼴 건축연구소' 를 개소해 운영했는데, 안타깝게도 이른 나이에 위암으로 별세했다. 그는 '무규칙 토종 건축가' 라는 별명이 있을 정도로 대략의 기본적인 설계를 하게 되면, 현장에 뛰어들어 대부분을 목수들과 장인들과 직접 맞대응하며 수공예적으로 집을 지었다. 심지어 공사비가 초과되면 그가 직접 건축 현장에서 노동을 했다. 이런 성향

55

으로 인해, 차운기는 아파트와 같은 규격화된 건축은 거부했고 반대로, 민가는 절실한 마음으로 만든 자연의 일부로서 선호하며 배워야 한다고 주장했다.

차운기에게 자연은 '고향' 이라는 키워드와 유사하다. 그에게 고향은 조금 흐트러져도 괜찮고 편안함을 주는 기억으로 각인되어 있다. 그에게는 '귀향' 과 '자연으로의 회귀' 와 유사한 개념인 것이다. 그래서 그는 자연적인 재료로 구축한 비정형의 자유로운 형태를 통해 편안한 고향의 이미지와 자연의 이미지를 만들어 내고 있다. 기계적인 느낌을 배제하고 사람 사는 냄새를 입히기 위해, 그는 기계의 사용을 지양하고 수공예적인 작업을 추구했다. 대부분의 작업에서 문과 창틀의 경우, 기성 제품을 사용하지 않고 수작업으로 제작하는 방식을 고수했다. 비정형의 특수한 개구부 형태를 표현하기 위해서 불가피한 선택이었을 것이다. 이런 측면은 가우디가 수행했던 작업방식과 유사하다고 표현할 수 있을 것이다. 너와를 씌운 지붕, 막돌 쌓기, 흙 벽체 쌓기 등은 차운기의 자연적인 느낌을 주는 구축 방법 중 하나이다. 그의 주요 작품인 '재즈 스토리' 를 구축할 때에도 한국전쟁 시기에 만약 폭격을 받고 집주인이 직접 고쳐 짓는다면 어떻게 될 것인가를 상상하며 구축했다고 한다. 기존 고재료와 폐자재를 사용하면서 그의 건축은 자연스러움과 절박함에서 오는 소박한 표현을 성취했다. '수집은 차운기에게 놀이와 유희이며, 삶의 치열함이고 또한 상

55 차운기, 택형이네 집, 예맥화랑

처의 치유과정이다. 우선은 일찍 어머니를 여읜 건축가의 슬픈 자기 고백 및 자기 치유 과정이다.' 74) 라고 평가되는 것처럼, 그에게 기존의 재료를 사용하는 것은 삶의 기억이자 흔적을 존중하는 것이었고, 기존의 콘텍스트를 존중하는 것이었으며, 기의 흐름이 굳어지며 리가 드러나는 과정이었다. 다시 말해, 물질과 공간을 구축시키면서 자연스럽게 건축 원리의 본질(기능, 구조, 미)이 드러나도록 했다는 점이 그의 중요한 건축적 성취이다. 또 그의 비정형적인 형태는 기술의 발전에 의한 형태가 성취된 것이 아니라, 철저하게 현장 제작에 의한 그의 피와 땀이 묻어있는 결정체이다. 내면의 기의 흐름이 적용되어 그의 피와 땀의 노력과 인간미가 결합되어 빚어져 있는 것이다.

이처럼 차운기의 건축은 반기계적인 자연 친화적인 선과 표현을 사용하는 건축을 추구했다. 그의 경력에서 드러나듯, 그는 김중업에게 배웠지만 철저하게 비주류의 건축의 길을 걸어갔다. 그에게는 '사람이 들어가서 살아야 하기 때문에 건축은 사람의 땀으로 지어야지, 기계가 지으면 안된다' 라는 신념이 있었다. 자연이 주는 감흥이 바로 건축가에게 가장 중요한 메시지라고 생각했기 때문이다. 차운기의 작품 속에는 김중업의 유전자가 들어가 있는데, 그것은 바로 건축을 '자연에의 회귀' 로 본다는 점이다. 즉, '원초적인 것으로의 회귀' 를 존중하는 것이다. 그러기에 앞서 언급한 대로 그의 건축은 '원초적 존재 의지의 감각' 이 충만한 작품이자, 기의 흐름이 응축된, 시와 음악이 응축된 건축으로 후세의 기억에 남게 되었다.

그의 작품 중 '재즈 스토리' 는 1950년대 전쟁의 폭력적인 기억과 흔적을 표현했다. 또 어머니의 품과 젖무덤을 상상하며 계획했다고 하는 '예맥 화랑' 은 한국적인 초가지붕의 선이 돋보이는 작품이다. 또 강원도

74) WIDE AR vol 43, 이경창_차운기 비평, p40

너와집의 현대적 버전을 연상시키는 그의 대표작 '택형이네 집'의 지붕은 한국적 선을 연상시키는데, 그것은 나지막한 한국의 능선에서 보이는 친숙함이다. 또 기행과 회화로 유명했던 '걸레스님'으로 알려진 '중광'의 집을

56

설계할 때도 역시 이렇게 소박하면서 정겨운 조형 언어를 사용했다. 그의 '창조적인' 건축은 하나의 '유형'이 되어 90년대 교외의 많은 카페 혹은 민속주점이나 음식점에서 차용되어 구축되면서 계속해서 재생산되었다. 차운기는 '집주인의 관상과 분위기와 함께 땅의 생김새에 맞추어 살만한 공간으로 빚어내는 것'을 그의 업으로 생각했다. 임석재는 그의 건축을 '그의 건물이 육적(肉積)이요 동시에 육적(肉跡)이다.[75] 라고 표현했다. 그는 '육적'의 건축이라는 개념이 차운기의 건축에서 정신적 가치로 드러나는데 그것이 바로 '존재 의지의 표현'이라고 보았다. 임석재는 '자연의 선인 곡선을 즐겨 사용한 점에서 엥포르멜(informel, 비정형적)하다고 불린다. 인간의 주거는 이 두 가지 상반되는 경향 사이에서 적절한 견제와 보완을 유지하며 발전해 왔다.'[76] 라고 언급하며 차운기의 건축이 자연을 닮은 비정형의 건축이라고 평가했다. 그의 건축이 정신적 가치를 찾을 수 있으니 바로 '존재 의지의 표현'이라는 것이다.

그는 대략적인 설계도를 머리에 그리고 현장에 직접 자신을 투입시켜 작업에 임했다. 그는 주변의 재료, 철거된 재료들을 적극적으로 재활용했고, 현장 작업자들을 지휘하며 현장 상황을 탄력적으로 적용하면서 직접

57

56 차운기, 재즈스토리
57 차운기, 곤지암 주택
75) 임석재, 한국 현대건축의 지평1, 인물과사상사, 2013, p23
76) 임석재, 앞의 책, 2013, p24

물질과 공간을 구축했다. 때로는 건축비가 초과되면 자신이 직접 철물을 용접하고 건축 막노동을 하는 식이었다. 그의 건축은 철저하게 머릿속의 설계도에 의해 계획이 선행되고 후천적으로 감리를 하면서 건축을 구축하는 것이 아니라, 주변의 여건과 지어지는 과정에서 최선의 조형, 기능, 아름다움과 조화가 이루어질 수 있도록 탄력적으로 변화시키고 적응시키며 구축하는 방식이었다. 이러한 태도는 변화무쌍한 마음의 변화와 현장 여건이 탄력적으로 조화를 이루면서 구축되는 양상 즉, 기(氣)에 의거하여 구축시키면서 리(理)가 드러나는 형국을 중시하는 태도이다. 그의 건축은 이른바 '영조(營造)' 이자 '기(氣)가 발현된 건축' 이라 부를만 하다. 근대 이후의 '건축가' 라는 직업은 설계도를 철저하고 꼼꼼하게 그리고 난 이후, 후차적으로 물질(기)을 구축하는 것을 감독하는 역할에 익숙하다. 그러나 차운기의 경우에는 그 집의 주인과 닮게 하고 그 사이트의 분위기를 집주인에게 맞추는 이 세상에 단 하나뿐인 집을 만들어야 한다고 생각했다. 그는 이를 위해 기존 재료와 대지의 특성을 최대한 반영하여 최고의 가치를 실현하면서 리(理)가 자연스럽게 드러나는 건축을 추구한 것이라고 말할 수 있다.

시적 존재 의지의 표현을 중시하고, 풍토의 조건에서 자연과 최대한 닮으려고 하는 자세와 태도, 그리고 시류에 편승하지 않고 지역 고유의 경쟁력을 가지기 위해 묵묵히 노력했던 차운기의 자세는 지역주의 건축

58

58 차운기, 택형이네 집

의 본질을 잘 보여주는 사례라고 할 수 있다. 그의 건축은 투박하지만, 건축의 본질과 원초적인 인간 의지로 빚어진 '드문' 작품이 되었고, 역설적으로 후세의 기억에 남을 수 있는 긴 생명력을 지닌 건축으로 '각인' 될 것이다.

—이일훈의 '채 나눔' 건축

59

건축적으로 변방의 상황에서 묵묵하게 작업하면서 소박하고 인간미 넘치는 동시대 한국성을 잘 구현한 건축가 중 한 명으로, 이일훈이 있다. 그는 '채 나눔'의 개념을 자신의 철학으로 공표하고 작업을 꾸준히 진행했는데, 그의 건축 사상은 김수근의 네거티비즘과 여러 가지 측면에서 개념상 공통으로 공유되는 부분이 존재한다. 이일훈은 1954년생으로, 한양대 건축과를 졸업한 뒤 김중업 건축연구소를 거쳐, 1984년 건축잡지 『꾸밈』을 통해 건축 평론가로 등단했고 이후 '후리건축연구소'를 개소했다. 이일훈은 시류에 편승하지 않고 오랜 시간을 견뎌내며 자연과 함께 살아갈 수 있는 한국적 정서의 건축을 추구했던 '드문 건축가'였다. 그는 스스로 드러나고자 욕망하지 않고 소박하게 자연과 동화되는, 주변과 동화되는 건축, 그 집에 사는 사람의 삶을 고려하여 오랜 시간이 지나도 그 가치가 유지될 수 있는 건축을 추구했다. 그래서 그의 건축은 바로 눈에 띠며 드러나지 않는다. 주변과 어우러져 있기 때문이다. 그의 건축은 처음 지어질 때에도, 또 10년이 지난 상태에도 유사한 느낌의 건축적 이미지와 질을 유지한다. 처음부터 그렇게 의도하고 그러한 가치를 중요시하여 계획했기 때문이다.

그의 대표적인 설계 사상으로 '채 나눔'이 있다. '채 나눔'은 쉽게 이

59 이일훈 초상

야기해서 한 덩어리의 집을 여러 채로 나누자는 주장이다. 아파트나 주상복합 건물처럼 한 공간에 모든 것이 집약된 집은 편리하지만 건강하지는 않다는 의미이다. 채 나눔은 세 가지 실천 방법으로 '불편하게 살기, 밖에 살기, (동선)늘려 살기' 로 요약된다. 첫 번째, 불편하게 살기는 자발적으로 받아들일 수 있는 불편함은 기꺼이 받아들이자는 의미이고 두 번째는 '밖에 살기' 로, 될 수 있으면 자연의 변화와 함께 하자는 의미이며, 세 번째, '(동선) 늘려 살기' 는 불편해도 공간이 풍요로워진다는 의미이다.

이일훈은 '풍경은 공공자산' 이라고 언급하며 경관의 공동성을 강조했다. 도시에서도 손대지 않는 자연공간이 필요하다고 주장하며 자연의 생리를 존중하는 것이 도시를 살리는 방법이라고 역설했다. 자연 그대로를 살펴 생태적 연결고리를 살리는 것이 진정한 '자연 돌보기' 라는 것이다. 그는 달동네의 균형과 조화의 감각, 절실함에서 오는 재료의 소박하고 기능적인 사용, 주위와의 어울림의 가치를 소중하게 생각했다. 또 있는 듯 없는 듯, 자연과 동화되는 정자의 품격과 가치를 현대건축의 요소에 적용하는 것을 중시했다. 그는 '중용' 의 가치를 중시했는데, 중용은 무난함이 아니라, 최선/최상의 상태를 일컫는다. 그는 달동네의 균형감각은 무난함이 아니라 그 상황에서의 최선/최상의 상태로 절박하게 구축한 것이 조화를 이루며 어울리는 상태를 만든 것이라고 생각하고, 이에 대한

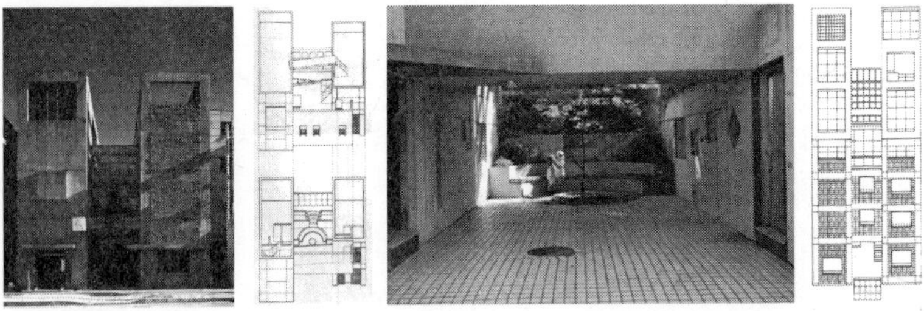

60

60 이일훈, 등촌불이

교훈을 얻어야 한다고 주장했다.

그는 친환경, 생태와 관련된 건축은 비용이 많이 들기 때문에 비싸지 않은 재료를 사용하여, '싸고 거칠고 당당하게 건축하는 것' 을 선택했다. 자연스러운 분위기를 저비용으로 구축하기 위해서 그는 그 지역에서 일반적으로 사용하고 있는 구축 방법과 기술을 사용했다. 이것은 지역주의 건축의 자연스러운 방식이다. 그는 재료를 사용하는 측면의 중요성을 강조하며 재료 본연의 소리를 들으면 방법이 보이고, 기술이 보이고, 공간이 보이고, 사람이 보인다는 지론 하에 오랜 시간을 견뎌내며 자연과 동화될 수 있는 재료를 선택하여 자신의 작품에 녹여냈다. 이러한 태도는 일견 루이스 칸의 재료를 존중하여 구축하는 방식과 유사하다. 그의 주택 작품을 보면 신축 당시의 모습을 찍은 것이 아니라 상당한 시간이 흘러 거주인의 삶이 담기고 시간의 때가 묻어 자연스러운 풍화의 시간을 겪은 장면들을 찍어서 보여주고 있다. 그런데, 그 장면은 일반적으로 건축잡지에서 볼 수 있는 신축 후, 입주 전, 특히 가구가 들어가기 전에 찍은 사진이 아니라, 세월의 흐름의 때가 묻은 장면인데, 그것은 그 공간을 사용하는 거주인의 삶을 직접적으로 보여주며 더욱 잘 어울리는 느낌을 준다. 그 장면은 주변 콘텍스트의 재료와 물성과 구조와 공간이 하나가 되는 느낌을 준다. 그의 확고한 철학이 느껴지는 대목이다.

그는 자신의 건축, 한국적 정서의 건축을 개념화하면서 채 나눔 사상의 7가지 요소를 제시했는데, '홑 켜 공간' , '외부와의 관계' , '풍경' , '선택의 다양성' , '몸의 움직임' , '면적 또는 단점' , '적용 가능성' 등, 7가지 개념이다. 첫째, '홑 켜 공간' 은 전통 건축이 홑 켜의 단일 건물들이 군집을 이루면서 집을 형성하는 것처럼, '채 나눔' 된 홑 켜의 건물들이 연결되며 구축되고, 그 사이에 외기에 접한 조경 공간 등, 자연을 느낄 수 있는 공간이 있어야 함을 강조한다. 둘째, 외부와의 관계는 방들이 붙어있지 않고 떨어져 있어서 이를 연결하며 외부공간과 연계되어 자연의 변화를 경험하고 바라볼 수 있게 해야 함을 강조하다. 이러한 계획방식은 선조들처럼 불편한 부분이 있지만, 자연의 기의 흐름과 변화를 느끼면서 감각할 수 있는 공간을 추구하는 것이다. 셋째, '풍경' 의 개념은 '채 나눔' 을 통해 외부에서 조화롭고 내부에서도 집을 바라볼 수 있도록 떨어뜨리고 연결하여 내외부의 풍경을 모두 바라볼 수 있도록 한다는 개념이다. 그래서 홑 켜의 건물들 사이에서 자연의 기의 변화를 느낄 수 있게 계획한다. 그는 외부이고 바깥이지만 아늑한 공간을 추구했다. 그것은 전통 건축의 내면화된 외부이며, 외면화된 내부를 추구하는 것이다. 넷째, '선택의 다양성' 은 '채 나눔' 을 통해 다양한 동선과 함께 외부와 연계하고, 기능의 잠재성을 현실화시킬 수 있는 방안을 추구한다는 의미이다. 다섯째, '몸의 움직임' 은 좀 더 많이 움직이도록 동선을 늘리면서 의도적으로 불편하게 살게 한다는 의미이다. 이것은 걷고 이동하며 자연의 변화를 좀 더 경험하도록 유도하는 건축 계획적 태도이다. 여섯째, '면적 또는 단점' 의 개념은 복도가 길어짐으로써 손실되는 것을 외부 복도로 구성하여 방의 면적을 보존하는데, 체적이 늘어나는 건축비의 상승은 단열을 잘하고 통풍 및 환기가 잘되도록 하면 어느정도는 극복할 수 있다고 보았다. 이러한 방식은 단독주택과 소규모 중저층 공동주택에서는 소비자의 선택 폭을 넓히는 대안으로 생각할 수 있다고 보았다. 마지막 일곱 번째는 '적용 가능성' 이 높다고 본다. 이일훈의 채나눔 사상의 7가지 요소들은 한국적 정서의 건축을 만드는 개념으로, 앞서 살펴본 김수근의 네거티비즘 사상과 유사한 부분이 여러 부분에서 존재한다.

'채 나눔' 의 개념 자체가 '적정공간' 을 추구하는 것이고, '자연공간' 은 '채 나눔' 을 통한 홑 켜 건물들 사이의 '외부공간' 과 '몸의 움직임' 으로 자연의 기를 일상에서 많은 시간동안 경험하게 한다는 점에서 유사하며, 안과 밖이 똑같이 이용될 수 있는 풍경의 공간, 기능적으로 다양한 목적으로 사용되어 안과 밖의 구분이 모호해지는 '통합공간'과 '기분공간'은 '선택의 다양성'과 연계된다. 여섯 번째, 일곱 번째 개념은 '자궁공간'의 개념과 공유될 수 있는 개념으로, 한국적 정서의 공간개념이 이러한 방식으로 공통 분모가 존재하는 것이다.

이일훈은 1998년 한 종교단체의 요청으로 인천 동구 만석동 달동네에 저예산으로 구축한 지상 3층, 연면적 45평의 '기찻길 옆 공부방'을 계획했다. 김광현이 긍정적인 의미에서 'B급 건축', 혹은 '더티 리얼리즘'의 건축이라고 칭하고 있지만, 그의 건축은 세련되고 차가운 건축과는 거리가 있고, 오히려 따뜻한 인간미와 한국성이 잘 가미된 건축이기에 'B급 건축'으로 말하기에는 부족하며 오랜 시간 가치를 유지하며 주변과 조화를 이룬다는 점에서 '따뜻한 인간미가 넘치는 건축'이라고 말하고 싶다. '만석동 공부방' 건축이 꼭 그러하다. 그는 종교단체가 운영하는 빈민들을 위한 공부방과 커뮤니티 시설을 '초 저예산'으로 계획했다. 이 건축은 누추하고 투박하지만, 장식하지 않고 원초적인 콘크리트의 재료적 물성이 그대로 드러나게 한 점이 눈에 띈다. 또 이일훈의 설명대로 '그나마 신경을 쓰면서 외부에서 눈에 띄게 만든' 매스인 기도실은 이 건축물이 종교단체에서 운영하는 지역민을 위한 시설임을 짐작케 한다. 동시대 건축이지만, 오랜 시간을 견디며 당당하고 건실하게 한국적 정감의 건축으로 세워졌다는 점에서 이일훈의 작업은 참으로 기적적으로 '드문' 진실의 건축으로 남아 있다. 이일훈은 자신만 혼자 두드러지게 드러나고자 하는 욕망을

61

61 이일훈, 인천 만석동 '기찻길 옆 공부방'

제거하고 가난한 사람들과 함께 하고 위화감이 들지 않게 구축하면서 주변과 조화를 이루는 건축, 진실의 건축을 추구했던 세상의 소금과 같은 '드문 건축가'로 기억될 것이다.

—정기용, 보통업의 민주적 생성의 가치를 중시한 건축

정기용(1945~2011)은 충북 출신으로, 서울대 응용미술과를 졸업하고 프랑스에서 건축을 공부하고 실무를 경험했다. 학생 시절 새마을운동의 건축적 폭력성에 충격을 받고 이후 귀국하여 '건축은 삶을 조직화하는 것'이라는 신념하에 주민의 삶을 거스르지 않는 건축과 '흙 건축'을 현대적으로 재해석하여 구축한 건축을 선보였다. 또 그는 다수의 무주 공공프로젝트를 수행했고, MBC 느낌표 프로젝트에서는 '기적의 도서관'(순천, 진해, 제주, 서귀포, 정읍, 김해) 프로젝트에 참여했다. "건축가가 할 일은 원래 거기 있었던 사람들의 요구를 공간으로 번역하는 것이지, 그 땅에 없던 뭔가를 새로 창조하는 것이 아니다"라고 언급했던 적이 있듯이, 그의 작업은 민주화 시대의 '보통 업의 니즈'를 바탕으로 하는 건축을 구축했다는 점에서 큰 의미가 있다. 다시 말해, 민주적 바램과 절차를 상징하는 다수의 '공공건축'의 훌륭한 사례들을 남겼다는 측면에서 의미가 있는 것이다. 특히, 그의 공공건축 작품 중에 마을 주민들에게 꼭 필요했던 목욕탕을 면사무소 내에 설치한 '안성면민의 집'과 저예산으로 등나무의 잎이 돋아나는 시기가 되면 생태 자연 그늘을 만드는 '무주 공설운동장'의 구조물계획 등이 유명하다. 이 작품들은 건축가가 개입하여 비교적 저예산으로 공공성의 니즈를 만족시키는 공공건축을 제시한 것으로 의미가 있는 작업이었다.

그는 특히 한국적 정서를 바탕으로 하여 흙 건축을 동시대적인 건축어휘로 번안한 작품들을 제시한 점이 주요한 업적 중 하나이다. 흙 건축

62

의 한 사례인 영월 '구인원' 주택 작업에서, 그는 판축공법과 토담 공법 등 선조들의 흙 건축의 소재 및 구축을 실험하면서 한국적 정서를 가미하여 최초로 동시대적 '흙 건축'을 실현했다. 이후, 이 경험을 바탕으로 그의 대표작 중 하나인 '춘천 자두나무 집'을 선보였다. '춘천 자두나무 집'은 '구인원'과 같이 옛 민가의 토담 및 토담집의 이미지를 떠올리는 형태와 색감을 구현하면서 동시대적인 '흙 건축'의 기술적 완성도를 수준 높게 실현한 주택이다.

이 건축은 옛 흙 건축 기술을 동시대적으로 재현하여 옛 토담집과 같이 안온하고 품위가 있는 건축을 구현했다. 그는 자연 속에 주택을 앉힐 때 최대한 수평으로 낮게 펼쳐진 건축을 추구하여 주변의 지형과 조화를 이루게 했고, 기하학적인 배치를 하면서도 주변으로 녹아드는 건축이 될 수 있도록 했다. '자연이 가지고 있지 않은 것을 다룰수록 건축은 더 건축답고 자연은 더 자연다워진다. 이를테면 엄밀한 기하학이 자연과 만났을 때 서로 충돌하는 것이 아니라 때로는 서로 보완할 수 있다.'77) 라고 그

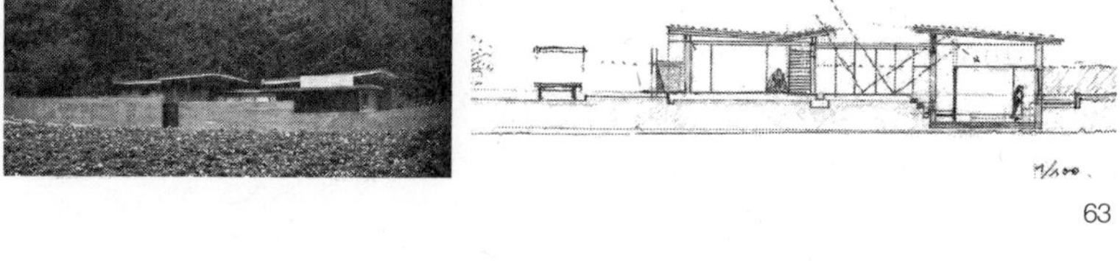

63

62 정기용, 구인헌
63 정기용, 춘천 자두나무집
77) 정기용, 건축작품집, 1986년부터 2010년까지, 현실문화, 2011, p133

가 언급했듯이, 주변의 자연 및 콘텍스트와의 보완과 조화의 생각을 가지고 있음을 확인할 수 있는 대목이다. 그것은 동양의 산수화에서 기암괴석들로 둘러싸인 대자연의 한 부분에 정방형의 집이 배치되어 산수와 조화를 이루며 소박하게 녹아 들어가 있는 느낌과 일치한다. '춘천 자두나무집에서 가장 중요한 건축적 계획은 단면 계획이다. 거실 동쪽의 논은 사계절 정원이다. 따라서 거실과 안마당의 높이를 논의 높이와 동일선상에 맞췄다. 동쪽으로는 담을 두지 않았다. 그래서 사람들이 거실에서 앉으면 논도 따라 앉고, 일어서면 논도 함께 일어선다.' [78] 라고 정기용은 시적인 표현으로 설명한다. 이처럼 그가 생각하기에 자두나무 집의 핵심은 '단면' 이라고 생각한 것이다. 재료와 구축, 그리고 삶에 있어서 대지와 자연의 기의 흐름과 하나가 되고자 하는 것이 그의 주요한 한국적 정서라는 것을 확인할 수 있다.

—민현식, 선비의 기품을 닮은 건축

선비의 품격을 중시하는 자세로 한국적 건축공간을 만들어 온 건축가로 민현식이 있다. 민현식은 공간, 원도시를 거쳐 AA에서 수학했다. 이후, 1992년 기오헌을 개소했다. 이후 한국예술종합학교 건축과 교수를 역임했다. 그는 4.3그룹의 일원이었으며, 건미준, 서울건축학교 등에서 교육활동을 했다. 그는 특히 '비움의 구축' 이라는 양립할 수 없을 것 같은 상반되는 키워드가 결합된 화두를 중심으로 작품활동을 이어 나갔다. 마당 깊은 집, 아산 및 청도 신도리코 공장, 한국전통문화학교 마스터플랜, 파주출판단지 기본계획 및 인포룸 설계 등의 주요 작품이 있다.

그의 사무소 명인 '기오헌' 의 의미는 '선비가 자신의 학문을 이루기 위해 지독하게 오기를 품고 정진하는 집' 이라는 뜻인데, 그의 건축도 그러한 자세로 만들겠다는 취지에서 작명을 했다고 한다. 그만큼 그의 작업

78) 정기용, 앞의 책, 현실문화, 2011, p144

76

은 근대건축의 자기장 하에 있으면서도 선비의 자세와 같이 품격있는 건축, 동시에 많은 잠재성을 지니고 있는 '비어있음' 을 기본으로 하여 잠재성이 펼쳐질 수 있는 풍요로움이 담긴 건축을 제시해 왔다. 그는 한옥의 마당의 사례를 참고하여 "조용함, 투명성, 명료함, 채울 수 있는 잠재력, 완성에로의 열림에 도달하는", '비움의 구축' 을 추구해 왔다. 민현식이 자주 예를 드는 예술가, 자코메티의 작품처럼, 그는 비어있는 공간 그 자체도 형상의 작품 전체와 함께 작품의 영역으로 해석해야 한다는 생각을 가지고 있었다. 따라서 그의 건축공간은 자연과 연계되는 불확정적인 영역인 비움의 공간이 오히려 더 중요한 가치가 있는 공간이라는 생각을 기본으로 하여 자신의 건축을 계획하고 구축해 왔다. 그의 건축은 상대적이면서 절대적 관계로서의 비움과 채움의 관계를 만들어 내고 있다. 그래서 그의 공간은 검박하면서도 동시에 선비의 오기가 느껴지는 팽팽한 긴장감을 자아낸다. 비판적 지역주의의 핵심과 유사하게 그의 건축과 공간은 주변과 잘 동화되면서도 적절한 긴장감을 드러내고 있는 것이다.

민현식의 1992년작 분당 '마당깊은 집' 은 '비움의 구축' 이란 개념을 본격적으로 적용하면서 한국성의 공간구조를 공동주택에 탁월하게 녹여낸 작품이다. 그는 외벽, 길, 마당이 햇빛과 바람 등 자연과 외기의 흐름(미기후)을 느끼며 공동체와 함께 이야기를 만들어 나가는 공동주택을 성

64 민현식, 마당깊은집

공적으로 계획했다. 단위 세대의 평면은 일반적인 평면을 보여주고 있지만, 이 계획의 최고 미덕은 개별 세대의 마당과 공동체의 마당을 구분하고, 또 긴밀하게 연계시켜 계획했다는 점에 있다. 이는 외기에 면한 사적, 공적 마당들을 긴밀히 연계하여 계획함으로써, '비움' 의 공간이 좀 더 풍성한 공동체의 이야기들을 만들어 낼 수 있도록 '비움' 의 공간을 '구축' 하고 있다는 점에서 특별하다. 공동 마당은 거주자들이 두 개의 매스 사이에서 미기후를 즐기며 다양한 이벤트와 커뮤니티의 교류를 즐길 수 있도록 계획되어 있다. 이 건축은 '비움' 이 만들어 내는 다양성의 가치를 담담하지만 풍성하게 '구축' 하고 있는 것이다. 공동 마당은 매스 사이의 공간으로, 광장이자 우리네 골목길의 느낌을 주는 동시에 공터에서 아이들이 뛰어노는 장면을 연상시키는 공간이다. 거기에는 우연성과 비일상성이 교차한다. 옅은 색의 벽돌과 내후성 강판의 재료는 시간의 흐름에 따라 풍화되면서 각 마당에서의 기억들이 함께 주거와 공용공간에 녹아들게 만들어 준다. 그의 '비움' 의 마당은 역설적으로 공동체의 긍정적인 관계성을 통해 유대감을 '구축' 하도록 유도하고 있다. 단순한 듯 보이지만, 풍성한 공간과 이야기를 만들어 내는 '비움의 구축' 을 만들어 낸 것이다.

기일원론과 풍수지리 사상에 영향을 받은 민현식은 지형과 지세를 중시하여 자연과의 조화를 이루는 가치와 집의 내외부 공간이 관계 맺는 빈 공간에 대해서 다음과 같이 언급한 바 있다. '빈 공간과 장소들의 집합은 끊임없는 부정의 반복과 재귀적 해석의 과정을 통해 서서히 실체에 접근해 가는 구조를 지니며, 이는 바로 비움을 구축해 나가는 과정이다.(..중략) 결국 대상성의 제거와 공(空)을 이루어 내는 것, 그리고 일상성의 건축이라는 세 가지의 건축적 목표에 다다르려는 것이다.' [79]

79) 민현식, 건축에게 시대를 묻다, 돌배개, 2006, p113

이러한 생각을 가지고 그는 파주 출판도시의 '인포룸'을 설계하면서 몇 가지의 목표를 세웠는데, 그것은 첫째, (파주 출판도시에) 세워질 집들의 표본적 유형이 될 것과 둘째, 앞으로 짓는 집들의 구체적으로 상상하는 척도가 될 것, 셋째, 각종 기술적 데이터 즉 지반 조건, 부동침하, 각종 미기후 현상을 수집하는 장소, 넷째, 최소한의 공사비이지만 품위가 있으며 '가변적' 이어야 한다는 목표이다. 이러한 원칙을 실행하면서, 그는 마당의 비어있는 기능이 중성적으로 남아있으면서 주변 자연과 관계를 맺는 것을 중시하여 계획했다. 이것을 그는 '특별한 불확정성의 공간' 이라고 보았다.[80] 그것은 서 있는 땅과의 끊임없는 상호작용, '자연의 변화에 따라 끊임없이 변화하는 공간의 질' 이라고 언급한다. 그는 렘 콜하스가 언급한 문장을 언급하며 '안정적인 구성을 목적으로 하지 않으며, 최종의 형태로 정형화되기를 거부하면서 과정들이 수용되는 가능성의 장을 창조할 뿐이다' 라고 인용한다. 과연, 인포룸의 마당은 불확정적이고, 가변적이며, 그러면서도 정형화되어 있는 박스의 구성으로 단순하게 구축하면서도 품위가 있다.

정리하면, 중심과 변방의 상호작용은 일종의 파워게임으로, 문화적으로도 동일하게 작용한다. 기의 혼성성 역시 물질과 재료, 동시대적인 기술이라는 기의 측면을 고려하여 섞여 들어가는 과정 자체가 하나의 기의 움직임이라고 할 수 있다. 문화의 흐름, 기술의 흐름은 자연스럽게 높은 곳에서 낮은 곳으로 흘러들어 평형을 이루는데, 이것은 노자의 상선약수(上善若水)의 개념과 같이, 자연스러운 흐름이다. 변방의 건축가들은 조상들의 훌륭한 문화적 자산 및 자신의 옛 건축문화를 자양분 삼아 자존감을 유지하며 묵묵히 작업에 임해야 한다. 보편적 경쟁력과 자체적인 특수성을 계속해서 발전시킬 수 있다면, 변방의 그 지점이 새로운 중심이 되어 주목받기 시작할 수 있고, 그 지점에서 창발된 문화가 다시 다른 지역으

80) 민현식, 같은 책, 2006, p78

로 흘러 나갈 수 있을 것이다. 앞서 언급했던 지역주의 성향의 건축가들이 중시하는 특성들을 자신감을 가지고 꾸준하게 만들어 나가면서 동시대의 한국성의 건축을 추구한다면, 자연스럽게 경쟁력을 확보하고 새로운 '중심'이 되어 다른 변방으로 문화를 흘러 나가게 만들 수 있을 것이다.

동북아 건축의 현대성의 접목 경향과 녹색도시 건축

이 글이 한국성을 주로 논하고 있는 만큼, 우리와 다른 점이 많은 '일본성' 이나 '중국성' 을 살펴보는 것이 어떠한 장점이 있는가에 대한 의문이 있을 수 있다. 그러나, 일본, 중국은 한국과 함께 동북아 사상의 같은 문화권으로서, 지역의 경계를 넘어서 공유되는 부분이 매우 많다. 앞서 살펴보았던 인도 불교 사상과 문화, 세계관, 그리고 동북아 유, 불, 도 사상 등의 생성과 전파 및 토착화에 있어서 공통 분모가 많이 존재하며, 건축 문화에 있어서도 마찬가지로 살펴보고 고찰해야 할 부분들이 많다. 특히, 근대화를 먼저 받아들이면서 비교적 성공적으로 일본이라는 특수성과 세계적 보편성을 잘 융합시켜 세계 건축계로부터 인정받은 일본 건축가들의 작품과 그들의 관심사를 살펴볼 필요가 있다. 또 중국 지역주의 건축으로 프리츠커 상을 받은 왕수의 건축은 동북아 사상과 동북아 건축의 공통 분모를 적용하여 경쟁력 있게 현대화하는데 참고할 만한 부분들이 있다. 그들의 노력을 살펴보고, 한국성 건축의 구축 방향성에 대해 함께 고찰해 보도록 하자.

0519 일본성 탐구의 교훈과 한국성의 재해석 방향성

4권에서 언급한 바와 같이, 동북아 각국이 근대성을 접목하고 절충시키며 내세운 정신은 일본의 경우, '화혼양재(和魂洋才)' 로서 일본 고유의 정신을 기본으로 하여 서양의 학문이나 기술을 부가적으로 접목하여 사용하겠다는 것이다. 또 일본의 독특한 특성은 우선, 스스로 서양의 근대성을 받아들이고 '메이지 유신(明治維新)' 을 통해 점진적인 근대화에 성공했다는 점에 있다. 동시에 입헌 군주제의 전통과 국가 체계가 공존하는 기묘한 이중성을 보이고 있다는 점을 들 수 있다. 건축 부문에 있어서도 이러한 기묘한 특성은 동일하게 나타난다. 근대 시기에 일본은 서구의 근대성을 발 빠르게 수용하며 모더니즘 건축의 정수를 전통 건축에 접목시키고자 하는 시도들이 이어져 왔다. 우선, 제도권 밖의 목수들이 서양 고전주의 양식을 일본의 현실에서 모방하여 만들어 낸 '의양풍(擬洋風)' 건축이 유행한 절충적 시기를 거쳤다. 이후, 세계적으로 유명한 건축가들을 초청하여 일본에 서구의 모더니즘 건축의 이식을 실험했다. 또 엘리트 학생들을 서양에 수학시키는 가운데, '에콜 데 보자르' 에서 공부하고 귀국하여 작품활동을 하거나, 르 꼬르뷔지에 사무실에서 근무하고 귀국한 건축가들의 근대건축 작품 활동도 있었다. 이 엘리트들은 일본의 근대건축을 주도했고, 일본의 식민지 건축을 주도했던 '만철' 의 건축가로도 활동했다. 이 시기는 일부 '제관양식' 및 '홍아양식' 등의 절충의 시기가 있기는 했지만, 서구의 고전주의 건축이나 근대건축의 특성들을 발 빠르게 습득하여 구현하는 것과 서양을 빨리 따라잡아야 하는 것이 시대적 사명이라고 생각했던 시기였다. 자연스럽게 절충의 건축 시기 이후에 1950년대 들어 '일본성' 의 정의는 무엇이고 어떻게 해야 하는가에 대해서 일본 건축계와 문화계에서 진중한 논쟁과 담론들이 발생했다.

단게 겐조는 동경제국대학 졸업 후, 르 꼬르뷔지에에게 배운 마에카다 사무소에서 실무를 수련한 후, '일본적인' 모더니즘 건축을 주장했다. 그는 건축의 경관적 특성을 구축함에 있어서 추상화시키면서 전통의 개념을 접목해야 한다고 강조했다. 그는 장식을 제거하고 간결하고 순수한 건축의 특성을 보이기 위해, 또 일본 건축의 전통성의 연장선상에서 표현하기 위해, 모든 장식을 제거하고 깨끗한 노출 콘크리트 입면을 사용했다. '가가와 현청사' 는 노출 콘크리트 조형과 일본 목구조의 일본적인 수사를 사용하여 일본성을 구현하고자 했다. 외부의 경관에서는 전통 목조 가구식 구조를 적용하여 구조적 느낌이 강하게 드러나는 입면을 계획했고, 상부에는 '키와리 기법'을 적용했다. 일본을 방문하거나 일본에서 활동한 라이트와 레이몬드, 타우트 등 해외 유명 건축가들은 이세신궁(伊勢神宮)과 가쓰라이궁(桂離宮)을 방문하면서 근대성의 정수가 이미 구현되어 있다고 찬사를 보냈고, 라이트 역시 일본 건축으로부터 가변적인 연속성 부분에 있어서 건축적 영향을 받았다고 언급한 바 있다. 전통 건축에 대한 자부심이 대단했던 단게는 모더니즘 건축어휘와 재료 구법을 이용하면서 동시에 전통 건축의 조형을 창조적으로 추상화하여 일본적인 모더니즘 건축을 재창조했다.

65

단게와 그의 연구실 제자들은 이후, 1960년대에 일본 건축사 및 세계 건축사에 있어서도 중요한 조류로 인정받고 있는 '메타볼리즘(Metabolism) 운동'을 전개했다. 단게는 '1960~2025 동경만 계획'과 함께 구로카와 키쇼, 가쿠타케 기요노리, 마키 후미히코 등 역량있는 제자들과 함께 '스코페 마스터플랜' 등의 미래 도시에 대한 비전을 제시했다. 그들은 생장, 소멸, 재생의 순환을 반복하는 유기체의 원리를 건축에 도입했다. 이들은 계속해서 변화하는 부분에 초점을 맞춘 동북아 사상을 중시했는데, 특히 불교의 무상(無常), 윤회의 순환 개념 등에 착안하여 당시 세계의 하나의 중요한 조류였던 '메가스트럭처'의 개념에 동북아 사상을 접목시킨 운동으로 발전시켰다. 그들은 시즈오카 언론방송타워, 교토 인터내셔널 컨퍼

65 단게 겐조와 제자들의 메가스트럭처 계획

런스 센터, 야마나시 언론방송센터 등의 메가스트럭처를 실험했고, 1970년 오사카 엑스포 페스티벌에서 플라자 옥상, 기쿠타케의 엑스포 타워. 구로카와의 도시바 IHI 파빌리온 등을 통해 기술의 확산에 따른 비전을 실험했다. 특히 키쇼 구로카와의 도쿄 '나가긴 캡슐 타워'는 '플러그인(plug-in)' 되어 생장하는 메타볼리즘의 유기체로서의 특성을 실제로 실험하고 구축한 사례로서 유명하다.

단게와 그의 연구실 제자들은 이후, 1960년대에 일본 건축사 및 세계 건축사에 있어서도 중요한 조류로 인정받고 있는 '메타볼리즘(Metabolism) 운동'을 전개했다. 단게는 '1960~2025 동경만 계획'과 함께 구로카와 키쇼, 가쿠타케 기요노리, 마키 후미히코 등 역량있는 제자들과 함께 '스코페 마스터플랜' 등의 미래 도시에 대한 비전을 제시했다. 그들은 생장, 소멸, 재생의 순환을 반복하는 유기체의 원리를 건축에 도입했다. 이들은 계속해서 변화하는 부분에 초점을 맞춘 동북아 사상을 중시했는데, 특히 불교의 무상(無常), 윤회의 순환 개념 등에 착안하여 당시 세계의 하나의 중요한 조류였던 '메가스트럭처'의 개념에 동북아 사상을 접목시킨 운동으로 발전시켰다. 그들은 시즈오카 언론방송타워, 교토 인터내셔널 컨퍼런스 센터, 야마나시 언론방송센터 등의 메가스트럭처를 실험했고, 1970년 오사카 엑스포 페스티벌에서 플라자 옥상, 기쿠타케의 엑스포 타워. 구로카와의 도시바 IHI 파빌리온 등을 통해 기술의 확산에 따른 비전을 실험했다. 특히 키쇼 구로카와의 도쿄 '나가긴 캡슐 타워'는 '플러그인(plug-in)' 되어 생장하는 메타볼리즘의 유기체로서의 특성을 실제로 실험하고 구축한 사례로서 유명하다.

우리는 동북아 근대사상의 도입 및 기일원론 철학의 잠재성을 계승하고 동시대성을 잘 융합하여 구축하고 표현할 필요가 있다. 일본성의 동시대적 발현에 있어서도 이러한 개념의 연장선상에서 일본은 전통적인 특성들을 보존하고자 노력해 왔다.

'안도는 1989년에 이렇게 말했다. "나의 목표는 자연 그 자체와 교감하는 것이 아니었다. 그보다는 건축을 통해 자연의 의미를 바꾸는 것이었다. 나는 그럴 때 인간이 자연과의 새로운 관계를 발견할 것이라고 믿는다."'[81] 일본인은 자연을 대함에 있어서도 니시다 기타로의 형이상학적 방식으로 '절대 무(無)의 장소' 즉, 마음의 고요한 공간의 장면을 사유하는 것을 중시한 만큼 여기에서의 안도의 태도도 인간중심의 형이상학적 자연 개념을 설정하고자 했음을 확인할 수 있는 대목이다. 그것은 관념적인 형이상학의 공간으로, 자연을 관념의 추상적 공간으로 인식하여 대상화시키거나 동일성의 폐해로 이끌어 전체주의적인 속성으로 오도할 수 있는 위험성이 내포되어 있다고 말할 수 있다.

이타미 준이 정원의 개념에 있어서 일본과 한국과의 차이를 언급한 것처럼, 일본은 자연에 대한 추상성의 태도가 한국의 것과 상당한 차이가 있다. 그것은 앞서 살펴본 안도의 태도와 일맥상통하며, 일본 현대 건축가들이 보이는 차가운 추상성과 연계된다. '일본의 정원은 원래가 어떤 자연경관을 모방하여 기교적으로 만들어 낸 것으로, 보는 사람의 눈이 정원을 조용히 감상하면서 사상과 사유를 매개한다. 사유가 없으면 무엇 하나 볼 수가 없다.'[82] 라는 분석과 같이, 일본인들은 추상적인 관념으로 자연을 바라보며 그것을 전체 자연의 일부로서 자연을 인공적으로 축소시켜 놓으려고 하는 성향이 있는데, 그것이 축소지향의 일본성을 만들어 내는 중요한 원인이 되었다고 볼 수 있다.

81) 케네스 프램톤, 현대건축: 비판적 역사 II, 조순익 역, 2023, p390
82) 이타미 준, 돌과 바람의 소리, 학고재, 2004, p56

요시무라 데이시는 『침묵의 일본 미』에서 이렇게 말한다.

"정원에 직선이 사용되는 것은 드문 일이 아니다. 예를 들어 료안지는 다소 꺾임이 있기는 하나 90도 각도로 둘러싸인 직사각형이다. 이 정원의 엄숙함은 주로 직사각형의 모래 공간에 기인한다. 정원이란 에워싸야 하는 것이다. 그것은 현실과 구분된 공간이다. 에워싸야 현실에 없는 특수한 의미를 지닌 공간이 된다. 어떤 때는 성스럽고 어떤 때는 마음에 편안함을 주고, 어떤 때는 조용한 기쁨을 주는 공간으로."

이와 관련하여 이타미 준은 일본의 공간관에 대해서 다음과 같이 평가한다. '그 허구의 공간에 표현된 것은 자연이 아니라 어디까지나 인간의 의지다. 또는 정원사가 도달한 최고 경지의 추상공간이라고 할 수 있다. 거기에는 자연이 아니라 인간의 정신을 표현한 작가와 그 그림자가 엄연하게 존재한다.'[83] 이와 같이, 일본의 단순성과 추상성은 자연을 형이상학적으로 단순하게 추상화하면서 관념화하는 것에 익숙하다. 불교에서는 인간 개개인이 각자의 개별적인 세계를 품고 있으며 그것이 세계와 연계되는데, 만약 어떤 개인이 죽게 되면, 그 세계 자체가 사라진다. 어떻게 보면 소통이 없이 각자만의 적막한 우주를 품고 있는 형상이다. 일본의 형이상학은 이러한 불교의 형이상학적 특성에 많은 부분을 빚지고 있다. 이제, 일본적인 추상성을 구현하는 현대 건축가들을 살펴보기로 하자.

–후미히코 마키의 일본성

후미히코 마키는 1928년 도쿄 출생으로, 도쿄제국대학 건축학과를 졸업하고 하버드에서 수학하여 석사학위를 수여 받았다. 그는 20세기를 대표하는 일본 건축가 중 한 명으로, 1993년 일본인으로서는 두 번째로 프리

83) 이타미 준, 같은 책, p57

츠커상을 수상했다. 그는 1965년에 마키 종합 설계 사무소를 설립했고, 1979년~1989년에는 도쿄대학 교수를 역임했다. 주요 제자로는 쿠마 켄고가 있다. 마키는 모더니즘과 일본의 건축 전통을 융합하여 새로운 차원으로 세련되고 차분하게 자신의 건축을 구축하고 표현하는 것으로 유명하다. 그는 유리, 금속, 콘크리트를 주로 사용하여 일본적인 모더니즘을 구축했다. 특히, 50여년 동안 '힐사이드 테라스' 연작을 계획하고 구축하며, 시대의 변화와 성장을 담은 사유를 구축하여 완성시켰다. 주요 작품으로, '테레비 아사히 본사', '도쿄대학 법학정치학계 종합교육동', '워싱턴 대학교 스타인버그 홀', '힐사이드 테라스(1969~)', 'Spiral' (1985), '마쿠하리 메세' (1989), '게이오 대학 쇼난 후지사와 캠퍼스' (1990), 'TV아사히(2003년)' 등이 있다.

66

'마키는 대단히 세련된 텍토닉적 접근을 통해 서로 다르면서도 상보적인 두 방향으로 나아갔다. 첫 번째는 종잇장처럼 얇은 미늘창살 수준으로까지 물성을 제거한 박막 금속외피로 덮은 팽팽한 직각 입체들로 나아간 것으로, 일례로 1990년 도쿄의 테피아 파빌리온을 들 수 있다. 그리고 두 번째는 유럽 고딕 전통에 대한 친숙함을 드러낸 경량 엔지니어링 형태

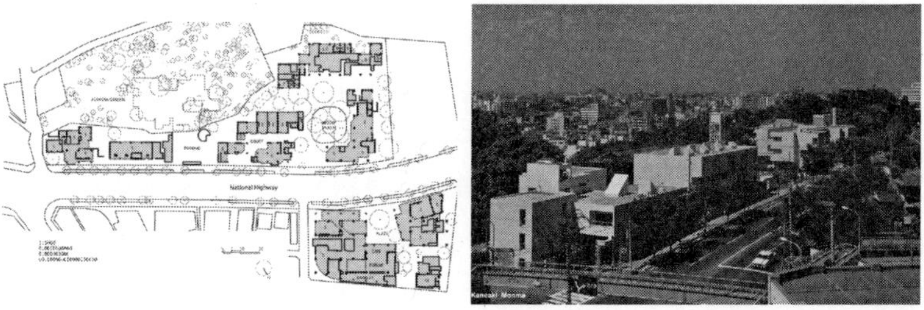

67

66 후미히코 마키
67 마키, 힐 사이드 테라스 계획

의 경향이었다.' 84) 라는 의견처럼, 마키는 일본적 추상성이 강한 차분하고 심플한 내외부 경관과 세밀한 디테일을 선보여왔다. 그의 대표작 중 하나인 힐사이드 테라스는 주거, 상가, 오피스로 구성된 복합 건축 콤플렉스로, 1967년부터 1992년까지 5차에 걸쳐 구축되어 오늘날의 복합적인 경관을 형성하게 되었다. 마키는 어린 시절 요코하마에 정박되어 있는 크루즈의 적층되어 있는 흰 매스와 얇고 흰 핸드레일에 강한 인상과 영감을 받았다고 회고했다. 그는 이러한 부분을 오마주하여 이후 힐사이드 테라스 제1기의 A, B동을 계획했다. '힐사이드 테라스' 는 공동주택, 테라스 하우스, 원룸 맨션 등의 아파트 매스와 중앙 정원을 감싸고 있는 복합적인 구성을 보인다. 2층의 매스구성은 바람이 빠져나가는 바람길의 공간이 될 수 있도록 요철이 조화를 이루며 다채로운 매스감으로 구성되어 있는데, 자연스럽게 비어있는 매스의 공간들은 '테라스' 의 기능을 하면서 매스와 매스 사이의 조화로운 공간감을 만들고 있다. 힐사이드 테라스는 '껍질과 속' 이라고 본인이 표현할 정도로 훌륭한 껍질에 다양한 속이 꽉 차 있는 저층형 콤플렉스 계획이 되고 있으며, 도쿄에서는 드문 장소가 되고 있다. 이후, 생활영역에서 다양한 프로그램을 확보하고자 갤러리, 홀, 도서관 등 문화 시설 등이 추가되었다. 마키는 내부 공간과 외부공간의 스케일이 연속되는 경관과 가로 공간에서 주변과 상호작용을 중시했다.

전체 배치와 평면은 그리드 패턴에 단순하고 정제된 기하학적인 표현으로 계획된 가운데, 저층부에 레벨상 변화가 풍부한 평면들과 바닥들의 상호 연계가 원활하게 이루어지도록 계획했다. 그의 저층부는 내외부와 연계되는 스킵플로어로 계획되는 등, 다층적인 레벨의 공간과 좁아지고 확장되는 바닥 공간의 특성을 세밀하게 적용하여 각 영역에서 다양한 공간감을 경험하도록 만들고 있다. 저층부는 다양한 폭의 넓고 좁은 보도, 플랫폼, 계단 등, 다채로운 조합을 통해 공공의 보행자 공간이 되고 있으

84) 케네스 프램턴, 현대 건축 : 비판적 역사, 조순익 역, 마티, 2023, p389

며, 주변 상점들이 유기적으로 연계되고 단면적으로도 다양한 리듬의 공간감이 형성되도록 계획되었다. 이를 통해 주거 및 상업 시설의 외측면과 가로 공간의 상호작용이 활발하게 일어나게 된다. 저층부의 활력적인 모습과는 달리, 상부의 주거는 다양성을 보장하면서도 동시에 사생활을 완벽하게 보장할 수 있도록 세심하게 분리하여 계획했다. 단면적인 다이어그램을 보면, 공공공간은 내외부가 경계에 구속되지 않은 채 연결되어 있고, 내외부에 걸쳐서 공공의 보행자 공간이자 주변 상점들이 전이 공간이 되어 가로와 긴밀하게 상호작용하고 있다. 전체 건축계획은 그리드 패턴을 이용하여 간결하면서도 다양성이 확보된 평면이 유기적으로 연계되어 있다.

그것은 마치 김수근의 '공간 사옥' 의 하부영역에서 보이는 '중간 공간' 과 유사한데, 하부는 다채로운 레벨의 바닥 공간들이 연계되어 있다. 또 힐사이드 테라스에서는 외부 도로의 접면과도 세밀한 연계가 이루어지고 있다. 그의 계획은 한국 건축의 '바닥의 건축' 을 중시하는 문화와 유사한 계획의 수법이 이루어지고 있음을 확인할 수 있다. 이것은 경사지를 활용하여 주변 경관의 자연을 끌어들이고 내부에서 외부를 조망하거나 관계를 맺는 방식에 있어서 동북아적인 가치를 공유하는 부분이라고 해야 할 것이다.

'마키의 개념은 일본 메타볼리즘의 영향 못지 않게 팀 텐의 영향도 받

68

68 마키, 힐 사이드 테라스, 다채로운 레벨

았다. 그러나 도시 형태를 집적하는 그만의 독특한 접근법은 학생 시절 하버드 디자인 대학원에서 얻은 경험의 결과였다. 그는 1954년부터 68년까지 조제프 루이스 세르트의 영향을 받았는데, 이런 영향으로 1969년부터 92년까지 같은 개발업자와 20년 넘게 작업한 프로젝트인 도쿄 힐사이드 테라스 아파트에서 천천히 집적되는 시민적 형태를 적용한 데서 분명히 나타난다.'[85] 라고 평가한 프램턴의 언급과 같이, 힐사이드 테라스는 몇 가지 측면에서 보편적인 서구적 모더니즘 건축과는 차이가 있다. 기의 흐름을 원활하게 하여 미기후를 조성하는 매스의 구성과 세심하게 조정된 다양한 단면의 구성은 일반적인 모더니즘 건축과는 확연히 다른 느낌을 주는데, 그것은 마치 공간 사옥의 중간영역과 같이 다양한 레벨의 공간감을 보여준다. 그의 작업 중 또 하나의 작품인 '스파이럴(spiral)'은 일본 고유의 공간 배치인 '오쿠'라는 개념을 적용했는데, 우주가 구조물 주위를 휘감는 개념을 적용하여 내부의 주요 공간을 오르면서 전체의 단면적인 공간을 인지할 수 있는 공간감을 만들어 내고 있다.

힐 사이드 테라스에서는 일본성과 함께 한국성과 일정부분 공유되는 바닥성의 특성과 미기후를 조절하며 내부에서도 외부의 기(후)의 변화를 온전하게 누릴 수 있는 도시적 디자인 방안을 세밀하게 조절했다는 측면에서 우리도 참고할 부분이 있다. 특히, 오랜 기간동안의 확장계획을 통해 점진적인 변화와 미세한 조절을 수행하면서 시간의 흐름에 따라 구축하여 꾸미고 가꾸며 확장시키는 방식을 채택한 점을 우리는 주목해야 한다. 이 계획은 동북아 건축의 '영조(營造)'의 지속적인 관리와 디자인이 함께 이루어지는 '토탈디자인의 동시대적인 버전'으로서 참고할 만한 사례가 되고 있다.

85) 케네스 프램턴, 현대 건축 : 비판적 역사, 조순익 역, 마티, 2023, p387

–요시오 다니구치, 세련된 일본성을 성취한 모더니즘 건축가

요시오 다니구치는 1937년생으로, 일본 근대 건축가 요시로 다니구치(1904~1979)의 아들이며, 게이오대학 기계과를 졸업하고 하버드대학 건축과에서 석사를 받았다. 이후 단게 겐조의 건축연구소에 들어가 건축과 도시계획 분야의 실무를 수련했다. 그는 큰 규모에서 물성을 제거하는 단순함을 추구했고, 그럼에도 세련됨과 표현의 풍부함을 성취했다. 그의 작업은 단순 모더니즘에서 미니멀리즘의 건축 경향으로 발전했다.

그는 40여년 동안, 완벽주의적인 건축작업을 추구하였으며, 현장주의자로 디테일에 완벽을 가하는 작업 스타일을 고수해 왔다. 이를 성취하기 위해 그는 강연과 인터뷰를 정중히 거절하고 작품활동에만 집중해 왔다. 모더니즘의 정신과 같이 역사와의 단절과 근대성을 적용하기 위한 합리적인 기하학적 구축과 세밀한 디테일이 그의 건축에 전반적으로 나타나는 특성이다. 그러나 그러한 모더니즘 건축의 특성과 함께 그는 일본의 공간감과 정서와의 조화, 일본적 추상성이 재료의 구축과 디테일을 통해 훌륭하게 드러나며 가장 일본적인 모더니즘의 경관을 구현한다는 찬사를 받는 건축을 꾸준하게 선보여 왔다. 이를 위해 그는 모더니즘과 일본성을 동시에 살릴 수 있도록 다양한 재료를 창의적으로 사용하고 이에 합당한 디테일을 끊임없이 실험하면서 높은 질을 성취했다. 특히 그의 작업은 일본적인 추상성과 단순성을 보여주는데, 그것은 김환기가 반구상에서 완

69

69 요시오 다니구치, 일본적인 세밀한 디테일

전 추상으로 진화해 나가면서 한국성을 획득한 것과 유사한 느낌으로, 그만의 일본적인 추상성을 성취한 것이다. 특히 세계적인 보편성을 채택하면서도 서양이 가질 수 없는 특유의 일본적 미감을 성취한 것은 디테일에 있어서 완벽주의적인 그의 성향이 큰 역할을 했다.

그의 대표작인 '호류지 보물관'은 그의 아버지인 요시로 다니구치가 설계한 '도쿄 국립박물관 동양관' 인근에 위치하는데, 일본 모더니즘 건축의 정수라고 생각되는 세련된 외관을 구축했다. 폭력적인 제국주의 시기에 그의 아버지가 설계한 제관양식의 박물관 옆에 아들의 작업이 서있는 것이다. 세계적 보편성을 중심으로 일본적인 세밀한 디테일이 확장되며 일본성의 특성이 잘 드러내 보이는, 아들인 다니구치가 설계한 호류지 보물관이 아버지의 건축과 함께 위치하고 있는 장면은 지극히 상징적이다. 축소지향의 형이상학적 특성이 세계(우주)와 연결되는 사유를 펼치며 화엄적, 제국주의적 사상으로 오용되었던 바와 같이, 제국주의에 사용되었던 제관양식의 작품과 정신이 보편성을 중심으로 세밀한 디테일을 전체로 확장시키는 일본적 건축으로 발전했고, 그것이 근거리의 위치에 부자(父子)의 건축으로 남아있기 때문이다.

디테일 처리가 깔끔하고 모든 요소들이 절제되어 있는 파사드는 얇고 촘촘한 수평루버와 낮게 오픈된 커튼월과 방풍실의 매스감을 잘 드러나게 해준다. 그의 건축은 전통 목재 건축물과 유사한 일본적인 느낌의 입면과 공간의 작품 분위기를 보여준다. 로비와 외부는 차갑고 세련된 느낌이면서 동시에 라운지의 느낌은 평안하다. 일본의 전통과 근대의 정신을 접목하는 그의 미니멀한 외관과 공간의 느낌은 고요함과 여백을 강조하는 '선(禪)의 공간'을 표현하고 있다. 앞서 언급한 대로 일본의 자연에 대한 추상성의 태도는 일본 현대 건축가들이 보이는 극도의 추상성과 연계된다. 그것은 자연의 기의 흐름이라기보다는 인간의 정신의 형이상학적 관념이 만들어 내는 적막한 공간을 상징한다. 다니구치의 공간은 일본 특유의 장인정신이 접목된 디테일이 확장되면서 만들어 내는 '선(禪)의 추상성' 을 통해 동북아적 가치와 일본성이 접목된 공간을 선보이고 있다는 점에서 참고할 만한 사례가 되고 있다.

불교의 화엄사상에 깊게 영향을 받은 기타니의 철학은 공적영지(空寂靈知)의 고요한 침묵의 공간과 뗄레야 뗄 수 없는 형이상학적 특성을 보인다. 그의 사유는 일즉다 다즉일의 범아일여, 천인합일의 화엄적 특성으로 인해 전체주의 사상으로 쉽게 오염될 수 있는 가능성이 있는 사유이다. 공간으로 언급하면 '료안지와 같은 선(禪)의 공간, 소우주의 공간이 전체 세계와 연결되지만 완벽하고 고요한 그 공간은 단 하나의 담장 너머에 청소와 정리가 되어 있지 않아 혼란스러운 길과는 달리, 홀로 고고하고 고요한 공간일 뿐이다.' 라고 말할 수 있을 정도로 단점이 될 수 있다. 거기에는 그 고요하고 적막한 공간, 완전무결한 좋은 공간을 주변과 사회와 공동체가 공동으로 사용하고 화합할 수 있는 방안에 대한 내용은 포함되어 있지 않다. 이른바 시민의식과 공공 윤리성의 사고와 담론이 결여되어 있는 것이다. 우리는 침묵의 형이상학과 침묵의 공간학의 단점을 극복하고 동북아 사상의 긍정적인 가치를 돋보이게 할 수 있는 방안에 대해서 고민해야 한다. 다시 한번 언급하면, 불교의 세계관은 개인이 각자의 세계를 품고 있으며, 그가 죽으면, 그 세계도 소멸하고 마는 것으로 여겨지기 때문이다.

—쿠마 켄고, 모리부타이 미야기현 토요마마치 전통예능전승관

쿠마 켄고의 일본성과 기철학의 잠재성이 현실화된 좋은 사례로, 일본 미야기현의 '토요마마치 전통예능 전승관' 이 있다. 일본 전통예술인 '노

(能)' 는 도요마노를 계승하는 춤으로서, 전통춤을 공연하는 공연장의 일반적인 형태는 다음의 토요타시의 콘서트홀 도면과 같이 계획된다. 이 두 장면이 서양과 동북아의 사유와 건축의 극명한 차이점을 보여주는 좋은 사례가 되고 있다. 왼쪽의 사례는 무겁고 둔탁한 콘크리트 구조로 구성되어 도시 내에 하나의 방 혹은 실로서 존재하게 된다. 그것은 외기에 막혀 있고 그렇기에 어두운 공간이 되고 자연의 기의 흐름과 외부와 연계가 되어 있지 않아 내부에서 외부의 자연의 변화를 알 수 없다. 콘크리트 구조의 공연장 설계자는 이 무대의 기능에 충실하여 공간 자체를 대상화하여 그 공간의 원활한 기능의 충족을 최우선하여 계획에 임했을 것이다. 공연장의 기능은 완벽하게 충족시킬 수 있다. 그러나 공연의 기능이 끝나고 불이 꺼지게 되면, 이내 그 기능은 죽어버리게 된다. 공연이 끝나면 조명이 꺼진 가운데 죽은 공간이 되는 것이다. 그것은 마치 진공의 고요한 공간처럼. 외기와 자연의 기의 변화와는 상관없이 막혀있는, 무심한 공간이며 활력없는 모습이 되고 만다.

그러나 쿠마 켄고의 '토요마마치 전통예능전승관' 은 왼쪽의 도면에서 보이는 '노(能)' 의 도요마노를 공연하는 평면구조를 유사하게 채택하는 가운데 야외 관람석, 관람동, 무대동 모두가 자연에 오픈되어 있는 파빌리온의 형태로 계획되어 있다. 공연이 없는 시기에는 파빌리온에 앉아

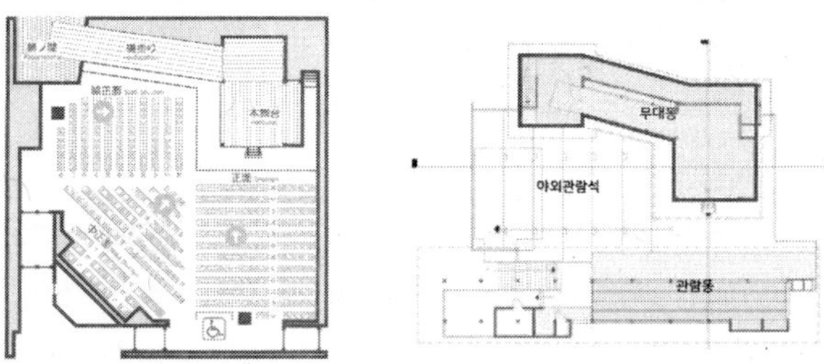

70

70 도시 내 도요마노 극장과 쿠마 켄고의 재해석

71

서 주변의 경치를 감상할 수 있으며, 주변 숲에서 불어오는 자연의 바람이라는 기를 원활하게 느낄 수 있는 계획이다. 때로는 다양한 이벤트가 열리기도 한다. 이른바 그 기능이 다한다고 해도 다른 기능으로 바로 쓰여질 수 있는 기능의 '불확정성'의 특성이 있다. 불교로 이야기하면 무상(無常)의 공간이고, 무자성(無自性)의 특성이 있는 공간이다.

이 건축계획에서는 특정한 기능이 그 기능을 다하고 나면, 다른 기능으로도 문제없이 유연하게 그 기능이 사용될 수 있다. 그러나 건축에 있어서 그 기능은 하나의 주요 기능이 원활하게 만족되지만, 나머지 다른 방식으로 쓰여질 때 기능이 불편하고 어색하다면, 그것은 결론적으로 부족한 건축일 것이다. 유연한 건축이 되고자 한다면, 다양하게 쓰여지게 될 기능들이 각 기능별로도 완벽하게 사용될 수 있는 유연성과 정확성을 확보하는 것이 중요하다. 그것이 바로 역설적으로 이런저런 기능으로 쓰여질 수 있는 '무자성의 건축'을 성취할 수 있는 방법이다. 오늘날 세상은 건축가들에게 좀 더 세밀하게 여러 기능이 무리 없이 쓰여질 수 있는 계획적 역량을 요구하는 시대가 된 것이다.

일본성의 동시대적 구현은 재료와 공법을 일본적 공예와 시각으로 현대화하려는 노력을 꾸준히, 점진적으로 시스템속에서 발전시켜 왔다는 점이 주요한 특징이다. 동북아적 관점에서 근대성을 재해석하고 일본성

71 토요마마치 전통예능전승관

을 가미하여 동시대적 건축으로 만드는 방법론은 동북아 사상과 문화적 가치를 추구하여 한국성을 구현하는 부분에 있어서 상당 부분 공통 분모를 가지고 있으므로 참고할 가치가 있다. '일본 건축 생산의 질에 영향을 주어 온 한 가지 선행 요인은 새로운 재료와 공법의 진화에 전념하며 높은 수준의 민관 기금을 지원받는 연구가 결합된 합리화된 산업생산을 공예기법과 종합하는 일본 건설업의 독특한 능력이었다.'[86] 라고 프램턴이 언급했듯이, 이를 참고하여 우리는 한국적 디테일과 그것을 구축하는 한국적 방식의 구조와 표현, 그것이 확장되며 만들어 내는 한국적 추상성이 어떤 방식으로 이루어져야 할 것인가에 대해서 숙고해야 할 것이다.

앞서 3권에서 살펴보았듯이, 도산서당은 당대의 대학자인 이황이 낙향하여 겨우 3칸의 소박한 집을 지은 것으로 유명하다. 그것은 자연과 일체화되고 거주, 학문수행, 강학 등의 프로그램이 유연하고 완벽하게 수행되며, 계절의 변화에 유연하게 대처할 수 있는 동북아 풍토와 조건과 사상에 공명하며 완벽한 전형을 만들었다는데 의의가 있다. 마찬가지로 쿠마 켄고의 예능전승관은 구법 자체는 마치 미스의 판스워스 주택이나 바르셀로나 파빌리온을 연상케 하는 현대구법의 세련된 디테일을 사용하여 세계적 보편성을 만족시키면서 일본성을 드러내고 있다. 그가 동북아 건축의 무자성의 특성과 자연과 기의 흐름과 일체화되는 특성들을 고루 보여주고 있다는 점에서 이 계획은 동북아 현대건축의 방향성을 잘 보여주는 사례라고 할 수 있다. 이황의 도산서당과 쿠마 켄고의 예능전승관은 그러한 측면에서 유사성이 많은 사례이다. 이러한 동북아 사상과 정신의 본질을 동시대적 가치와 방법론으로 되살리는 것이 중요하다. 기의 흐름인 자연과 함께 하는 천인합일의 삶과 다양한 기능과 이벤트를 담을 수 있는 무자성(無自性)의 공간, 계속해서 변화하고, 경영하고, 자연과 조화를 이룰 수 있는 영조(營造)의 동북아적인 태도와 가치가 적용된 건축이 새롭

86) 케네스 프램턴, 현대 건축 : 비판적 역사, 조순익 역, 마티, 2023, p385

게 사유되고 실험되고 제시될 수 있어야 할 것이다.

0520 중국의 역사 및 지역성의 재해석과 지역주의 건축의 전개

동북아의 근대 역사는 제국주의 열강의 침탈로부터 시작되었다. 중국 역시 제국주의 열강의 약탈의 시기와 일제 강점기(1931~1945)를 겪었다. 서양 제국주의 열강들은 강력한 과학기술을 바탕으로 무력을 앞세워 중국과 크고 작은 전쟁을 일으켰고, 이를 통해 막대한 이익을 탈취했다. 이후, 서구의 앞선 과학기술과 각종 문화가 물밀듯이 들어오면서 중국 역시 다른 동북아 국가들과 마찬가지로 앞선 근대성의 기술과 문화에 대해 나름의 대응을 해야만 했다. 그 과정에서 자연스럽게 과학기술을 적극적으로 받아들이는 세력이 있었고, 또 절충하는 세력들이 있었다. 중국 본토와 대만, 만주 식민지 지역의 주요 근대 건축에 있어서도 일제의 '제관양식', '홍아양식'과 같이 콘크리트로 구조체와 지붕을 만들고 전체적인 형태는 전통 건축의 구조를 보이는 절충식의 건축물들이 세워졌다.

근대 중국의 상해는 이미 국제도시였다. 상해는 서양 제국주의 열강의 조계지의 서쪽 방향으로 발전이 계속되면서 도시의 면적이 확장되었다. 서양에 할애된 조계지는 영사관, 상업, 금융업이 집중된 새로운 지구를 형성했다. 근대적 시설로 건축된 영사관, 관청, 은행, 학교, 병원 등은 와이탄 지역에 집중되었다. 조계지의 서양인 거주지와 내국인 노동자들의 거주지(판자촌)의 거주 조건과 주거상태는 극도로 양극화되었다. 서양의 경제적 수탈을 목적으로 건설된 대규모의 근대식 방직공장, 직포공장, 창고 등은 근대식 철골구조로 계획된 대규모 공간으로 구축되었다. 경제적 발전과 함께 중국 민족자본도 서서히 성장했다. 서양인 주거지에는 독립 정원식 주택과 고층아파트 주택이 근대식으로 계획되었다. '민족자본을 축적한 엔씨 주택의 경우, 서양의 근대적 구조, 기술, 설비 등을 적용하여 계획되었으나, 장식, 정원의 녹화는 중국 전통 형식을 적용하여 절충적 모습을 보이고 있다.' 라는 의견처럼 중국도 서양의 구축술이 현지화되는 과정을 거치게 되었다.

72

'초기의 행정과 회장(會場) 건축은 서양 제국열강이 세운 '영사관', '공부국(工部局), 제독공서(提督公署)와 청국 정부의 신정활동, 군벌 정권의 자의(諮義) 기구 및 상회(상회)의 빌딩 등이 주종을 이루었다. 이러한 유형의 건축은 기본적으로 근대 자본주의 행정, 회당 건축의 복사판으로 배치와 조형은 대부분 유럽의 고전적, 절충적인 궁전과 부저(府邸)의 일반적인 형식을 모방했다.' 87) 상하이의 국민대회당은 이른바 '중국 고유의 형식' 을 절충했다. 후이펑 은행은 전형적인 영국 은행이며, 철도의 연결은 현대공업의 선구자적인 역할을 했다. 1928년 완공된 사쒼(沙遜) 빌딩은 근대식 고층호텔의 상징적인 계획으로, 시카고 학파의 영향을 받아 간결한 국제주의 모더니즘 형식의 외관과 프로그램과 함께 19m의 방추체형 지붕이 세워져 장식적 특성이 가미되었다. 이 건축물은 모더니즘과 일부 아르데코의 장식이 결합된 절충적 특성의 계획이었다.

이후, 중국 공산당이 정권을 잡고, 민족정신을 강조하면서 광저우의 쭝산(중산) 기념관과 같이 전통 지붕을 근대식 구조로 구축한 상징적인 공간들이 계획되었다. 상해에서는 점차 강철과 시멘트 등의 신재료를 사용하여 상해 국제호텔과 같이 국제주의 양식에 근접한 근대식 계획들이 등장했다. '이러한 계획들은 국제주의 건축양식을 따르고 일부 소수의 공공건축에 적용되었을 뿐, 일반 대중의 건축에는 거의 영향을 주지 못했다. 이러한 상황은 모순적인 상황을 강조했다. 베이징 따루은행, 상하이

87) 한동수, 중국 근대건축, 발언, 1994, p171
72 1928 상해 사쒼(沙遜) 빌딩

진청은행, 티엔진의 예이에 은행, 칭다오의 쨔오퉁 은행, 난징의 똥난 대학 도서관, 과학관 등이 있다.'[88] 근대화가 접목되면서 중국의 전통건축도 절충주의가 일종의 형식이 되어 점차 '중국 고유형식'을 형성하게 되었다.

'중국 고유형식이 가장 먼저 출현한 것은 교회 계통의 학교, 의원, 교당 건축에서이다. 베이징의 통린거루에 있는 쭝화(중화) 성공회 교당이 이 방면의 선례이다.'[89] 이 건축의 중앙 부분은 두 개의 박공지붕을 적용했고 교차점 위에는 팔각형 정자식의 지붕을 적용했다. 흥미로운 것은 서양 제국주의 국가의 중국 국민당 정부 모두 중국 고유형식을 만들어야 한다고 주장했다는 점이다. 이들의 절충적 방식은 모더니즘 계열의 몸체에 중국식 지붕과 기타 부재를 어색하게 올려놓는 식이었다. '1911년 중화민국이 설립되고 얼마 지나지 않아 국공내전(1927~49)과 일제강점기를 겪는 등, 이 나라에 계속해서 닥친 혼란은 현대건축의 토양을 일구기에 거의 좋지 않은 조건이었다. 게다가 중국은 20세기에 두 번 서양의 고전적 관점에서 자국을 재현하기로 결정한 바 있었는데, 첫 번째는 뤼옌즈의 설계로 1929년 난징에 지어진 중화민국 건국자 쑨원의 묘를 통해서였고, 두 번째는 1959년 공산당 혁명 10주년을 기념하여 베이징에 건립된 '십대건축'을 통해서였다.'[90] 이후, 소련식 사회주의 리얼리즘에 충실하게 중국 공산당의 주요 건축물들은 당시의 사회주의의 이상에 맞추어 계획되었고, 세계적인 건축의 발전과 조류에서 밀려나 있었다.

73

앞서 살펴본 바와 같이 중국은 개항 직후, 서양의 근대성이 물밀듯이 들어오고 일련의 서구 양식

88) 한동수, 앞의 책, 1994, p232
89) 한동수, 앞의 책, 1994, p238
90) 케네스 프램톤, 현대건축: 비판적 역사 II, 조순익 역, 2023, p365
73 베이징 성공회 교당

들이 삽입되면서 양식적 변화와 절충적 건축의 단계가 공존하는 시기가 이어졌다. 중국은 전통건축의 문화가 강하여 상해와 하얼빈, 다롄과 같은 조계지가 있는 항구도시에서 근대건축과의 절충적 경향이 강하게 나타났지만, 그 외 지역에는 모더니즘 건축이 주도적인 역할을 차지하기 힘든 상황이었다. 근대 이후, 공산주의 정권이 들어섰고 근대적인 자본이 성장하기 어려운 조건이었기 때문이다. 또한 재료, 기술, 설비, 시공 등의 경우에 있어서도 서양과의 격차 및 시간차가 엄연히 존재하여 모더니즘 건축이 성숙할 수 있는 사회적 조건이 형성되기까지는 오랜 시간이 소요되었다.

90년대 이후, 중국은 공산국가이지만, 시장경제를 적극적으로 받아들이고 문호를 전면적으로 개방하면서 세계의 공장을 자처하며 눈부신 경제성장을 이루게 되었다. 개방, 개혁정책으로 인해 중국 도시들은 빠르게 발전하는 가운데 많은 수의 전통 지역과 전통 주거들이 헐리고 현대적인 아파트 단지로 빠르게 변모해 나갔다. 경제적으로 중산층의 계층이 많아지고 전통적인 경관에서 무미건조한 현대 아파트 단지의 경관으로 빠르게 변모하면서, 전통의 추억과 회귀에 대한 니즈가 일어나게 되었다. 서구에서는 이러한 니즈에 의해 포스트모더니즘 건축이 유행했던 시기가 60년대 말에 일어났는데, 중국 역시 2010년대 들어서면서 이에 대한 향수와 니즈가 폭발했다. 편리함과 경제적 이득을 누리면서 개발 광풍과 함께 빠른 속도로 파괴되고 근대화되는 도시 경관을 바라보면서 느끼는 일말의 후회와 상실감 혹은 옛 기억에 대한 향수가 폭발했던 것이다. 왕수는 그러한 자본의 발전 과정에서 과거의 가치와 동북아적 가치를 회복하고자 하는 대표적인 건축가로 주목받았으며, 새로움과 가치를 인정받아 프리츠커상을 획득할 수 있었다.

—왕수 건축의 동북아 사상과 가치를 적용한 동시대적 구현방법론

왕수(王澍, 1963~)는 신장 우루무치 출신의 중국 지역주의 건축가로, 난징 공과대학교(현 둥난대학교)에서 건축을 공부했으며, 1988년에 석사학위를 취득했다. 현재 항저우 미술 학원 교수, 중국 미술 학원 건축예술학원 원장을 맡고 있으며 2012년 프리츠커상 수상자이다. 그는 지역성에 기반한 중국성을 잘 드러내면서 동시에 세계적 보편성을 확보하는 지역주의 건축을 추구해 왔다. 그는 지역 기반으로 건축을 수행하면서, 해당 지역에서 수집한 폐자재를 재활용해 지역성과 역사성을 드러내는 건축작업을 꾸준하게 진행해 왔다. 주요 작품으로는 쑤저우 대학 원정학원 도서관, 닝보 역사박물관, 중국미술대학교 샹산캠퍼스(2007), 닝보 미술관, 화마오 미술관, 중산로 옛거리(2009), 남송어가 박물관 등이 있다.

—자연을 대하는 태도와 영조(營造), 흥조(興造)의 개념

왕수는 중국 전통 정원의 개념인 '원림(園林)' 의 개념으로부터 그의 건축이 시작된다고 언급한다. 이러한 방식은 집을 짓고 인위적인 자연 요소를 대상화시켜 집에 맞게 조경을 끼워 넣는 서양의 방식과는 정반대로, 동북아적 가치를 중시하는 구축의 '태도' 이다. 중국 문인들은 자연으로 먼저 걸어 들어가 자연의 훼손을 최소화하면서 집을 지을 대지를 정리한다. 이후, 주변과 어울리도록 정방형의 집을 짓고 주변을 계속해서 조화롭게 가꾸는데, 이러한 행위를 '영조(營造)' 한다고 그는 표현했다. 삶에서 필요한 것을 계속해서 '조화롭게' '영위' 하기 위해서 짓고, 만들고 지속적으로 경영하는 '태도' 를 가장 중시한 것이다. 그에게 서양에서 사용하는 '건축(建築)' 의 개념은 단순히 대상화되는 건축 오브제를 만드는 일에 한정되는 작업일 뿐이다. 그것은 그에게 다분히 서양의 개념일 뿐이다. 그에게 '영조(營造)' 는 도시건설, 수리사업, 가구 제작, 취미 삼아 소소한 물건을 만드는 생활에 이르기까지 구축하고, 영위하고, 최적의 상태를 유지하는 개념을 모두 포함한다. 왕수는 "집 짓기가 작은 세계를 창조하는 일이라면, 원림은 그 세계를 만들 때 인간이 가져야 할 태도를 말한다."라고 언급하며 집을 짓는 행위와 태도는 소우주를 만들어 대우주와 통할 수 있도록 끊임없이 조화로운 노력을 가하는 일상의 행위까지 포함하는 개념임을 강조한다. '자연과의 끊임없는 대화' 를 나누려고 하는 '태도' 는 결국 범아일여, 천인합일의 동북아적 가치와 연계된다. 이러한 생각으로부터 왕수는 '건축' 대신 '영조(營造)' 를, '설계' 대신 '홍조(興造)' 라는 용어를 사용한다. '홍조' 는 주변의 모든 요소들이 최선의 조화를 이루어 '홍(興)' 하게 만들고, 그 상태를 '유지' (경영)한다는 의미이다.

서양 건축의 '파사드' 라는 용어와 같이 하나의 오브제로서 자신을 드러내며 주요한 시각적 이미지를 만드는 건축적 방식과는 다르게 동북아 건축물은 자연속으로 들어가서 조화를 이루는 방식이다. 동북아 회화인 '산수화' 에서 건축물은 항상 산과 물의 대자연 가운데 매우 작은 포션으로 존재하며 자연의 극히 일부에 지나지 않는 상태로 표현된다. 그것은 자연에 녹아 들어가는 그야말로 작은 '소우주' 일 뿐이다. 대자연, 즉 세계의 일부로서 소통하는 그의 건축은 중국 전통 산수화에서 영감을 받아 작업을 진행하며 그의 작품 역시 중국의 대자연을 닮아있다. 그는 "*동양 건축문화의 핵심은 자연을 존중하는 윤리적인 건축입니다. 사람보다 자연을 우위에 두어야 합니다. 요즘 말하는 지속 가능한 발전이라는 가치와도 부합하는 전통이지요. 서울처럼 아름다운 풍경을 파괴하는 건축은 회복하기 어려운 상처로 남아 사람의 심리에도 악영향을 줍니다.*"라고 언급한다.[91] 현대 도시와 동북아 자연관과 관련하여, 왕수는 기술적 전문성을 바탕으로 이기적인 방식으로 주변 환경에 피해를 주는 서구 근대건축을 비판한다. 그는 자연과 함께 하는 저밀도의 계획을 주로 해왔고 압축된 고밀도의 현대 도시에 대해 매우 비판적이다. 주변의 자연 풍경을 가

91) 왕수 건축예술학원장, "사방 빌딩만 보이는 서울, 미감을 잃어버린 도시", 동아일보 2012년, 9월 21일 기사인용.

리는 압축된 고밀도 도시구조가 미감을 잃어버린 상태이며 공동체와 인근 지역 사회의 건전한 커뮤니티 형성에 위해를 가져온다고 생각하기 때문이다.

왕수는 현지에서 건축을 구축할 때 계속해서 현지의 장인들의 기술 시스템을 접목하려는 노력을 기울였다. 그는 동시대의 건축설계자가 일반적으로 건축 교육을 받고 설계사무소에 들어가서 설계하고, 설계 후에 현장 감리를 하는 방식으로 일을 진행하는 것이 아니라, 현장의 장인들로부터 먼저 업무를 배우는 방식을 고수했다. 일을 진행하는 해당 지역의 목수 및 기능공들과 함께 시공 업무를 배웠고, 그들과 먹고, 자고, 일하면서 전통 건축의 구조와 설계를 습득했다. 이른바, 리(理)의 태도가 아니라 '기(氣)' 중심의 건축적 태도라고 할 수 있다. 설계도대로 구축하는 것이라기보다는 지역의 특수해를 중심으로 구축하면서 자연스럽게 리(理)가 드러나는 작업의 방식을 추구하는 것임을 그의 태도와 방식에서 확인할 수 있다. 이러한 태도는 앞서 언급한 차운기의 태도와도 유사하다. 또 그는 지역의 고건축의 지식과 함께 고고학, 문학, 철학 등의 인문적 요소를 중시하며 끊임없이 자양분을 습득했다. 이를 통해 그는 과거의 유형을 답습하는 것이 아니라, 그 안의 정신을 현대적으로 되살리는 방식을 고민했다.

왕수는 지역 재료의 사용과 시공에 있어서 유연성을 가지고 작업했다. 그는 지역 고유의 역사와 문화를 반영하여 계획하며 그의 건축에 전통적 재료인 회색 전돌과 대나무 등을 자재로 많이 활용했다. 그가 사용하는 방식은 현대건축이 사용하는 방식과는 다른 방식이었다. 계획하는 해당 지역의 전통가옥 철거지에서 나온 옛 기와와 옛 전돌 약 300만개를 재활용했으며, 철물은 해당 지역의 대장장이가 만드는 철물 요소와 시공

방식들을 자신의 건축에 접목했다. 또 해당 지역의 시공방식과 노무자를 고용하여 그 지역만의 전통적인 시공방식을 존중하며 계획하고 시공하여 현지의 분위기에 어울리는 건축이 되도록 노력했다. 이미 계획했는데 현장에서 전통의 시공방식의 제안이 있으면, 그는 유연하게 그 방식을 존중하여 설계변경을 해왔다.

보편성에 근거한 지역성은 현대건축의 주요한 화두 중 하나이다. 중국의 지역 건축가의 작업에서 프리츠커상이 나온 것은 건축 부문에 있어서도 서양이 동쪽으로 이동하기 시작한 증거라고 할 수 있다. 왕수는 한국의 가장 인상적인 건축물로 '병산서원'을 꼽았는데, 그는 한국의 병산서원의 공간구조를 참고하여 자신의 계획에 반영하곤 했다고 고백했다. 그가 자연과 일체화되고 자연의 기의 흐름에 살포시 앉혀서 산세와 조화를 이루는 방식을 자신의 주요한 가치로 참고한 것으로 해석할 수 있다. 그것은 동북아 건축에서 보편적 가치라고 할 수 있다. "*산과 서원 사이에는 호수와 같은 강물이 반짝이는 햇볕과 산들바람 속에서 찰랑대고 있었다*" 라며 "*이런 감각이 존재하는 것은 그 서원이 그곳에 존재하기 때문이다*"라고 병산서원에 대한 인상을 언급하는 것과 같이, 그의 건축은 자연이 먼저 존재하고 그곳으로 들어가 자연과 조화를 이루는 산수화의 한 조각의 건축물로서 건축이 존재해야 한다는 동북아 철학의 연장선상에서 믿음을 실천하는 것이라고 할 수 있다.

74

74 중국 미술대 샹산 캠퍼스

왕수의 주요 작품 중 하나로, 중국미술대 샹산 캠퍼스가 있다. 한국의 선조들은 집을 앉힐 때 먼저 기의 흐름인 주변 산맥의 흐름과 그 사이의 안온한 '좌혈'을 찾고자 노력했다. 이와 같이, 왕수는 그의 작업에서도 먼저 주변 산수와의 관계를 면밀히 따져보면서 건축물이 앉혀지게 될 사이트와 주변 산수와의 관계의 조화를 고려하여 도시의 자연과 부합하는 경관을 만들어 내는데 세심한 주의를 기울였다. 설계하는 과정에서도 최우선으로 '원림(園林)'에 대한 생각과 고려 사항이 중요하게 작용했던 것이다. 7만㎡ 크기의 캠퍼스는 '샹(象)'이란 한자와 같이 작은 산(약 50m)들로 둘러싸여 있다. 또 서쪽 측면의 큰 산에서 흘러나온 두 줄기 작은 시내가 산의 남북 양 측면을 감돌다가 샹산 동쪽 끝에서 합류해 첸탄강(錢塘江)으로 유입된다. 이 계획을 처음 시작하면서 주변 자연의 조건과 조화를 이루도록 계획한 점을 생각한다면, 그의 사고에서 이미 자연에 대한 존중과 이해가 제일 우선순위가 되었다는 것을 알 수 있다.

그는 미스 반 데어 로에가 IIT 공과대학에서 만들어 냈던 이성적인 구성의 원칙과는 대조적으로, 구불구불한 산길을 연상시키는 지붕과 창들이 이어지는 경관의 캠퍼스 이미지를 만들고 있다. 그러나 그 경관은 건축물의 독특한 형태를 고려한다기보다는 오히려 외부의 산지 지형과 조화를 이루고 평안한 경관을 만들기 위해 계획된 것이다. 건축물을 통해 보는 사람의 '마음' 속에서 산의 변화를 느끼도록 계획한 것이다. 이것은 서양의 대상화된 사고와는 매우 다른 접근방식이자 태도라고 할 수 있다. 캠퍼스의 건축은 열 동의 건축물과 두 개의 회랑 다리로 조성되어 있는데, 그 구성은 대합원(大合院) 형식 혹은 병산서원의 군집과 유사한 형태를 보이고 있다. 이 계획은 행랑채, 안채, 뒤채로 뜰(정원)과 건물을 겹겹이 조성해 각각의 뜰을 중심으로 대형 가옥의 군집을 이루는 형태로, 동북아 건축에서 각 동이 외부공간과 장(field)을 이루면서 하나의 군집된 소우주

75

를 형성하는 방식을 유사하게 차용하고 있다. 캠퍼스와 샹산 사이에는 공터를 두어 농지와 시냇물, 연못을 그대로 보존함으로써 자연에 둘러싸인 캠퍼스의 느낌이 고스란히 드러나도록 계획했다. 캠퍼스 내의 건축물은 80여 종의 옛 전돌과 기와, 석재, 도자기 조각 등을 이용하여 벽을 쌓아 옛 감성을 되살렸다.

또 하나의 주요 작품으로 닝보 미술관(2005)이 있는데, 이 작품은 항저우에 인접한 항구 도시 닝보(寧波)에 위치하며 폐기된 옛 터미널을 재생하여 건축물을 다시 계획한 사례이다. 옛 장소, 혹은 이전 적지(brown field) 등의 공간은 옛 기억과 이야기가 녹아 들어가 있는 '장소'로서 우리에게 이야기를 걸어온다. 왕수는 이 미술관을 계획하면서 박물관과 같은 수동적인 전시가 아니라 공장과 같이 예술 활동을 통해 작품들이 활발하게 생산되는 살아있는 공간을 추구했다. 기의 움직임을 포용하는 프로그램과 공간의 결합을 통해 정적인 박물관이 아니라 창조적 생성의 움직임이 창발하는 공간을 계획한 것이다. 이를 위해, 그는 마치 레스토랑의 주방과 영업장의 관계와 같이 전시 면적보다 전시를 준비하는 면적이 더욱 넓어야 하며 전시 현장에서도 예술품 제작이 가능해야 한다고 주장했다. 이 미술관 역시 그가 해왔던 방식대로 오래된 전돌 및 기와와 대나무 모양의 콘크리트 벽을 빼곡하게 쌓아 산세를 형성하는 형태로 산수화에서 만날 수 있는 산세와 유사한 분위기를 만들어 냈다. 이 계획에서는 커다란 산으로 구성된 산수화와 관념의 산을 잘라놓은 형상이 주요한 특징이 되고 있다.

75 왕슈, 닝보 미술관

왕수가 주요하게 참고하는 한국 건축의 사례로 병산서원을 언급한 것과 같이, 동북아 건축의 주요한 가치는 공유되는 부분들이 존재한다. 인도로부터 시작하여 전파된 불교와, 자체적인 사상과 문화였던 유교, 도교적 가치가 융합한 동북아의 정신세계가 공간과 경관에 투사되어 구축되어 왔던 것이다. 기의 흐름으로 간주되는 산지 지형을 최대한 존중하고 자연의 훼손을 최소화하여 기의 흐름이 안온한 '좌혈'에 적절하게 자리를 잡고 난 이후, 홑 집들이 군집을 이루면서 자연의 기와 하나가 되도록 영조(營造)하고자 하는 측면에서 그의 건축이 동북아 사상과 유사한 가치를 공유하고 있음을 확인할 수 있다. 동북아에서는 기 철학의 잠재성 부분이 주로 일어나고 더욱 중시되는 건축적 가치의 정립이 주요한 관심사였다. 서양의 사고방식과 자연을 대하는 태도와는 전혀 다른 방식과 태도는 삶을 담는 건축에 다르게 적용되어 '차이'를 만드는 것은 당연한 일이다. 왕수의 건축에서 동북아 건축의 기의 흐름을 중시하고 조화를 이루고자 하는 태도와 영조, 홍조의 개념과 최선의 지속 개념 등이 그의 주요한 가치이자 태도라는 것을 확인할 수 있다.

0521 기일원론 중심의 녹색 도시 및 건축의 새로운 가능성 탐색

-보편적 생태적 녹색 윤리성(천인합일)과 동북아 기의 잠재성

앞서 살펴본 바와 같이 동북아 사유의 전통은 범아일여, 천인합일 등 자연과의 일체화된 삶을 추구하는 사상과 삶의 태도를 계속해서 유지해 왔다는 점에 주목해야 한다. 이것은 '내재성의 사유'라고 칭할 수 있을 정도로, 자연 만물의 운행이 신의 속성인 '도(道)'가 운행되는 것과 하나가 되고자 하는 사상이다. 이러한 관성에서 자연의 운행 법칙과 삶을 일치시키고 순응하는 것을 중시하는 흐름이 한국 기일원론의 사상의 계보를 이루어왔다.

동북아인들은 노장사상과 같이 인위성을 배격하고 도의 순리와 무위(無爲)를 중시하며 자연(세계)과 하나가 되고자 하는 성향과 양과 음이 공존하고 서로를 대대(待對) 하는 방식을 중시했다. 또 동북아인들은 공통으로 중앙을 중심으로 순환하며 변화하는 '과정'과 '관계'를 중시했고, 이는 풍수지리에도 영향을 주었다. 동북아의 유, 불, 도교는 각각 자신의 시각으로 타 사상을 재해석하며 경쟁해 왔다. 동중서는 유교를 중심으로 도교를 재해석하여 음양의 원리를 도덕원리로 해석하고 이를 정치에 최초로 적용했다. 주돈이는 태극도설의 무극이태극(無極而太極)이라는 개념을 전개하며 도교적 세계관과 유교적 질서 체계를 수립했고, 토착적인 선종불교의 설립에 영향을 주었다. 특히, 그는 태극→음양(氣)→오행→만물이 생겨나는 원리를 최초로 다이어그램으로 표현했다. 송나라 때 주자(주희)는 성리학(신유학)을 정립하여 유교를 중심으로 도교와 불교사상을 통합하고 합리성의 리(理)와 성(性)을 강조했다. 이와 대립적으로 육구연은 마음의 기를 중시하는 심즉리(心卽理)설을 주장했다. 명 제국에서 신유학(성리학)은 심(마음수양, 致良知)을 강조했고, 기(氣)가 중심이 되는 심학(心學)이 발전했는데, 왕수인은 양명학을 창시하며 지행합일을 강조했다. 이어, 청 제국의 신유학은 기학(氣學)으로 성리학에 과학적 물질론을 가미하며 조선의 실학에 영향을 주었고 근대성을 접목시키며 발전했다.

한국에서는 수구적이고 교조적인 성리학이 심화되면서 담론의 깊이가 심화되었다. 이황과 기대승의 사단칠정 논쟁은 중국의 담론보다 더 깊은 수준으로 내용이 발전했음을 증명한다. 그러나 교조적으로 더 깊이 발전하면서 정치적으로는 수구 보수화가 강화되며 과학과 근대성의 접목 부분에는 소홀할 수밖에 없었고, 그것은 국가 경쟁력의 약화로 귀결되었다. 이후, 외세의 침탈, 일제의 강제 합병은 뼈아픈 역사가 되었다. 동학은 어린아이까지도 신과 같이 모시자는 평등사상이 중심이 되는 시천주 사상과 함께 자연과 하나가 되고자 하는 특성을 보였고, 이는 이후, 유영모, 함석헌, 장일순의 계보에 직접적인 영향을 주게 되었다. 동학은 서양의 기독교까지도 품은 한민족의 사상과 종교의 저류지 역할을 하게 되었다.

특히, 불교사상은 이러한 사상에 큰 영향을 주었다. 범아일여의 사상적 특성은 동북아의 천인합일과 잘 어울리고 범신론적 자세와도 연결되어, 자연과 인간이 하나가 되는 생활을 강조하면서, 욕망을 줄이고 적절한 정도만을 먹고, 보호하고, 자족하는 삶의 형식을 추구한다. 이것은 건축적으로 김수근의 네거티비즘, 이일훈의 채나눔 사상과 연계되고, 앞으로 살펴보게 될 곽재환의 건축관으로 이어진다. 자연의 기를 존중하고 거기에서 길러진 싱싱한 재료를 사용하여 자연식으로 먹고 자연을 닮은 집과 하나가 되어, 자연의 기의 변화의 일부로 살아가고자 하는 태도는 건축에도 깊은 영향을 끼치는 되는 것이다. 그것은 단순히 물질적으로, 대상화된 방식의 에너지 절약 차원을 초월하여 세계와 하나가 되는 '삶의 태도'와 '윤리성'을 기반으로 세계를 바라보고 물질과 공간을 구축하는 태도로 나타난다.

이런 관점으로 건축을 바라보면, 자연과 하나가 되는 태도가 중심이 되면서, 결과적으로 따라오는 양상, 즉 유기적인 기의 흐름을 통해 자연스럽게 통풍이 되고 에너지 부하를 최소화할 수 있는 근본적인 공간구조와 시스템이 정착되어야 한다. 건축에서 이러한 측면은 서양에서 일정 부분 에코 건축의 특성으로 나타났는데, 그것은 보수적 환경주의에 좀 더 가깝고 새로운 생태주의적 관점의 건축, 그 윤리적인 실천이 함께 뒤따르는 것이 필요하다고 할 수 있다.

'*이제 우리는 근본으로 돌아가야 합니다. 인간과 자연이 조화롭게 공*

생하고 사람들이 더불어 살아가는 사회로 나아가야 합니다.(중략)... 농촌이 자연양로원이 아니라 아이와 어른이 함께 살아가는 행복한 생태공동체로 거듭나도록 해야 합니다. 지금까지의 생산주의 농정과 지역개발주의에 대한 철저한 반성이 필요합니다. 이에 기초하여 농림어업과 농촌을 개벽해야 합니다.'[92] 라는 동학의 정신에 근거한 김용옥의 주장처럼, 우리는 생태주의적인 관점의 태도 변화와 삶의 양식의 변화와 실천이 필요하다. 단, 일정 정도 자본의 경쟁력이 확보되는 상태에서 말이다. 그것은 급진적 혁명이 아닌 점진적인 변화와 교육을 통한 변화, 즉 '장기적인 관점의 생활 태도의 변화'를 필요로 한다. 자연과 닮은 삶을 살기 위해서는 좀 더 불편하고 때로는 좀 더 비용을 지불해야 한다. 그것을 기꺼이 감수하면서 더 나은 생태적 삶을 살기 위해서는 결국, 교육을 통한 점진적인 인식의 전환과 실천이 필요하다.

윤리적인 실천을 위한 사상의 '방향성'은 어떻게 추구되어야 할 것인가? 일단, 우리는 자연을 정복하고 이용하며 대상화시키는 자연에 대한 서양의 근대적 인식을 반성하는 것으로부터 시작해야 한다. 건축과 도시를 하나의 생명체로 인식하는 시각의 전환이 우선되어야 한다. 우리는 환경과 개인, 그리고 공동체 모두가 공생할 수 있는 윤리성을 지향해야 한다. 그것은 생명, 공생, 공존, 평등, 순환성의 가치로, 1, 2, 3권에서 살펴보았던 동북아 사유의 범아일여, 천인합일의 가치가 녹아 들어가며 만들어왔던 사상 및 건축적 가치와 일치한다. 역사를 인간과 사회의 관계로만 볼 것이 아니라, 의미를 생성하는 '통합된 전체'로 바라보고 자연과 일체화되는 방향으로 그 관심을 확장하여 물리적 환경을 구축할 필요가 있다. 그러한 자세의 변화가 선행될 때 기존의 도시, 건축의 분위기에서 새로운 가치의 결과물로 변화될 수 있다. 생명과 근원을 탐구하는 녹색 담론 관점은 사람과 물질을 하나로 인식하면서 주위를 둘러싼 풍경과 하나가 되어야

92) 김용옥, 수운이 지은 하느님 노래, 용담유사, 통나무, 2022, p346

한다고 생각하며, 각 개체가 모인 전체를 하나로서 인식하고 행동하며 실천할 때 자연스럽게 윤리적인 삶과 도시, 건축이 될 수 있다고 생각한다. 욕망을 채울 수 있는 오브제로서 건축을 바라보는 것이 아니라 유기체적인 풍경으로서 인식하게 된다면, 끊임없이 상호 영향을 주고받는 '영조(營造)' 의 개념으로 건축을 바라볼 수 있을 것이다. 인간 중심적인 근대의 사고에서 전환하여 자연의 가치를 회복하고 인간과 자연이 합일하는 것이 최우선의 가치가 되도록 하는 것이 중요하다. 조금 불편하거나 로우 테크(low-tech)의 건축일지라도, 자연의 기후가 공동체성을 향상시킬 수 있는 방향의 건축이 '윤리적' 이라는 관점을 가질 필요가 있다.

그러나 서양의 에코 건축에서 관심을 두는 것은 단순한 에너지 절약 차원의 건축이며, 기술적으로 대상화된 시각을 벗어나지 못하는 부분이 문제가 될 수 있다. 에너지 넷 제로(Net Zero) 주택 등의 기술적 발전이 중심이 되는 건축물들이 그러한 사례들이다. 동북아 사유에서는 계획 단계로부터 자연의 기의 순환과 채광 환기가 원활하게 이루어져서 에너지를 절약하는데 초점을 맞추는 것이 아니라 천인합일의 자세를 통해 자연과 하나가 되는 삶을 추구하고 자연의 기가 원활하게 느껴지는 삶의 자세를 도와주는 건축을 추구한다. 물론, 글로벌화 되고 자본주의가 지배하는 일상의 삶에서 이러한 내용은 먼 나라 이야기처럼 들릴 수 있지만, 적어도 이러한 생활 자세와 윤리성이 추구될 때, 인간다운 삶, 자연과 함께 하는 삶, 쾌적한 삶을 살 수 있다는 것은 명백하다. 앞으로 우리는 동북아 기일원론의 철학을 잠재성을 중심으로 한국성의 동시대적 발현에 있어서 어떠한 방향성을 가질 수 있을까에 관심을 집중해야 할 것이다.

―자연과 하나 되는 삶의 건축적 태도와 생태건축 계획의 태도와 방법론

'참 나' 를 존중하는 마음으로, 나, 너, 그, 우리와, 세계 그 자체인 '자연'

을 존중하는 마음과 태도를 중심으로 우리는 우주의 기(기후)와 함께 사는 법에 익숙해져야 한다.' 그러한 자세가 바로 범아일여와 천인합일의 정신과 함께 사는 삶이다. 동북아 내재성의 기의 철학의 계보는 조선 시대에 이르러 이러한 가치를 '윤리적인 측면'으로까지 승화시켜 자연의 도를 올바르게 깨닫고 그것이 일상생활과 정치적 통치의 수준까지 적용되는 삶을 지향했다. 자본이 중심이 되는 오늘날의 바쁜 대도시의 삶에서 그러한 자세를 일상까지 적용하여 엄격하게 지키는 윤리적 수준의 삶을 사는 것은 무리일 것이다. 그러나, 적어도 자연과 가까워지고 오랜 시간 함께 하는 삶, 자연과 날씨에 민감하게 반응하며 즐기는 변화의 감각은 꼭 필요한 부분이다. 이에 대한 에코 건축의 태도와 해결 방법은 건축과 도시를 하나의 대상으로 바라보고 문제점을 해결하고자 하는 자세가 주가 되므로 서양의 대상화가 만들어 온 폐해를 답습할 가능성이 있다. 기의 흐름과 함께 사는 삶을 추구하고 때로는 삶의 자세와 생활 패턴까지도 변화시킬 수 있는 건축과 태도의 변화를 추구할 필요가 있다.

이러한 인식을 바탕으로 하여 우선, 고려할 수 있는 대안적 방법으로, 계획 단계에서 자연 채광을 최대한 활용하는 에코 건축의 방법론, 미기후의 자연 환기를 이용하여 최대한 에너지 냉난방의 부하를 줄일 수 있는 건축적 방법론이 장려된다. 여름철의 높은 고도와 겨울철의 낮은 고도에 맞추어 선택적으로 채광을 받아들이거나 막아주는 경사지붕과 루버 및 '브리즈 솔레이유(brise-soleil)' 등의 시스템을 적용하는 것이 바람직하다. 또 계획 단계에서 이중 외피의 방법론, 미기후의 조절을 위해서 스카이라인의 캐노피 디자인 등을 조절하여 최대한 패시브 형태의 계획을 할 필요가 있다. 즉, 에너지가 투입되지 않는 패시브 형태의 에너지 절약 건축 솔루션을 최대한 적용하는 계획적 방법론과 디테일의 개발이 기본이 되어야 한다. 외피 및 단열재 혹은 구성 부재의 경우, 생산 및 구축 초기 단계에는 에너지 소비(탄소 배출량 절약 포함)가 크더라도 일단 구축하고 나면 에너지 절약(탄소배출량 포함)이 많이 되는 경우라면 장려될 필요가 있다. 우리는 오랜 기간 사용하면서 에너지 절약이 사용 내구 연한에 비하여 상대적으로 훨씬 높은 효율성을 보이는 계획 옵션을 선택해야 한다. 그러나 이러한 솔루션 자체는 하나의 대상화된 기술의 결과물일 뿐, 자연과 함께 하는 삶의 태도와는 다른, 단순한 에너지 절약 차원의 방법론이다. 자연과 하나가 되고자 하는 삶과 태도가 우선시 되고 자연의 변화와 함께 하는 공동체의 삶의 가치를 향상시킬 수 있는 계획이 이루어진다면 이후 이러한 패시브, 액티브의 기술적 솔루션은 자연스럽게 필요에 의해 따라올 수 있다. 앞서 언급한 바와 같이, '우리는 나를 존중하는 마음으로 우주와 세계 그 자체인 자연을 존중하는 마음의 태도를 가지고 자연의 기와 함께 사는 법에 익숙해져야 한다.' 우리의 삶, 범아일여, 천인합일의 삶의 태도는 동북아적 가치와 함께 우리 조상들이 추구해 온 삶의 지혜를 다시 떠올리게 만든다.

앞서 언급한 바와 같이, 자본의 분업화와 효율성의 가치를 중시하며 발전해 온 대도시의 삶은 높은 밀도의 인조 환경에 둘러싸인 건축물과 조경의 인공 자연환경과 함께 구성된다. 효율성을 중시하고 기술적인 측면을 중시하여 구조, 설비, 외피의 기술적 발전으로 만들어진 마천루의 대도시는 여러가지 문제점을 보여왔다. 주변의 자연의 파괴와 기의 흐름과 역행하는 인공적인 냉난방 설비가 적용된 건축계획들이 양산되며 인간이 사용하는 공간은 자연과 유리되었다. 기존의 모더니즘 건축은 각종 설비의 에너지소비가 크고 열기 배출로 인해 지역 미기후의 악화가 점점 증가되는 획일적이고 폭력적인 계획으로 문제점들이 노출되었다. 냉난방의 완벽한 조절기술은 1인실의 쾌적함을 보장했고, 커뮤니티의 형성에 악영향을 주면서 공동체성이 붕괴되는데 가장 큰 영향을 끼쳤다. 이러한 공간의 증가는 에너지를 과소비하고 환경을 악화시키며 이기적인 공간적 행태가 나타난 것이 주요한 폐해로 지적될 수 있다.

자연과 최대한 함께 할 수 있는 동시대의 도시 및 건축적 솔루션은 지역의 주요 외적 변수인 기의 흐름(날씨)의 혹독함을 줄이면서 미기후를 만들 수 있는 방법론과 연계된다. 도시 설계적인 측면에서 미기후의 생성을 위해 거주환경을 조성할 때, 단순히 박스 형태의 기능적인 매스들로 구성하여 군대 막사와 같이 일률적으로 배치하는 것은 바람직하지 않다. 그것보다는 다양한 요철의 매스로 적층된 4~5층 건물의 각 채가 마당을 중심으로 둘러싸도록 계획하고 다소 불규칙적인 외부공간을 계획하고 다른 소규모 중심 영역과 연계시켜 조경 및 휴식영역을 조성하는 것이 필요하다. 기의 흐름을 원활하게 하기 위해서, 바람이 한쪽의 낮은 곳으로 들어가서 다른 쪽의 높은 곳으로 나가는 대류현상을 적극적으로 이용하는 계획이 가장 쉽고 좋은 패시브 방법이다. 또 건축군의 매스의 외측 돌출부와 내측 후퇴부 등을 적절하게 조합하면 공기의 순환을 자극하고 원활하게 기(바람)가 흐르도록 할 수 있다. 다시 말해 돌출 매스와 창호, 발코니 등, 외부 돌출 후퇴 요소들을 적절하게 활용하면 외부 자연을 조망하고 외부의 기를 느낄 수 있는 공간을 구축할 수 있게 된다. 내부 블록의 각 영역에서는 온화한 미기후를 느낄 수 있도록 내부의 쌈지공원, 파티오 등을 적절하게 조합하는 것이 바람직하다. 1층 외부에는 적절하게 처마 및 캐노피 돌출부를 적용하여 스스로의 특성이 없는, 무자성(無自性)의 회색 공간을 만들 수 있으며 내부와 연결되어 있는 한국식 정자 등의 요소들을 적절한 위치에 배치하여 내외부를 연계시키고 자연을 즐길 수 있는 공간을 구성하는 것이 바람직하다. 이렇게 다기능의 회색 공간은 내외부가 명확하지 않은 상태에서 자연의 변화를 느끼면서 내, 외부를 안정적으로 즐길 수 있다. 이러한 공간은 필요에 따라서는 외부이지만, 마치 내부의 공간처럼 쓸 수 있다는 점에서 중성적인 공간의 장점을 취할 수 있다. 특히 한국건축의 무자성적인 특성으로 유용하게 쓰이는 장점을 최대한 활용하는 것이 바람직하다. 내외부의 중성적인 공간을 계획하는데 있어서 내부와 외부 사이에 위치하는 직관적이고 즉각적으로 반응하는 채광 필터로서 작용하는 이중 외피 개념의 창문 계획이 중요하다. 이러한 이중 외피와 발코니 공간이 연결될 때 반 외부공간, 혹은 회색 공간의 특성을 보여주는 영역으로 사용될 수 있다. 마당의 공간이 내부 거실로 내부화된 동시대의 한국 아파트의 경우에도 이러한 발코니 영역과 가변적 창호 등을 적절히 조합하여 창조적인 회색 공간이자 자연의 외기를 온전하게 느낄 수 있는 반외부 영역으로 사용할 수 있을 것이다. 그것은 외부 생활의 느낌을 내부로 확장시키는 효과를 가져오게 할 수 있으며 외부의 자연의 기와 생활이 하나가 되는 감각을 느끼게 될 것이다. 이때 중요한 것은 이러한 창호의 사용이 직관적이면서 사용이 쉬워야 하며 관리가 용이해야 한다는 점이다. 다시 말해 필요에 따라 개폐가 가능하면서 단열과 방음의 효과 역시 우수해야 한다. 그렇게 되었을 때 제 때 편리하게 사용하면서 자연의 변화에 민감하게 적응하고 기의 변화의 감각을 느끼며 즐길 수 있는 공간이 될 수 있을 것이다.

또 자연 채광과 환기가 원활하게 이루어지도록 하면서 조경영역과 함께 무자성의 특성을 지닌 휴식 공간을 조화시켜 커뮤니티 생성과 좋은 관계를 유지할 수 있는 계획 방법론이 필요하다. 우리는 자연과 하나가 되기 위해 자연의 날씨, 즉 기(氣)의 흐름(기후)에 감각이 민감하게 반응할 수 있고, 최대한 외부 자연과 오랜 시간 함께 활동할 수 있는 건축적 계획 방법론을 정교화할 필요가 있다. 불교의 '공적영지(空寂靈智)' 의 개념과 같이, 이웃과 나의 아트만이 심층적인 차원으로 가게 되면 하나라는 것과 대우주와 기의 흐름 자체와 하나라는 깨달음에 다가가기 위해서는 동북아 유,

불, 도 사상이 중시하는 측면에 기초하여 자연과 주변 건조 환경을 다시 생각해 볼 필요가 있다.

현관과 베란다, 그리고 상가 주변의 아케이드 등을 사용하면서 1층 영역의 회색 공간을 적절하게 이용하면 사적(private), 반사적(semi-private), 반공적(semi-public) 영역의 회색 영역, 혹은 완충공간을 만들 수 있다. 이 공간들은 자연의 기의 흐름과 함께 하고 공동체성을 위해 소통할 수 있는 영역이 될 수 있다. 이러한 불확정적인 완충공간은 비와 눈이 오는 날씨이거나 햇빛을 피하는 공간으로 사용될 수 있고, 또 카페 등의 외부 영역으로도 사용이 가능하다. 에너지를 소비하는 기술을 먼저 계획하여 사용하는 것이 아니라 계획 단계에서 미기후를 이용한 패시브 기술의 세밀한 계획으로 외부 활동을 증가시키고 공동체성을 증대시킬 수 있어야 한다. 그 목적은 결국, 자연과 연계(천인합일, 범아일여)되고 가족과 이웃의 공동체성을 향상시키고 더 나아가 시민의식의 향상을 위한 것이 되어야 한다. 이것이 매우 중요한 부분이다. 이러한 공간들은 한국건축의 마당과 연계된 대청, 툇마루 혹은 정자 등의 요소를 활용함으로써 공동체성이 확대될 수 있을 것이다. 상부 층에서는 발코니 등이 창문을 열면서 내외부의 공간이 완충 공간 혹은 회색 공간으로 변환되어 자연을 즐기고 외기를 원활하게 느낄 수 있는 공간으로 사용될 수 있다. 이렇게 시시각각 변화하는 외기의 감각을 느끼기 위해서는 즉시 변환시켜 사용이 가능해야 한다. 이점이 중요하다. 한국 건축의 들창과 창호지로 덧댄 창틀과 같이, 셔터, 루버, 슬라이딩 도어, 스크린이 적절하게 조합된 동시대의 한국적 창을 적용하면 옛 선조의 한국적 분위기의 창을 통해 회색 영역을 만들어 원활한 공기의 순환구조를 만들어 낼 수 있을 것이다. 대도시에서는 1층과 테라스, 발코니에서 대자연을 조망하기 힘든 경우가 많다. 따라서 내부의 각 채 내부에 조경 공간과 휴식 공간 및 하늘을 원활하게 조망할 수 있는 방안을 제시하는 것이 바람직하다. 자연을 경험할 수 있게 하고 조화로운 인공 환경을 자연이라고 간주하여 안정적인 분위기에서 자연의 흐름과 변화를 느낄 수 있는 자연적 요소를 적극적으로 활용할 필요가 있다. 다양한 야외 공간과 주변의 자연적 요소의 조합(조경, 수공간)은 자연과 함께 살아가는 느낌과 기(기후)의 변화에 대한 감각을 일깨워 줄 것이다.

'산처럼 웅장한 전경을 보는 것부터 미묘한 새소리를 듣는 것에 이르기까지 자연과의 만남은 모두 중요하며 생명에 대한 강한 인식을 제공한다. 자연을 아는 것은 자연을 이해하는 법을 배우고 자연에 적응하는 법을 배우며 자연과 함께 사는 법을 배우는 것이다.'[93] 이처럼 단지의 각 채의 외부공간에는 최대한 자연적 요소들을 삽입하여 조화를 이루도록 해야 한다. 자연의 산수를 직접 접하는 것이 가장 좋은 방법이겠지만, 대도시에서는 불가능한 상황에 있는 경우가 많을 것이다. 이런 때에는 수목의 녹지 및 수공간과 입면의 녹화 방법론을 적절하게 사용하여 도시 환경의 일부로 자연스럽게 조화를 이루도록 디자인해야 한다. 그렇게 된다면 충분히 인공의 자연으로도 조화로운 소우주의 영역을 창조할 수 있고 그 공간에서도 충분히 자연의 기의 변화와 일체화된 삶을 누릴 수 있을 것이다.

물론, 자연과 함께 하는 삶은 산과 자연을 직접적으로 느끼고 감각하도록 자연의 근처에 계획하는 것이 가장 좋은 방식일 것이다. 자연인과 같이 매일 산에 오르고 자연의 변화를 느끼는 삶이 가장 좋을 것이다. 인간은 기(기후)의 흐름의 패턴과 주기에 대해 적절하게 대처할 수 있는 '몸의 감각'이 필요하다. 원론적으로 도시 및 건축의 구성 및 형태는 친환경적이고 경제적이고 적은 자원으로 구축하고 에너지를 적게 소모할 때 바람직할 것이다. 때로는 혹독한 외기의 변수를 조절하여 주변보다 최대한 온화한 미기후를 만들어냄으로써 원활한 외부 활동을 가능하게 하여 기의

93) 데이비드 심, 소프트 시티, 김진엽 역, 차밍시티, 2020, p194

흐름을 몸의 감각으로 체화할 수 있는 삶을 필요로 한다. 쾌적한 거주, 일하는 공간 및 주변 환경을 만들기 위해서는 미기후를 자연스럽게 조성할 수 있는 에워싸는 나지막한 각 채의 배치 구성이 필요하다. 단지계획에서는 강한 바람과 태양의 노출을 줄이면서 유지보수는 적게 하는 구조, 그리고 인공적인 냉난방(액티브 계획)을 최대한 줄이는 건축계획 방법론이 필요하다. 그러나 앞서 언급한 대로 계획의 초점이 냉난방의 기술적 효율성 차원에 그치는 것이 아니라, 기후의 변화 감각을 일깨우고 긍정적인 공동체성을 이룰 수 있는 공간구조와 표현 및 방법론이 우선되어야 한다. 그것이 바로 미기후의 윤리적 측면이다.

각 지역의 가장 중요한 외적 변수인 풍토의 조건, 특히 외기의 조건에 있어서 지역마다 그 여건이 다르기 때문에 채광과 환기에 있어서 필요한 부분에 맞는 건축적 솔루션이 필요하다. 혹서, 혹한의 외기의 조건을 완화하여 최대한 많은 시간을 외부에서 혹은 외부와 연계된 반 외부, 혹은 내부에서 생활할 수 있게 하기 위한 방법론이 필요하다. 블록들로 둘러싸인 매스들의 중간 영역은 바람과 태양으로부터 어느 정도 보호되는 미기후를 형성하도록 계획하면, 이곳에서는 주변의 혹서, 혹한의 혹독한 기후에 적절하게 대응하고 상대적으로 안정적인 미기후의 상태를 유지하며 외부 활동을 촉진시킬 수 있다. 미기후가 안온하게 보존되는 영역은 한 낮의 뜨거운 시기에는 외부보다 상대적으로 낮은 온도를 유지하며, 한밤의 낮은 온도보다는 높은 온도를 유지하는 미기후의 영역을 형성시킬 수 있게 된다. 갯벌, 은폐, 엄폐물이 많은 공간에는 상대적으로 다양한 생명체들이 존재하는 것과 마찬가지이다. 온화한 미기후에 보호되는 영역에서는 자연스럽게 인간의 외부 활동이 늘어나게 된다. 달리 말해 자연의 기의 흐름과 함께 지내는 시간이 늘어나게 된다는 것이다. 이와 함께 나타나는 긍정적인 특징은 이웃과의 소통이 늘어나게 되면서 공동체성이 향상될 수 있다는 점이다. 우리 조상은 안정적인 구릉에 위치한 미기후가 온화한 '좌혈'의 자리를 최우선적으로 찾아 집을 앉히려고 했다. 이것도 온화한 미기후와 식수를 안정적으로 획득하기 위한 가장 기본적인 노력이었다. 그것은 마치 자궁속의 태아가 안전하게 자리를 잡고 안온하게 잠을 자고 있는 장면과 같은 형상이다.

일반적으로 주민이 집의 외부 영역에서 지내는 시간이 많을수록, 그 외부 영역에 대한 통제가 수월하게 이루어질 것이다. 다만, 획일적인 격자형의 각 채들로 둘러싸인 블록보다는 일정 부분 그리드에서 벗어난 불규칙한 외부공간과 매스의 구성으로 계획하는 것이 오히려 외부 영역의 활동성을 증가시키게 된다. 안정적인 미기후가 형성된다는 것이다. 단지의 각 채의 불규칙적인 계획과 일정 부분 중앙부에 격자 그리드에서 벗어난 사선의 매스들을 배치하면 미기후의 형성에 도움이 되고 채광에 원활한 공공영역을 구성할 수 있다. 고층 매스들의 사이에는 강한 빌딩풍의 난기류를 형성하게 하고 깊은 그림자를 드리우게 하여 온화한 미기후 형성과 쾌적한 외부공간을 형성하는데 악영향을 끼치게 된다. 쾌적한 미기후의 영역에서는 외부로 열린 발코니와 반 외부 영역에서 미기후를 즐기면서 자연과 하나가 될 수 있는 가능성이 높아진다.

이와 관련되는 사례들을 살펴보자. '스웨덴 말뫼 계획은 미기후의 고려를 통해 커뮤니티와 외부 활동을 향상시킨 사례이다. 중간 높이 건물 사이의 햇볕이 잘 드는 개인 발코니 및 공공장소는 시간을 보내기에 매력적인 야외 장소가 되는 계획을 선보이고 있다. 또 스코틀랜드 핀드호른에서는 경사진 지붕을 지닌 해안의 저층 고밀도 오두막집들은 공간 사이에서 쾌적한 미기후를 만들고 있다. 덴마크 코펜하겐에서는 안뜰 모서리 부분에 있는 양지 바른 곳을 만들고 있다. 스위스 루체른에서는 전통적인 비대칭의 좁은 거리의 레이아웃은 야외에서 걷고 시간을 보내는데 더 나은 미기후를 제공하고 있다. 스위스 베른의 브레이덴레인의 안뜰의 쾌적한 미기후는 1층과 함께 상층부 발코니 및 로지아에서도 시간을 보낼 수 있게 한다. 동시에 식물이 번성할 수 있는 여러 옵션을 제공하고 있다'[94] 이들 모두가 단지 내 온화한 미기후를 형성할 수 있는 방법론을 적절하게 사용하고 있으며, 공동체의 소속감을 향상시키고 자연의 기의 변화와 함께 생활하는 것이 가능하도록 만드는 사례들이다.

그러나, 앞서 언급한 내용들은 동북아 건축에서 보여지는 특성들과 함께 보편적인 방식으로 현대건축에 적용할 수 있는 세부적인 방법론에 불과할 것이고, 개별적인 계획의 요소와 기술적 방식들은 여전히 대상화된 방식의 사고의 틀에서 머무르고 있다고 할 수 있다. 이러한 태도와 관점은 개개인의 쾌적하고 에너지 부하를 줄일 수 있는 공간구축에는 도움이 될지언정 개개인을 넘어 가족과 주변 이웃들과의 커뮤니티의 형성과 유지에는 여전히 이기적인 건축일 수 있다. 그것을 근본적으로 뛰어넘기 위해서는 지역의 풍토로 인해 만들어지는 기술적 요소들과 계획적 요소들이 근본적으로 개별실이나 한 가정에만 이득을 주는 공간계획으로 접근하는 것에 그쳐서는 곤란하다. 그보다는 기후적 요소를 적용한 건축공간이 가족의 모임과 주변 커뮤니티의 모임, 공공의 회합을 가능하게 하는 건축적 계획과 기술을 어떻게 적용할 것인가가 핵심이 되어야 한다.

도시와 건축의 구성과 형태는 최대한 친환경적이어야 하며 에너지소비와 오염을 줄이고 천연자원과 자재를 절약할 수 있어야 한다는 전제에 있어서는 모두가 동의하는 바일 것이다. 그러나 우리는 자원과 에너지 절약 중심의 솔루션을 통한 소극적인 윤리성 회복에 중점을 두는 기술 중심적 태도에서 더 나아가, 이와는 차원이 다른 인문적, 생활 윤리적 방향성

94) 데이비드 심, 소프트 시티, 김진엽 역, 차밍시티, 2020, p186의 내용 요약

을 추구해야 한다. 즉, 최대한 자연의 변화와 함께 하고 자연의 기(기후)의 흐름에 적합하게 구축하여 원활한 공동체성을 만들어 낼 수 있는 삶을 추구해야 한다. 이러한 태도를 중심으로 실천하면 자연스럽게 그에 맞는 방식으로 도시와 건축을 구축하게 될 것이고 그 결과, 그 삶에 어울리는 도시와 건축이 뒤따르게 될 것이다. 결국, 우리를 둘러싼 건조 환경의 구축의 시작은 기존과는 다른 사유와 태도가 시발점이 되는 것이다.

—조성룡의 '풍경'의 개념과 선유도 공원 계획

선유도 공원 계획은 서울이 스프롤(sprawl) 되고, 1978년에 만들어진 정수사업소라는 인프라가 이전하면서 남은 부지를 서울시민을 위한 공원으로 계획한 작업이다. 조성룡의 대표작인 선유도 공원은 조경가 정영선과 협업한 작업으로, 선유 정수장의 폐쇄 이후 생태공원으로 다시 태어난 공간이며, 환경과 건축의 관계에 대한 개념을 정립한 작업이다. 정수사업소의 인프라를 마치 근대화 유적의 일부로서 대부분 남겨두고 조경과 수공간을 계획해 줌으로써, 과거의 산업 시대의 기억과 동시대의 삶과 자연이 교차되는 장소를 재창조한 것이다. 조성룡은 그 기억을 그대로 드러냄으로써 과거와 현재가 '조우' 하도록 공원을 계획했다. 그는 공원을 위해 필요한 접근교의 연결을 계획했고, 이와 함께 최대한 기존 시설을 이용하여 전시공간으로 리모델링했으며, 최소한의 시설들을 새로 배치했다. 각 건축물은 외부공간의 조경과 잘 어우러지도록 계획했다. 권위적인 독재 개발시대의 기억으로 상징되는 근대 인프라들은 근대화를 성취하기 위한 역동적인 기억과 어두운 시기의 고통스러운 무의식을 함께 자극한다. 그 산업 유산들의 기억들은 버들 나뭇잎의 바람의 흔들림 속에, 또 기둥을 타고 올라간 담쟁이 넝쿨과 함께 '풍화' 되고 자연의 일부가 되면서 아픈 기억들이 치유되고 있는 형국이다. 조성룡은 콘텍스트 속에 켜켜이 쌓여 있는 기억과 일상을 풍경 속에 편입시키고, 그 안에 사물들과 조경과 건축을 정교하고 미묘하게 편집하여 융합시키는 탁월한 작품성을 선보였다.

조성룡은 4.3그룹 시절부터 '풍경(landscape)' 의 개념을 이야기했고, 승효상은 마당의 비움에서 출발해 컬처스케이프(culture-scape)와 랜드스크립트(landscript)로 자신의 건축의 키워드를 주장했는데, 이것은 공통적으로 한국적 자연과 콘텍스트라는 '풍경' 에 대한 존중이 기본이 된다. 민현식은 조성룡의 선유도 계획의 '풍경' 의 개념과 가치에 대해서 다음과 같이 높이 평가한다. '그의 풍경은 단순히 자연의 아름다움을 특별하게 향유하는 곳만이 아니라 우리의 정신을 끊임없이 긁어대는 수기공간(修己空間)이고, 성찰의 공간이다.(중략)... 그래서 어느날, 그의 풍경은 태허(太虛)에까지 이를지도 모른다. 태허는 맑고 형체가 없으니, 이를 일컬어 선천이라 한다. 그것은 공간적으로 가없고, 시간적으로 시초가 없으며, 그 유래를 알 수 없다. 그 맑고 비어 있고 고요함이 기의 본원이다.' 95) 그가 만든 건축의 풍경은 콘텍스트의 기억과 일상을 되살리면서 동시에 자신의 현재를 성찰하게 만들고 있다. 선유도 공원 계획은 자연의 변화와 흐름까지 온전하게 함께 공존하는 건축을 추구한다는 측면에서 한국 기일원론의 계보의 특성을 수준 높게 구축하는 건축의 사례가 되었다.

95) 민현식, 건축에게 시대를 묻다, 돌배개, 2006, p221

0522 내재성의 지역적 분위기와 동북아 건축과의 연계지점

—지역성 vs. 세계화(신자유주의), 글로컬 개념과 대응방안

모더니즘 건축은 근대성에 영향을 받아 등장했고, 서구 제국주의 열강들의 강제 침탈의 역사와 공명하며 발전했다. 평균, 표준, 규격화의 장점과 폐해가 극명한 모더니즘 건축의 주축이 된 '국제주의 양식'은 인류 최초로 전 세계에 근대성의 특성들이 적용되어 보편적인 건축 언어가 이식될 수 있는 시스템이 개발된 것이라고 말할 수 있다. 르 꼬르뷔지에의 '국제주의 건축 5원칙'은 이후 전 세계에 현대건축의 근본적인 유전자로서 보편적으로 적용되었고, 시카고학파의 구조 기술과 설비 기술을 적용한 고층 사무소 건축은 이후, 전세계 사무소 건축의 근본구조가 되어 고층 주거에도 적용되면서 빠르게 확산되었다. 모더니즘 건축은 1, 2차 세계대전 이후 전후 상황을 복구하고 필요한 주거 및 사회의 각종 프로그램을 만족시킬 수 있는 건축물을 재건하는데 그 양적 니즈를 신속하게 만족시키는 일종의 '모럴'로 작용했다. 미학적인 부분보다는 장식이 없이 기능적인 건축물을 구축함으로써 경제적, 물량적 니즈를 만족시키는 것에 최우선의 가치가 설정된 것이었다. 그러나 어느정도 전쟁 피해가 복구되고 중산층의 경제력이 향상되면서 역사적 기억이 단절되고, 배제된 상태에서 무미건조할 정도로 기능적이고 획일적인 경관을 양산하는 모더니즘 건축에 대한 회의와 비판이 고조되었다. 이러한 현상은 평균, 표준, 규격화를 강조하는 근대성의 특성으로부터 기인하는 것이었다. 이와 함께 지역의 역사적 특성과 기억이 보완된 건축물에 대한 니즈가 폭발하게 된다. 과거에 대한 향수와 상실감(회의감), 경제적 향상에 따른 개별적 취향이 반영된 까닭이다. 이 시기 이후, '지역주의 건축', '포스트모더니즘 건축'이 하나의 흐름을 만들기 시작했다. 합리적 관점에서 역사적 건축의 구성과 공간 특성, 양식의 경관 특성들을 연구하여 이성적으로 적용하여 과거의 기억과 지역의 전통적 공간 및 경관을 현대건축에 적용하고자 한 것이다. 그러나 이내 자본의 속성이 침투하면서 이러한 포스트모더니즘 건축은 단순 이미지로 변질되었고, 상업적으로 이용되며 소비되고 말았다. 미학적인 특성을 초월하면서 소비를 위한 공간, 개인 취향의 영역에서 발 빠르게 세속적인 상업화와 영합하며 진행된 까닭이다.

90년대 이후, 세계는 글로벌화가 빠르게 진행되었다. 서구 선진국들은 산업생산에 있어서 원료 및 인건비의 비교우위를 보이는 제3국으로 공장들을 이전했다. 이를 통해 국가 간 교역량이 폭발하게 되었다. 또 글로벌 금융자본이 전 세계적으로 연결되어 자본을 집적할 수 있는 조건과 환경이 조성되는 지역에 순식간에 자본이 몰리면서 투자가 이루어지고 개발되었다. 어느 정도 자본의 이익을 취득했다고 생각이 되면 순식간에 빠져나갈 수 있는 기술적 상황이 조성되었다. 돈이 될 만한 지역은 그 가치가 상승하면서 자본이 몰렸다. 그 결과, 지역적 특성을 배제한 글로벌 기준의 각종 보편적인 건축물들이 순식간에 들어서는 무국적의 도시, 비장소성의 도시가 생성되었다. 세계 주요 도시의 경관은 소수의 스타키텍트(starchitect)들이 주도하는 몇몇 거대한 건축물들이 스카이라인을 형성하며 주요 도시의 이미지를 장악한다. 서구의 주요 대학들의 건축학과 커리큘럼과 주요 스타키텍트들의 작품 경향은 유사한 트렌드를 만들어 냈고, 그것이 일반화되면서 우리는 해외 건축의 트렌드에 대한 추종과 저항을 동시에 경험하게 되었다. 이들의 디자인은 시선을 사로잡는 유동적이고 가벼운 이미지들로 구성되었다. 그것들은 욕망에 순응하며, 혹은 부추기며 가볍고 화려한 이미지들만 넘실대는 경관을 만들었다. 건축가와 건축주가 영합하여 도시 내에서 주목받는 디자인으로 자신을 드러내고자 욕망의 경주에 몰두했다. 결국, 자신을 계속해서 드러내기 위해 도시의 경관은 욕망의 이미지들이 과장되고 그 정도가 증폭되었다. 계속되는 악순환이다. 신자유주의가 만들어 낸 글로벌리즘은 모두가 중심이 되고자 하는 욕망으로 작동하기 때문에 자신이 중심이 되지 않는다면 상대적으로 만족할 수 없는 특성이 있다. 지역의 공간들도 자본을 위한 상품화가 진행되어 관광사업과 장소마케팅으로 인한 장소의 상업화 현상이 가속화되었다. 상업적 장소마케팅으로 적절하지 않은 곳은 산업적으로 사용되는 '비장소성' 의 특성이 강화되었다.

또 글로벌화가 진행되면서 세계적으로 유명한 소수의 대도시들이 출현하게 되고, 대도시에는 마천루로 이루어진 대규모 고층 건축물군들이 등장하게 된다. 100여층에 이르거나 그 이상의 높이의 마천루들은 해당 도시에서 스케일상 새로운 차원의 인식의 공간적, 상징적 기표성을 가지게 된다. 칸트 이후, 에드몬드 버크의 숭고함과 거대함의 개념은 우리를 다른 차원의 감각으로 이끈다. 인류는 마천루와 같이 인지 불능의 높은 건축과 수정궁과 같은 대공간을 경험하게 되었는데, 다시 말해, 우리는 '공포' 에 가까운 새로운 차원의 수직적 높이와 거대 공간을 경험하는 시대를 살게 되었다는 의미이다. 인간의 인지 능력의 한계를 넘어서는 거대함과 위압감의 수직 스케일에 의해 자신의 인간 스케일의 정체성에 있어서 '공포' 에 가까운 혼란을 경험하게 된 것이다. 내 자신이 사물 안에 신의 속성이 들어있다고 생각하지 않고 주체가 있고 외부에 진리나 객체를 인식해야 하는 상황에서는 올바르게 인식할 수 있는가에 대한 두려움과 공포가 발생하는 경향이 나타나는 것이다.

2000년대 들어 렘 콜하스와 그의 사무실을 거쳐간 인재들이 '수퍼 더치(Super Dutch)' 라는 이름의 그룹으로 조명받기 시작했다. 렘 콜하스는 신자유주의 시기 이후 발생한 새로운 전지구적인 현상과 이와 함께 공명하며 나타나는 도시, 건축 분야의 특성에 대해서 논의하면서 '비장소성' 이 폭발적으로 생성되는 현상을 분석했다. 세계가 지구촌과 같이 보편화되면서 세계의 어느 신도시를 가더라도 유사한 특성의 건축 경관과 장면들이 등장하기 시작했다. 오랜 시간의 기억과 이야기가 녹아 있는 장소로서의 특성이 사라지게 된 것이다. 전세계 신도시에 가게 되면 유사한 느낌의 경관들이 펼쳐지는 이른바 '비장소성' 의 특성들이 빠르게 확산된 것이다. 현재의 건축은 자본에 종속되고 문화산업으로 변질된 상태이다. 지역성의 가치도 관광산업을 위한 자본화에 종속되어 마케팅의 일부로 전락했다. 디자인은 무게감이 없이 가벼운 이미지만 남게 된다. 자본을 축적시킬 수 있는 지역은 빠르게 자본의 투자가 집중되어 자본의 거품과 같이 '비장소성' 의 도시가 순식간에 생성되어 등장하는 것이다. 그것은 마치 아무것도 없는 사막의 한가운데에서 일순간에 도시가 생성된 두바이나 중동 국가들의 신도시들과 유사하다. 이러한 현상은 빠르게 생성된 신도시의 변화를 맞이한 전 세계 다양한 지역에서 공통적으로 나타나는 현상이다. 그러나 이러한 신도시들은 기간 대비 투자의 정도가 지나치거나 지속 가능한 도시구조가 아니기 때문에 일순간에 생성된 도시는 그만큼 자본의 과열된 양상의 시기가 지나가면 거품이 붕괴되며 몰락할 수 있으며 다양한 폐해가 발생할 수 있다.

MVRDV는 우리를 둘러싸고 있는 대자연과 함께 대도시 내의 도시 경관 및 구조와 어우러진 인공적인 환경 자체도 새로운 자연으로 간주했다. 도시의 건축물과 조경들이 만들어 내는 경관 역시 새로운 자연의 일부로 생각하는 것이다. 사실, 오늘날 세계인의 대부분이 대도시와 중소도시에 살고 있는 현실에서 우리는 인공적인 건조 환경과 조성된 자연(조경)에서 거주하고 있는 상태이다. 그렇기에 동시대 대도시의 건축환경에서 우리는 새로운 자연과의 일체화된 삶에 대해서 다른 관점으로 생각해 볼 수 있을 것이다. 범아일여, 천인합일의 사유와 생각과 삶의 태도를 변화시킨다면 새로운 가능성이 나올 수 있을 것이다.

어느정도 세계화가 진행된 국가나 대도시들은 앞서 언급한 이러한 동시대성의 장단점을 모두 경험하고 있다. 그러한 가운데 글로벌화의 비장소성이라는 특성을 극복하고 동시대적인 대도시 혹은 마천루의 거대함에 지역적 글로컬화를 획득하기 위해서는 동북아 사상에서 발견할 수 있는 범아일여, 천인합일의 특성과 건축의 지역적 특성을 가미하여 새로운 가치를 생성시키는 자체적인 노력이 필요하다. 오늘날 동북아 지역의 건축은 지역성의 개념과 함께 세계성과 지역성을 동시에 내포하면서 자체적인 경쟁력과 의미를 획득할 수 있는 글로컬화의 과정을 필요로 하고 있다. 그러한 방식이 근대성을 온전히 받아들이는 가운데 지역의 잠재적 차원을 접목하여 새로운 생성의 차원으로 창조해 낼 수 있을 것이다.

0523 내재적 상호의존성(다이어그램)과 동북아 건축과의 연계지점

—불교의 무상(無常)개념과 불확정성과의 연계지점

앞서 살펴본 들뢰즈의 개념과 같이 모든 사건과 이벤트의 특성은 관계의 결합 상태와 움직임의 정도에 따라서 다른 의미를 생성해 낼 수 있다. 4권에서 살펴본 바와 같이, 근대성은 주체와 객체를 의도적으로 분리하고 주체에 대한 권위를 부여했다. 그것은 객체에 대한 의도적인 배제와 억압을 가능하게 하는 권력적 특성으로 인해, 그릇된 판단과 실행이 있을 수 있는 폭력적 특성으로 인한 폐해가 있었다. 건축 부문에서도 의도적인 프로그램의 분리와 구분이 명확해지고 근대적 핵가족화가 명확해졌으며, 직간접적인 통제가 강화되고, 소비공간의 유연한 통제 양상이 강화됨을 살펴본 바 있다. 모두가 근대성이 만들어 낸 통제의 강화와 대상화로 인한 폐해 및 사회적 변화 양상이다. 각자의 역할에 맞는 명확한 위치가 있고, 뚜렷하게 구분되는 공간과 위계는 무언가 억압적이고 의도적으로 배제되거나 새로운 잠재성의 상호교류와 현실화가 힘든 구조이다. 후기구조주의 사상이 활발하게 담론화되면서 억압되고 배제된 요소들이 기존 구조를 초월하여 자유롭게 접합되며 새로운 관계의 구조를 만들 수 있는 잠재성의 현실화에 대한 사유가 이루어졌다. 오늘날의 건축은 기능이 구분되어 각각의 영역에서 기능하다가 그 기능이 다하게 되면 다른 기능으로도 쉽게 변용될 수 있는 유연한 공간을 생성시키고 필요에 따라 그 방식을 변화시킬 수 있는 공간구조에 주목하고 있다. 그 공간구조는 다양한 요소들의 결합에 따라 다양한 조합의 '사건'들과 '이벤트'가 생성되는 잠재성의 공간이 될 수 있을 것이다.

사실, 이러한 특성은 서양 건축보다는 동북아 건축, 특히 한국건축에서 두드러지게 나타나는 특성이다. 한국건축에서 대청마루, 방, 그리고 마당은 다양한 기능들을 만족시키면서 유연하게 사용된다. 마당의 경우, 집안일과 외부일(농사) 등의 작업과 놀이가 이루어지기도 하고, 때로는 혼례를 치루는 공간으로 사용되기도 한다. 다시 말해 '내부 공간의 외부화'라고 말할 수 있는 공간이다. 대청마루는 날씨가 좋을 때에는 휴식 공간, 사대부와 자녀의 학습공간, 친교 공간이 되기도 한다. 방은 상을 들고 들어오면 식사실, 잠을 자기 위해 이부자리를 펴면 침실, 아이들이 놀면 유희실의 공간으로 기능이 변환된다. 다양한 기능들이 큰 무리없이 그 목적에 맞게 유연하게 쓰일 수 있고, 그 쓰임이 다하면 다른 기능으로 변환되어 쓰이면서 구성원과 기능, 요소들의 조합과 만남에 따라 다양한 사건의 이벤트들을 만족시킨다. 사대부가 사용하는 정자 건축의 경우, 외부로 열려 있는 마루 공간은 학습, 강학, 친교, 유희, 휴식의 공간으로 시시각각 변화에 유연하게 그 기능을 만족시키며 사용할 수 있다. 그것을 불교적으로 말하면 '무상(無常)의 공간' 혹은 '무자성(無自性)의 공간' 으로 규정할 수 있으며 시간의 변화, 기의 변화(계절)에 따라 그 쓰임새와 이벤트가 달리 만족되는 것이다. 끊임없이 변화하는 세계에서 고정된 기능으로 쓰이는 것이 아니라 다양한 기능을 만족시키는 불확정적인 공간을 추구하는 것이다.

이것을 들뢰즈 식으로 이야기하면, 그 공간을 사용하는 사람들(요소)의 관계와 니즈에 따라 프로그램이 유동적으로 변화하며 '생성' 될 수 있다는 것으로 표현될 수 있을 것이다. 서양의 근대적 관점으로 보았을 때, 공간은 대상화되어 관념속에서 프로그램을 상정하고 그에 맞는 공간의 관리와 통제를 위해 구분하며 실을 '호명(呼名)' 하는 것에 익숙하다. 이에 반해, 동북아의 무자성의 공간은 특정한 실로 호명되지 않고 회색의 모호한 실의 개념이 중심이 된다. 앞서 언급한 대로 노자의 사상으로 이야기하면, 햇빛과 그림자와의 관계와 같이, 방을 만들기 위해 벽을 구분하지만, 평면에서 벽이라는 검은 구분선을 그리는 것은 실제로는 비어있는 하얀 종이 부분이 공간으로, 우리가 실제로 쓰고자 하는 공간이 되는 것과 유사한 논리가 될 것이다. 구분하면 닫히는 공간이 되고, 구분하지 않으면 열리는 것인데, 그것이 유연하게 다양한 기능으로 쓰일 수 있도록 하는 것이다. 그리고 그 유연함은 다양한 요소(역할자)들이 자유롭게 들어와 관계를 맺으면서 새로운 사건과 이벤트가 생성되기에 원활한 공간이 될 수 있게 하는 것이다. 그것은 다이어그램(Dia+ Gram)적으로 말하면 다양한 요소들이 들어와 함께 사유하는 브레인스토밍(brainstorming)과 같고, 둘이 함께(dia) 써내려 가면서(gram: to write) 다른 결과물을 생성시키는 것과 유사하다. 이것은 다른 종류 혹은 이질적인 요소들이 공존하면서 양과 음의 요소들이 차곡차곡 주름 접히고 펼쳐지는 현상과 유사한 생성의 움직임을 만들어 낼 수 있다. 또한 군집을 이루면서 부분은 전체와 유사한 자기유사성의 조직을 보이며, 그러한 힘의 자기장의 특성은 마치 나뭇잎과 같이 자기유사성의 조직이 확장되는 양상을 보인다. 또한 이것은 들뢰즈의 추상기계로서, 필요에 따라 다른 프로그램의 공간으로 사용될 수 있는 '기계' 의 모습으로 변용된다. 불교적으로 이야기하면 '무상(無常)' 의 '무자성(無自性)' 의 공간이 되는 것이다.

그러나 여기에는 한 가지 맹점이 자리 잡고 있다. 서양의 불확정성의 특성은 모두가 건축 및 공간을 대상화 시켜 모형을 만들듯, 생각의 대상으로 고려하여, 프로그램이나 사용자의 무경계적 기능을 가능하게 하는 것에 집중한다는 점이다. 서양에서는 이성을 사용하여 대상을 의도에 맞게 구성하는데 집중한다. 이른바 서양의 대상화 된 사유의 결과물이다. 그러나 동북아에서는 그것을 계획하는 궁극적 목적이 구축하는 건축물과 공간 자체가 자연의 일부로서, 또 자기유사성의 조직으로서 작동시키는데 중점을 둔다. 건축물 자체도 기의 흐름으로 생각하여 자연의 일부로서 주변 지세와 닮아야 되고, 기를 원활하게 느낄 수 있어야 하며, 내부에서 외부를 바라보는 측면에서도 자연과 닮아야 한다는 점에서 서양 건축의 구축 태도와 큰 차이가 있다. 또 그 윤리적인 사대부의 삶과 가족과의 단란한 커뮤니티와 공동체 의식을 향상시킬 수 있는 방식이 최우선 가치가 되어 계획된다. 공간 자체도 '천인합일', '범아일여' 의 일부로 작용해야 하기 때문이다. 동북아 건축에서는 모든 삶의 가치는 최종적으로 이러한 태도가 핵심이 되고 있다. 자연의 흐름과 기의 흐름, 자연의 순리와 이치에 맞도록 엄정하게 살면서 도덕적 완성으로 나아가는 삶을 살아야 한다는 것이다. 여기에 동북아 사상의 장점과 잠재성의 가치가 존재하는 지점이다.

서양의 현상학적인 가치는 주로 두 가지 측면에서 실험되었다. 첫 번째는 익숙한 재료의 낯선 사용 혹은 익숙한 재료의 구축(텍토닉)에 낯선 요소들을 삽입함으로써 의도적으로 '낯설게 하기'의 수법을 사용한다. 이를 통해 관습적으로 재료를 사용하는 것에 대해서 근본적인 질문을 제기하게 만든다. 두 번째는 분위기와 공간감을 인지하는데 신체의 이동 가운데 느껴지는 공간감이나 위요감을 계획하여 일순간에 공간 인식을 종합하게 만든다. 서양에서는 대상화된 사유체계에 의해 대규모 공간을 조성하고 그 인공적인 내부의 공간을 신체로 이동하면서 장면, 장면을 상상하며 구축한다. 그것은 건축가라는 '주체'가 공간을 이용하는 객체의 행위 및 움직임을 강제하며 특정 경험으로 이끄는 방식이다. 건축가의 '자아'가 강하게 투영된다면, 때에 따라서 이 또한 억압적이고 폭력적인 결과를 가져올 수 있다. 이에 반해, 동북아 건축에서는 군집을 이루고 있는 기본적인 건축물 사이 사이의 공간과 처마들이 겹치는 하부 공간 및 대청마루 등의 중간 영역의 공간들을 중요하게 생각한다. 이 공간들은 자연의 기를 자유롭게 느끼고 그것이 주변 산세(기의 굳어짐)와 하늘과의 관계를 통해 자연의 기의 변화와 조화를 느끼며 자연과 가장 아름답게 조화된 장면들을 만들어 낸다. 거기에서 더 나아가, 머릿속에서 관념적으로 먼저 생각한 것을 한 번에 완벽하게 건축하고 끝나는 것이 아니라, 만든 것을 계속해서 조정하고, 경영하고, 관리하는 '영조(營造)'의 개념으로 만들기 때문에 결과물에 있어서 차이가 있다. 그러한 방식의 공간과 경관은 결국 자연과 하나 됨, 그리고 자연을 느끼고 인지하는 삶을 추구하는 것과 관계된다. 서양의 현상학적 가치가 그러한 방식으로 진행되는데 이러한 부분은 동북아에서 재료 및 구축에 있어서도 한 세대가 살면 다시 허물고 짓는 것이 당연한 삶의 태도 등과 연관된다. 자연의 재료를 있는 그대로 내외부에서 동일하게 느낄 수 있게 구축하는 것은 브루탈리즘의 특성이나 지역주의 건축의 가치와 연계되어 있다. 선조의 지혜가 녹아 있는 재료 및 풍토에 대한 대응 방법, 그리고 군집을 이루면서 조화를 이루는 자기유사성의 구조 등이 그러한 가치들이다. 이것들은 오늘날 건축가나 건축물이 자체적인 주체성을 가지고 다른 것과 차별화를 이루려는 욕망의 시도와는 다른 방식의 사고체계임을 생각해 볼 필요가 있다.

앞서 언급한 서양의 '상호의존성'의 개념은 건축에 있어서 관념속에서 계획공간을 대상화시켜 명확한 조닝의 계획, 혹은 형태적인 상호 관입의 개념, 혹은 위상기하적인 리좀 구조가 얽혀 들어가는 형태적 특성으로 한정되는 경우가 대부분이다. 거기에는 '자연'의 요소와 고려가 존재하지 않는다. 자연이 끼어들 여지가 없다. 거기에는 생기, 기후 등이 고려되지 않는다. 대상화되어 작업되는 건축은 에어컨디셔닝이 원활하게 되어야 쾌적함이 유지되는 기계적인 해결 방법이 전제될 뿐이다. 철저하게 서양의 대상화된 '작품'으로서의 건축이다. 그러나 동북아적인 세계관의 가치는 자연과의 상호의존성을 무엇보다 중시한다. 물론, 건축적으로 프로그램의 특성은 각 프로그램, 각 역할자와의 상호의존성이 맞물려 들어가고 기능적인 조닝보다는 유연한 회색적 공간, 불확정성, 순환, 소통의 개념이 들어가면서 관계의 순환과 대대(待對)가 이루어지게 된다. 동북아 건축의 가치에서 이러한 고려사항은 결국 풍토와 연관되며, 개인과 커뮤니티가 어떻게 하면 건축적 구조와 경관과 표현이 자연의 기의 변화와 일체화될지에 초점이 맞추어져 왔다. 향후 현대 건축은 기후적인 특성(풍토)을 고려하여 가족과 공동체의 통일성을 만들어 내며 전체 세계의 변화를 민감하게 받아들일 수 있는 공간구조, 이벤트 등과 긴밀하게 엮일 수 있는 건축이 되어야 할 것이다.

한국에서도 글로벌 신자유주의적 상황과 특성에 발맞추어 밀접하게 작업했던 건축가들이 있다. 이제 자본의 특성을 반영하고 다이어그램의 특성을 적극적으로 받아들이며 한국적 변수에 대응하여 작업을 이어왔던 한국 건축가들의 작업을 살펴보도록 하자.

–최욱, 자본의 색으로 정제되며 추상화된 동시대 한국성, 그라운드스케이프 건축

최욱은 형식주의적인 전통을 거부하고 채움보다는 비움과 담백함의 태도를 유지하면서 심플한 디테일을 중시하는 건축작업의 경향을 보여왔다. 그는 1963년생으로 홍대 건축학과와 베니스 건축대학에서 수학했다. 최욱의 고향은 부산으로, 특유의 산지 지형에 군집해 있는 가옥들과 바다와 섬의 이미지 등에 강하게 영향을 받았다. 또 이탈리아 유학 중 경험했던 건축적 경험과 한국 한옥의 마당과 햇빛, 한국적 정감이 그의 작품에 복합화되었을 것이다. 최욱은 한국건축의 요소 중 '기단'을 중시하여 외부와의 접면으로 작용하는 '바닥'에 집중하는 태도를 보여왔고, 자신의 건축적 키워드인 '그라운드스케이프(groundscape)'의 개념을 설정했다. 그는 한국건축의 특징이 자연과 가깝고 단면적으로 산지 구릉의 사이 공간의 간격을 적절하게 유지하는 것을 주요한 유산으로 보고, 이를 동시대적인 보편성의 건축으로 적용하는 작업 경향을 보여왔다. 그는 바닥 혹은 기단을 조절하여 내외부의 관계로 수렴시키고 이를 주변으로 확장시킨다. 바닥의 개념을 확장하여 해당 콘텍스트에 적합한 '장소만들기'를 추구하는 것이다. 다시 말해, 그의 건축은 '땅 위 유무형의 모든 것을 통칭'하여 땅과 터를 읽으려는 노력을 중시하고 땅과 터에 감응하는 문화적 특성을 고려하는 건축을 추구한다고 정의할 수 있다. 또 재료와 디테일에 대한 차별화를 세심하게 신경 쓰며 삼면의 벽에 개구부를 내어 빛을 도입시키면서 부유하는 느낌의 공간을 제시해 왔다. 주요 작품으로, 현대카드 디자인 라이브러리, 현대카드 쿠킹 라이브러리, 서울 시장공관 프로젝트, 현대카드 가파도 프로젝트, 설화수 북촌, 두가헌, 현대카드 영등포 사옥 등이 있다.

—바다의 섬과 구름의 풍경의 건축구축론

최욱의 건축은 '섬 위에 구름이 떠 있는 이미지' 로부터 시작하는 경우가 많다. 섬이 있는 바다의 풍경을 상징하는 건축이다. 바다와 섬은 그의 건축에서 기단이고 하늘의 구름은 건물이 되는 식이다. 최욱은 요른 웃존이 동양 건축의 이미지를 기단과 지붕으로 인식하고 스케치한 것에 강하게 영향을 받았다고 언급했다. 그의 건축은 바다 위에 떠 있듯, 존재하는 섬의 이미지를 만들고 섬이 자연스럽게 보이도록 구축하기 위해 교묘하게 구조를 삭제하는 듯 숨기는 방식의 건축적 제스처를 사용해 왔다. 바다와 섬이 만나는 장면과 같이, 그는 외부 경계와 건축이 만나는 접면(interface)인 바닥을 세밀하게 계획했고 건축 단면의 연속적 시퀀스(이동의 경험)를 중시하여 계획했다. 그는 바다 위의 섬과 가볍게 떠 있는 구름의 이미지를 건축적으로 성취하기 위해 노력했다. 또 기둥이 없는 무주 공간처럼 공간이 느껴지도록 하기 위해서 외부에서 시각적으로 기둥이 안보이도록 만드는 세밀한 구조적 해법에 집중하는 경향을 보인다. 물리적인 바다 위 섬(기단)의 이미지와 가벼운 하늘의 구름(건축물)을 만들어 주기 위해 그는 기단부에는 무거운 느낌 재료를 사용하면서 무겁게 눌러주는 느낌을 주고 상층부의 매스는 크기와 재료에 있어서 기단부에 떠서 가벼운 물성의 느낌과 색상을 계획했다. 상부의 매스 내부는 3면 이상의 벽체 상부에 개구부를 주어 내부에서 부유하는 느낌의 공간을 줌으로써 중성적인 공간의 구름의 이미지를 만들어 내려고 한다.

– **그라운드스케이프**(Groundscape)

최욱은 고려시대의 철원 절터를 답사하면서 강한 영감을 받았는데, 바닥의 형상이 한국 건축의 본질임을 깨달았다고 한다. 사물과 공간을 대상화하여 시각적으로 바라보는 서양인의 건축은 파사드에 집중하지만, 최욱은 한국건축의 가장 중요한 부분이 바닥과 기단의 건축임을 강조하는 것이다. '그라운드스케이프'라는 키워드가 의미하듯, 그가 중시하는 것은 '기단이 만들어 내는 한국적 풍경'을 추상화하여 구현하는 것이었다. 한국건축은 일반적으로 경사가 있는 구릉지에 위치하기 때문에 토지를 활용하려면 어쩔 수 없이 성절토를 수행하면서 다양한 레벨의 기단을 만들고 이를 연결하는 계단이나 경사로를 계획할 수밖에 없다. 다양한 레벨의 기단이 설정되면 자연스럽게 그 영역의 외부에 물리적, 심리적 경계가 형성된다. 담을 구축하지 않더라도 각 영역을 구분하는 경계를 형성시킬 수 있는 것이다. 최욱은 저층부가 주변과 관계를 맺는 방식에 세심하게 관심을 기울이고, 정교한 기단 특히 사이트에 진입하거나 경계와 만나는 바닥에 집중한다. 그래서 그의 건축은 대지와 접하는 바닥에 대한 논리적 구축과 감각의 조화를 이룬다.

4.3그룹의 건축가들은 장소와 지역의 콘텍스트에 지대한 관심을 가지고 장소에 어울리면서 동시에 차별화되는 건축을 추구해야 한다고 힘주어 주장해 왔다. 그들보다 후속 세대인 최욱은 땅의 물리적, 역사적 흔적과 장소성에 대해서는 그다지 크게 신경을 쓰지 않는다. 그것보다 그는 주어진 땅과 대지의 보편적 논리를 보여줌으로써 세계적으로 통용될 수 있는 보편성의 건축을 추구하고 있다. 최욱의 건축을 통해, 우리는 보편적인 건축어휘를 바탕으로 한국적 추상화를 통해 경쟁하는 세대가 등장했음을 인식하게 되었다. 마키와 다니구치의 건축이 일본의 추상성을 보인다면, 최욱은 보편성을 중심으로 한국적 추상성의 건축을 추구하고 있

는 듯 보인다. 그가 생각하는 자연(주변 콘텍스트)과의 관계는 대지의 경계가 접하며 만들어 내는 다양한 레이어와 기단과의 관계로 이루어진다고 간주한다. 레벨이 다른 기단의 구성을 통해 담이 없이도 공간을 구획하거나 기능을 구분하는 단위가 되고 건축의 일부도 되는 다양한 활용 방식에 관심을 집중하는 것이다.

한국 건축은 여러 개의 독립된 건물들이 공존하며 바닥은 내외부 사이의 관계를 맺는 가운데 다양한 감각을 자극하고 내부에서 외부를 바라보는 시각을 제공한다. 건축물 내부에서 출발하여 바깥과의 관계에 집중하는 방식은 내재성의 사유로 범아일여, 천인합일(天人合一)을 추구했던 동북아 건축의 '구축의 태도'에서 나온 것으로 생각할 수 있다. 그것은 내부에서 바깥 세계를 연결하는 경계이자 풍경의 방법론 즉, 내부에서 원경을 조망하는 방식의 건축적 풍경을 만들어 내는 방식이다. 그러나 그가 내부에서 외부를 바라보는 방식은 주로 주변 도시맥락과의 시각적, 체험적 연결에 국한된다. 다양한 레벨의 기단과 상부의 매스의 무주공간의 특성은 내외부의 경계가 소멸되며 연결되는 느낌을 주는데, 이것은 필연적으로 몸의 체험과 감각의 경험을 유발하게 만든다. 최욱은 이러한 세밀한 감각의 체험을 중시하며 공간이 만들어 내는 긴장감과 내외부의 경계가 소멸되면서 만들어 내는 이완의 느낌을 동시에 조화시킨다.

그는 두가헌(2004)의 마당과 내부로 이어지는 흐름속에서 다양한 레이어의 기단들이 적층되고 영역이 교차하고 충돌하면서 다중의 공간감과 영역성을 감지할 수 있도록 계획했다. 필동의 CEO라운지 역시 다양한 레벨의 기단을 배치하여 유려하게 동선을 연결시킴으로써 물리적으로 연결되기도 하고, 동시에 저층부의 무주(無柱) 공간과 통유리로 인해 시각적으로 경계가 해체되는 느낌을 받도록 계획했다. 현대카드 라이브러리의 경우에도 앞서 언급한 방법론으로 마당과 내부의 물질적 경계가 통유리에 의해 거의 소멸되는 느낌을 느끼도록 계획했다. 현대카드 영등포사옥 역시 같은 방식의 기단과 통유리로 인해 로비와 외부공간으로 시각적으로 확장되도록 계획되어 있다. 또 엄연히 존재하는 기둥을 교묘하게 감추는 방식으로 마치 무주 공간에 있는 느낌을 강조하며 내외부와 시원하게 시각적으로 연결되는 느낌을 주고 있다.

－세심한 재료의 사용과 빛과 그림자의 통제

최욱은 재료를 사용하는데 있어서 거친 느낌의 재료와 투명한 재료를 맞물리게 하면서 새로운 느낌의 재료의 속성을 실험해 왔다. 그는 철, 유리, 돌 같은 재료를 땅속의 바위와 같은 재료, 즉 근본적인 속성으로 보며 이러한 재료들이 만나는 방식을 고민한다고 언급했다. 또 재료의 본성을 파악하여 빛의 반사와 흡수를 스터디하고 재료 본성의 특성을 고려하고자 한다고 언급한다.[96] 그는 빛과 그림자를 세밀하게 컨트롤하기 위해 디테일의 여러 문제를 해결하고자 했다. 그것은 반대로 형태나 기능에 있어서 외부로 재료의 존재감을 표출시키는 특성이 되기도 한다. 그는 세 면의 벽의 개구부와 빛의 유입량을 고려하고 그림자를 삭제하여 공간이 부유하는 느낌을 주고자 노력한다. 세 방향에서 빛이 들어오게 되면 형태를 해독하기 불가능하게 되는데, 이러한 방법론은 공간을 해체하여 공간속의 '형태'를 강하게 드러내는데 좋은 효과를 준다. 다시 말해, 공간이 부유하는 느낌이 강화된다. 때로는 이러한 분위기는 들뜨고 불안한 감정을 불러일으키기도 한다. 이러한 불안감은 삼면의 빛의 도입을 통한 특유의 공간적 투명성과 세밀한 디테일이 적용된 멀리언 및 금속 마감재 등의 조합의 결과로 달성되는 것이다. 깔끔하고 부유하는 느낌에서 CF에서 보이는 말쑥한 이미지와 물성을 만드는데 성공적이지만, 반대로 편안하고 인간적인 느낌에 있어서는 정반대의 효과를 주기도 한다. 그의 건축에는 공

96) WIDE AR vol 31, 최욱+최진석 특집, p62

간은 존재하지 않고 어두움이 쫓겨나면서 재료의 물성과 빛이 부유하는 느낌만이 넘실대는 '감각' 만이 살아남게 된다.

'최욱의 공간에서 목소리를 내는 것은 건축가가 아닌 재료 그 자체이다. 그의 공간 속에 놓인 사물들은 일체감이 없이 부유한다. 그렇지만 바닥과 벽체의 거칠고 강한 물질성은 부유하는 사물들을 계속해서 끌어당긴다. 그의 공간에서 감지되는 독특한 느낌은 빛과 물질 사이의 이런 상반된 상호작용 속에서 생겨난다.' 97) 라는 언급처럼 그는 백색의 재료를 많이 사용하는데 이는 부유하는 느낌을 더 강화시킨다. 그러한 가운데 이와 같은 비판도 있다. '감각은 세속적이다. 감각적 경험을 통해 초월을 꿈꾸지 않는다. 오히려 다른 감각을 배가하길 원한다. 시각은 촉각으로, 촉각은 청각으로 이어진다. 오히려 지적해야 할 것은 디테일과 디자인을 물신화할 위험이다. 물신화의 냄새가 짙게 배어있다.' 98) 라고 건축역사학자 김현섭이 강조한 것과 같이, 그의 공간과 분위기는 '존재' 가 '거주' 할 수 있는 공간의 경험은 사라지고 편안한 정감의 감각은 극도로 위축된다. 앞서 살펴본 대로 기타니의 '절대 무(無)의 장소' 와 와쓰지의 윤리성은 쉽게 불교의 형이상학적인 공적영지(空寂靈智)의 추상성으로 빠져들다가 이내 전체주의의 특성으로 오도될 수 있음을 주의해야 한다고 언급한 바 있다. '그의 건축이 세속적이고 물신에 짙게 배어있다' 는 김현섭의 주장처럼, 또 일본의 추상적인 형이상학과 공간론이 이기적인 자아의 추상공간과 전체주의로 쉽게 오도된 것과 같이, 기타니의 '무(無)의 장소' 를 연상케 하는 최욱의 미니멀적인 추상공간은 오늘날 헤겔의 변증법적 방식으로 발전하며 생산과 소비의 순환으로 빠르게 진행되는 동시대 자본의 냉정하고 냉혹한 순환구조로 쉽게 빠져들게 만드는 위험성을 경계할 필요가 있다. 자본의 속성을 극명하게 상징하는 카드 회사와 최욱이 추구하는 감각과 잘 맞는 부분이 존재하기에 카드사 연작이라는 '니즈' 와 '결

97) 정인하, 상상과 실재, WIDE AR vol 31, 최욱+최진석 특집, p60
98) 김현섭 비평, WIDE AR vol 31, 최욱+최진석 특집, p91

과물' 들이 계속해서 생산되고 소비될 수 있었을 것이다. 웃으면서 가입을 유도하고, 사용하면서 자본의 편리함을 향유할 수 있지만, 연체되는 순간 냉혹한 야수로 돌변하는 자본의 극명한 상징인 '카드 회사' 의 작업들이 그의 주요 작품목록을 차지하는 것은 우연이 아닐 수 있다.

최욱의 건축 활동은 4.3그룹의 활동 이후 한국성을 숙고하면서 동시대적 보편성을 확보한 가운데 경쟁하는 새로운 세대가 등장했음을 알리는 것이었다. 그러나 그의 활동은 4.3그룹과는 달리 보편성에 근거하는 가운데 철저하게 자본의 입장을 충실히 반영하고 있기에, 따뜻한 한국적 미감보다는 차가운 자본의 물신적 분위기와 디테일을 중시하는 건축을 추구하는 양상을 보인다. 카드 자동전화 응대 시스템 속의 냉정한 여성의 음성만큼이나 거기에는 인간미나 정감이 들어가기에는 여지를 허용하지 않는다. 역설적으로, 그것이 바로 오늘날 철저하게 물신적 자본이 지배하는 한국적 상황과 클라이언트의 니즈를 충실히 반영하는 것일 수 있다.

—조민석, 글로벌 신자유주의 시대의 창조적 파괴자[99)]

조민석이 등장한 시기는 90년대 중반으로, 한국은 비판적 지역주의의 연장선상에서 한국성을 탐구하던 시기였고, 그러한 그룹들의 활동 이외에, 이렇다 할 대형 신인 건축가를 찾아보기 힘든 시기가 이어지고 있었다. 조민석은 당시 그러한 건축계의 상황에서 새롭게 주목받으며 세대의 간극을 메워주는 강력한 신인 건축가로 등장했으며, 그의 건축을 통해 우리는 한국 건축의 새로운 세대가 등장하고 트렌드가 새롭게 생성됨을 목격했다. 조민석은 욕망과 니즈에 '솔직하고' , 징후적으로 보이는 사회의 외적 변수까지도 중립적 입장에서 '건강한 시각' 으로 작업한 건축을 제시해 왔으며, 동시대성과 시대정신을 구현하며 '창조적 파괴자' 의 역할을 수행해 왔다.

99) 임기택, 글로벌 신자유주의 시기, 한국적 동시대성을 잘 구현 '해왔던(현재는?)' 창조적 파괴자, 조민석, 건축평단, 2018년 글을 재편집하고 최근 경향을 부가함.

1990년대 말과 2000년대 초의 시기는 디지털 혁명의 패러다임이 세상을 바꾸고 있던 시기였다. 조민석은 들뢰즈의 생성의 철학에서 나오는 '리좀', '복합체' 등의 노마디즘의 개념에 가장 근접한 건축가로, 일본 신건축 공모전에서 수상하면서 건축계에 알려졌고 실제로 당시 일련의 특이한 작품을 선보이며 혜성과 같이 등장했다. 비판적 지역주의의 세례를 받고 회고적 한국적 특성을 중심으로 장소의 가치를 논했던 당시 한국 건축계에 마치 '서태지와 아이들'과 같이 시대적 흐름을 초월하여 거대한 파괴력을 가진 '겁 없는 신진 건축가'가 등장했던 것이다. 조민석은 자유주의 가치와 사유와 궁합이 맞는 건축가로서 자본의 가치를 잘 대변하고 있는 건축가, 그러한 측면에서 한국적 동시대성을 가장 잘 구현하는 건축가, 시대적 징후와 시대적 잠재성의 표현을 가장 잘 도출했던 건축가라고 평가할 수 있을 것이다.

1990년대 말과 2000년대 초의 시기는 디지털 혁명의 패러다임이 세상을 바꾸고 있던 시기였다. 조민석은 들뢰즈의 생성의 철학에서 나오는 '리좀', '복합체' 등의 노마디즘의 개념에 가장 근접한 건축가로, 일본 신건축 공모전에서 대상을 받으면서 건축계에 알려졌고 실제로 당시 일련의 특이한 작품을 선보이며 혜성과 같이 등장했다. 비판적 지역주의의 세례를 받고 회고적 한국적 특성을 중심으로 장소의 가치를 논했던 당시 한국 건축계에 마치 '서태지와 아이들'과 같이 시대적 흐름을 초월하여 거대한 파괴력을 가진 '겁 없는 신진 건축가'가 등장했던 것이다. 조민석은 자유주의 가치와 사유와 궁합이 맞는 건축가로서 자본의 가치를 잘 대변하고 있는 건축가, 그러한 측면에서 한국적 동시대성을 가장 잘 구현하는 건축가, 시대적 징후와 시대적 잠재성의 표현을 가장 잘 도출했던 건축가라고 평가할 수 있을 것이다.

100) 조민석 설계사무소의 소개글: 매스스터디스는 대량생산 문화, 과밀화된 도시적 조건, 그리고 새롭게 등장하여 현대성을 규정하는 문화적 틈새들의 맥락속에서 건축에 관한 비판적 탐구로써 2003년 서울에서 건축가 조민석에 의해 설립되었다. 매스스터디스는 과거와 현재, 지역과 전체, 이상과 현실, 개인과 집단과 같은 21세기 공간적 조건들을 규정하는 수많은 마찰들 속에서 개별적이고 단일화된 시각이 아닌, 다중적인 상황들에서의 효과적인 복합성에 초점을 둔다. 다양한 범위의 스케일을 넘나

조민석이 사무소를 설립한 시기(2003)는 전세계적으로 닷컴 버블과 신자유주의적 가치가 만들어 낸 고도성장과 함께 찾아온 문화 융성의 시기로, 글로벌 자본이 활발히 자본의 식민지화를 전개하던 때였다. 당시는 자본이 신자유주의적 특성을 충실히 반영하고 잠재성을 드러내면서 미디어적 능력을 겸비한 건축가를 찾고 있던 시기였고, 조민석이 그러한 특성에 적합한 건축가로서 주목받게 되었다. 그러나 그가 무조건적으로 자본에 순응한 것만은 아니며, 상품화로 몰락하는 것에 저항하는 감수성이 있었음에 주목할 필요가 있다. 그는 세계의 변화 상황과 동시대의 외적 변수를 있는 그대로 인정하지만 적절하게 저항하기도 하고 다른 차원으로 가치를 배치해 놓기도 하면서 탈주하는 양상을 보인다.

조민석이 취해왔던 관점과 작품 경향을 살펴보기로 하자. 그의 사무소 '매스 스터디스' 를 소개하는 글에서 주요하게 발견할 수 있는 키워드들을 추출하여 요약하면 다음과 같다. **대량생산 문화와 과밀화된 도시적 조건, 문화적 틈새들의 맥락속에서의 외적 변수의 탐구, 다양한 마찰속에서의 효과적인 복합성 추구(다양한 스케일 포함), 이를 통해 사회적 문화적 (건축적)가능성 탐구**로 요약해 볼 수 있을 것이다.[100]

조민석은 동시대 대도시의 밀집 문화의 현대성을 규정하는 다양한 요소들을 정치, 경제, 사회, 문화적 시각으로 바라보고 그 속에서 현대성을 담아낼 수 있는 현대 건축의 잠재성에 대해서 탐구한다. '매스 스터디스' 라는 이름 자체가 후기구조주의적인 생성의 가치, 공간과 시간속에서 각 요소(대중의 기호와 니즈)들의 관계와 힘의 장의 역학관계에

76

드는 각각의 건축적 프로젝트에 대해, 매스스터디스는 새로운 사회적, 문화적 가능성을 발견하게 하는 비전에 초점을 두고 공간체계/매트릭스, 건축재료/공법, 건물의 유형적 확산 등의 주제들을 탐색한다.

76 조민석, 부티크 모나코

집중하겠다는 의지를 잘 드러낸다. 매스와 프로그램의 연관관계에 대해 주목하는 건축가들은 관계와 힘의 향방, 힘의 흐름에 따른 절단되고 합쳐지는 **'프로그램들의 복합성'** 에 자연스럽게 관심을 가질 수밖에 없다. 각각 매스의 색과 기능, 볼륨들의 결합들이 만들어 내는 **'관계와 힘의 매커니즘'** 에 집중하기 때문이다. 그는 한국, '서울' 이라는 도시는 전세계에서도 주목할 만큼 급격한 도시화와 과밀, 집중, 성장을 보여주는 장소로 규정하고 이러한 변수들을 연결시키며 생성시켰다. 그는 당시 한국적 개발의 징후적 요소들까지도 포함하는 한국적 동시대성을 반영하여 작품을 계획했다.

조민석의 건축은 자본을 만족시키며 동시에 '탈주' 하는 양상을 지속해 왔다. 그는 외적 변수의 요소들이 만들어 내는 힘과 관계에 집중하여 잠재적으로 내재된 힘에 의해 경계를 형성하는 부분에 집중하는 생성의 철학의 관심사와 공명하며 작업을 진행해 왔다. 그는 이러한 힘과 관계를 잘 파악하고 반영할 수 있는 건축적 수단을 '다이어그램' 이라고 여겨 그것을 사용하여 대도시 밀집 문화와 관련된 자본의 기본적인 요구사항을 충실히 만족시켜 왔다. 그러나 그는 자본을 단순히 만족시키는 수준에 머무른 것이 아니라, 그것 이상의 가치를 삽입하거나 때로는 풍자에 가까운 세련된 복합성을 제시함으로써 자본을 충분히 만족시키며 저항의 감수성을 드러나지 않게 삽입하는데 성공해 왔다.

그의 초기 대표작인 헤이리의 '딸기가 좋아' 는 '물신숭배의 신전' 으로서 쌈지의 캐릭터 전시(플래그쉽 스토어)의 초기 버전으로 계획되었다.

77

77 딸기가 좋아, 쌈지 전시장

또 이 건축물은 교외에 위치하며 트렌디한 캐릭터 디자인과는 어울리지 않는 듯하게 상부와 벽면의 에코적인 요소와 비수익적인 방식의 전시공간을 결합하는 방식으로 '탈주'의 양상을 보였다. '자이 모델하우스'는 한국식의 아파트 문화의 징후를 상징하는 자본으로부터 '모델 하우스'를 조금 더 고급화시키며 브랜드화하고자 하는 기업의 요구에 부응한 작품이다. 역설적으로 그는 아파트 문화보다 더욱 높은 가치의 건축적 가능성을 모델하우스 자체의 건축을 통해 보여주었다. 그의 건축 자체에 새로운 가치를 삽입하는 역설을 보이며 탈주하고자 했다.

78

그러나 2010년대 이후 들어서서 그의 관심사는 기존의 특성과는 사뭇 달라진 방향으로 확장되고 있다. 외적 변수의 복합화와 그에 맞는 해결 방안으로서 복합화되는 '기계'적 양상의 작품보다는 자체적인 세밀한 완결성을 추구하는 작업이나 자연과의 연계에 초점이 맞추어진 작품들이 등장하기 시작한 것이다. 조민석의 서광 차밭에 위치한 티스톤(2012)과 이니스프리 제주하우스(2019) 및 초루(2023)의 작업 등은 이전 도심에서 보여졌던 복잡다단한 외적 변수에 대응하는 작업이라기보다는 자연의 한가운데 위치하여 자연과 소통하고자 하는 새로운 작품 경향을 보여준다. 그러나, 그의 이전 작업이 그러했듯이, 이 작업들은 자연에 완벽하게 녹아 들어가는 느낌이라기보다는 건축 자체는 기존의 그의 작품의 관성대로 동시대적인 특성과 물성이 그대로 드러나기 때문에 자연과는 다소 이질적인 느낌이 들도록 계획하고 있다. 티스톤의 경우, 다듬어지지 않은 원석과 같이 매끈한 검은색의 매스를 계획하면서 역설적으로, 건축과 자연이 묘하게 소통하고 있는 제스처와 함께 배치되어 있는 양상이다. 자연

78 조민석, 오설록 티스톤

과는 이질적인 원초적 느낌의 매스를 병치시킴으로써 주위의 콘텍스트와 소통하는 동시에 자연과의 관계에 있어서 '의도적으로 낯설게 하기'를 하고 있는 듯생경한 느낌을 불러일으킨다. 그것은 마치 자연과 유기적으로 소통하고 조화를 이루기보다는 양립하며 자연과 적당한 긴장감을 가지면서도 동시에 큰 무리없이 화해하고 있는 제스처로 느껴진다. 그것은 마치, 피터 쿡이 만년에 노자의 사상에 영향을 받아 자연을 도입하여 조화시키고자 하지만, 건축과 자연이 화학적으로 융합되지 못하고 각각 그 자체의 존재감을 뚜렷하게 지니면서 혼합되어 있는 듯한 느낌과 유사하다. 강한 자의식을 지닌 건축가의 '주체'가 여전히 강하게 살아있고 서양의 대상화된 시각과 대상화된 자연이 함께 공존하며 긴장감 있는 상태로 조화를 이루고 있는 형국이다. 그러나 아직까지 그의 작업이 자연과 화학적으로 완전히 하나가 되어 풍경으로 '소멸'되는 느낌을 받기는 어려운 것이 사실이다.

원불교 교당은 기존 교당과는 달리 한국적 종교의 계보에 있는 생활종교에 가까운(조민석이 주장하기로) 원불교의 특성과 기능들이 비정형의 매스 형태로 복합화된 '매끈한' 다양체(복합체)를 성공적으로 제시하고 있는 작품이다. 그것은 마치 자하 하디드의 후기 작품들에서 보이는 '자기 완결성'의 매끈함과 유사한 느낌으로 다가온다. 근작 '스페이스K 서울'의 경우도 마찬가지다. 2024년 서펜타인 파빌리온에 초대되어 작업한 'Archipelagic Void'는 동북아 노자 사상에 영향을 받아 개념화시킨 것이다. 조민석은 다양한 조합으로 변환될 수 있는 원환(중앙부 바퀴)의 프레임과 그것을 둘러싸는 주변의 선적 매스 안에 다양

79

79 조민석, 원불교 교당

한 행위를 담고 중심에서 화합할 수 있는 기능의 복합체를 계획했다. 이 복합체는 상황에 따라 다양한 조합으로 변환되며 각 상황에 적합한 '추상기계'가 될 수 있다. 이것은 그의 작업 전반에 흐르는 복합체(다양체)로서의 그동안의 '매스 스터디' 작업들의 방향성을 스마트하게 표현하고 요약한 것으로 평가할 수 있을 것이다.

그는 중심 이탈의 힘, 체제 외적인 영역인 배제된 그룹들, 무시, 억압된 영역에 대해 중립적인 시각에서 객관적으로 현존하는 힘들을 있는 그대로 바라보고 반영하며 일정 부분 저항의 감수성까지 포함하여 표현하는데, 그는 이 때 다이어그램을 주요하게 사용해 왔다. 기존의 힘을 복합화하여 새롭게 경계를 다시 쓰는 방법론은 바로 다이어그램의 특성이자 장점이다. 조민석은 시대적 상황과 외적 변수에 맞추어 끊임없이 탈주할 때 그의 존재 이유와 폭발적 생산력이 담보될 수 있었다. 생성의 철학과 잠재성을 중시하여 관계와 힘에 따라 유동적인 경계를 형성하는 건축은 어떠한 방향성을 가지고 새롭게 변모해 나가야 하는가? 계속해서 그의 건축은 여전히 탈주하고 있는가? 아니면 시대의 흐름에 맞추어 다양성을 포용하는 보수화의 행보를 하고 있는 것인가? 아니면 연륜에 맞추어 안정화되는 것인가? 한국적 콘텍스트를 적용하고 동북아 사상과 문화의 가치를 '매끈하게' 접목시켜 '자기완결성'의 과정에 있는 것인가? 라는 질문이 계속되며 그의 다음 행보를 기대하게 만든다.

–장윤규의 복합성과 다양체

장윤규는 조민석과 함께 밀레니엄 이후 세계적인 흐름의 보편성을 기반으로 하여 복합성과 다원성의 동시대적 특성을 한국적 상황에 맞춰 잘 구현해오고 있는 건축가이다. 특히, 그가 참여했고 스스로 대표작이라고 생각하는 'ACC 국립아시아문화의 전당 계획안(2005)'은 후기구조주의적

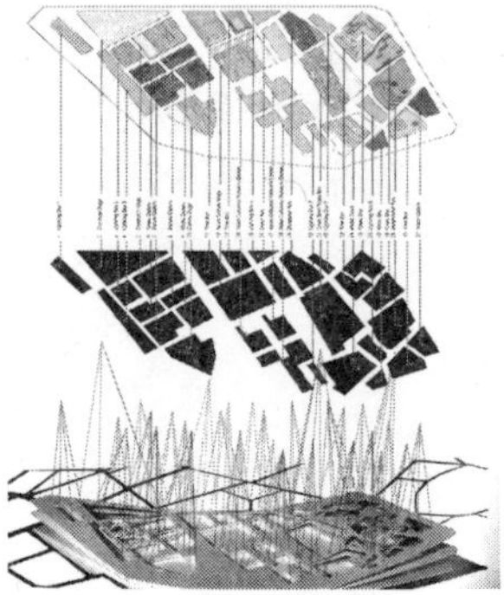

80

인 '매트빌딩(mat-building)' 의 구축론을 인상적으로 실험한 작품이다. 그는 외적 변수의 요소들을 사이트에 적합하게 융화될 수 있도록 각 프로그램을 복합화시켜 '주름' 으로 접고 주변과 조화를 이루도록 계획했다. 동시에 광주의 아픔과 역사적 기억을 반영하여 다양한 활동과 이벤트가 창발할 수 있도록 계획했다. 그는 그 지역의 콘텍스트 이면의 욕망과 콘텍스트가 말하고자 하는 것들을 드러내면서 구조와 구조 이면의 요소들과 대화가 이루어지도록 계획했다.

'크링(2008)' 은 금호건설의 아파트 모델하우스로 임시 개관했다가 문화시설로 전용된 사례이다. 이 계획은 한국 특유의 아파트 문화를 상징하는 한시적인 임시시설이었다가 문화와 행위가 다양하게 창발되는 공간으로 전환되어 사용되면서, 일시적으로 철거가 유예되었다가 영구적으로 유지되도록 결정되면서 또 다른 생명력을 얻게 되었다. 시대적 상징성을 잘 구현하였기에, 한시적으로 또 한정된 예산으로 계획된 모델하우스 건축물이 오히려 긴 수명을 획득한 '드문' 사례가 되었다. 이 계획은

81

80 장윤규, ACC 아시아문화전당 계획안
81 금호건설, 크링

물의 음원의 파상이 겹치고 단면상 그러한 다양한 행위들이 교차하도록 계획함으로써 공간과 프로그램이 연계되고 유동하며 단면과 입면까지 개념이 확장되며 그 존재감을 드러내는데 성공한 작품이다.

82

성수문화복지회관(2013)은 외면에서 보여지는 노출된 상태의 다양한 복도와 계단, 램프 및 이동 동선들이 내부로 유기적으로 연결되면서 다양한 프로그램들(도서관, 공연장, 아트홀, 사회복지관, 보건소 등)의 조합이 복합체가 되어 주름이 접히고, 펼쳐지는 양상이 인상적이다. 계획은 성수동의 분위기와 조화를 이루며 콘텍스트와 잘 어울리는 복합체를 만들고 있다. 건축물의 다양한 프로그램과 외부에 열린 시민들의 공간들과 유동적인 동선의 흐름과 파편화된 입면의 선적 요소들이 서울과 성수동의 다원적인 동시대성을 잘 표현해 주고 있다.

–김찬중, 제조업 강국의 니즈와 가치의 동시대적 구현

김찬중은 그의 사무실의 작명만큼이나 '시스템적' 인 건축을 추구해 왔다. 그는 성균관대학교 건축학과를 졸업한 이후, 하버드 GSD를 졸업하고 챈 크리커 사무실과 우규승 사무실에서 수련했다. 귀국 후 경희대 건축전문대학원 교수로 활동했고, 이후, 건축사무소 '시스템 랩' 을 개소했다.

김찬중은 모든것이 자본화되고 산업화 된 동시대적 특성을 건축에 적용하는 작업을 진행해 왔다. 그는 새로운 소규모 부품 제조의 시스템이 전체로 확대되는 산업계 특성과 이를 건축에 적용하여 동시대화하는 작업을 상징하는 건축가이다. 그는 제조업 강국인 한국적 상황의 특성을 잘

82 성수 문화복지회관

83

반영하여 건축에 적극적으로 적용하는 건축가라고 할 수 있다. 제조업이 강력한 한국적 상황 역시 풍부한 노동력을 바탕으로 고도로 자본화된 한국적 상황을 반영한 것이라고 할 수 있다. 실제로 그가 자신의 가장 중요한 인생작으로 꼽고 있는 '핸즈 코퍼레이션 사옥'은 부품과 같은 비정형의 형태들의 일부분이 반복되며 전체로 확장되는 입면과 공간을 보여준다. 그 부품과 같은 요소는 형태이자, 공간이자, 기능으로서 전체로 확장되며 건축구축적으로 하나의 시스템이 형성된다.

김찬중은 그의 사무소 이름이기도 한 '시스템'을 어떻게 정의하고 있을까? 그는 시스템을 '프로젝트에 가장 최적화된 솔루션'이라고 생각한다. 프로젝트는 디자인 언어로 접근하지 않고 그 나름의 이유가 지닌 시스템이 있고, 그것을 찾아내는 것이 임무라고 생각한다.[101] 모든 디자인을 하는 행위에는 어떤 '체계'를 노하우로 갖고 있어야 하며 기능과 요구에 따라 건축물에 맞는 시스템이 존재한다고 생각하는 것이다. 그는 콤포넌트(부품)의 기술적 위상을 강화하여 새로운 '가치'를 만들어 내는 것을 중시한다. '건축가가 스스로 맡은 첫 번째 숙제는 컴포넌트를 중심으로 한 물리적 시스템을 건축으로 구현하는 방식에 관한 것이었다. 산업적이어야 했고, 생산 가능성이 중요했고, 필요한 만큼 생산할 수 있는 제품과 같은 구조여야 했다.'[102] 라는 그의 언급과 같이, 그의 건축은 생산 가능성에 초점을 맞춘다. 건축설계는 화려한 형태보다는 결국 철저한 서비스 정신을 중심으로 구축 가능성과의 싸움이라고 생각하는 것이다. 그는 실험적인 형태보다 명확하게 구축할 수 있는 방식을 중시했고, 예측 가능성과 오류 가능성을 최대한 줄일 수 있는 가치를 중시했다. 일반적으로 그

83 헨즈 코퍼레이션 사옥
101) WIDE AR vol 53, 김찬중 비평, p95
102) WIDE AR, 같은 책, p34

를 실험적인 건축을 추구하는 건축가로 생각하는 경향이 많은데, 이러한 부분은 오히려 철저히 보수적으로, 또 사용자 편의 중심을 최우선의 가치로 생각하고 있는 것이다.

그는 하버드 GSD 수학 당시, 자신의 부족한 언어의 문제를 해결하기 위해 말이 필요 없는 '명확한' 건축에 집중했다. 건축의 모든 요소는 부품(component)에 집중되었다. 말을 줄이는 것이 목표였다. 그는 학생 시기에 부족한 언어를 극복하기 위해 심플하고 모호한 것이 없는 명확한 방식, 즉 부품 모델의 조합으로 설명할 수 있게 계획하고 모형을 만들었다. 학생 시기부터 말이 없이도 모든 것이 이해 가능한 부품으로 이루어지는 건축적 시스템을 추구한 것이다. 자연스럽게 그는 졸업 후, 부품이 된 건축을 산업적 시각으로 보게 되었다. 그가 인상깊게 바라보는 시스템은 '홈디포'의 상업적 시스템이다. 홈디포는 엄청나게 큰 창고 내에 위치한 컴퓨터 부품점인 마이크로센터를 운영하는데, 그 안에서 소비자들은 놀이하듯 자유롭게 움직인다. 고객들은 창고를 뒤지면서 부품들의 창조적인 조합의 구축을 수행하기 위해 움직이고, 찾고, 구매하고, 부품 조립의 '생산'에 참여하게 된다. 소비자는 그 공간 속에서 각 부품들이 팔레트 사이즈에 포장되고 운송되고 전시되고 상품화되는 상황에 참여하게 되는데, 그들은 부품들을 선택하고 조립하는 행위를 수행한다. 하나의 '컴퓨터'라는 기능이 원활하게 작동하게끔 하는 생산활동에 참여하게 되는 것이다. 그가 하는 건축 작업 역시 이와 유사한 방식을 채택했다. 건축을 예술이 아닌 철저한 산업으로 이해한 김찬중은 매스커스터마이제이션의 가능성을 모색했다. 컴포넌트와 시스템이라는 건축적 주제, 매스커스터마이제이션, 시뮬레이션, 산업과 기술의 종합, 1:1 목업(mock-up)은 그의 주요한 주제가 되었다.

그의 산업적 솔루션은 싸고 빠르게, 조합하여 만들어 내는 간편식의 레시피인 레토르트와 같은 산업화의 제품을 추구한다. 그는 음식까지도 산업의 일부로 생각되는 현대에는 간편하고 확실하고 신속하게 조립(수행)하고 소화할 수 있는 시스템에 돈을 지불하게 된다는 것에 영감을 얻었고, 이러한 트렌드에 맞추어 건축 부문에서도 이와 유사한 솔루션을 추구하는 것이다. 그는 연희동 갤러리를 계획하면서 패브리케이션 기법을 선구적으로 적용했다. 이후 그의 작업은 물리적 시스템에서 감성적인 방식을 적용한 좀 더 복합적인 시스템으로 확장되고 있다. 한국적 시스템이 보편적이면서 동시대의 한국적 특수성을 극명하게 드러낸다는 점에서 향후 행보가 기대된다.

글로벌 신자유주의는 초연결사회와 교역과 이동의 증가로 인해 전세계적인 투자가 이루어졌으며 그로 인해 신도시가 빠르게 생성되는 경향을 만들었고, 이러한 상황에서 건축가들은 외적 변수에 발 빠르게 대응하는 움직임을 보여왔다. 다이어그램은 이러한 다종다양한 외적 변수들과 힘들의 역학관계를 적절하게 반영하고 니즈들을 만족시킬 수 있는 방법론으로 활발하게 실험되었다. 개별적인 프로그램들이 접합되고 복합화되며 만들어 내는 거대함(Bigness)의 특성을 보이는 복합체의 건축은 이 시기에 나타난 전지구적인 현상이었다. 도시의 비장소성은 이 시기의 가장 큰 특징이다. 다이어그램은 이러한 비장소성이 지배하는 신도시에 자연이나 지역의 특수성을 제외한 가운데 변수들의 역학적 힘들을 고려하여 작업하는데 있어서 매우 효과적인 도구였다. 앞서 언급된 건축가들의 작품은 이러한 시대적 상황에서 세계화의 주요 도시로 급부상한 '서울'이라는 도시의 복잡다단한 외적 변수를 반영하는데 적합한 작업을 선보였다. 그것은 일정 부분 시대적 상황과 외적 변수 그리고 부정적 징후까지도 포함하는 작업이었다.

0524 위상학적 주름 디자인과 동북아 건축과의 연계지점

—생성의 철학과 주역의 세계관+천인합일의 방향성

'생성의 철학'은 세계를 구성하는 다양한 요소들 혹은 역할자들의 관계로부터 생성되는 다양한 '사건'과 '의미'를 상징하는 담론이다. 생성의 철학이 활발하게 담론화되었던 시기는 90년대 말부터 2000년대 들어서면서 사회의 많은 부분이 디지털화로 전환된 시기로, 급변하는 사회적 상황에 적합한 담론으로 주목받았다. 개인 PC의 보급과 스마트폰 및 개인 자동화 기기들의 혁명적인 발전으로 인해 사람들 대부분이 이러한 디지털 기기들로 연결되며 실시간으로 소통하고 업무를 할 수 있는 환경이 조성되었다. 파라메트릭 건축의 경향은 액체 및 주름 등의 개념과 이미지들의 실험으로서, 당시 사회적 변화에 대응하는 건축공간 및 조형과 관련되어 있다. 네트워크화된 사회는 두 가지 양면적인 특성을 보인다. 기존 체제에 탈주적인 흐름이 있는가 하면, 이와는 정반대로 기존의 구조를 더욱 공고화하는데 사용되는 측면이 있다. 기술과 매체는 그 자체로 선과 악에 있어서 아무런 방향성이 없다. 그것을 사용하는 주체의 힘의 의지에 따라서 그 기술이 사용될 뿐이다. 디지털화된 기술은 자신의 욕망과 권력의지를 좀 더 빠르고 효과적으로 접근가능하게 하고, 성취가능한 플랫폼이라는 도구로 형성되었을 뿐이다. 전 세계인들과 손쉽고 자유롭게 소통가능하고, 실시간으로 협력이 가능하게 된 현상은 이전에는 볼 수 없었던 다양한 사회적 특성들을 만들어 냈다. '노마디즘'으로 대표되는 들뢰즈의 생성의 철학은 20세기 후반부에 등장하여 밀레니엄 전후로 더욱 활발하게 논의되면서 건축, 조형 관련분야에 '리좀(rhizome)'의 개념이 유행하는데 근본적인 담론이 되었다. '리좀'은 뿌리줄기로서 사회의 각 요소들이 평등하게 네트워크화되어 연결되고 탈 위계화되면서 탈주를 가능하게 만드는 담론의 키워드로 각광 받아 왔다. 그러나 디지털 세계는 탈주의 기

84

술로도 쓰일 수 있지만, 동시에 지배층이나 보수 세력에게 있어서 통제와 관리의 효과적인 도구로 쓰일 수도 있다. '기술' 자체는 선악이 없으며 그것을 사용하는 주체의 의지가 투사되어 작동될 뿐이기 때문이다. 생성의 철학은 결국, 각 요소들의 힘의 배치, 욕망의 배치, 권력의 배치에 따라 어떻게 자리를 잡고 상호관계를 가져갈 것인가의 문제가 중요하다.

밀레니엄 이후, 건축 분야에서도 개인 PC의 보급과 성능의 향상으로 인해, 개인 PC에서도 CAD 및 3D 그래픽 프로그램의 운용이 가능해졌다. 범용 3D 그래픽 프로그램이 활발하게 사용되면서 NURBS 기반의 매끄러운 곡선의 비정형의 형태를 손쉽고 자유롭게 표현할 수 있게 되었다. 또 비행기 제작에 쓰이는 CATIA 등의 프로그램을 통해 비정형의 3차원 곡선을 CAD, CAM의 시스템과 연계하여 실제 정교한 제작까지도 가능하게 됨으로써 형태의 구현에 있어서 무한한 자유의 세계가 펼쳐지게 되었다. 실제로, 프랭크 게리의 작품이 실현되면서 현실적으로 까다로운 비정형 형태 구축에 있어서 비용의 문제만이 남아있을 뿐, 3차원의 비정형의 블롭(blob) 형태, 프리폼(free-form)의 형태는 형태 구성 자체의 제약에서 해방되었다. Spline은 두 점 간의 기하학적 선의 연결의 사이를 탈주하듯 타고 흘러 들어가면서 NURBS 기반의 매끄러운 곡면을 만들고 비정형을 만드는데 필수적인데, 그것은 어떤 면에서 '탈주' 이기도 하고 다른 한편으로 두 점 사이에서의 원활한 통제를 통해 매끈하게 관리되는 '안정화' 된 선으로 해석이 가능하다. 이러한 특성은 들뢰즈의 '잠재성의 운행을 통한

84 spline과 프랭크 게리의 자유곡선

접힘과 펼쳐짐' 이라는 '주름' 의 개념과 매우 유사하게 적용될 수 있다. 점차 3D 그래픽 프로그램의 발전과 함께 그러한 담론의 개념을 이미지화 할 수 있는 최적의 환경이 조성되면서 건축 및 조형분야에서 활발하게 담론화되고 작품화가 진행되었다.

하나의 거대한 매스 안에 각 프로그램 및 요소들이 상호관계를 맺으면서 새로운 무언가로 복합화되는 것은 생성의 철학의 주요한 관심사이다. '차이' 가 분기되어 전혀 다른 무언가로 생성되는 느낌의 형태와 공간을 '요소' 와의 관계의 매스로 표현하는 것은 리좀적, 주름의 개념과 친숙하게 연계되며 표현되어 왔다. 자연스럽게 다이어그램을 강조하는 건축가 계열이 이러한 개념을 이용하는 경우가 많았다. 또 지면과 땅, 벽, 천장이 위계를 알 수 없을 정도로 연속되며 지형적 느낌의 매스를 형성하는 '랜드스케이프' 건축을 추구하는 건축가들도 '주름' 의 개념을 많이 사용했다. 이들은 최신의 프로그램을 사용하여 기존에 볼 수 없었던 주름, 매끈한 물방울 혹은 액체의 유동적인 흐름이 엮여 있는 이미지들을 제시함으로써 당시로서는 전위적인 이미지들을 창조할 수 있었다.

'클라인 병' 혹은 '뫼비우스의 띠' 와 같은 개념의 공간들은 이성적인 기하학적 특성의 공간계획에서는 느끼기 힘든 다차원의 특성들을 드러내며 복합화되는 공간으로 실험되었다. 렘 콜하스의 '쿤스탈' 에서 느껴지

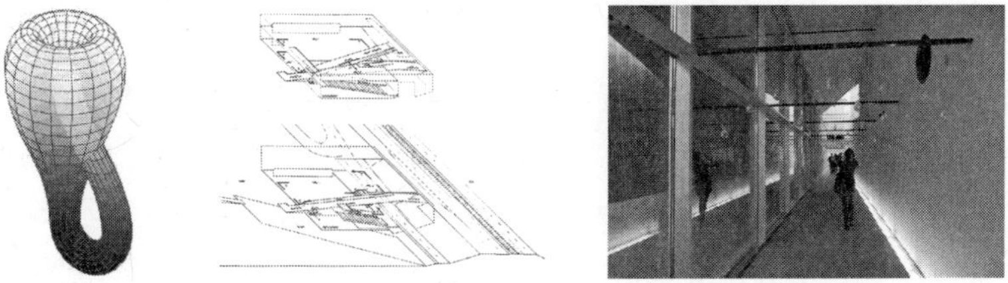

85

85 클라인병과 쿤스탈의 다차원의 공간구성

는 다차원의 레이어와 시점과 공간감은 데카르트적인 기하학의 체계를 벗어난 것이었다. 내부에서 외부로, 외부에서 내부로 동선이 다차원적으로 연계되는 클라인병의 위상기하학적 공간은 렘 콜하스의 '쿤스탈' 에서 최초로 그 개념이 현실화되었다. 앞서 언급한 대로, 우리는 자연의 도와 기의 흐름이 유연하게 중용을 유지하며 순행하는 삶과 건축을 추구해야 한다. 그러한 개념을 현시하는데 있어서 파라메트릭, 액체, 주름의 건축과 같이, 대상화되는 이미지로만 소비되는 것은 바람직하지 못하다. 그 이면의 진정한 상호의존성, 대대(待對), 순환이 원활하게 이루어져서 생성과 무자성의 특성이 성취되고 기의 흐름과 공명하는 건축적 개념으로 승화되어야 할 것이다.

그러나 앞서 언급한 당시의 새로운 사유나 작업 역시 자연과의 연계 혹은 자연과의 일체화된 공동체성의 의도가 반영된 것은 아니었다. 위상기하학의 내부성은 모두가 이렇게 대상의 형태적, 구성적인 관심과 관련되어 있다. 위상기하적 공간은 다차원의 공간으로 짜여져야 하는데, 전통적인 수평 수직의 기하학적 특성과 구축 방법론으로는 불가능하다. 현대건축에서 상호의존적인 건축 구조는 섬유조직적이면서 골조와 외피가 엮이는 구조로서, 내외부를 관통하는 공간구조 즉, 뫼비우스의 띠 혹은 클라인 병과 같은 구조들을 실험하며 현실화될 수 있었다. 이러한 특성들은 오늘날 파라메트릭 디자인의 구조와 외피를 실현할 수 있는 텍토닉과 외피의 실질적인 구축 방법론이 실험되는데 영향을 주고 있다.

프랭크 게리의 디자인 성향은 철저하게 본인의 예술적 성향에 따라 형태가 조형되고 있고, 그 형태 자체로는 조화가 이루어지지만, 그 형태들을 구축하는 자체의 내적 논리는 찾기 힘들고 작품마다 제각각인 조형이다. 그러나 비정형의 조형이라도 최근 grasshopper 프로그램은 내적 논리와 알고리즘에 의해 일률적인 변화와 형태의 점진적인 변화를 만드는데, 변수의 조절로 일순간 전체적으로 형태 변화를 가능하게 함으로써 기존의 개인의 창의성에 의존한 디자인에서 더 나아가 자기유사성의 조직을 실현할 수 있는 디자인으로 가능성이 확장되고 있다.

디지털 네트워크 환경의 변화로 전세계는 실시간으로 연결되며 일하면서 즐길 수 있는 초연결 사회로 변화되었고, 우리의 일상의 삶은 크게 변화되었다. 컴퓨터 툴의 발전과 3D 프린터 및 CAD, CAM 기법 등의 디지털 패브리케이션 구축방법론이 발전하면서 자유로운 형태의 구축을 신속, 정확하고 효과적으로 바꿀 수 있는 역량을 향상시켰다. 프리폼의 비정형 건축은 대상화된 상태에서 형태적 자유만 있을 뿐, 또 새롭고 자유로운 형태적 특성을 요구하는 상업적, 공공적 부분에만 적용될 수 있을 뿐, 자연과의 연계와 천인합일의 측면에서는 그다지 연계되지 않는 것이 사실이다. 이른바 대상화되어 하나의 창조적인 작품으로서 창작되는 경우에 여전히 서양의 대상화 된 사고, 자본화의 굴레에서 자유롭지 못한 '대상화 된 사물' 일 뿐이며, 자연의 일부로서 작동하는 관계가 될 수 없는 독립적인 '객체' 가 될 가능성이 높다.

위상기하적인 특성의 자유로운 평면이나 가변적인 평면은 매끄럽고 형태의 구속이 없는 공간조형적 특성에 집중하는데 초점이 맞추어져 있으면 곤란하다. 그것은 여전히 모형 안의 대상화된 사고체계일 뿐이다. 우리에게는 자연의 기의 흐름의 일부로서 상호관계를 자유롭게 하고 경계를 넘어서게 하고 필요에 따라 가변적으로 그 기능이 유연하게 사용되고 만족될 수 있는 시각의 전환이 필요하다. 또 자연의 기와 함께 살아갈 수 있는 공간구조의 고려가 필요하다. 그러한 태도는 앞서 언급한 동북아 건축의 가치를 높이는데 도움이 될 수 있을 것이다.

—자하 하디드의 DDP와 논쟁지점

동대문 디자인 플라자는 자하 하디드의 위상기하적 계열의 디자인이 한국의 동대문 상권과 역사적 도심 콘텍스트에 삽입된 사례이다. 동대문 운동장은 한국인들에게 각종 스포츠 경기의 추억과 동대문 의류 상권, 청계천 재개발의 기억들이 혼재되어 있는 장소이다. 공모전에 함께 참여한 유걸, 승효상, 조성룡의 작품이 이러한 동대문 지역의 땅의 장소성을 세심하게 고려한 것과는 달리, 자하 하디드의 디자인은 장소의 고려가 전혀 없는 액체의 흐름과 같은 건축으로 호불호의 평가가 극명하게 나뉜다. 이 건축은 BIM 기술이 적용된 대규모 구조와 비정형의 외피와 내부의 유동적인 동선과 흐름을 구현하기 위해 새로운 기술적 해결이 필요했다. DDP는 사업을 진행하는 가운데 BIM기술, 건축 및 건설 IT 기술을 대부분의 분야에 적용하며 구축했다. 그러나 이 디자인은 비정형의 위상기하적 디자인이 그러하듯, 너무나 쉬크하고 매끈하여 주변의 중요한 역사나 기억이 들러붙을 여지가 없이 무심하고 차갑게 서있는 형국이다.

서양에서는 들뢰즈의 생성의 철학과 관련된 담론과 함께 디지털 혁명의 특성들이 가미되면서 건축 부문에서 본격적으로 비정형의 위상기하적 형태, 매끈함의 형태 자체가 적극적으로 실험되었고, 건축의 많은 부분을 변화시켰다. 기괴한 우주선같이 보이기도 하는 이 건축물은 우주공간이 실제로 휘어져 있음을 논증하는 위상기하적 특성을 적용한 것으로 알려져 있다. 산업 생산물을 포함하여 건축에 있어서도 이러한 형태의 세련되고 매끈한 형태의 위상기하적, 리좀적 디자인들과 파라메트릭 건축적 실험이 유행하게 되었다. 그러나 '매끈함' 의 근본적인 특성과 형태 자체는 고정된 좌표체계를 유연하게 변화시키며 뫼비우스의 띠와 같이 하나의 자기완결적 형태로 대상화되는 측면이 있다. 따라서 인간적인 따스함과 투박함, 문화적 요소들이 같이 융합될 여지가 적어진다. 그러한 부분들이 녹여지기에는 이 건축물은 너무나 매끈해서 사람의 감정을 튕겨 나가게 만들고 매섭게 외면하고 있는 모양새이다. 또 다른 자기완결성의 대상화의 특성과 폐해가 반복될 우려가 있다. DDP는 동대문의 역사, 지역의 의류 상업활동의 활발함과 서민들의 삶과는 유리된 채, 운영시간이 지나면 월동하는 뱀과 같이 차갑게 웅크리고 있는 느낌이다. 이 건축물의 분위기는 일과 시간 이후 동대문에서 벌어지는 밤 시간동안의 서민들의 활발한 상업활동과 복잡다단함과는 동떨어져 있는 모습이다. 미기후적인 측면은 더 심각하다. DDP의 공간은 기계적 환기와 냉난방으로 운영된다. 미기후적 특성을 적용한 건축계획과는 전혀 무관하게 기계설비가 삽입된 디자인이다. 덥든지 춥든지 간에 계절에 맞게 찾아오는 '기의 흐름을 느끼면서' 공동체적인 활동과 이벤트를 받아줄 공간적, 관계적 특성들의 고려가 전무하다. 매끈함의 형태적 상호의존성이 있을지언정 자연과의 상호의존성, 즉 기후적 특성에 있어서는 무심한 디자인이다. 그러한 측면에서 이런 식의 디자인을 적용한 개발을 지양하고 동북아적인 풍토적 가치가 동시대적으로 녹아 들어가 있는 건축적 가치를 되살리고 담론화시키는 것이 필요하다.

86

—조택연의 실험, 자연의 내재적 생성 형태와 디지털 디자인의 실험

조택연은 중앙대를 거쳐 프랫과 UCLA에서 건축을 공부했다. 그는 한국에서 90년대 디지털 디자인을 계속해서 실험하고 담론화했던 페이퍼 아키텍트의 특성을 지니는 인물이다. 조택연은 한국에서 건축과 공간디자인 분야에서 자연의 내재적 형태로부터 유추된 비정형의 디자인과 디지털 디자인 계열의 실험을 꾸준히 진행하고 이를 전시해 왔다. 그는 인공

86 자하 하디드, 동대문 DDP

해양생태계 '복잡한 도시'의 기고와 1997년 '가이아' 전시를 통해 프랙탈적인 디지털 요소들의 생성과 변화의 개념으로 작업을 실험해 왔다. 그는 자연 만물을 탄생시킨 것이 생명의 근원이고, 물질의 기원이자 세계의 규칙과도 같은 존재로서 '가이아'의 개념을 제시했다. '가이아'는 자신을 매개로 하여 새로운 존재를 생성해 내는 능력과 세계를 만들어 낼 수 있는 힘을 지니는 개념으로, 그는 만물의 바탕이 되는 원초적 질료가 되는 생명의 힘에 착안하며 비선형의 동력계로부터 추동이 되는 다원성을 제시하는 디자인을 실험했다. 또 그는 애니메이션 '원더풀 데이즈'의 공간디자인에도 참여한 바 있다.

상상력에 근거하는 작업방식과 태도로 인해, 그의 이미지들은 항상 미래에 대한 시나리오가 전제된다. 그는 기하학보다는 비선형의 위상기하학의 세계를 긍정한다. '*모더니즘 건축은 아름다움에 대해 거의 미맹에 가까운 신피질의 거칠고 조악한 미의식을 만족시키는, 매우 단순한 형태 언어의 집합이다. 유클리드 기하학의 형태 인식과 근대 산업의 모듈화된 부품에 의존하는 모더니즘 건축은 당연히 단순한 형상 언어로 구축될 수밖에 없었다. 이러한 형상의 단순함을 숨기기 위해 복잡한 질감으로 장식하지만, 건물과 도시는 아름답게 느끼기에는 너무 단순하고 또 복잡하다. 그래서 시인의 풍부한 감성은 회색빛 도시의 삭막함을 슬퍼한다. 모더니즘 형태 언어는 두뇌의 인지적 성장과 시각적 감성을 피폐하게 만드는 형상들의 집합이다. 이는 모더니즘 건축이 가장 실패한 건축 흐름으로 평가받는 이유이다.*'라고 언급한 것과 같이, 그의 세계관은 직선이 지배하는 기하학적인 모더니즘을 거부하는 입장에 있으며, 디지털 세계의 자유로운 형태와 구성에 대한 실험을 추구했다. 그의 실험은 1990년대 말 세기말적인 시대적 상황에서 새로운 디지털 시대의 변화를 연계하여 만들어 내는 두 가지 특성이 동시에 내재된 묘한 분위기의 공간 이미지들을

87

창조해 왔다.

조택연은 생명체의 공간, 혹은 공간으로서의 생명을 사유하고, 아인슈타인의 상대성의 공간과 복잡성의 과학, 진화심리학과 유비쿼터스의 개념들을 섞어 데카르트적인 그리드 체계를 초월하는 비선형, 비정형의 디자인을 실험해 왔다. '형상 언어로서의 대칭성이라는 예측 가능한 동일 형태의 반복, 즉 재귀적 자기 닮음이다. 주경기장은 새 둥지 모양의 껍질을 무작위로 잘라낸 것처럼 보인다. 하지만 무작위가 계속 반복되면 이 같은 반복에서 패턴이 만들어지고 마침내 비선형적 질서가 나타난다.' 103) 이러한 언급과 같이, 조택연은 기하학적 도시에 대한 비판과 함께 근대성을 비판하고 생명 및 자연의 유기체적인 사고를 접목하여 유기체적인 비정형의 건축적 실험과 함께 생성의 철학과 위상기하적 특성을 긍정하는 담론을 제시해 왔고, 이와 함께 그에 적합한 이미지와 공간을 실험해 왔다. 그의 작업이 실제 작동할 수 있는가와 기능적인 것을 동시에 만족시킬 수 있는가는 논외로 하자. 그의 작업은 실제로 지어지는 것에 초점을 두기보다는 기존의 질서에 저항하고 폐해적인 특성을 환기시키고 새로운 이미지와 잠재성과 새로운 방향성을 아방가르드적으로 실험하는 것에 초점이 맞춰져 있기 때문이다.

87 조택연, 자연의 내재적 생성원리와 디지털 디자인의 실험
103) WIDE AR vol 39, 조택연 p58

동북아 사상과 건축은 자연과 각 프로그램 및 각 역할자와의 상호의존성의 관계를 중시한다. 각 역할자들은 때에 따라 그 공간이 쓰여지는 기능과 이벤트에 유연하게 적응할 수 있고 어울리는 공간적 쓰임새를 중시한다. 이른바 무자성(無自性)의 특성이다. 각 역할자들의 기능과 역할은 상호의존적으로 서로를 기다리고 순환한다. 비정형 디자인과 위상기하적 디자인의 형태 자체는 이러한 유연한 흐름과 상호대대, 순환을 즉물적으로 시각화하여 표현하기에 적합한 방식이었다. 그러나 핵심은 단순히 공간과 형태를 대상화시켜 시각적인 연결 및 흐름의 환상적인 이미지만을 만드는 것이 아니라, 자연의 기의 변화와 하나가 되면서 실질적인 무자성의 공간과 표현이 되어야 한다는 점에 있다. 그것이 꼭 비정형의 형태일 필요는 없다. 또 중요한 것은 형태와 공간이 이벤트와 관계의 생성이 원활한 쓰임이 다하고 난 이후에는 자연스럽게 다른 용도로 쓰일 수 있거나 순환할 수 있는 것이냐에 달려있다. 또 쓰이는 동안에 주변 자연과 일체화되고 환경에 대한 부하가 적으면서 오랜 시간이 지나도 환경에 부하가 가지 않는 상태로 소멸이 이루어질 수 있느냐의 가치, 역시 중요할 것이다.

한국 현대건축의 역사와 풍경의 건축의 잠재성

앞서 살펴보았듯이, 사상적인 측면에 있어서 다원적인 특성을 반영하는 포스트모더니즘, 해체주의, 후기구조주의의 사유가 거의 유사한 시기에 한국에 동시다발적으로 유입되었고, 한국적인 방식으로 해석되며 담론화 되었다. 건축 분야에 있어서도 80년대 중, 후반의 포스트모더니즘과 90년대 해체주의적 양상이 실험되고 90년대 말 세기말의 데카당한 현상을 겪고 난 이후, 밀레니엄이 시작되면서 디지털 시대의 혁명적 변화와 매끄러운 비정형의 표현이 유행했다. 생성의 철학과 다원성의 동시대성이 섞여 들어가고 디지털 툴과 구법이 일반화되면서 형태적, 표현적, 담론적 영역에서 많은 변화가 생성되었다. 그러한 변화들은 오늘날 AI의 기술적 발전을 토대로 새로운 단계로 진입하고 있다. 이제 한국의 근대화 이후, 한국 현대건축의 다원적 흐름에 대해 살펴보기로 하자.

0525 한국의 포스트모더니즘 및 해체주의 건축과 표현적 건축 경향

–포스트모더니즘 건축과 한국적 실험

포스트모더니즘 건축은 찰스 젱크스가 '모더니즘 건축의 죽음'을 선언하고 난 이후, 포스트모던 건축의 담론을 주도하며 등장했다. 포스트모더니즘 건축은 전통과 역사를 존중하는 의미에서 기존의 전통적인 건축 요소들이 차용되며 복합화되어 입면에 이미지로 붙어있게 된다. 따라서 포스트모더니즘 건축은 입면이 '장식'의 요소로 작용하면서 마치 광고판과 같은 역할을 하는 경향이 강하다. 대량 복제되었던 모더니즘 건축의 획일적인 분위기에서 시대의 변화와 니즈에 따라 대중 친화적인 요소들이 복합화되어 친숙한 이미지를 만들고 있는 것이다. 절충주의는 여러가지 출처의 건축양식 어휘들을 모방하여 절충하는 것으로, 그 지역에서 역사적으로 친숙한 선례들을 취사선택하여 조합하는 방식으로 '창조적 모방' 을 만들게 된다. 자유로운 분위기에서 은유나 직설법적인 요소들의 선택과 조합이 이루어지는 것이다. 마이클 그레이브스의 경우, 고전적 어휘와 함께 대중적으로 친숙한 이미지와 색을 조합하거나, 디즈니 애니메이션 캐릭터들을 입면의 조각상으로 과감하게 배치하여 '물신(物神)의 신전' 을 만드는 식으로 계획하면서, 상업적으로 영합하며 대중의 취향을 맞추는 건축을 제시했다. 그는 건축물의 파사드에 장식들을 차용하며 패러디, 패스타쉬 등의 기법을 사용했고 그것은 결국, 건축이 '매체(media)' 로서 의미의 전달이라는 측면으로 접근되어 관찰자의 '의미론적 해석(decoding)' 이 이루어지는 건축을 추구했다. 로버트 벤츄리는 모더니즘 건축을 조롱하는 의미로 'Less is Bore' 라는 구호를 외치며 '장식된 헛간(decorated shed)' 104)의 건축적 특성을 강조했다. 그는 중산층 이상의 계급의 니즈와 취향을 반영하여 복합성과 장식을 절충하여 시각적인 유희를 추구했다. 또 그는 고전적인 요소들의 잡동사니와 같은 장식들을 자유롭게 사용하면서 모더니즘 건축과 확실한 차별을 가져왔다. 대중이 이해하기 쉬운 문화적 기호와 복합성의 역사적 양식의 절충은 포스트모더니즘 건축의 주요 테마였다.

서양에서 포스트모더니즘 건축은 건축어휘를 채택할 때, 전통과 역사의 존중이라는 의미에서 서양의 고전 건축어휘를 차용하여 사용했는데, 보통 기능보다는 장식적인 측면으로 사용했기 때문에 입면(파사드)의 표현이 위주가 되었다. 포스트모더니즘 건축의 장식은 고전 건축의 요소들이 조합되는 가운데 무분별한 복제가 문제가 되었다. 특히, 한국의 경우,

104) 장식된 헛간(decorated shed): '오리(duck)' 는 조각처럼 다듬은 하나의 아이콘(기표)과 같은 형태이다. 반면, '장식된 헛간' 은 후면의 헛간과 같은 실용적 건축의 앞에 상업적 간판을 붙인 건축이다. '헛간' 은 자동차 도로에서 시각을 사로잡는 시각적 간판(기표+기의)의 상징을 사용한다.

경제성장이 지속되고 해외의 각종 사조 및 사상이 도입되면서, 다원주의적인 사상 및 문화의 수입과 함께 다양한 요소들이 차용되는 국적 불명의 포스트모더니즘 건축이 유행하는 시기(1980년대 후반)가 있었다. 어느 정도 규모가 있는 상업건물들의 상부와 입면에 출처를 알 수 없는 화강석 페디먼트, 양식 기둥들이 기묘하게 붙여진다던가, 예식장 건물의 입면을 어설픈 디즈니식의 백설 공주 성과 유사한 방식으로 파사드를 채우는 식이었다. 이러한 경향은 서양의 건축양식의 직접적인 모방과 표현주의적인 특성이 상업적인 부분과 영합하여 이미지화되면서 나타났던 현상이었다. 당시의 이러한 경향은 경제력의 증대와 소비 문화의 확산과 함께 점차 이미지 중심의 다원주의 사회로 전환되는 과정에서 나타났던 건축적 양상이었다. 한편으로 몇몇 작품에서는 한국적 정서를 담고자 하는 창조적 의지의 실험적 작품들도 표출되었다.

건축은 기호와 대중문화로서 포스트모더니즘 사상과 불가분의 관계를 맺는다. 포스트모더니즘 건축은 가벼운 이미지 중심의 의미론적, 기호적 표현 및 대중문화와 뗄래야 뗄 수 없이 밀접한 상호관계를 형성하고 있다. 이러한 현상은 건축 분야의 외피 집중 현상의 원인이 되고 있으며, 대중과의 중요한 소통방식이 되고 있다. 그러나 대중의 취향과 기호 그리고 저속한 싸구려 이미지들이 난무하는 것이 포스트모던 시대의 다른 한 편의 건축의 모습이다. 이처럼, 포스트모던 건축의 부정적인 부분은 기호적 미끌어짐의 영향으로 상징적인 기표에 집중되고 있다는 점이다. 여기에는 자본과 영합하며 나타나는 물신적 특성과 기호의 과잉이 보이고 있는데, 어디를 가더라도 유사한 경관과 현실 왜곡의 디즈니적인 테마파크화가 진행되는 상황이 반복되고 있다. 포스트모더니즘 건축의 기호적 특성에서 주목해 보아야 할 부분은 자본의 속성으로 인한 부정적인 부분에 대한 타푸리의 비판이다. 즉, 테마파크화, 스펙터클화 되어 가는 포스트모던 공간구조는 문화 제국주의적인 속성이 있으며 일상생활의 식민화가 가속화되는 부정적인 측면을 강화하고 있다. 앞서 포스트모더니즘의 사상 부문에서 언급했듯이, 전두환 정권은 정치적 관심을 돌리기 위해 이른바 의도적인 3S 산업(Sex, Sports, Screen)을 진흥시키면서 대중문화가 기형적으로 육성되는 사회적 분위기를 만들었고, 그런 사회 분위기에서 출처 불명의 기묘한 포스트모더니즘 건축들이 일시적으로 유행했다고도 볼 수 있다.

한국 포스트모더니즘 건축의 대표적 사례로서, 김기웅의 1981년 완공작, 전주 시청사는 주변 전주 한옥마을의 콘텍스트의 영향하에 최초로 실험된 한국적 포스트모더니즘 건축이라고 평가할 수 있을 것이다. 한옥의 도시, 전주의 콘텍스트와 이미지를 보존하기 위해 전주에서는 콘크리트 기와지붕을 얹은 '철도 역사'와 1994년 '호남제일문'의 톨게이트 및 상부에 콘크리트 기와지붕을 얹힌 각종 관청 및 공공 건축물들의 사례들이 등장했다. 김기웅의 전주 시청사는 마치 전주에 진입하는 성문인 풍남문을 상징하는 조형을 채택하고 있다. 전주성과 유사한 저층부 상부에는 실제 목조의 한옥 망루가 덧붙여져 있고 그 좌우측으로는 개선문 혹은 당간지주를 연상시키는 기둥의 매스가 올라가 있다. 또, 좌우측 하부에는 콘크리트 기와지붕이 삽입되어 있다. 나머지 건축의 매스는 모더니즘의 기능적 오피스와 같은 간결한 형태의 매스들이 덧붙여져 있다. 이 계획은 당대에 서구에서 유행하고 있던 포스트모더니즘의 건축어휘를 한국적으로 번안하여 실험한 최초의 파격적 사례로 남아있다. 이 건축물은 근대성을 상징하는 서구의 모더니즘 건축의 기능성과

88

88 김기웅, 전주시청사

한국적 유형의 요소들과 형태들이 덧붙여지면서 상호 충돌하고 있는데, 나름의 조화를 이루고 있다. 그것은 벤츄리가 주장한 모호함, 불합리성, 이중성 등을 중시하는 태도가 접목되어 당시의 건축적 한계 내에서 포스트모더니즘 건축을 실험한 것이다.

이 건축물은 국적 불명의 정체를 알 수 없는 건축물로 혹평을 많이 받았는데, 실제로 김기웅의 작품 이후, 다른 건축가로부터 포스트모더니즘 건축의 실험적 경향이 뚜렷하게 나오지는 않았기에 일종의 해프닝과 같은 느낌으로 치부되기도 했다. 그러나 분명한 것은 그의 작업이 서양의 매너리즘 건축의 실험을 떠올리게 만든다는 것이다. 마치 서양의 매너리즘 건축가들이 당시의 건축적 한계 내에서 치열하게 고민하여 새로운 표현 방법과 역사성을 실험했던 것과 같이, 김기웅 역시 당시의 한계 내에서 새로운 건축적 실험을 수행했다는 점은 분명하다. 다만, 이후 그가 계획하고 실현시킨 독립기념관은 동양 최대의 콘크리트 지붕을 적용한 작업으로, 그는 포스트모더니즘의 새로운 실험으로 자평했는데, 이 부분은 시대착오적인 후퇴였다.

박항섭의 경원대학교 본관은 서양의 고전적 요소와 구성적 요소들이 조화를 이루고 있는 작품이다. 이 건축계획에서 코니스와 박공의 페디먼트, 기둥들의 다양한 요소들은 서양 본래의 것이 아니라, 건축가가 스스로 해체하고 새롭게 재해석하여 그것을 바탕으로 재구성한 것이다. 각각의 요소들과 재료들의 조합은 마치 구성주의 디자인의 방법론과 유사하게 요소들의 재해석과 조합의 구성이 훌륭하게 조화를 이루고 있으며, 건축가는 각 요소들의 크

89

89 박항섭, 경원대학교 본관

기와 위치, 조합 등을 세밀하게 조절하여 안정적인 면적 구성을 선보이고 있다. 이 계획은 한국적 포스트모더니즘 건축에 있어서 요소들의 조합과 조화라는 측면에서 당시 새로운 한국적 건축 실험을 보여주었던 작업으로 남게 되었다.

이처럼, 한국의 포스트모더니즘 건축의 트렌드는 경제가 발전하고 문화가 다원화되는 80년대부터 시작되었다. 국적 불명의 페디먼트와 기둥이 조각된 입면들이 상업건물에 부착되었고, 예식장은 으레 '백설 공주의 성'과 같은 풍으로 치장되며 유행했다. 그것은 건축의 사인(sign)으로 작용했는데, 그와는 상반되게 껍데기 이면의 기능은 매우 기능적인 박스 구성을 보였다. 단순히 화장과 같이 껍데기만 치장한 양상의 입면들이 적용된 건축물들이 우후죽순 들어섰다. 앞서 언급했듯이 이 시기에는 김기웅, 박항섭 등의 건축사례처럼, 서양의 각종 건축적 요소들을 재조합하여 새롭게 구성하는 방식이나 한국적 요소들을 차용하는 방식의 포스트모더니즘의 실험적 사례들이 등장하기도 했다. 이 시기의 일부 실험적인 건축 계획들은 매너리즘 건축가들이 당시의 기술적, 문화적 한계 내에서 치열하게 고민하며 계획했던 작업과 같이, 기능적인 모더니즘 건축이 지배해왔던 당시의 한정된 건축적 상황에서 더 나아가 한국적 현실에서 절충적 해법을 고민하며 실험했던 시도로 볼 수 있다. 그러나 자본의 특성상, 그 외의 일반적인 건물들의 경우, 포스트모더니즘의 트렌드를 반영한 건축 양상은 대중의 미숙한 취향과 자본의 세속적인 경향과 영합되었고, 이내 '화장'과 같이 저급한 장식적 요소로 전락하고 말았다.

—해체주의와 표현적 건축주의

해체주의 철학은 1960년대 말에 서구의 로고스 중심주의적인 철학을 근본적으로 비판하며 자크 데리다가 주창한 철학이다. 그것은 사물과 언어,

존재와 표상, 중심과 주변 등 서구의 전통적 형이상학과 구조주의를 비판하고 형이상학적 사고에 의하여 지탱되어 온 모든 이원론의 입장을 해체하고 새롭게 구축하고자 하는 철학이다. 이 사조는 세계화, 다원화된 포스트모더니즘의 시기에 예술, 문학, 건축 등에 크게 영향을 끼쳤다. 해체주의는 '해체' (de-construction)라는 단어 자체가 구축의 반대어로서, 파괴 또는 해체, 파편화 등의 행위적 이미지를 연상시키기 때문에 부정적 인식이 강하다. 그러나 실제로 해체주의는 서구의 서술 방식의 해체, 이항 대립의 해체 등을 통해 기존 구조나 체계에서 말하기 힘들었거나 의도적으로 억압하고 배제하고 소외시켰던 요소들을 온전하게 드러내어 조금 더 안정적인 사회 구조를 만들어 낸다고 하는 목표를 설정하고 있었다. 따라서 이것은 어떻게 보면 불안정하고 억압된 것과 화해하고 포용하는 '안정화' 를 위한 긍정적인 담론으로 보아야 할 것이다. 우리는 해체주의의 '해체' 라는 단어의 부정적 이미지를 뛰어넘어 긍정적 부분을 포착해야 한다. 해체주의는 이성의 부작용으로 지적되는 경직되고 획일화된 사고에 반대하고, 그동안 이성에 밀려 무시되어 왔던 구조 이면의 무의식의 요소들을 온전히 드러내는 것을 긍정한다. 그러한 측면에서 해체주의는 후기구조주의의 한 갈래로 무의식의 요소들의 작용에 주목하고 있으며, 무의식의 운동을 사유하는 데리다, 레비나스, 들뢰즈의 사상들과 일정 부분 공유되는 부분들이 존재한다.

해체주의 건축은 1988년 필립 존슨과 마크 위글리 주도하에 영국에서 해체주의 건축 심포지움이 처음 열린 이후, 그 해 여름에 미국 MOMA에서 '해체주의 건축전' 이 열리면서 공식적인 사조가 되었다.[105] 해체주의 건축에서 '해체' 에 대한 통속적인 의미는 구축 또는 조형에 반하여 파괴, 분해의 단어의 의미를 띠고 있으며, 구축(construction)에 반하여 '해체' 라는 파괴(de-construction)를 지칭하는 행위와 연결되어 있다. 따라서 해체주

105) 피터 아이젠만, 프랭크 게리, 자하 하디드, 쿱 힘멜블라우(건축사사무소), 베르나르 츄미, 다니엘 리베스킨트, 렘 콜하스

의 건축은 다양한 요소들의 절충과 탈형식화, 콜라주가 자유자재로 발생하며 기존의 형태를 파괴, 단편화하여 변형, 조합, 중첩, 회전시키는 양상을 보인다. 즉, 무의식의 요소들이 온전하게 기존 건축의 콘텍스트, 구조, 조형에서 드러날 수 있는 조형을 선보이고 있는 것이다. 해체주의 건축은 모더니즘 건축과 달리 직선과 정형의 형태가 아닌 곡선과 비틀어지고, 휘어지고, 겹쳐지는 왜곡화를 통해 중심성, 통일성, 계층 질서들을 초월한다. 때로는 무중력 상태의 형태가 과감하게 충돌하면서 비효율적이고 반기능적인 결과물들이 등장하기도 한다. 이를 통해 해체주의 건축은 역사적 이미지를 단편화한 뒤, 재구성함으로써 일종의 '혼성' 의 상태를 만들어 내기도 한다. 결국 해체주의의 건축은 억압, 배제, 소외된 무의식의 요소들이 온전하게 기존의 구조(역사, 콘텍스트, 기존 건축구조 등)에 드러날 수 있도록 표현한다. 그러한 표현 방식은 기존의 '건축적 구축 행위' 를 다시 생각하며 재구축하자고 강조한다. 해체주의는 해체적인 파괴의 몸짓을 통해 억압되고, 배제되고, 소외된 것들을 온전하게 드러나게 하여 오히려 '안정화' 시키는 '화해' 의 구축론인 것이다. 그것은 관습적인 방식이 아니라, 앞서 해체주의 이론 부분에서 살펴보았듯이, 새로운 '미래완료적' 글쓰기의 방식을 통해 그 이면, 혹은 간격 사이(행간)에서 억압되고 배제되고 숨겨진 무의식을 온전하게 드러내도록 하는데 목표를 둔다. 따라서 해체주의 건축은 근대건축의 합리적인 기능주의를 배격하며, 건축물의 기본 원리인 기능, 구성, 거주성, 편의성 등이 조화를 이루게 하는 기존 건축의 관습적 인식 및 구축 방식을 해체했다. 또 다양한 방식의 비구축의 원리를 추구하며 사이 공간에서의 다양한 특성을 드러낸다. 피터 아이젠만의 경우, 주택 1~10까지 실험하면서, 기존 주택의 평면에 몇몇 그리드를 교차시키고 중첩하고 추가하여 새로운 방식의 건축적 구성을 실험했다.

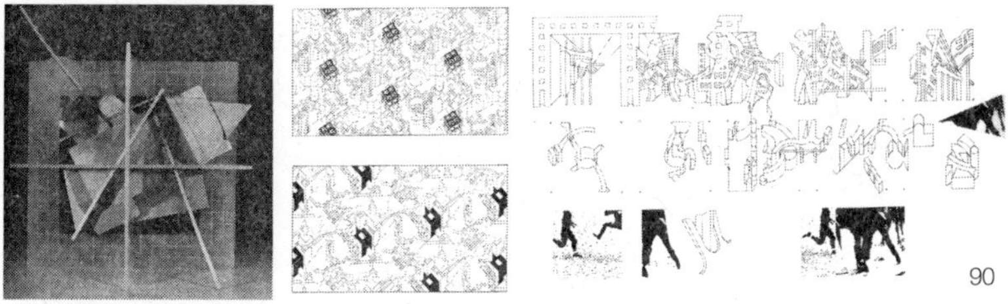

90

영화감독 베르토프의 '간격이론'은 해체주의의 개념을 설명하고 건축에 적용하는데 중요한 시사점을 제공한다. 그는 영화의 쇼츠(shorts)들 사이에 무의식을 떠올리는 이미지들을 끼워 넣으면서 초현실적인 이미지를 융합시켜 새로운 '의미'를 도출해 낼 수 있는 영화적 기법을 창안해 냈다. 버나드 츄미는 베르토프의 간격이론과 유사하게 '맨하탄 트랜스스크립트'의 작업을 통해 도면과 다이어그램, 투시도의 세 가지 특성들이 동시에 드러나는, 그러면서 그 어떤 영역에도 속하지 않는 독특한 이미지의 건축 작업방식을 창조했다. 그 작업은 건축에 있어서 긍정적인 요소뿐만이 아니라 자살, 살인, 폭력 등의 부정적인 요소들까지 포함하여 무의식의 요소들이 온전하게 드러나며 표현될 수 있는 건축의 주요한 새로운 표현기법을 실험한 것이었다. 그러한 특성들이 그의 대표작인 '라빌레트 공원'의 작업에 영향을 주며 현실화되었다.106)

91

90 무의식의 이면을 온전하게 드러내는 해체주의 건축의 실험적 특성

91 슬러츠키, 레베우스 우즈 회화 및 피라네지 동판화

106) 정진석, 임기택, 베르토프 간격이론과 츄미의 욕망의 구축방식의 관계성 연구, 대한건축학회연합논문집, 21권4호(통권92호) 2019년 8월, p56

해체주의 계열의 페이퍼 아키텍트이자 작가인 '레베우스 우즈'와 '로버트 슬러츠키'는 다양한 요소들을 충돌시키고 변형시키면서 '틈'과 '사이공간'에서 부유하는 요소들의 '해체적' 구성으로 무의식의 요소로부터 새로운 의미를 도출할 수 있는 방법론들을 실험했다. 피라네지는 18세기에 동판화를 주로 그린 '페이퍼 아키텍트'로, 고전의 건축적 요소들을 중심으로 거대한 지하 감옥의 이미지와 고대 로마의 숨 막히는 꼴라주 도시들을 상상하며 동판화를 작업했다. 그는 열병과 같이 펼쳐지는 거대한 상상의 공간들을 창조적으로 탐구하여 표현했다. 피라네지의 동판화 작업은 현실과 신화적인 요소들의 알레고리가 결합되어 전혀 새로운 이미지를 만들어 내는 제임스 조이스의 소설, 『피네간의 경야』와 유사한 특성을 잘 보여주고 있다. 조이스 문학의 해체적 작업방식과 알레고리의 특성과 해체주의 건축 어휘는 유사한 부분이 있는데, 무의식의 욕망이 대규모 공간의 요소들의 사이에서 억압되고 배제되어 있다가 분출되어 원활하게 표현하는 것이 가능한 방법론으로 실험된 것이다.[107)]

츄미가 사이 공간을 중심으로 사유하고 건축적 작업을 진행했던 것은 무의식의 요소들을 온전하게 드러나게 하면서 안정화시키는 해체주의의 특성을 실험한 것이었다. 조르쥬 바타이유가 남녀가 교합하며 '남'과 '여'의 정체성을 잊고 서로가 하나의 순간으로 전이되며 엑스타시의 절정의 순간을 탐닉하는 '에로티즘'의 본질을 이야기했듯이, 그의 분석을 사례로 들었던 츄미 역시 주체와 객체의 사이를 오가며 사이의 틈새공간에서 억압되고 배제되고 소외되었던 무의식의 잔여물들이 온전하게 드러나게 하는 방법론으로서, 해체론이 이와 유사함을 주장했다. 그 과정 자체가 바로 해체주의의 본질이다. 다니엘 리베스킨트는 유태인 박물관과 베를린 프로젝트에서 유태인들의 수 천년간의 유랑과 역사적 아픔 등의 무의식을 온전하게 드러나도록 하기 위해, 역사적 의미의 다양한 축을 도

107) 제니퍼 블루머, 피라네지와 조이스의 각본, 임기택 역, 시공문화사, 2006, p164

입하여 교차되는 선으로부터 의미를 부여하며 동선과 매스를 구성했다. 방문자는 그 공간을 거닐며 다양한 층위의 건축적 요소들이 교차되며 무의식의 고통스러운 기억을 떠올리고 새로운 차원으로 화해시킬 수 있게 만들고 있다.

자하 하디드는 건축계획을 시작하기에 앞서서 자신이 추구하는 이미지를 유화로 그리는데, 그녀는 유화가 완성된 이후 비로소 도면을 그리기 시작한다. 무의식이 반영된 건축적 회화와 그것을 기반으로 만들어 내는 도면은 트레이싱지에 또 다른 레이어를 올리면서 그리는 전통적인 방식의 설계 진행 방식과는 전혀 다른 방법론이다. 그것은 무의식을 온전하게 드러내며 해체적 글쓰기의 수법을 현실화시킬 수 있는 새로운 방법론이다. 현재에 미래를 기입하는 '미래완료적인 글쓰기'는 이렇게 기존의 방법론과는 다른 창조적인 방식(글쓰기)을 사용했을 때 가능할 수 있다. 오늘날 해체주의는 형태와 공간만으로 한정된 것일까? 그 힘을 다하여 소진된 것일까? 또 오늘날 해체주의를 다시 언급하고 그러한 형태를 추구하는 것이 적절한 것일까? 라고 의문이 떠오를 수 있겠지만, 해체주의는 글쓰기의 행위가 있는 한, 건축에서 건축 행위를 하기 위해 도면의 선을 긋는 행위, 모형을 만들기 위해 칼을 들어 자르는 행위가 있는 이상 사라질 수

92

92 자하 하디드, 유화 드로잉

없는 담론이다. 억압되고 배제된 무의식의 요소들이 온전하게 드러나게 할 수 있는 방법론은 기존의 글쓰기가 아니라, 그것을 과감하게 해체하고 새로운 글쓰기의 방법론으로 실험할 때 온전하게 드러날 수 있다. 이를 통해 사회적으로 안정화될 수 있는 방법론이 새롭게 실험되며 등장할 수 있을 것이다.

—한국적 해체주의 건축의 실험과 작품 경향

한국에서의 해체주의 건축은 90년대 들어 권위주의 독재정치를 벗어나 문민정부가 수립되고 다원성의 시대로 접어들면서 등장하기 시작했다. 해체주의는 포스트모더니즘, 해체주의, 후기구조주의 등의 담론들이 동시다발적으로 들어오고 담론화되면서 어둡고 음습했던 현대사의 기억들과 아픔들을 온전하게 드러내고 그것들과 화해하고 안정화할 수 있는 상징적, 실험적 사례가 되었다. 그러나 그것은 서구 중심의 대상화 된 사고의 연장선상에서 수입되어 새로움을 보여준 것이었고, 동북아 사유의 연장선상에서 한국성을 고려하여 제시된 것은 아니었다는 점에서 나름의 한계가 존재한다. 이제, 한국에서 실현되고 담론화된 해체주의 계열의 건축작품들을 살펴보기로 하자.

국제갤러리(1991)는 건축가 배병길이 중앙대와 미국 UCLA 건축대학

93

93 배병길, 갤러리 현대

원을 졸업한 이후, 국내에서 처음 시도한 데뷔작이다. 그가 미국 서부의 건축대학의 해체적 경향 하에서 공부한 만큼, 국제 갤러리는 한국 건축계에 본격적으로 해체주의 건축의 담론을 불러일으켰던 작품이었다. 국제 갤러리는 다양한 사선과 가기둥 그리고 지붕 위 사선을 걸어 올라가는 인형과 다채로운 건축적 구조물을 배치하는 등, 기존 한국 사회에서는 볼 수 없었던 대담한 조형의 시도가 이루어졌는데, 그 장소가 고즈넉한 경복궁 주변의 삼청동 초입의 대지이기에 더욱 그 충격은 컸다. 이 건축물은 동시대와 과거가 교차하는 장소에 다양한 사선 형태의 매스와 재질, 구조물들이 파격의 조화를 이루면서 색다른 시각적 경험을 만들어 냈다. 건축가는 경복궁에 접하는 도로 건너편의 대지에 '새로운 글쓰기' 를 통해 기존 역사와 사회 이면의 무의식을 드러내고자 '새로운 기입' 을 시도했던 셈이다.

이어서, 배병길의 '갤러리 현대' 는 국제갤러리의 해체적 문법의 연장선상에 있는 리모델링 프로젝트이다. 이 건축물은 리모델링 프로젝트이기에 표현과 자유로운 공간구조의 한계가 있으나, 해체적인 문법의 성취에 있어서 성공적이다. 이 건축은 경복궁의 고즈넉한 콘텍스트에 일견 순응하는 듯한 입면을 보이고 있으나, 비철 금속 재료와 이질적인 색이 입혀진 입면은 이미 그 콘텍스트를 벗어나 있으며, 그 입면 자체도 본 건축

94

94 배병길, 갤러리 현대

물의 벽체와 물리적으로 분리되어 벗어나 있다. 기존의 건축 입면의 구조와 문법을 해체하려는 시도이다. 내부에 들어가게 되면 콘크리트의 물성이 그대로 드러나는 원초적인 느낌의 호를 그리는 개구부를 가로질러 상하로 이동할 수 있는 수직 동선이 배치되어 있다. 관람자는 상하를 오르내리는 계단에서 다차원적인 시지각적 공간감을 경험하게 된다. 고즈넉한 고궁 바로 옆 건축물 내외부에서 느끼는 이러한 경험은 당시 건축계에 신선한 충격을 가져다주기에 충분했다. 이 계획은 기존 건물의 층을 베어내고 잇고 덧대면서 구축되었는데, 얼핏 내, 외부로 보았을 때 단순해 보이지만, 전체적으로 보면 해체적 문법에 충실한 구성이다. '갤러리 현대'의 공간은 추상적인 현대 예술작품을 전시하는 공간이면서, 한 시점의 공간에서 개구부를 통해 신체가 이동하면서 다차원의 공간을 바라볼 때 무의식의 발현이 자유롭게 생성됨을 경험할 수 있었다. 이 건축에서는 600년 고도(古都)의 역사적 기억과 아픔, 그리고 무의식을 드러내는 공간 속에 '예술' 이라는 동시대의 치유의 행위들이 함께 펼쳐지는데, 이러한 기억과 행위가 한 공간에서 교차되면서 관람자는 역사적 기억과 무의식이 온전하게 발현되는 경험을 하게 된다. 관람자는 콘텍스트가 가지는 한국 근현대사의 아픈 기억들과 무의식이 현재와 섞이며 치유되는 경험을 하게 되는 것이다.

95

김헌의 '다이코그램' 은 dichotomy(이분법)+gram(to write)이 조합되어 있는 'dichogram' 이라는 단어에서 유추할 수 있듯이, 양단 사이를 오가며 글을 쓴다는 의미이므로 해체주의 담론에 충실한 작명이다. 부식된 동판의 사선의 매스감과 벌어진 틈 사이로 외부로 돌출된 수직 동선의 형태 조합과 내외부의 연결은 해체주의 건축의 본질적

95 김헌, 다이코그램

인 의미와 무의식의 틈에서 솟아나오는 무의식의 잔여물들의 강한 역동성을 느끼기에 충분하다. 또 이 건축에는 원초적 재료와 형태 구성에서 무의식의 감각을 일깨우는 감각이 존재한다. 외부에서는 닫혀있는 형상이고, 내부로 열려있는 껍데기의 구성은 내외부의 상호연계와 끊임없는 교차를 상징하며 해체적 특성을 상기시킨다.

모포시스의 톰 메인이 계획한 이대 앞 '선타워'는 90년대 초반 이대 앞의 상권과 문화의 다원성이 창발하는 분위기에서 충격을 주기에 충분한 상징적인 작품이었다. 이대 주변 상권의 특성상 내부의 해체적 특성을 드러내기에는 충분한 여유와 임대면적이 나오기 힘든 상황이다. 그러나 외부에서 보이는 레이어가 겹쳐진 사선의 구조물들과 투시성의 메탈 메쉬 등의 재료의 조합은 90년대 시대적 상황과 문화의 다양성을 표출하고 있다. 세기말의 불안감과 데카당한 시대적 상황이 함께 녹아 들어가면서 이 건축은 일대에 독특한 분위기를 풍기는 상징적인 작품이었다. 지금은 주변 상업건축물들이 이전보다 높아져서 예전 느낌이 덜하지만, 이 건축이 새로 들어선 시기에는 주변에서 독보적으로 높은 구조물의 형상과 독특한 분위기로 인해 세기말의 해체주의 분위기의 상징성이 극대화되었다. 톰 메인이 의도했는지 알 수는 없지만, 80년대까지 암울했던 한국적 상황에서 시대적 아픔과 무의식의 기억들과 다원성이 표출되는 분위기와 세기말의 감성들이 교차하는 가운데, 선타워는 포스트모더니즘과 해체주의 사상이 활발하게 담론화되었던 사회 분위기를 상징하는 건축적 기록물이 되었다.

96

96 모포시스, 선타워

97

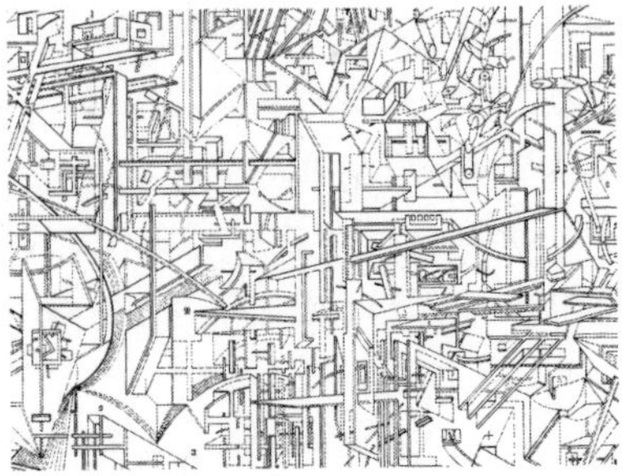

현대 아이파크 타워는 다니엘 리베스킨트가 계획한 작품으로, 코엑스 건너편에 위치하는 대지에 현대산업개발의 엠블럼이 연상되는 사각형 입면 안에 원형의 조형으로 구성되었다. 이 계획은 자신이 학생 시절 실험했던 작품인, 'Micromegas' 연작 드로잉의 현실 버전이라고 할 수 있을 만큼, 세련된 입면을 선보이고 있다. 다양한 요소들이 무중력 상태에서 떠다니며 파편화되는 양상의 모습은 무의식 속의 운동을 건축적으로 현실화시킨 듯한 작업이었다. 이 계획의 입면 조형은 명백하게 'Micromegas' 연작 드로잉의 연장선상에서 작업된 것이며, 러시아 구성주의의 절대주의와 칸딘스키의 작품과 같이 다양한 요소들이 무의식속에 떠다니는 이미지로부터 영감을 받은 듯, 그 이미지를 좀 더 건축적으로 현실화시킬 수 있는 방향으로 재구성되었다. 그러나 내부 평면은 세장형 대지에 적합한 전형적인 오피스 건물의 평면이며, 그 이미지는 외피에만 집중되어 있다. 사선의 기둥은 주요 구조와는 아무런 상관없이 부가적인 요소로 덧붙여져 있을 뿐이다. 포스트모더니즘 건축의 기표(signage)로 전락한 것으로 볼 수도 있지만, 현대산업개발 건축물이라는, 한국 사회의 아파트에 대한 무의식의 욕망과 그 행태들을 다른 차원의 세련된 방식으로 드러냈다는데 그 상징성이 있는 작업이라고 할 수 있다.

한국에서 해체주의 건축 경향은 80년대 말 혹은 90년대 이후, 포스트

97 다니엘 리베스킨트, 현대산업개발 사옥, Micromegas 구성작업

모더니즘 계열의 담론들과 다원주의 문화가 한꺼번에 유입되고 세기말의 분위기에서 발생했던 데카당한 분위기와 상실감, 혼돈의 당시 감정 및 문화를 반영하고 있다. 다른 한편으로 빠른 경제성장과 문화적 다양성이 포용되면서 억압적인 지난날에 대한 무의식이 적절하게 분출되었던 시기로, 점차 무의식과 아픔에 대한 화해와 안정화가 이루어지는 시기이기도 했다. 앞서 살펴본 한국의 해체주의 건축 경향은 사회적, 의미론적인 측면에서 그러한 특성을 보여주는 사례들이다.

0526 기일원론과 현대 건축의 만남과 변용

오늘날, 서구 사상 중에서 동북아 기학의 계보와 가장 유사한 사유는 들뢰즈 사유라고 할 수 있을 것이다. 그의 사유는 끊임없이 변화하며 새롭게 재편되는 자본의 움직임, 즉 동북아적인 방식으로 비유하자면, '기'의 흐름과 생성에 주목한다. 그리고 그 기의 흐름이 사실은 사람들의 무의식의 욕망에 의해 작동된다고 주장한다. 특히, 그의 사유는 후기자본사회의 매커니즘, 특히 신자유주의 시대와 디지털 시대의 매커니즘을 가장 잘 설명할 수 있는 철학이다. 자본의 순환 관계와 변화를 설명가능하게 하면서 동시에 그것이 무의식에 의해 추동되고 있음을 강조하는 것이다. 그는 사회를 추동하는 생성(기)의 움직임이 개개인이 모인 집단의 욕망에 의해 하나의 힘으로 추동되고 방향성을 만들면서 변화를 일으키는 양상에 주목하고 있다. 다만, 그의 사유에는 천인합일, 범아일여 등의 자연과 직접적으로 하나가 되고자 하는 의지는 보이지 않는다. 이러한 기의 변화의 양태 자체가 세계의 운행의 법칙이라고 생각하는 듯하다.

신자유주의의 출현과 세계적으로 신자유주의가 일반화된 현상으로 인해, 인류는 자본의 발전을 통한 달콤한 열매를 경험하게 되었다. 들뢰즈의 사유는 이익을 위한 이합집산의 규모와 속도가 이전 시대와는 비교

할 수 없이 빠르게 재편되고 흩어지는 현대 자본의 변화 상황을 유용하게 설명할 수 있는 사상이다. 그에게 근대의 '주체' 라는 개념은 존재하지 않으며 '사건', '효과', '생성' 등이 주체를 대체한다. 세계를 구성하는 요소들의 '관계' 들이 만들어 내는 사건과 효과 등이 각 상황에서 일시적으로 주체를 만들어 내는 움직임일 뿐이라고 생각하는 것이다. 끊임없이 변화하는 세계를 사유할 때 눈에 드러나는 현상 이면의 다양한 심리적인 요소들이 서로의 관계와 욕동의 추동에 의해 화학적인 반응을 일으키면서 새롭게 무언가를 '생성' 해 나간다는 것이다. 그는 각 요소들의 관계에 의해서 네트워크화되는 고구마 줄기와 같은 '리좀' 과 변화의 복합체 개념을 설파한다. 각 요소들의 관계와 새로운 만남을 통해 생성되는 '사건' 과 '효과' 는 새로운 '의미' 를 만들어 낸다. 그 의미는 그 때마다 하나의 방향을 가지게 되는데 그 방향은 각 요소들이 욕망의 힘의 추동에 의해 하나의 방향성을 가지면서 변화되며 순환된다. 그 순환은 작은 순환이 계속되며 큰 원환을 이루는 순환이다. 무의식의 시각으로 응시하게 될 때에는 시간의 흐름에 따른 일 방향의 시간성을 느끼는 것이 아니라, 순환의 시간성을 경험하게 된다. 잠재성이 수면 아래에서 드러나기 위한 운동이 진행되고 어떠한 특이지점에서 현실화되는 것이다. 각 요소들이 만나고 섞여 들어가면서 복합화되는 가운데 생성되는 일시적인 결과물은 무의식의 추동력에 의해 욕망이 투사된 '기계' 가 된다. 그 기계는 또 다른 요소가 접목되면 또 다른 욕망의 추동력에 의해 또 다른 기계가 된다. 다른 양태, 다른 모습으로 변화하며 나타나는 양태는 요소들의 배치 및 욕망의 목적에 따라 '차이' 를 만들어 낸다. 전쟁을 수행하기 위한 '전쟁기계', '추상기계' 등의 개념은 신자유주의 세계에서 순식간에 자본이 집적되고 투자와 개발이 일어나고 그 목적(자본의 집적)이 이루어지게 되면 순식간에 자본이 회수되고 빠지면서 빈껍데기만 남게 되는 특성을 설명하는데 적합한 개념이 되고 있다.

서양은 동양의 방식으로 폐해를 보완하며 우측으로 이동하고 있고, 동양은 서양의 근대성을 접목하여 좌측으로 나아가며 중간에서 만나고 있다는 주장과 같이, 동북아 기학의 관점으로 서양의 시각과 근대성을 다시 생각해 볼 때, 기존의 방향성과 다른 솔루션이 나올 수 있는 잠재성이 높아질 것이다. 물론, 그것은 현실에 기반한 변화여야 할 것이다. 일정 부분은 장기적인 교육을 통해 관점과 생활의 변화가 함께 이루어져야 한다.

한국 근현대 건축사에서 채움과 비움의 상호의존적 관계는 매우 중요한 개념이다. 대상화시켜 개별적인 오브제를 강조하는 서양의 근대건축에서 '비움'을 강조하는 것은 서양인의 시각에서는 생경할 수 있다. 비워진 부분은 상대적으로 채워진 부분과의 관계와 상호작용을 통해 새로운 '의미'를 생성할 수 있다. 한국 건축에서는 이러한 특성들이 비워진 마당을 통해 프로그램들이 상호 대대(相互 待對)를 이루며 순환하고 있다. '전통 건축에서 외부 마당은 다양한 건물들과 관계를 맺으면서 미분화된 상태로 마치 고리같은 역할을 담당했다. 물론 근대화를 거치며 그런 공간적 관계는 그대로 유지될 수 없었다. 식민 시기부터 건축가들의 지상과제는 서구적인 모델을 그대로 답습하는 것이었다.'[108] 근대 도시형 한옥에도 그러한 '비움'의 개념의 마당이 압축되어 등장한다. 마당은 불확정적 공간으로 나머지 공간을 유기적으로 연결하고 다양한 목적에 열려서 기능했으며, 내부화된 외부로서 불확정적인 공간과 기능을 수행했다. 그것은 비움과 채움의 긍정적인 측면과 자연의 감각을 유지하는 연계 장치였다. 이러한 장치는 오늘날 고밀화된 도시공간에서도 '비움'이라는 개념으로 연속성을 가지며 대안으로써 시도되고 있다. 한국의 전통 건축에서 비움의 체계로 이어져 내려왔던 선조들의 지혜가 급속도로 사라지는 것에 대한 일종의 '저항'인 셈이다. '도시인구가 급속도로 증가해, 고밀화에 적절히 대응하면서도 대량 생산이 가능한 도시 주거유형이 필요했기 때문

108) 정인하, 한국의 근현대건축, 열화당, 2023, p17

이다. 또한 자동차의 대량 보급은 새로운 라이프스타일의 도시주거를 요구했다. 1960년대 말부터 단층의 도시 한옥을 대체하는 '집장사 집' 들이 등장하는데, 여기서 거실은 도시형 한옥의 마당을 내부화한 것이었다. 집장사 집의 내부 공간은 마치 커다란 홀과 같은 거실을 통해 각 방으로 이어진다. 이로 인해, 외부마당-내부실 의 관계가 내부 거실-내부실의 관계로 바뀌었다. 이렇게 만들어진 평면 방식은 아파트, 다세대 주거와 같은 고밀도 주거 건물의 단위세대로 활용되며 도시 전체로 퍼져나갔다. 이는 전통 온돌이 바닥패널로 바뀌면서 아파트의 난방방식으로 채택된 것과 유사하다.' 109)

건축은 들뢰즈의 사유를 즉물적으로 설명하고 표현하기에 용이한 분야이다. 쇠퇴한 지역의 재개발을 생각해 보자. 건축에 있어서 잠재성은 변화의 시점이 무르익게 되면, 자본의 흐름에 따라 개발이 용이해질 수 있을 때까지 때를 기다리고 있다가 본격적으로 잠재성이 현실화될 수 있는 시기가 도래하면, 짧은 시간 내에 건축물로 세워져 '현실화' 된다. 그 건물을 현실화시키기 위해서 이전에 물밑에서는 개발의 이익을 극대화기 위해 시행사가 기획하고 관계자가 움직이고 적절하게 상호작용과 보완이 이루어지면서 '물밑 작업' 이 진행되었을 것이다. 이후 작업이 진행되면, 상대적으로 적은 시간 동안에 신속하게 현실화되는 것이다.

현대 서양철학에서 발견할 수 있는 기학과 유사한 특성은 기의 흐름과 욕망에 따른 이합집산의 매커니즘과 현상에 집중하는 경향이 강하다는 점에 있다. 그러나 그것은 개체 안에 전체의 특성이, 또 전체 안에 개체의 특성이 있다는 '범아일여', '천인합일' 의 특성에는 무관심하다. 자연과의 만남은 매우 중요하고 생명에 대한 강한 인식이 필요하다. 서구의 들뢰즈 사유에서 기학과 유사한 부분은 생명체의 움직임이 만들어 내는

109) 정인하, 같은 책, 2023, p18

이합집산과 이익의 행위에만 집중하고, 생명의 근원은 애써 외면하는 모양새이다. 자연을 알고 이해하는 법과 자연에 무리없이 적응하는 방법을 배우고, 자연과 하나가 되는 방법론과 연계하여 도시, 건축적 방법론을 정교화하는 것이 필요하다. 그리고 그것이 개인의 이익이나 평안함을 위한 공간이 아니라, '풍토' 의 개념이 적용되면서 가족과 이웃과의 커뮤니티, 더 나아가 시민들의 커뮤니티가 확장될 수 있는 방식의 공간계획과 경관의 방법론이 사유되어야 한다. 그런 과정이 이루어질 때 진정한 의미의 천인합일, 범아일여의 특성이 완성될 수 있고, 근대성의 폐해를 극복할 수 있는 방향성을 갖게 될 것이다.

–피터 쿡의 기술중심주의와 노장사상의 접목 vs. 문훈의 기일원론과 기계적 에로티시즘의 접목

20세기 후반에 이르러 점차 서양의 사상과 문화가 자체의 문제점을 보완하며 발전하기 위해 동쪽으로 이동하는 경향을 뚜렷하게 보여왔다. 이러한 측면에서 살펴보아야 할 상징적인 건축가로, 피터 쿡이 있다. 피터 쿡은 영국의 건축가이자 교육자 겸 페이퍼 아키텍트이다. 그는 AA 스쿨에서 수학했고 전위적인 건축운동 그룹인 '아키그램' 의 설립자이다. 그는 건축가로서 뛰어난 작업과 교육 분야의 공로를 인정받아 2007년 기사 작위와 RIBA 골드 메달을 수여받았다. 또 UCL 바틀렛 건축대학의 학장을 역임하기도 했다. 그는 근대건축의 특성에서 더 나아가 포스트모던 시대에 새로운 잠재성들을 실험하며 현대건축에서 전위적인 방식으로 영향력을 끼치는 데에 큰 역할을 해왔다. 반세기 이상 피터 쿡은 새로운 도시 건축과 자연에 대한 비전을 제시하며 건축의 사회적 역할에 있어서 큰 영감을 주었다.

98

98 피터쿡 회화

99

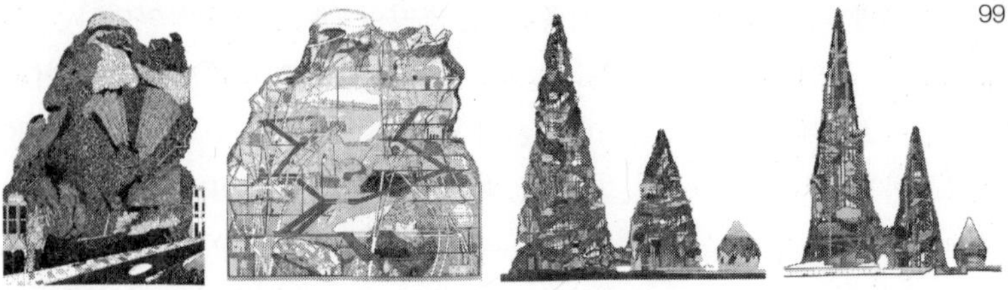

영국의 전위 건축가이자 교육자인 그에게 '드로잉' 은 가장 중요한 도구였다. 그는 회화적 방식과 환상을 그린 스케치 사이에서 미래의 도시와 삶의 방식에 대한 비전을 실험해 왔다. 그는 '드로잉' (회화)을 미래에 대한 비전과 환상을 실현시키기 좋은 '매체' 이며 새롭게 생각하고 재구성할 수 있는 전위적인 도구로 생각하고 있는 것이다. 서구의 사상이 자체적인 보완을 거쳐 동쪽으로 이동하는 가운데, 80년대 이후, 그의 작업은 생태적 관점의 작품 경향으로 점차 기울어진다. 그는 기술 중심주의적인 건축과 자연의 도를 중시하는 노장사상을 융합시킨 전위적 건축작업을 꾸준하게 실험하고 있다. 그것이 서양의 주체 중심의 이성의 폐해를 극복할 수 있는 새로운 방안이라고 생각하고 있는 것이다.

그는 초기에 기술낙관주의와 기술 중심의 낭만적 SF적 상상력과 B급 감성의 건축적 실험을 수행해 왔다. 그러한 아방가르드 페이퍼 아키텍트가 동양적 사상과 세계관의 영향을 받아 만년의 작업에서는 기술 중심의 건축과 자연의 융합을 실험하고 있는 것이다. 그의 아내이자 건축가인 야엘(yael reisner)이 생태학 학부 출신이기에 그녀의 영향이 있었을 것이라 추측되지만, 앞서 언급했듯이, 그의 작품세계는 서양의 기술문명과 과학 문명의 장점과 폐해를 인식한 서양이 동양의 '노장' 사상으로 대표되는 자연의 '도(道)' 의 영향을 받아 소위 '우측 방향' 으로 이동하고 있음을 상징한다. 물론, 그의 시각은 서구 기술과 과학 문명이라는 근대적 시각에 근

99 피터 쿡의 회화, 자연과 건축의 혼합(좌: Student Centre, 2018, 우: Quinhai Landmark, 2018-19)

거하고 있다. 우측으로 이동하고 있지만, 그 시각 자체는 서양적 시각과 사상이 중심이 되는 한계 내에서 우측의 것을 '접목' 하고 있는 것이다. 따라서 그의 작품은 여전히 대상화된 시각이 중심이 되는 측면이 존재함을 감지할 수 있다. 그의 작품은 대상화시키고 기술을 중시하는 근대 서구적 관점으로 자연을 접목시키다보니, 자연과 기술이 화학적으로 융합되는 느낌은 받기 힘들다. 지극히 서구적 관점에서의 자연과 접목되고 있는 특이한 느낌이 강할 뿐이다.

이와는 대조적으로, 한국 건축가 문훈의 드로잉에서는 '레베우스 우즈' 와 유사한 디스토피아적인 이미지에 성적 판타지와 유모어, 트랜스포머적인 기계적 요소들의 이미지들이 적용되어 있고, 그것이 한국적 형태의 자연과 접목되어 있다. 그의 회화에는 주변 자연의 기의 흐름과 각종 요소들이 융합되어 표현되면서 유쾌하면서도 기묘한 건축적 이미지를 창조하고 있다. 그의 회화는 한국적 시각으로 서양의 기계주의적 특성이 반영되어 독특한 이미지를 만들어 내고 있다. 문훈이 미국에서 수학하고 실무를 하여 보편적인 근대적 특성을 습득했지만, 그의 DNA에 그러한 성적 무의식과 함께 동북아 사상(음양오행, 주역, 노장사상)의 기원인, 샤머니즘의 요소와 기운생동의 특성이 함께 녹아 들어가 있는 것이다. 실제로 그의 작업에서는 붉은 계열의 색이 자주 사용되고, 부적이나 샤머니즘적인 요소들이 자주 등장한다. 그 계열의 색감은 마치 박생광 회화를 떠올

100

100 문훈이 새로 해석한 기운생동의 자연과 기계적 에로티시즘의 결합 드로잉

리게 만든다. 문훈의 작업은 한국인 특유의 사상적, 문화적 관점을 중심으로 서양 문화를 습득하여 보편성을 중심으로 융합시키고 있는 것이다. 각자의 문화와 관점을 중심으로, 서양인 피터 쿡은 동쪽으로, 동양인인 문훈의 경우, 서쪽으로 이동하여 중간 지점에서 만나서 경쟁하며 만들어 내는 이미지들은 사뭇 다른 느낌으로 다가온다. 각자의 영역에서 각자의 시각으로 이성의 근대성과 자연과 기(氣)를 표현하는 것은 각자의 풍토와 문화에서 자신의 부족함을 보완하고 발전시키며 새로운 생동감을 표현하고 적용하는 부분을 실험하며 경쟁하는 것으로 볼 수 있다. 향후, 우리는 한국 기일원론 계보와 한국 기학의 시각을 중심으로 근대성을 재해석하는 방식을 실험할 필요가 있다. 그러한 방식으로 동시대의 물질문명을 바라보고 표현했을 때 만들어 낼 수 있는 새로움은 문훈의 드로잉과 유사한 느낌의 방향성을 가지게 될 것이다. 문훈의 드로잉은 보편적인 경쟁력을 확보하면서 서양과 경쟁할 수 있는 잠재성을 잘 보여주고 있는 건축방법론으로서, 중요한 사례가 되고 있다.

—정재헌, 동시대 한국성의 잠재적 발현

동, 서양의 가치관을 충분히 이해한 상태에서 동북아 사상과 문화적 공간적 가치를 적절히 적용하여 훌륭하게 표현하는 건축가로, 정재헌이 있다. 정재헌은 성균관대학교를 거쳐 파리 벨빌 국립건축학교에서 앙리 시리아니의 지도를 받았다. 이후, 미셸 카강 사무실에서 근무하고 귀국하여 1998년 자신의 아틀리에를 열었다. 현재 경희대학교 건축학과 교수와 모노건축사사무소 소장을 겸직하고 있다. 그는 미셸 카강의 사무실에서 근무하며 '극도의 분절', '세련된 비례', '정교한 조형'을 추구하는 명료한 형태주의자(formalist)의 영향을 받았다. 그의 작품에는 주변 콘텍스트에 근거하여 건축의 내외부 관계, 연속성과 불연속성의 특성을 발견할 수 있는데, 그러한 특성은 프랑스 교육으로부터 영향을 받은 서구적인 건축 방법론이 접목되어 있음을 추론할 수 있다. 한편, 그는 어린 시절, 시골 ㄷ자 한옥에 살면서 대청마루 공간과 '뒤안' 에 대한 기억, 시원한 맞바람의 공간에 대한 기억이 강하게 남아 있다고 회고한다. 또 끊임없이 생육하고 변화하는 자연에서 뛰어놀았던 유년 시절의 기억이 그의 건축적 기억과 행보에 큰 영향을 주고 있다고 고백한다. 주요 작품으로, 도천 라일락집, 양평 펼친집, 호시담, 이인디자인 사옥, 새정이마을 주택, 오륙도 가원 레스토랑, 두물머리 주택, 나무호텔, 중랑망우공간, 우삼가 등이 있다.

그는 세심하게 조율된 비례를 통해 몸의 감각으로 건축의 미세한 스케일을 경험하도록 유도하며 자연과의 관계에 있어서 편안한 감정을 느낄 수 있는 삶의 장소를 계획해 왔다. 다시 말해, 기하학적 절제미를 통해 간결함의 건축을 구성하고 자연과 내외부 공간이 연계될 수 있도록 하는 '여백이 담긴 건축' 을 추구하는 것이다. 그의 건축은 한국적 정취의 정(靜)적인 '미장센' 을 만들고 있지만, 동시에 진입 및 수직 동선과 연계된 개폐장치를 적용하여 자연으로 확장되도록 계획하여 끊임없이 변화하는 자연과 소통하고 체험하도록 만들면서 집안 내부에 생기가 피어오르도록 만들고 있다. 이처럼 그의 작업은 정(靜)적인 것과 동(動)적인 것의 조화를 이루고 있다는 점이 특별하다. 그의 작업은 정적으로 보이나, 공간의 신체적 경험과 내부의 운동감을 중시하는 현상학적 경험이 강하게 녹아 들어가 있다. 동시대의 보편적인 건축적 해법을 추구하면서도 동시에 한국적 정서를 녹이고 자연과의 연계를 훌륭하게 성취하고 있는 것이다.

그가 자신의 건축에서 성취하고자 하는 한국적 가치는 크게 세 가지로 요약할 수 있다. 첫 번째, 경사지와 땅의 적절한 이용이며 둘째, 중정마당과 외기(자연)와의 접합, 셋째, 움직임의 과정을 통한 인식의 종합을 들 수 있다. 첫째, 경사지 등 땅의 배치를 중시하는 태도는 땅의 미세한

101

변화를 잘 담는 것이 한국적 건축의 본질적인 특징으로 인지하는 건축가의 기본적인 자세를 보여준다. 그는 터를 잡으면 건축의 절반이 끝났다고 생각하며, 집안 내부에 어떻게 풍경(경관)을 들일 것인가를 주안점으로 삼는다. 그가 생각하기에 한국적 집의 가장 중요한 특징은 땅의 미미한 변화를 잘 담는 것이며, 이를 위해 그는 풍토에서 자연 기후와 땅의 기의 흐름에 어울리는 집을 짓고자 했던 선조들의 생각의 연장선상에서 작업하고 있다.

둘째, 중정 마당과 외기(자연)와의 접합을 중시한다. 마당을 중심으로 하여 홑집을 변형하여 배치하는 것과 외부로 자연스럽게 통하게 만드는 것이 그의 작품의 주요 특징 중 하나이다. 그는 중정 마당을 둘러싼 기하학적 질서에서 보이는 형태주의적 건축의 경향이 강하다. 비록 홑집의 매스는 오브제적인 형태 중심의 조형으로 직접적인 은유의 방식으로 표현되는 전통 건축의 형태는 존재하지 않지만, 공간의 개념과 분위기에서 전통 건축의 공간감과 추상적인 느낌을 물씬 느끼게 만든다. 비어있는 흰색의 중정 마당과 공간은 내부도 외부도 아닌 회색의 중간 영역으로, 집을 풍요롭게 만드는 공간이자 장치이다. 혹서와 혹한의 양극을 오가는 한국의 기후를 고려했을 때, 그는 선조로부터 내려온 마당의 건축적 유형을 고려하여 마당을 중심으로 순환되는 동선을 집안 내부 곳곳에 깊숙하게 이르도록 계획한다. 이러한 태도는 풍토적 관점의 채광, 환기뿐만 아니라 그것으로 인해 활성화되는 가족의 공동체성을 생각했을 때 오늘날에도 중요한 선조들의 건축적 가치를 계승하고 있다고 평가할 수 있다. 셋째, 움직임의 과정을 중시한다. 그의 건축은 진입부의 깊이감과 주위 산세와

101 오륙도 가원, 자연과의 연결장치

의 시각적 조화와 고려, 신체의 이동을 통한 과정적 공간과 전이를 통해 경험이 통합되는데, 그것은 한 번에 인지되는 것이 아니라 건축적 시퀀스의 과정을 통해 전체적인 인지의 경험을 만들면서 집의 각 이미지들이 '마음' 속에서 통합된다. 자연과 연계되고 조화됨을 주요한 가치로 삼는 것은 한국 건축의 주요한 특징이다. 그는 급작스럽게 전환되지 않는 공간, 영역과 영역 사이에 적당한 거리가 있는 '전이(轉移) 공간'과 사이의 자연의 공간이 반드시 필요하다고 생각하며 작업에 임하고 있다. 이러한 세 가지 주요 요소들은 1, 2, 3권에서 살펴보았던 한국성의 주요한 가치와 네거티비즘 및 채나눔 사상과 유사한 부분들이 존재한다.

귀국 후, 첫 작업인 두물머리 주택에서는 지형을 고려하고 잘 이용하여 배치된 측면이 있지만, 프랑스에서 사사받은 시리아니와 카강의 서구적 영향이 여전히 짙게 배어 있다. 그러나 귀국 후 독자적인 건축 작업을 수행하면서 기후의 차이, 땅의 차이, 생활의 차이에서 오는 특성을 경험한 이후, 그의 작품은 드라마틱하게 변화한다. 정재헌은 한국적 공간과 재료와 물성을 지닌 한국적 건축을 끊임없이 실험해 왔다는 측면에서 동시대 건축가 중 한국성을 잘 구현하는 건축가로 손꼽힐 만하다.

정재헌의 주목할 만한 작업으로, 새정이마을 주택(2020)은 청계산 주변의 자연녹지지역에 위치하는데, 홑집 두 채가 마당을 사이에 두고 연결되어 있고, 통창이 마당으로 열려 있어 계절에 따라 변화하는 자연의 풍경을 끌어들인다. 이는 전통 건축에서 주요하게 볼 수 있는 구성이다. 그는 우선 자연과 외부공간과의 관계 설정을 계획하고 난 이후, 진입과 전이의 동선을 고려한다. 다시 말해 그는 대문과 마당과 사랑채, 마당, 다시 내부로 이어지는 관계의 설정에 따른 공간의 전이와 시퀀스 동선을 세밀하게 계획하고 있다.

102

이 계획에는 전통 건축에서 보여지는 공간구조와 한국적 계획의 방법론들이 여실히 드러난다. 그러나 재료는 나무, 돌, 철, 콘크리트이고 내부도 노출콘크리트를 사용하여 동시대적인 재료 본연의 특성이 내외부를 관통하며 드러난다. 이것은 전통 한옥에서 느껴지는 내외부의 연속성과 재료의 연속성이 동시대적으로 번안된 것이다. 특히, 그는 기억이 저장되고, 살아온 과정이 축적되는 '기억의 저장고' 로서의 건축을 추구한다. 이 집의 가장 중요한 미덕으로 '유연한' 중간 공간이 형성되고 있다는 점을 들 수 있다. 이 집은 내부에서 외부(마당) 및 자연으로 연결되는 반 외부성의 공간 즉, 미닫이 개폐막의 개폐에 따라 유연하게 변화되는 실내와 마당과 자연과의 연계가 자연스럽게 이어지고 순환되고 있다. 깊은 동선이 켜를 이루는(layered) 계획은 그의 작품 특성 중에 가장 주목할 만한 부분이다. 이러한 계획적 장치는 자연과 연계된 공간 전체를 인지하고, 공간을 걸으면서 종합하는 과정을 거치게 되며 자연의 기와 유기적으로 연계되도록 만들어 주기 때문이다. 그의 계획에서는 내외부 공간을 함께 엮어내는 방식이 집의 공간을 풍요롭게 만들고 있다.

'우삼가' 는 수려한 북한산의 자연경관이 펼쳐져 있는 실개천 옆의 주택인데, 마치 회재 이언적의 '독락당' 을 동시대적 버전의 건축어휘로 번안한 작품이라고 할 만하다. 이 작업은 중정 마당과 외기와의 접합되는

102 정재헌, 새정이마을 주택의 마당과 외기와의 접합과 생활방식

103

양상과 진입하면서 중정과 내외부 동선이 연계되는 방식이 훌륭하다. 특히 '독락당'의 '계정'과 같은 느낌의 파빌리온과 마당의 공간이 반 외부공간(회색공간)과 접하며 자연과 연계되어 있고, 실개천을 바라보면서 가족과의 화합과 단란이 활성화될 수 있는 공간들이 긴밀하게 상호작용을 하고 있다. 우삼가는 회재 이언적의 '독락당'과 유사하게 침실과 서재에서 실개천을 바라볼 수 있도록 계획되었으며, 각 영역에서 자연의 기의 변화를 느끼며 생활을 할 수 있도록 창호와 개구부와 동선이 세심하게 고려되어 있다. 이러한 점에서 우삼가는 자연과 함께 수양하는 선비의 유유자적한 삶을 동시대적으로 재해석하여 자연과 함께 하면서 가족의 단란함을 즐길 수 있는 현대적 삶을 담은 주택을 창조적으로 제시하고 있다.

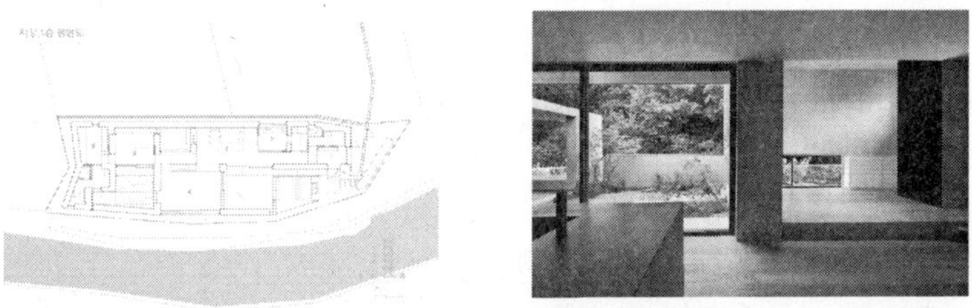

104

—조병수, 보편성과 한국적 감수성의 조화를 이룬 작업

조병수는 1957년 서울출생으로, 몬태나 주립대학 학사, 하버드 석사를 졸업하고 1994년 조병수건축연구소를 설립했다. 세계적 보편성의 건축적 어휘를 중심으로 하여 '현대적 버나큘라', '유기성과 추상성' 등을 주제

103 정재헌, 우삼가와 자연과의 연계
104 정재헌, 우삼가의 평면과 내부

로 건축 활동을 이어왔다. 대표작으로 파주 어유지 동산, 수곡리 ㅁ자 집, 땅집 등이 있다.

'그는 일련의 중산층을 위한 중정형 주택을 설계했는데, 일례로 2004년 양평에 그가 직접 거주하려고 지은 주말 주택을 계획했다. 14×14m의 이 철근콘크리트 중정 주택이 품고 있는 7.4×7.4m 테라스는 공교롭게도 한국 전통 마당의 크기이며, 한국의 미적 전통에서 '막'과 '비움'이라는 용어 등으로 표현되는 미묘한 측면들을 다양한 방식으로 예증한다. 이 작업 이후 2004년 역시 양평에 지어진 조병수의 돌담집은 판금과 외장 목재, 세공 석벽 등 다양한 재료들을 효과적으로 섞고 대비시키는 그의 능력을 잘 보여준다.'[110] 라고 프램턴이 언급한 바와 같이, 조병수는 한국적 공간과 이미지의 추상화가 잘 이루어진 작품들을 수준 높게 구현해 왔다. 마치 만년의 김환기의 작업이 구상에서 추상으로 작품성이 수준 높게 승화되는 방식과 유사하게, 그는 자신의 별장 프로젝트에서 한국적 구상이 추상화되면서 만들어질 수 있는 최종적 단계의 완숙함이 드러나는 작업을 성공적으로 구현했다.

땅'은 조병수의 주요한 화두로서 땅의 훼손을 최소화하고 활용하면서 동시에 바람길, 물길, 빛길에 따라 작게 짓고 크게 사는 방법에 대해서

105

110) 케네스 프램턴, 현대 건축 : 비판적 역사, 조순익 역, 마티, 2023, p398
105 조병수, 땅집(좌), ㅁ자집(우)

고민해 왔다. 조병수는 그의 사무실 자체도 여러 채로 나누어 그곳에 바람과 빛이 통하는 사이 공간을 두었다. 그는 ㅁ자집에 대해 다음과 같이 언급한다. "*땅집을 지어놓고 꺼진 공간을 보니 하늘이 잘 보이고, 나무가 더 잘 보이고, 바람에 흔들리는 나무의 움직임, 반딧불의 움직임이 더 잘 인지됩니다.*" 역설적으로 조병수는 땅속에 있을 때 자연과 더 함께 할 수 있고 동화될 수 있는 '여백의 미'를 찾게 된 것이다. 마당의 여백을 통해 외기를 면하면서 한국적 정서를 만들어 내는 방법론은 앞서 언급했던 김수근의 '네거티비즘'과 이일훈의 '채 나눔'의 생각, 그리고 정재헌의 한국적 건축의 구축 방법론과 일맥상통하는 부분이 존재한다.

—곽재환, 동북아 사상과 가치관의 건축론 정립

곽재환은 김중업 문하에서 수석 책임자로서 김중업 후기의 많은 작품들에 관여하며 작업을 진행했다. 그는 자신의 건축관을 정립하면서, '삶, 앎, 놂, 풂, 빎'이라는 5가지의 키워드로 자신의 건축의 개념을 제시하고 있다. 그는 명백하게 불교(밀교)의 특성을 받아들이면서 동북아적인 가치를 접목시키는 건축관을 보이고 있다.[111]

106

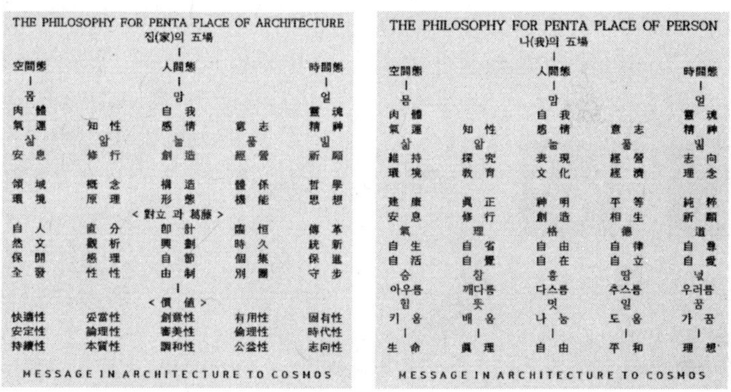

106 삶, 앎, 놂, 풂, 빎의 오행적 해석

111) 곽재환의 저서 '짓다'의 말미에 건축가이자 시인인 함성호가 그의 건축론을 설명하면서 '밀교적 어둠의 세계'라는 제목으로 평하고 있는 점에서 명확하게 밀교의 영향을 짐작케 한다.

실제로, 그는 '영조(營造)' 의 개념, '풍류' 의 개념을 통해 기(氣)를 중시하고 자연과 합일될 수 있는 건축관을 강조하는데, 이는 자신이 만든 5개의 키워드와 연계되어 있음을 강조한다. 또 이 '삶, 앎, 놂, 픎, 빎' 의 5가지 의미가 각각 '안식, 수행, 창조, 상생, 기원' 과 연계되며, 이것이 인생의 5가지 단계인 오장(五章)을 상징하고 변화하며 순환하는 것임을 강조하고 있다. 그것은 명백하게 동북아의 '음양오행' 이라는 오장(五臟)의 관계의 매커니즘을 상징하는 것이다.

그의 저서, 곽재환 건축론, 『짓다』의 각종 삽화를 살펴보면, 인간의 수행 자세의 삽화와 밀교에서 자주 보이는 눈동자의 요소를 자신의 건축에 대입시키는 이미지를 여러차례 제시하고 있다. 또 '하늘을 향한, 하늘을 담은 나의 건축' 이라는 자신의 프롤로그 단어와 '아가일여(我家一如)' 라는 단어는 불교의 기원이 되는 베다의 '범아일여(梵我一如)' 에서 나온 것임을 쉽게 떠올릴 수 있다. 이를 종합적으로 고려해 보았을 때, 그가 불교, 특히 불교의 밀교적 관점으로부터 많은 영향을 받은 것으로 유추할 수 있다. '아가일여' 의 개념을 곽재환은 '사는 이의 품성과 취향을 살펴 이웃과 자연속에서 셋이 하나가 된 조화를 이루며 살 수 있도록 하는 것' 이라고 언급하고 있다.[112] 이것은 앞서 3권에서 사대부 선비들이 강조한 집의 품격이 그 집의 주인의 인성과 품격을 드러내는 '생색' 의 개념과도 연계

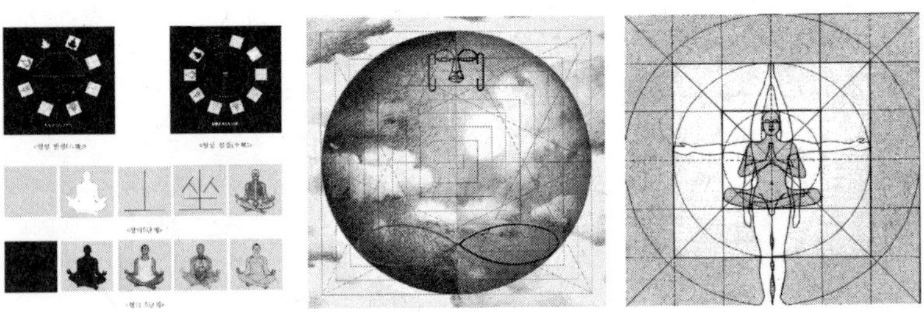

107

112) 곽재환, 짓다, 도서출판 기역, 2024, p64
107 곽재환, 음양오행과 베다, 밀교, 천부경, 천지인의 개념

된다고 말할 수 있다. 또 서양의 인간 중심적 세계관을 상징하는 비투르비안맨(몸 중심)과 대조적으로 참선을 수행하는 천지인(마음 중심)을 상징하는 삽화를 강조하며 대조하는 개념으로 설정한 것을 통해 그가 가지고 있는 동북아적 세계관과 건축관을 이해하도록 만들어 준다.[113]

순수 한국 단어를 사용하여 그 연원과 뜻을 동북아적인 '음양 오행사상' 에 맞추어 풀이하고, 그것을 중심으로 새롭게 건축적 방향성을 제시하는 방법론은 앞서 살펴보았던 철학자 '유영모' 의 '한글의 해석' 을 통해 한국적 관점으로 기독교를 재해석하여 세계관을 설정하는 방법론을 떠올리게 만든다. 다석 유영모는 한글의 생성 원리를 기독교와 연계시켜 분석했는데, 그는 한글 생성의 원리를 기일원론의 관점으로 정립한 이후, 그것을 바탕으로 기독교의 신의 개념을 연결지어 한국적 관점에서 재해석하고 동시대 사상에 적용하여 한국적 '신' 의 개념을 설파했다. 곽재환의 건축관 역시, 음양오행 사상의 개념을 자신의 5가지 순수 우리말의 키워드(삶, 앎, 놂, 풂, 빎)와 연계시킴으로써, 전체적으로 자연과 우주와 '상생' 하고 '순환' 하는 건축관을 제시하고 있다. 이것은 앞서 살펴본 바와 같이, 김중업의 시적 감수성을 통해 움직이면서(氣) 하나의 논리(리, 理)의 작품으로 굳어지는 특성과 유사하다고 하겠다.

곽재환의 주택 작품으로 '귀소헌' 은 영암 월출산 자락의 대흥사의 일지암을 떠올리며 계획한 작품이다. 본채와 별채의 조합은 수려한 외부 자연경관을 최대한 끌어들이는 내재성의 천인합일을 고려한 배치로, 한국적 방식의 한옥 구조를 현대적으로 충실히 번안한 작업이라고 할 수 있다. 백학제는 덕진진이 내려다보이는 자리에 북카페로 계획한 집으로, 하얀색의 벽면, 매스감 및 평면을 살펴보면 명백하게 르 꼬르뷔지에로부터 김중업으로 이어지는 계보를 떠올리게 만든다. 그렇지만, 자연으로 열리

113) 곽재환, 같은 책, p109

108

고 자연의 기를 끌어들이는 전체적인 구성과 평면의 특성은 전적으로 한옥의 공간구성을 연상시키기에 충분하다. 대지는 강화도 바다의 풍경을 잘 끌어들이며 천인합일이 될 수 있는 내재성의 사유가 중심이 되어 밖으로 향하면서 외부의 경치를 끌어들이는 계획을 보이고 있다. 이것은 기승전결의 이동과 시점의 변화를 통해 마음속의 종합을 추구하는 한옥의 생성 논리를 동일하게 택하여 동시대적으로 번안하여 표현한 것이다.

시선재는 한국적 민가 혹은 토담집의 특성을 동시대적으로 번안한 작품이다. 안채와 별채의 배치와 토담색의 벽돌 재료로 구축되어 한국적 정감의 경관을 만들고 있는데, 이것은 우리네 민가의 이미지와 매우 흡사하다. 외기에 면한 대청과 별채의 반 외부 공간과 부분 부분의 건축적 정서는 김환기의 초기 구상과 박수근의 회화의 한국적 정서를 떠올리게 만든다. 별채는 조선시대 반가의 사랑방 혹은 정자의 현대적 번안이며, 외기에 면하는 대청은 기의 흐름과 함께 살아가는 천인합일의 삶을 담고 있다.

그가 '하늘로 향한 석양의 신전' 이라고 이름 붙인 은평구립도서관은 산지 지형에 순응하면서 풍경을 끌어들이는 앞마당과 외기를 끌어들이는 중정, 그리고 브리지로 후면의 자연(아미산)으로 이어지는 시퀀스가 훌륭한 계획이다. 방문자는 산과 하늘이 맞닿아 있는 지식의 신전(神殿)을 오르

108 곽재환, 귀소헌, 백학제

109

면서, 나와 하늘(세계)이 하나가 되는 경지를 추구하는 순례자가 되는 느낌을 받게 된다. 이 도서관의 동선은 그 깨달음(범아일여)을 얻으러 지식의 신전으로 향하는 순례자를 위한 여정을 상징한다. 이 건축은 중정으로 자연을 끌어들이고 자연으로 향하는 내, 외부의 연결이 원활하게 이루어지도록 계획되어 있다. 석교의 연결은 후면의 자연(아미산)과 연계되며 하나가 되는 직접적인 상징이자 기능으로 부가되었다. 건축가는 도서관에서 얻을 수 있는 지식의 깨달음과 주변 자연과의 사색을 통해 범아일여의 수행의 공간을 계획한 듯하다. 곽재환은 건축물 곳곳의 24개의 응석대가 석양으로 향하는 원심력이 내재되어 있다고 설명한다. 그는 인디언 수우족의 자연을 향한 기도와 석양의 빛을 생각하며 계획했다. 마치 잉카제국의 신전을 연상시키는 이 작품은, 석양의 하늘로 향하는 여정에서 범아일여의 깨달음을 향해 나아가도록 인도하고 있다. 건축가는 순차적으로 오르는 동선의 과정과 시퀀스에서 정서(기)의 변화를 유도하는 공간감과 분위기를 성공적으로 만들어 내고 있다. 기일원론의 내재성의 특성을

110

109 곽재환, 시선재의 정감있는 토담집의 현대적 해석
110 곽재환, 은평구립도서관

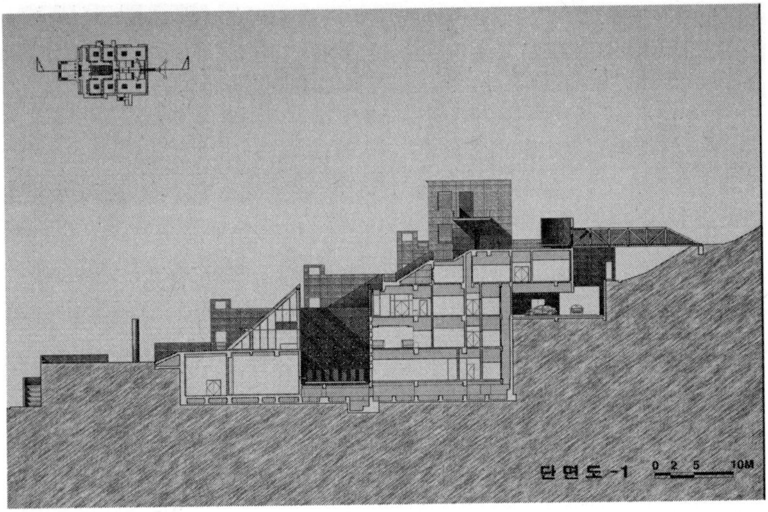

111

중시하는 그의 건축적 자세가 일관되게 적용되며 작품으로 승화되고 있는 계획이다.

—풍토건축의 공동체성과 윤리

일반적으로 전통적인 기후학은 기후와 관련된 객관적이고 과학적인 측면의 정보와 물리적 매커니즘에 집중한다. 그것은 일종의 과학기술과 관련된 분야이다. 그러나 인문적인 기후학은 기후와 지형 즉, 풍토적인 요소들이 인간의 무의식의 특성들과 맞물려 건축과 도시와 어떻게 관련되며 구축되는지에 대한 역학관계에 집중하는 차이가 있다. 현대 과학기술은 기후에 대응하여 개인의 쾌적한 생활을 위해 개인실의 완벽한 냉난방과 환기, 채광이 이루어질 수 있도록 솔루션을 제공할 수 있다. 그러나 기술적으로 완벽한 그러한 해결책은 사회적으로 개인화되면서 공동체가 붕괴되고 파편화되는 결과를 가져왔고, 비윤리적인 환경과 이기적인 공간을

111 곽재환, 은평구립도서관, 태양의 신전 단면과 응석대의 자연으로의 연결부

양산했으며, 현대 도시의 다양한 폐해들을 만들어왔다. 탄소배출로 인한 기후 위기와 쓰레기 배출 문제를 겪으면서, 인류는 19~ 20세기 과학기술의 발전과 현대 도시 건축이 만들어왔던 발전의 방향성과는 다른 솔루션을 찾아야 하는 상황에 직면하게 되었다.

이러한 건축적 관점은 간략히 다음과 같이 요약할 수 있다. 현대건축에 있어서 가장 큰 문제는 과학기술의 힘을 빌려 각 개인의 방이 완벽한 에어컨디셔닝으로 혹한과 혹서의 기간동안 혼자서 안락하게 지낼 수 있도록 변화되어 왔다는 점이다. 이로 인해 개인은 고립되고 파편화되면서 공동체성이 붕괴되고, 이기적으로 에너지를 과소비하며, 각종 환경문제를 야기시키게 되었다는 것이다. 풍토 기후학적 관점에서는 이 점이 모든 건축적 문제의 근본적인 원인이 되는 것으로 보고 있다. 에너지를 덜 쓰더라도, 로우테크의 건축이라도, 냉난방적으로 불편하더라도, 이를 통해 공동체성이 향상되는 건축을 선택해야 하며 그것이 공동체성을 생각했을 때 '윤리적' 이라는 관점이다.

이러한 관점의 건축적 태도는 미기후에 영향을 받으며 대응하는 인간과 공간의 이용을 탐구하여 개인적인 생활 중심의 공간이 아니라, 공동체적인 감정과 기억과 생활 태도를 만들어 내는 공간의 가치를 중시한다. 여기에서 핵심은 새로운 '공동체성' 을 만들어 내는 생태 혹은 풍토건축의 건축문화를 만들어 내야 한다는 점이다. 이러한 관점은 단순히 채광, 환기, 냉난방에 쾌적하고 에너지적으로 유리한 생태건축을 추구하는 것에서 더 나아가 그 지역의 풍토가 만들어왔던 도시 및 건축의 조건들이 만들어 내는 공동체성을 향상시키는 도시적, 건축적 솔루션에 집중해야 한다고 강조한다. 비록, 그 건축적 솔루션이 로우테크이고 냉, 난방적으로 부족한 면이 있다고 하더라도 그 냉난방의 부족한 요소들로 인해 오히려 공동체성이 향상되는 공간구조와 경관을 만들 수 있다면, 역설적으로 그것을 추구하는 것이 '윤리적' 이라는 것이다.

4권에서 언급한 바와 같이, 와쓰지의 윤리적 입장은 동북아 사상과 불교사상을 중심으로 근대철학을 재해석하였다는 점에서 중요한 시도였으나 장점과 폐해적인 특성도 동시에 지니고 있는 사상임을 상기할 필요가 있다. 와쓰지의 풍토론과 전통적인 기후학은 다음 세 가지 측면에서 구분된다고 평가된다. '첫째, 풍토는 주관성의 은유라는 점. 둘째, 풍토는 대립항 사이에 상보적 균형을 이루는 변증법을 통해 공동체와 그 구성원 사이의 윤리적 관계가 정립되는 매개라는 점, 셋째, 특정 공동체의 자폐성을 뛰어넘어 '사이' 와 타자의 영역으로 이동하는 간풍토성 차원의 의미가 담겨있다는 점이다.' [114)]

자연이 어떻게 경험되는지는 그 자연의 풍토적 조건과 그 지역에서 삶을 영위하는 인간의 주관적 경험과 함께 엮이게 된다. 그것은 단순히 관념상의 문제가 아니라 실질적인 신체적 경험 및 삶과 연계된다는 것이다. 이 가운데 단순히 과학 기술적 관점에서 해결책을 모색하다 보면 오늘날의 건축과 같이 이기적인 태도로 발생하는 공간계획과 환경오염의 폐해적인 특성으로 흐를 수 있다. 우리는 동시대의 건축적 해결을 위해 타자를 인식하고 공생하며 바람직한 공동체가 형성될 수 있는 방식으로 도시와 건축의 구축 문제로 관심을 전환해야 한다. 그것이 윤리적이라고 보는 것이다. 현대의 기학은 이렇게 새로운 방향성의 인문적 풍토건축을 구축하는 것이고 그것이 새로운 '윤리적 기학' 이 될 수 있을 것이다.

그러나, 주의해야 할 부분도 존재한다. 니시다 기타로의 선(禪)의 철학은 일본 특유의 전체주의적 특성이 녹아 들어가 있는 관념론이다. 그의

114) 백진, 건축과 기후윤리, 김한영 역, 이유출판, 2023, p243

철학은 독일 관념론의 영향을 받아 근대적인 철학을 받아들였고, 동북아 철학의 연장선상에서 동북아적인 방식으로 독일 관념론을 재해석한 것이라고 볼 수 있다. 앞서 니시다 기타로가 불교적인 방식으로 독일 관념론을 해석함으로써 새롭게 '절대 무(無)의 공간'의 개념을 만들어 냈는데, 그것은 화엄 사상의 방식과 근대성을 접목한 방식으로 도구화되며 전체주의의 잘못된 방향으로 이끌 수 있다. 더 나아가 와쓰지의 사상은 공동체성을 동북아적인 윤리학 수준으로 격상시키면서 이데올로기화시킨 것으로 비판받는다. 동북아 사상과 공동체성의 특성과 장점은 이해가능하지만, 쉽게 전체주의적 속성으로 오염될 수 있는 부분이 존재하는 것이다. 이 지점이 바로 개인의 자유와 다양성을 희생시켜서 전체주의적인 방식으로 몰아가는 근대성의 폐해와 친연성이 있다는 점이 문제이다.

또 동북아에서는 전통적으로 개인의 해탈과 자아 탐색의 수양에 집중하면서 공공 개념이 부족하다는 점이 큰 문제로 지적된다. 일본의 건축과 정원은 그 자체로 관념적인 측면에서 자연을 축소하여 하나의 '소우주'를 잘 구현하여 가꾸는 사례이다. 교토에 있는 료안지(龍安寺)의 정원이 대표적인 사례이다. 그 자체로는 하나의 완결된 '선(禪)의 소우주'를 만들어 냈다. 그러나 그것은 철저하게 자신의 집의 내부의 정원이고, 소규모 공동체(스님)의 정원일 뿐이다. 그 정원의 담장 너머 바로 붙어있는 외부 공간의 혼돈과 청소와 정리가 안 된 무질서, 사회적 약자의 비참한 현실 등은 애써 외면하고 있는 모양새다. 그가 불교의 선의 사상과 공간에 영향을 받아 그것을 해석한 측면에서 새로운 사유의 지평을 연 것은 분명하나, 어디까지나 자신과 가족을 위한 관념론에 불과하거나, 전체주의적 특성을 강조하는 사상으로 변질될 수 있다는 점에서 재고해야 할 부분이 존재한다. 그래서 동북아 공간에서는 서양에서 일반적으로 볼 수 있는 광장이나 공적(public) 공간의 특성들이 나타나는 사례들이 상대적으로 매우 적다. '공적(公的) 시민의식의 결여' 현상은 동북아 사유와 문화에서 매우 부족한 단점으로 지적된다. 범아일여, 천인합일의 특성이 자신의 소우주와 전체 대우주를 연결하는 것에만 치중한 나머지, 타자와 관련된 공적 영역에 대한 생각이나 문화에 적용하는 것이 부족했기 때문이다. 따라서 그러한 특성은 서양에서와 같이 사적(private), 반사적(semi-private), 공적(public) 영역에 대한 구분과 시민의식이 발현되어 함께 살아가는 조절의식이 조화를 이루는 부분에 있어서 새로운 접근방식과 실천적 해결 노력이 필요할 것이다. 향후, 이러한 목적의식에서 공간에 있어서도 동북아적인 방식의 장점을 중심으로 반사적, 반공적, 공적 영역의 특성들이 조화를 이룰 수 있는 방안에 대해서 심도있게 생각해 볼 필요가 있다.

0527 밀레니엄 이후 변화와 21세기 '풍경의 건축' 의 잠재성 발현

들뢰즈는 동북아의 개념에 있어서 '기' 에 해당되는 요소들이 활발하게 이면에서 작용하면서 잠재성이 현실화되는 욕동의 힘과 매커니즘에 대해서 사유했다. 자본사회에서 그러한 움직임은 자본과 연계된 추동력으로부터 기인하는 것이라고 할 수 있다. 건축의 잠재성, 건축의 기계론적 사고는 모두가 그러한 움직임과 관련되어 있다. 그의 개념 중 '주름' 은 잠재성의 차원이 펼쳐지면서 현실화 되는 과정을 설명하는데 적합한 것이었다. 앞서 언급했듯이, 건축 분야에서는 개인 PC의 혁신적인 보급과 3차원 그래픽 툴의 발전과 더불어 기존의 그리드 체계의 디자인 방법론과는 다른 '주름' 과 같은 비정형의 조형이 자유로워지게 되었다. 이에 힘입어 한 때, 들뢰즈의 개념을 적용하며 생성된 건축 실험들이 주목받았다. 그러나 그러한 트렌드의 건축디자인에서 실험된 '주름' 이라는 개념은 거의 1차원적인 형태적 적용에 불과한 경우가 많았고, 이면에서 작동하는 잠재성을 현실화 하는데에는 한계가 있었다. 따라서 그러한 작업의 이미지와 '스타일' 은 단순히 컴퓨터 그래픽으로 만들어지는 유동적인 비정형의 화려한 형태와 공간을 양산해 내면서 단순히 시각적으로 소비되었고, 오늘날의 관점에서 보았을 때, 이제는 오히려 진부한 디자인이 되고 말았다.

『천개의 고원』의 '리좀' 이라는 키워드로 대표되는 탈주하며 만들어지는 유목(nomad)적인 네트워크의 복합체(다양체)는 '노마디즘의 공간 담론' 으로 활발하게 논의되었다. 21세기 들어 건축 부문에서는 리좀의 개념이 중심이 되어 다양한 욕동과 행위를 담을 수 있도록 프로그램들이 '네트워크화' 되는 디자인이 실험되면서, 새로운 '의미' 를 생성시킬 수 있는 다이어그램의 도구적 기능이 강화되었다. 건축에 있어서 매스 구성과 다이어그램과의 관계는 다양한 요소들의 관계의 생성을 통해 잠재성을 현실화시키는데 유용하게 사용된다. 다이어그램과 건축적 추상기계는 이면의 욕망을 현실화시키는데 유용하다. 후기구조주의와 형태의 생성에 있어서 생기론과 급변론의 이론과 프랙탈, 복잡계 이론 등은 중요하다. 들뢰즈의 운동과 생성의 철학은 신자유주의적 특성을 잘 설명할 수 있는 담론이다. 이 담론은 욕망과 관련된 다양한 요소들의 잠재적인 운동의 이합집산을 통해 전세계적으로 신자유주의적인 움직임이 활성화되는 현상과 매커니즘을 이해하고 설명하기에 적합하다. 그것은 현상 이면에서 작용하는 무의식의 욕망에 의해 추동되므로 필연적으로 정신분석학적 담론들과 긴밀히 연결될 수밖에 없다. 이제 들뢰즈를 넘어, 논의되고 있는 후기구조주의 계열의 철학자들의 사유를 살펴보고, 무의식의 정신분석학적인 측면이 중시되며 담론화되고 있는 사회적, 건축적 의미에 대해서 함께 생각해 보기로 하자.

-후기구조주의 계열 중 정신분석학과 관련된 신헤겔주의 사유와 건축경향

프랑스 철학자 바디우가 주장하듯이, 사도 바울은 급작스럽게 찾아온 성령의 역사로 극적으로 회심하면서 제도권에 인정하는 기독교의 성립에 크게 공헌했다. 그는 기독교라는 체제 정립과 진리 생산과정에 관여한 '드문' 주체였다. 바디우는 운동 및 변화 속에서 새로운 구조(질서)를 만들어 내는 부분에 집중하여, 사회구조 이면에서 작동하는 욕망과 욕동의 잠재적 움직임이 발현하여 장기적으로 '습관'과 같이 우리 사회에 지속적으로 남아 작용하는 '충실성'의 개념을 사유한다. 그에게는 이러한 '충실성'을 만들어내는 것이 바로 '주체'이며 이 주체가 새로운 구조를 만들어 정착시킬 때 새로운 구조의 형성이 가능하다고 보았다. 각각의 개체가 주체가 아니라, 특별하게 사회에 지속적으로 영향을 주면서 '충실성'을 만들어내는 '드문 주체'가 주체인 것이다. 심지어 그에게 주체는 사조를 변화시켜 후세에 영향을 주는 특별한 '작품'을 주체로 볼 정도이다. 바디우에 따르면, 진리 생산과정의 '드문 주체'가 새로운 사회구조를 형성하게 된다는 것이다. 그는 억압되고 배제된 이면의 잠재적 특성이 '드문 주체'에 의해 발현되고 사회에 깊은 영향을 주면서 '자극'시키고, 그것을 지속시키는 '충실성'의 개념을 중시한다. 후기구조주의적 관점으로 보면, 다수를 형성하는 대중의 집합에는 필연적으로 무의식의 구조가 동반되게 마련이다.

후기구조주의 건축 조형이론의 철학적 배경에는 급변론, 프랙탈, 복잡계 이론과 위상기하적 이론의 특성들이 토대가 되고 있다. 후기구조주의의 건축 표현과 관련하여, 구조 전문가 세실 발몽은 자신의 '요소이론'과 잠재적 순환의 특성을 강조하며 비형식적 패턴화 과정으로 건축구축적 담론을 발전시켰다. 발몽은 모든 건축구축적 디자인은 잠재성이 현실화되는 가운데 원형의 순환적 특성을

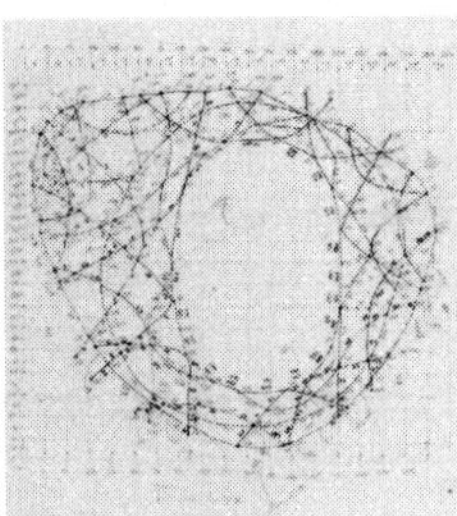

112

112 세실발몽, 프랙탈적인 구축

보이게 된다고 강조한다. 그는 무의식의 욕동이 하나의 힘과 방향성을 생성하면서 구축되는 과정에서 '비형식적인 패턴화'가 이루어진다고 보았다. 그는 외부의 카오스의 내재적 법칙에 의해 힘(force)이 작용하면서 형상을 만들어내고 내부에는 질서와 패턴이 만들어며 순환(ring)된다고 보는데, 그것은 들뢰즈의 주름으로 내외부가 접히고 펼쳐지면서 만들어내는 순환과정을 상징한다. 그는 그러한 패턴화가 자기유사성의 프랙탈 구조로 확장되고 순환되면서 세계의 구조를 구성한다고 보았다. 이의연장선상에서 매트빌딩의 구축적인 도시 생성의 은유적 건축 작업에는 구조주의적 해석과 함께 다핵(poly-centric) 도시의 상징적 특성을 발견할 수 있다. 생기론과 연계된 후기구조주의 형태와 공간은 무의식의 특성이 적용되어 드러나면서 생성되는 '의미'를 중시한다. 그것은 도시와 건축의 은유적인 생성과 비형식적 패턴화와 구조 및 형태 형성과 많은 유사성을 보이고 있다.

후기 자본주의 시대의 구축적 은유를 잘 표현하는 건축가로 소우 후지모토가 있다. 그는 작은 셀 구조들의 접합들이 만들어 내는 공간과 내외부의 구조적 특성들을 연계시켜 건축의 프랙탈적인 개념과 구축 특성을 잘 구현해 왔다. 유사한 관심사를 가지고 있는 세지마는 '21세기 미술관'이나 '롤렉스 러닝 센터'에서 공간을 구성하는 요소들과 프로그램들이 장(field)이론의 특성과 유사하게 각 요소들이 자신의 자리를 찾아가면서 필요한 공간이 생성될 수 있도록, 프로그램적 유연성이 보장될 수 있는 '장(field)의 공간'을 세밀하게 계획했다. 세지마는 복도로, 때로는 다른 기능으로도 쓰일 수 있는 중간 영역(회색 공간)을 계획하면서, 특정 순간과 이벤트에 따라 다른 기능으로 유연하게 변화되며 기능할 수 있도록 다양한 조합의 공간구조를 실험했다. 그녀는 공동체의 구성원들이 프로그램 조합을 바꾸어 가며 이벤트가 생성될 수 있는 '무자성(無自性) 공간구

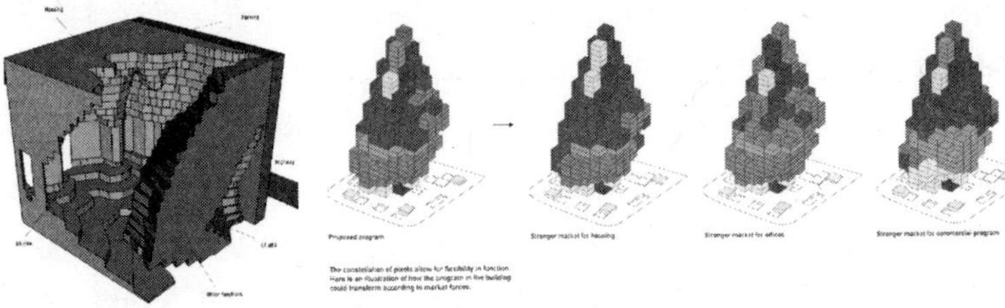

113

조'를 실험한 것이다.

MVRDV는 해당 지역의 전반적인 데이터를 리서치하고 정보들을 선별적으로 조합하고 재구성하여 도시와 건축공간을 만들어 내는 방법론을 꾸준히 실험했다. 그들은 프로그램과 기능들이 자율적으로 조합되며 스스로의 형태를 갖추는 데이터스케이프(datascape)의 건축 방법론을 창안했다. 위니 마스는 이렇게 니즈에 기반한 프로그램들과 기능의 최적의 조합으로 '복합체'가 구성되고 그대로 굳어져서 건축과 도시가 되는 방법론을 다양하게 실험했다. BIG의 비얄케 잉겔스는 의뢰받지 않고 스스로 이슈가 될 수 있는 사이트와 주제, 즉 정치적 부분까지도 고려하여 여론을 환기시킬 수 있는 대규모 프로젝트에 개입하여 대안을 제시해 왔다. 그는 대중들의 여론에 의해 환기되거나 움직임이 촉발될 수 있는 민감한 이슈의 건축을 스스로 수행했다. 수동적으로 클라이언트에게 업무를 요청받아 건축계획을 수행하는 전통적인 건축가의 역할에서 더 나아가, 잉겔스는 많은 사람들의 삶에 직접적으로 영향력을 끼칠 수 있는 잠재성이 풍부한 대규모 프로젝트를 스스로 계획하고 대안을 제시하는 것이다. 그는 직접적으로 돈을 버는 프로젝트가 아니더라도, 민감한 이슈로 건축과 관계된 여론을 촉발시키면서 움직임을 만들게 하고 이후 새로운 '충실성'을 만들 수 있는 작업을 스스로 수행하고 있다. 그의 행보는 바디우의 '충실

113 mvrdv, datascape

성' 의 개념에 적합한 양상이다. 이것은 수동적인 의뢰로 이루어지는 작업이 아니라, 보통업의 시민들의 의견과 욕망의 니즈들이 모여 하나의 거대한 프로젝트가 생성되고 '충실성' 이 지속될 수 있는 프로젝트들을 건축가가 주도적으로 작업하는 것이다. 이러한 행위는 '주어진' 기능에 의해 명확하게 조닝되고 구분되는 기존의 근대적 방법론을 극복하는 것이며, 신적인 위치에서 객체를 사유하는 '계획 주체' 에 의해 만들어지는 것을 지양하고, 각 요소들의 특성이나 그 공간을 사용하게 될 개체들(대중)의 객관적 니즈들에 의해 조합되며 생성되는 힘과 장(field)을 먼저 고려한다는 점에서 기존의 건축 행위와는 차이를 보인다.

앞서 살펴본 건축가들의 방법론은 구조 이면의 무의식의 욕동과 욕망이 영향을 끼치면서 사회의 구조를 만들어 내는 방식을 사유하고 실험해 온 것이며, 대중의 니즈와 억압되고 배제되고 소외된 요소들을 온전하게 드러나게 하면서 구조화될 수 있는 긍정적인 방법론을 실험한다는 측면에서 후기구조주의 사상과 공명하는 건축적 방향성을 선도적으로 수행해 온 사례들이다.

—정신분석학의 무의식과 마음의 공간구축론의 건축적 적용 방안

의식구조의 이면에서 작용하며 구조를 뚫고 나오는 욕동의 힘(기의 요소)을 주로 연구하는 정신분석학과 관련하여, 프로이트는 인간의 정신을 이드(id), 자아(ego), 초자아(super-ego)의 삼원적 요소들로 구분하여 상호 영향을 이론적으로 정립했고, 이후 라캉은 정신분석학에 근거하여 존재론과 인식론을 철학적으로 분석하는 욕망 이론으로 확장하여 발전시켰다.

라캉은 주체가 상징계라는 사회에 진입하면서 남겨지는 무의식의 잔

114

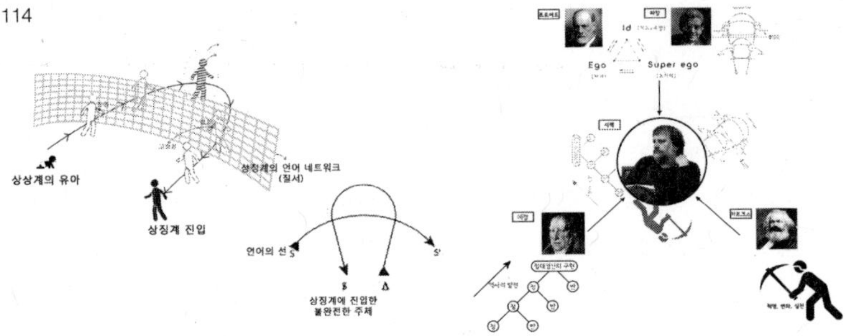

여물인 '대상a'와 '주이상스'의 요소들이 계속해서 무의식의 실재계에 남아 상징계에 영향을 끼치는 양상에 대해서 탐구했다. 지젝은 여기에서 더 나아가 헤겔의 변증법적 방식으로 사회가 이러한 무의식의 영역에 의해 영향을 받아 사회의 상징계의 구조가 변화하는 부분에 대해서 담론을 형성해 왔다. 라캉은 인간이 자라면서 주체화가 진행되는 과정을 사유한다. 그는 한 개체가 무의식이 지배하는 실재계에 거주하다가 언어의 세계(상징계)로 들어오면서 배제되어 남겨진 욕망의 잔여물인 '대상a'와 '향유(주이상스)'의 요소가 계속해서 상징계에 영향을 끼치는 부분에 대해서 분석한다. 상징계에 들어오게 되면 비로소 사회에서 '주체'로서 인정받으며 상징계의 일원으로 생활하게 된다. 이른바 사회에서 인정받으며 '주체화'가 이루어지게 된다는 의미이다. 무의식이 지배하는 실재계에는 상징계에 들어오지 못한 주체의 욕망의 찌꺼기(대상 a, 주이상스)가 남게 된다. 지젝은 무의식의 대상a와 주이상스의 요소들이 끊임없이 충동하고 새어 나오려는 욕망의 움직임으로 인해, 상징계(사회 구조)에 영향을 준다고 보았다. 그는 정치, 사회적인 부문에서 개인과 대중의 욕망과 욕동이 구조의 틈새를 깨고 올라와 상징계의 다양한 분야에 영향을 끼치면서 상호 반응하고 일부 사회 구조를 허물어뜨리고 새롭게 구조를 형성하게 되는 변증법적 매커니즘에 대해서 분석한다. 이른바 정신분석학과 사회

114 라캉의 상징계의 진입과 지젝의 헤겔, 마르크스, 라캉의 영향

학, 철학을 종합하여 욕망의 사회구조가 생성되는 매커니즘을 헤겔의 변증법적 특성을 접목하여 분석하는 것이다.

이렇게 무의식의 잔여물을 드러내는 방법론은 예술 및 조형 분야에서는 초현실적 욕망의 건축 표현기법으로 나타난다. 특히, 회화의 데페이즈망 기법과 문학의 자동기술법 등이 일반적으로 쓰이는 무의식의 예술적 표현 방법이다.115) '금기의 위반' 을 통해 각 개체의 중간 영역에서 경계를 넘나들며 하나가 되는 개념을 사유하는 '에로티즘' 은 예술 분야에서 초현실적인 무의식의 표현을 온전하게 드러내고 표현을 가능하게 만드는 주요한 방법론으로 사용되고 있다. 또한 무의식의 요소들이 온전하게 드러나게 만드는 건축 표현의 대표적인 방식은 '간격' 과 '틈' 에 다양한 요소들의 조합과 구성을 삽입하여 새로운 공간감과 '의미' 를 만들어 낸다. 이러한 방식은 건축 분야에서는 의식적으로 구축하는 3차원 그리드 좌표에 따른 합리적이고 이성적인 계획 방법론에서 벗어나 무의식이 표출되는 위상기하학적인 방식을 탐구한다. 또 건축에서는 '사이' 와 '간격' 에서 무의식의 요소들이 틈을 비집고 올라올 수 있는 방식을 실험함으로써 의도하지 않게 '차이' 를 드러내보일 수 있는 구축방법론을 적극적으로 탐구한다.

무의식의 부분을 성공적으로 표현하는 건축으로, 레이트 아방가르드 건축가들의 작품들이 있다. 그들은 일반적으로 마이클 헤이스가 분류하듯이, '유비' , '반복' , '조우' , '간격 두기' 등 네 가지의 건축적 '환유' 의 개념을 사용하여 억압되고 배제되고 소외된 역사의 기억들을 온전하게 드러낸다. 마이클 헤이스가 분석하는 알도 로시, 피터 아이젠만, 버나드 츄미, 존 헤이덕 등의 '레이트 아방가르드' 건축가들은 무의식의 영역이 활발히 작동하도록 하며 틈을 비집고 진입하여 상징계인 사회에 용인될

115) 데페이즈망 기법은 전혀 관계가 없을 법한 사물들을 병치시킴으로써 무의식을 원활하게 불러일으키는 회화기법이며, 자동기술법은 무의식의 흐름에 따라 글을 작성함으로써 초현실적인 분위기를 만들어내는 문학작품의 기법이다.

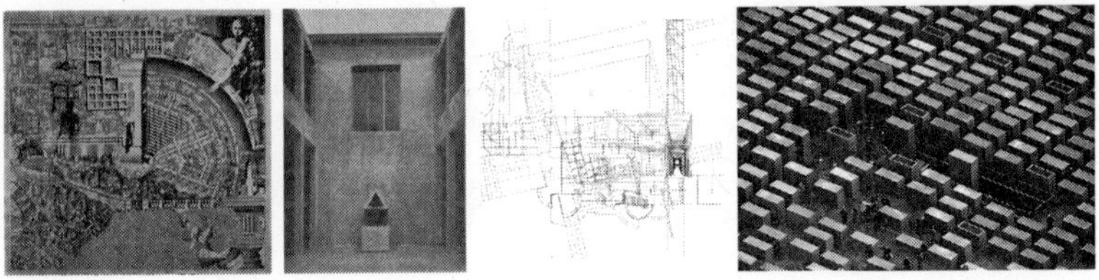

115

수 있는 특이한 건축적 표현을 성취하고 있다. 그들은 직접적인 은유의 방식을 넘어서 초월하면서 무의식을 효과적으로 표현할 수 있는 '환유'의 방법론을 실험했는데, 이것은 근본적으로 무의식의 요소들이 자유롭게 넘나들 수 있는 건축 방법론이 되고 있다. 첫째, 알도 로시는 합리적인 방식으로 유럽의 역사적 도시를 구조주의적으로 탐구하면서 '유비(analogy)' 가 될 수 있는 도시와 건축을 구축하고자 했다. 그는 합리적인 방식으로 도시 건축의 근본구조를 참고하여 창조하는 과정에서 복잡한 무의식의 연상작용을 통해 억압되고 배제된 '역사적 기억' 을 변증법적으로 녹여내어 새로운 역사성을 만들어 낼 수 있다고 보았다. 이러한 측면에서 '유비' 는 필연적으로 대중의 '집단 무의식' 의 요소가 개입될 수밖에 없다. 역사적 도시와 건축유형을 무의식의 요소까지 충분히 탐구하여 유사하면서도 '차이' 를 만들 수 있는 건축을 추구하기 때문이다. 둘째, 피터 아이젠만은 유사한 매스들이 평면상 겹치고 끊임없이 '반복(repetition)' 되면서 사이 공간에 무의식의 형태 및 공간 표현이 끼어 들어가면서 만들어 낼 수 있는 '차이' 를 생성시키는 건축적 방법론들을 실험했다.

셋째, 존 헤이덕은 마름모들을 겹치면서(layering) 각 부분들에서 무의식의 차원의 요소들이 틈을 비집고 창발하며 솟아올라 상징계에 드러나게 만드는 '조우(encounter)' 의 건축 방법론을 실험했다. 헤이덕은 공간이나 면의 특정 지점에서, 혹은 공간 구조상 특정 지점에서 무의식의 요소

115 알도 로시의 유비, 아이젠만의 반복

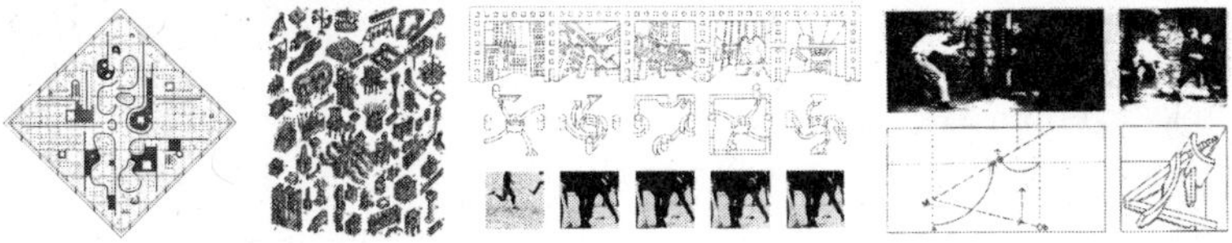

116

들이 원활하게 분출되어 솟아나와 무의식의 요소들과 '조우' 할 수 있는 건축적 방법론을 실험했다. 넷째, 버나드 츄미는 맨하탄 트랜스스크립트에서 다이어그램도, 투시도도, 평면도, 혹은 입면도의 도면도 아니지만, 그것 모두를 포함하면서 무의식의 다양한 요소들을 불러일으키는 '간격(Interval)' 의 개념을 실험했다. 이들은 마음속의 무의식의 잔여물들이 사이의 '간격' 에서 온전하게 드러나면서 사회적 상징계의 체계 안으로 진입하며 섞일 수 있는 방법론을 실험함으로써, 다양한 건축적 표현으로 무의식을 현실화할 수 있는 새로운 건축적 대안을 창조해 냈다.

정신분석학 분야에서 무의식의 매커니즘과 연계되는 동북아 사상의 분야는 바수반두의 대승불교의 아뢰야식 개념이다. 마음의 집착과 고통을 잘 다스리고 해탈하기 위해 불교에서는 무의식의 습기(아뢰야식)를 잘 다스리는 수행방법론을 정교화했다. 유식불교에서는 끊임없이 마음에 찾아와 어지럽게 만드는 '습기(아뢰야식)' 로부터 벗어나고자, 올바르게 수행하고 행동하여 습기를 제거하는 것을 중시했다. 불교에서 이것은 결국 자연의 엄정한 도(道)의 상태, 즉 중용(中庸)의 상태로 잘 다스릴 수 있도록 집착을 버리고 마음 수행을 하는 것이 핵심이다. 이론적으로는 윤리적, 도덕적 관점의 마음 수양으로 연결된다. 공간 및 조형적으로는 자연의 기의 흐름과 잘 소통할 수 있는 공간구조와 자연으로 치유될 수 있는 구조와 입면, 즉 자연과 함께 하는 건축 경관을 세심하게 계획하여 배치함으로써 자연을 매개로 하여, 부정적인 습기가 풀어헤쳐짐을 유도할 수

116 헤이덕의 조우, 츄미이 간격

있도록 만들어 주는 것이 필요하다. 자연의 기의 흐름과 함께 하며 자연 치유가 될 수 있는 건축에 집중하자는 것이다. 물론, 그것이 조형적으로 또, 공간적으로 무의식이 발현되면서 연계되는 것도 동시대적으로 긍정적인 방안 중 하나가 될 것이다.

—문훈, 한국적 무의식의 발현과 에로티시즘

한국에서 무의식의 요소를 해학적으로 가장 잘 드러내는 건축가로, 문훈을 들 수 있다. 문훈은 1968년생으로, 인하대학교 건축과를 졸업하고 MIT에서 수학하며 '포르노'와 '샤머니즘'을 주제로 졸업논문을 발표했다. 그의 작업에서는 무언가 기묘하고 성적 상상력을 자극하는 무의식의 요소들이 자유롭게 표출된다. 그의 드로잉에서는 붉은색 계열이 자주 사용되는 것을 발견할 수 있다. 때로는 화투의 디자인을 연상시키는 방식으로 자신의 이름과 사무소 이름을 엠블럼화 하기도 하는데, 그것은 마치 부적과 같은 느낌으로 다가오며 한국인 특유의 무속신앙과 연결됨을 감지할 수 있다. 그의 작품과 드로잉은 마치 무속신앙(샤머니즘)의 느낌으로 채색된 회화를 연상케 하면서, '기운생동'이 강하게 느껴지는 이미지들로 채워져 있다.

117

실제로 그가 그리는 상상의 드로잉은 페이퍼 아키텍트라고 불릴 수 있을 정도로 독창적인데, '레베우스 우즈'풍의 디스토피아적인 이미지와 트랜스포머적인 기계적 요소의 이미지가 합쳐져 있고, 이와 동시에 성적 환상과 유모어, 그리고 한국인 특유의 무속 신앙적인 색채와 요소들이 함께 녹아 들어

117 문훈, 부적 느낌의 포스터와 인장

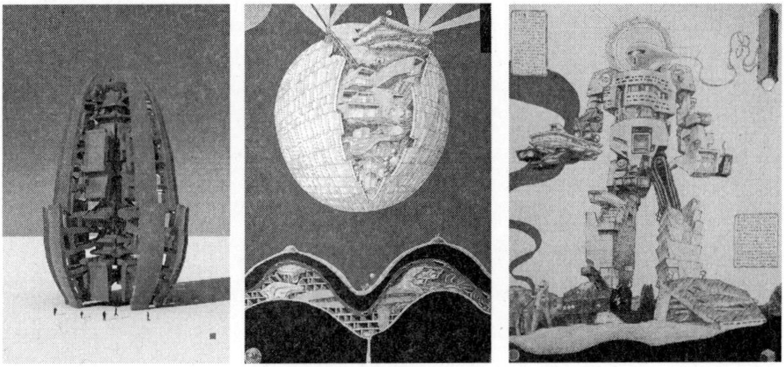

118

가 있는 형국이다. 또 그가 사용하는 색은 화가 박생광의 무속적인 회화의 색채와 느낌을 떠올리게 만든다. 그가 미국에서 수학하고 실무를 하여 보편적인 세계성을 습득했지만, 그의 DNA에 동북아 샤머니즘과 성적 무의식의 요소와 기운생동의 특성이 함께 녹아 들어가 있는 것이다.

그의 대표작인 홍대 입구 앞 '상상사진관(2005)' 은 그의 존재감을 알린 주요 작품이다. 그는 창의적인 젊은이들의 비주류 문화가 창발하는 '홍대' 라는 콘텍스트에 잘 어울리는 독특한 형태의 건축을 선보였다. 최

119

118 문훈, 로보트, 에로티즘, 샤머니즘의 특성이 느껴지는 색채의 드로잉과 이미지
119 문훈, 홍대 상상발전소

상부층의 상징적인 매스와 연결로를 '드라큘라의 비밀공간' 이라고 명명하며 그는 다음과 같이 설명하고 있다. *'4층은 드라큘라 백작의 사진 스튜디오다. 열쇠 구멍처럼 생긴 둥그런 창이 달린 녹슨 듯한 문을 열고 들어서면 뒤쪽으로만 트여있는 6미터 높이의 무주 공간이 마치 공중 위에 새로운 땅처럼 그 자리를 지키고 있다.(중략)... 드라큘라 백작은 그토록 원하는 절실한 사랑을 위하여 자신의 흡혈 습관을 자제하며 그녀를 기다리고 있나보다. 오른쪽을 보니 살포시 다리를 내어놓은 계단이 눈에 띤다. 철재와 목재로 이루어져 약간 위태로워 보이기까지 하는 이 드라큘라 전용 계단을 타고, 화려하지만 지독히 외로운 그의 방으로 오른다.(중략)... 문을 열고 그의 방, 혹은 그의 커다란 관에 발을 디딘다.'* 116) 암실에서 홀로 외로이 창조적 작업에 탐닉하고 있는 사진 작가를 '드라큘라' 라고 가정하며 풀어낸 공간과 시퀀스 구성과 무의식으로 이끄는 그의 상상력이 기발하다.

또 그의 작품 중 목동 다세대주택은 검은색 망사 스타킹과 같이 보이는 익스펜디드 메탈이 건축물 외벽을 감싸고 있다. 이 작품을 문훈 자신은 다음과 같이 설명하고 있다. *"(생략)...Meshed 잘려진 면을, 그들의 사생활과 맨살을 그대로 드러내고픈 욕망은 내 그림에서 존재하고, 마치 여자 다리에 씌우는 스타킹처럼 단면에 씌운다. 보일듯 말듯한 욕망들 사이에 서로가 보여주고 싶은, 관음하고 싶은 그러한 관계가 생긴다. 집 같지 않은 찢어진 스타킹이여... 메탈라스 효과 콘크리트의 무거움이 한 꺼풀 씌운 메탈라스로 무척이나 가벼워진다."* 문훈이 이 작업을 시작하며 떠올린 이미지는 검은색 팬티스타킹을 착용한 여인의 뒷모습이다. 건축물의 진입구 벽면의 오렌지 색상, 디테일, 공간 및 기능에서 각종 성적 상징들이 교묘하게 녹아 들어가 있음을 감지할 수 있다. 또 3층 침실에는 침대에서 투명한 샤워실을 바라볼 수 있도록 계획되어 있다.

116) 문훈, 기쁨의 건축, 스윙밴드, 2016, p66

120

문훈은 한국인의 정체성을 기반으로 미국에서 수학한 이후, 샤머니즘의 분위기와 마음의 무의식(기)의 흐름의 표현이 자유롭게 드러나는 건축을 추구해 왔다. 성적 무의식을 기반으로 표현하면서 동북아의 무속신앙적인 특성도 함께 가미시키고, 기의 흐름을 묘하게 복합화시키는 일종의 '변종'의 건축을 추구하고 있는 것이다. 후기구조주의의 특성과 같이 억압되고 배제된 무의식을 온전하게 잘 드러나게 하는 것이 오히려 '윤리적'이라는 입장에서 보았을 때, 그의 건축은 의식 이면의 무의식의 잔여물들(대상a, 쥬이상스)이 해학적으로 스며 나오는 건축을 추구하며 상징계에 용인될 수 있는 수준으로 조화를 이루게 표현하고 있다는 점에서 성공적이다. 기일원론의 계보가 중시하는 부분은 다음과 같다. '천리는 양지(良知)이며 그것을 잘 다스려(致良知) 마음을 정화하여 세계의 도에 이르고(梵我一如), 그것이 하나의 도의 흐름에 올라타게 되어 스스럼이 없을 때 그것이 세계의 운행의 도에 일치하게 된다'. 이와 유사하게 그의 건축은 무의식의 기의 흐름과 욕망의 드러남에 솔직하고 도의 흐름에 거스름이 없다. 사회(상징계)가 용인할 수 있는 수준으로, 억압되고 배제되고 무시된 무의식을 드러내고 있다는 점에서, 그가 건강하고 윤리적이기까지 한 건축의 표현을 창조적으로 제시하고 있다고 말할 수 있다. 문훈은 이러한 요소들이 자연의 기의 흐름과 마음의 무의식의 흐름과 샤머니즘까지도 포함하여 천인합일에 이르는 지점을 함께 표현한다는 점에서 특별하다. 문훈은 한국에서 동쪽에서 서쪽으로 이동하며, 세계적인 보편성을 기반

120 문훈, 목동 다세대 계획

으로 하여 한국적인 방식의 표현을 접목시켜 경쟁력 있는 건축작업을 수행하고 있는 건축가를 상징하는 인물이다. 한국 기일원론의 계보를 따르며 세계적 보편성을 중심으로 중앙에서 경쟁하고 있는 새로운 세대가 출현한 것이다.

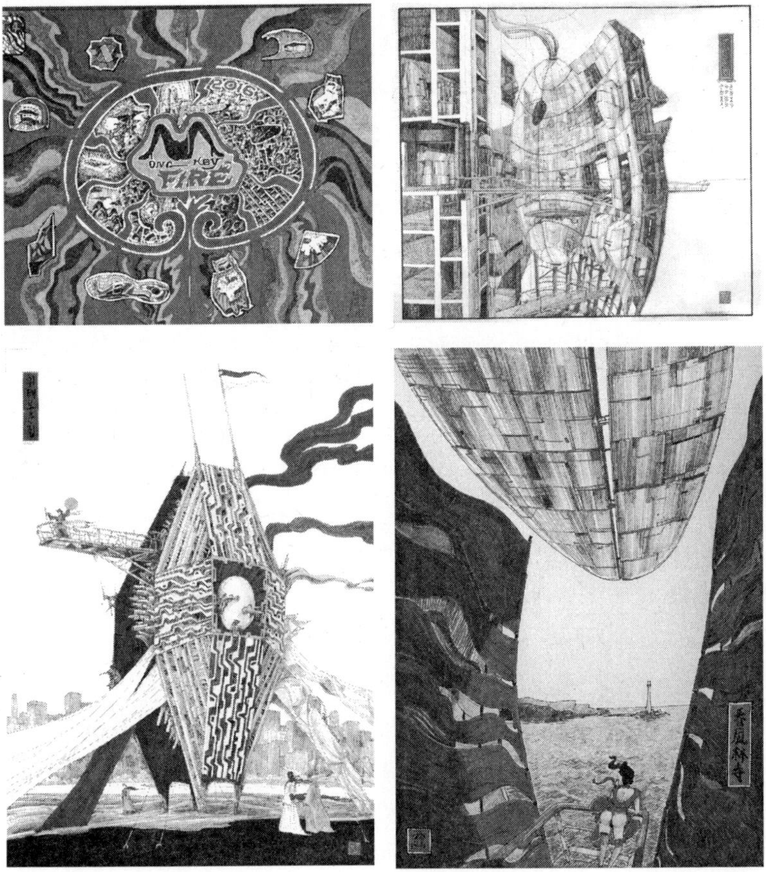

121

121 문훈, 자연, 로보터 샤머니즘과 성적 상징이 녹아들어가 있는 실험적 드로잉(좌상: Monkey Fire, 좌우: 空間色巫, 좌하: 위태로운 집, 좌우: Chung Pung Rim Sa)

–기일원론과 '풍경' 의 가치를 중시하는 '한국 풍경(랜드스케이프)의 건축' 의 방향성

동북아 사상에서 기일원론은 기의 움직임에 의해 리가 형성되는(드러나는) 부분을 중시한다. 그런 측면에서 마음속의 기의 움직임으로 생각할 수 있는 욕망과 욕동의 요소들이 상징계에 어느정도 드러나 리(구조)의 일부분으로 구조화되면서 조화를 이룰 수 있는 방법론은 긍정적이라고 생각할 수 있을 것이다. 이들의 담론과 건축적 실험은 일정 부분 이러한 측면에서 사회적으로 '화해' 하고 '안정화' 될 수 있는 구조화의 실험을 시도한 것으로 볼 수 있다. 기의 운행에 따라 리가 되어 굳어지는 방식이 사회적인 상징에 용인될 수 있는 정도라면, 얼마든지 포용할 수 있어야 한다. 오히려 '리' 의 측면이 포용될 수 있는 최대한의 범위만큼 기의 움직임을 긍정하는 것이 좀 더 안정적인 사회가 될 수 있을 것이다. 오늘날 후기구조주의 사상과 건축적 실험은 기일원론의 사유와 일정 부분 공유되는 지점이 존재한다. 그러한 기의 욕동과 욕망은 나, 너, 그, 우리의 무의식에 공통되는 부분에서 만날 수 있기 때문이다. 물론, 그것이 아뢰야식의 습기와 같이 이기적 욕망이어서 진정한 진여(眞如)의 공간으로 나아가지 못하는 것일 수도 있지만, 무조건 억누르는 욕망은 아뢰야식의 습기가 되어 결국 더 큰 문제를 일으키게 될 수도 있다. 무의식의 표현까지도 상징계에 적절하게 포용할 수 있는 방향이 좀 더 안정적인 사회를 구축하는데 도움이 될 수 있다.

한국 건축에서 '풍경' 의 개념은 단순히 인간과 차별되는 자연환경의 일부 요소로만 볼 것이 아니라, 세계의 기의 흐름과 자연의 시각적 연결이자, 자연과 인간 및 정주 환경의 조화로운 공간화가 형성되는 것의 다른 이름으로, 자연과 공존하고 자연과 일체화되는 삶을 의미한다. 또 '풍화' 되고 '소멸' 되는 것까지도 포함되는 개념이다. 또 우리가 딛고 있는 땅을 포함하여 풍토와 기의 흐름이 함께 녹아 들어가 있는 개념이다. 따라서 그러한 개념을 잘 이해해야 하고 천인합일이 될 수 있는 건축과 '풍경' 이 될 수 있어야 한다.

그렇다면, 한국 현대건축에 있어서 '풍경(랜드스케이프)의 건축' 의 방향성은 어디로 향해야 하며 어떻게 발전시킬 수 있을 것인가? 생기의 건축의 흐름에 있어서 풍경(랜드스케이프)의 의미는 어떻게 연결될 수 있을 것인가? 베이겔은 '한국 전통건축에서 가장 핵심적인 부분은 외부공간에 있으며 그 외부 공간을 조직하는 일이 한국 건축의 본질이라고 보았다. 베이겔과 함께 작업했던 승효상은 베이겔이 파주출판도시를 위해 수행한 개념작업에서 불확정적 공간의 도입에 동의했다. 그러면서 그는 비울 곳을 먼저 확보하는 것이 중요하다고 주장했다.' 여기에서 김수근에 의해 발전된 네거티비즘이 서구의 랜드스케이프 개념과 결합되고 있음을 확인할 수 있는 장면이다. 정인하는 '근대화 이후 전통적인 마당이나 길을 복원하려는 건축가들의 생각과 잘 맞아 떨어졌다.'[117)]라고 언급한다. 한국의 현대 건축가들은 유, 불, 도 사상의 연장선상에서 땅의 콘텍스트와 역사를 읽어내고 도출된 기의 흐름의 공간인 '비움의 공간' 을 먼저 생각하고 건축을 구축한 이후 주변 자연의 풍경속에 녹아 들어가게 만드는 '풍경(랜드스케이프)의 개념' 을 주요하게 적용해 왔다. 자연스럽게 기의 흐름이 내외부로 관통되는 비움의 공간인 마당과 함께 주변의 큰 자연이 지세로 스며들도록 만드는 제스처는 우주의 기의 흐름이 굳어진 것으로 간주하는 동북아 사상과 풍수지리의 특성상 자연스러운 것이다. 외부에서 보는 '시각' 에서 어울리는 풍경이 되는 것과 함께 내부에서 자연을 바라보는 '시각' 에서 자연과 일체화되는 감각을 동시에 느낄 수 있는 건축적 구성이 되어야 함은 지극히 자연스러운 것이다. 내부로부터 외부

117) 정인하, 한국의 근현대건축, 열화당, 2023, p454

로 향하는 경관을 구축하는데 있어서 밖(세계, 우주)을 바라보는 풍경을 중시하는 건축이 바람직하다. 우리 선조들은 참 자신(아트만, 진여)과 세계가 연결되고 하나로 느끼며 기의 흐름과 함께 원활하게 생활하기 위해서 신체적 감각과 함께 시각적으로 자연과 하나가 되는 삶의 도구를 필요로 했다. 조성룡은 선유도 공원 계획에서 서울시의 산업 발전기의 기억이자 필요 시설인 정수장의 역사적 흔적을 존중하면서 자연의 요소를 삽입하고 공생하도록 했다. 그 자체가 인공의 기억과 자연이 하나가 되어 새로운 자연으로 화해하며 시간의 흐름과 함께 '풍화' 될 수 있는 제스처를 적용한 것이다. '이때 풍경(랜드스케이프)은 더 이상 인위적인 개념도 아니고 건축의 장식품도 아니다. 바로 현실 그 자체이며, 현실을 새롭게 생성하는 아이디어가 된다. 건축가는 건물이 전체 풍경(랜드스케이프)의 일부분으로 스며 들어가도록 했다. 가능한 한 건축과 자연환경 사이의 경계를 허물려고 했고, 이를 통해 내부와 외부 사이의 연속성을 확보하려 했다.' 118)

'풍경' 이 중심이 되는 한국적 '풍경(랜드스케이프)의 건축' 은 욕망에 의해 스스로 드러나고자 하는 건축이 아니라 콘텍스트로 녹아 들어가고, 자연으로 녹아 들어 '하나' 가 되는 건축이라는 점에 그 중요한 가치가 있다. 시각적으로도 주변 경관에 어울리게 녹아 들어가고, 역사, 문화적으로도 주변과 조화를 이룰 수 있는 건축이어야 한다. 더 중요하게는 풍토적인 관점, 특히 기후적인 관점에서 더움과 추움의 조건에 따라 가족이, 공동체가, 시민들이 그 건축공간에 모이게 되고 공통의 감각을 느끼고 그 공간을 '함께' 향유하게 되는 건축적 '태도' 를 만들어 낸다는 측면에서 중요하다. 그것이 1, 2, 3권에서 우리 선조들이 생각했던 사유의 방식이고, 우리 선조들이 건축적으로 세계(자연)와 하나가 되었던 방식이며, 가족 및 공동체가 공통감각을 가지며 공동체성을 만들어 나갔던 공간의 생

118) 정인하, 앞의 책, 2023, p462

성 방식이었다. 앞서 살펴본 바와 같이, 기타로와 와쓰지가 주목하는 불교의 공적영지의 개념으로부터 나온 '절대 무(無)의 장소' 의 개념은 동일성을 중심으로 전체주의로 몰아가는 폐해와 공공을 생각하지 않는 이기적인 공간구조의 폐해가 발생할 수 있는 가능성이 존재하는데, 이 부분은 극복해야 할 과제이다.

무의식의 기가 온전하게 발현될 수 있는 사회와 건축적 특성, 억압되고 배제되고 무시되었던 것들이 '경관적으로' 온전하게 드러나고, 상호 화해하며 상징계에 포용될 수 있는 사회와 건축, 안온한 미기후가 확보된 가운데 자연의 기가 원활하게 순환되면서 공동체성이 증진될 수 있는 사회와 건축, 시간의 흐름에 따라 자연스럽게 '풍화' 될 수 있는 소멸과 순환의 건축을 추구하는 것이 중요할 것이다. 또 1, 2, 3권에서 살펴본 바와 같이 마음의 공간구축을 가능하게 하는 과정적 건축, 다양한 기능이 때에 따라 원활하게 기능하다가 소멸하고 다른 기능으로 다시 사용될 수 있는 무자성(無自性)의 건축, 불편하게 사는 것의 소중함을 느끼는 건축, 소멸의 가치를 중시하는 건축을 추구해야 할 것이다.

오늘날 동시대적인 보편적 근대성을 적용하면서 동시에 이러한 가치를 우선 적용하여 계획하고 삶을 유지하는 영조(營造)의 자세를 유지하게 된다면, 나, 너, 그, 우리가 생기의 가치와 하나가 되는 건축문화를 만들어 나갈 수 있을 것이다.

이제 5권을 정리해야 할 시점이다.

4권에서 살펴본 바와 같이 한국 근대철학은 일제강점기 시기에 일본인에 의해 이해된 서양 근대철학(주로 독일 관념론)을 사유하면서 출발했다. 그러나 그것은 '주체' 적인 철학이 아닌 이식된 '외부의 철학' 이 도입되어 한국적으로 습득하는 과정이었을 뿐이었다. 그것은 근대성의 또 다른 양면적 양태였다. 당시 한국은 근대의 과학기술과 근대성을 빠르게 흡수하기를 열망하면서 서양의 사상과 문물을 수동적으로 받아들인 측면이 강했다. 동북아 특유의 내재성이 중심이 되는 기일원론 철학의 계보는 고대 단군신화, 유불도가 통합된 성리학으로 이어졌고, 불교의 심학과 근대성이 접목되면서 나름의 진화를 거치다가, 근대성과 기독교의 개념까지 한국적 개념으로 해석하여 흡수한 '동학 사상' 의 출현과 발전으로 이어졌다. 동학의 정신은 계속해서 유영모의 다원주의 신학으로 연결된다. 그는 한글의 독창적 해석과 한국인의 관점과 사상의 방식으로 하느님과 기독교를 새롭게 해석했다. 그는 생명의 관점 역시 기의 순환으로 보았고 이를 생명의 씨앗의 개념으로 발전시켰다. 그것은 이후, 베르그송의 창조적 진화의 개념을 더한 함석헌의 씨알 철학과 이후 보톰업의 생명 운동과 협동조합의 실천 운동을 전개한 장일순의 좁쌀 철학으로 이어졌고, 동시대에 녹색 생명 사상으로 이어지면서 오늘에 이르고 있다. 이러한 한국 기일원론의 사상의 계보는 서양이 근대사상의 폐해를 극복하기 위한 움직임과 유사하게 자체의 진화를 거치며 발전하고 있다. 서양 역시 폐해를 극복하며 점차 사유 자체를 동쪽으로 향하는 태도를 보여왔다. 이와 마찬가지로, 동북아의 경우, 강제로 이식된 근대성이 자체적인 이식과 적응과 진화의 과정을 거쳐 이제는 중간 부분에서 만나 각자의 특성을 기반으로 하여 자신의 사상과 문화를 드러내며 보편적인 수준에서 경쟁하는 시대가 되었다. 동북아 사상과 단군신화 이래 한국 사상은 내재성의 기 일원론의 계보가 면면히 이어지고 있는 가운데, 오늘날에는 근대성을 접목하여 한국적 방식으로 근대성과 서양 사상의 특성을 창조적으로 재해석하고 있는 과정이라고 생각해 볼 수 있다.

조선 말과 일제강점기의 근대 시기에 한국인은 근대성의 도입과 민족주의의 접목과 변용으로 인해 다양한 폐해들을 강제당했다. 서양이 근대성의 폐해를 철저하게 반성하면서 거의 반동적으로 현상학과 구조주의를 사유했지만, 한국은 해방의 어수선한 시기와 분단과 한국전쟁을 겪으면서 재건하고 독자적인 근대화로의 행보를 진행하기에도 벅찬 상태였다. 우리는 군부 독재의 시기를 거치면서 개인의 희생을 바탕으로 고통스럽게 근대화에 성공했다. 그러나, 이 시기에 철학은 각 분야의 열악했던 상황으로 인해, 일부 현상학과 구조주의가 연구되기는 했지만, 소개 정도에 그치는 상황이었다. 한국에서 현상학 분야는 독재에 저항했던 운동권에서 사용된 실존주의 계열의 철학적 논의 정도가 당시의 필요에 의해 이루어졌을 뿐이었다. 경제가 발전하기 시작한 80년대 중반이 되어서야 비로소 다원적인 포스트모더니즘 사상이 도입되고 경제 성장과 다원적 문화의 절충적 특성과 한국적 전개가 이루어졌으며, 문민정부가 들어선 90년대 들어 해체주의 및 후기 구조주의 계열의 사상들이 물밀듯이 들어오고 담론화되면서 다원적인 사상과 문화가 꽃을 피우기 시작했다. 세기말에 이르러 데카당한 특성들이 나타나며 사회 분위기를 지배했고, 긍정적, 부정적 특성들이 함께 공존하는 시기가 한동안 지속되었다. 2000년대 들어 디지털 시대로의 전환과 함께 후기구조주의 사상이 담론화되었다. 이 과정에서 프랑스 계열의 철학들이 운동권을 중심으로 지적 탐구와 실천을 위한 새로운 돌파구로써 활발하게 논의되었다. 이러한 특성들은 한국적 에코, 녹색사회의 담론들과 연계 지점에서 함께 논의되기도 했으며, 밀레니엄 이후 기일원론의 특성과 연계되며 담론화되고 실천되었다.

동시대 건축과 연계된 건축 담론으로, 모더니즘의 도입과 서양 기술의 이식 및 구조주의적 특성이 현대 건축가 1세대 중에 김수근과 김중업, 그리고 이희태에 의해 논의되었고, 수준 높은 작품으로 구체화 되었다.

그러나 1세대 건축가들의 화려한 이력과 다채로운 작품의 스펙트럼은 짧은 기간 동안 근대화로의 압축 성장 시대의 변화만큼이나 작품 경향에 있어서 그 진폭이 컸으며, 김수근의 경우 4권에서 살펴본 근대성의 양면적 특성과 같이 화려한 빛의 모습 이면에 깊은 그늘도 존재했다. 주체적으로 한국성의 수준 높은 건축 담론이 이루어진 것은 김수근의 '부여박물관 왜색 논쟁' 이었으며, 이를 통해 본격적인 한국성의 담론화가 시작되었다. 이 '사건' 은 이후 동양적 근대성과 동북아 기학의 접목 가능성을 모색하는 씨앗이 되었다. 실제로 김수근이 이 사건이 계기가 되어, 구조주의적 관점에서 한국 건축의 근본구조의 사례들을 탐구하고 '네거티비즘' 사상을 정립하여 실제에 적용하게 된 것이다. 이 사건은 김수근이 한국성의 특성을 현대적으로 훌륭하게 재해석한 작업인 공간 사옥, 청주박물관 및 각종 문화 시설 등을 계획하는데 있어서 중요한 '모멘텀' 이 되었다.

한국 지역주의 건축과 현대성의 접목에 있어서 현대건축 1세대의 역할은 매우 큰 것이었다. 김수근과 김중업의 사후, 비판적 지역주의 담론에 영향을 강하게 받은 4.3그룹의 활동으로 90년대 한국성에 대한 논의와 그에 따른 건축적 방향성을 탐색했다. 그들의 활동은 그때까지 변방에 지나지 않았던 한국적 상황과 한국 건축문화에 있어서 주체적으로 건축문화를 구축하고 담론을 구축하는 것의 중요성을 깨닫는 계기가 되었고, 경쟁력을 확보하기 위한 확고한 토대를 마련하는 계기가 되었다. 이를 거쳐 한국은 중심 및 변방 이론과 동시대적 한국성의 건축담론의 발전적인 방향성을 모색할 수 있는 든든한 토대를 마련할 수 있었다.

일본의 경우, 동북아 3국 중 가장 먼저 주체적으로 근대화를 받아들이고 해석했던 역사가 있었던 만큼, 일본성의 논의와 대응에 대한 교훈을 살펴볼 필요가 있다. 단게의 일본적 모더니즘과 메타볼리즘을 발전시켰던 일본 현대건축의 일본성의 담론들은 쿠마 켄고의 소멸성의 건축사상으로 이어졌다. 이러한 방향성은 근대성을 충분히 받아들이면서도 동북아 사상에 근거하여 현대건축을 새롭게 해석하여 녹여내는 방법론을 실험한 것이라는 점에서 우리에게도 참고할 가치가 있다. 중국은 공산권 국가로서 근대화와 자본화를 상대적으로 늦게 겪었다. 그 과정에서 우리가 경험했던 것과 같이 절충적 수법을 중심으로 대응하면서 유사한 혼란과 문화적 어려움에 직면하며 웅전해야 했다. 그러나 새롭게 중국의 역사를 재해석하고 지역주의 건축의 전개를 통해 자연과 연계방식과 지역의 가치를 녹여 계획하는 왕수 건축의 '태도'에서 우리는 교훈을 얻을 수 있다. 그것은 기일원론 중심의 녹색 도시 및 건축의 새로운 가능성을 탐구하는데 도움이 될 것이며, 현대건축의 특성과 동북아 기일원론과의 연계지점에 대해 새로운 가능성을 제시할 수 있을 것이다.

오늘날 내재성의 기일원론의 철학과 지역적 분위기와 관계의 내재적 상호의존성(다이어그램)과 파라메트릭 액체 주름 및 위상기하학의 개념 등은 현대적인 동시대 건축 및 문화의 주요한 특성들이다. 이것은 포스트모더니즘 및 해체주의와 표현적 건축과 밀레니엄 이후 후기 구조주의의 특성이기도 하다. 우리는 동시대 건축의 특성들을 포용하면서 동북아 건축과의 연계 지점을 살펴보아야 한다. 기일원론의 관점에서 유영모, 함석헌, 장일순이 했던 방식으로 현대사상과 현대건축을 다시 돌아보고 새롭게 재해석(번안)하는 건축적 방향성을 재고할 필요가 있다. 한국 현대건축의 역사와 생기 건축의 실험과 함께 현대건축과 기학의 만남과 변용이 이루어져야 하며, 그에 따른 적절한 변화의 시도와 21세기 생기 건축의 잠재성을 추구하는 실험적 태도가 필요할 것이다. 모든 창조적 행위는 지난 시기의 역사와 사상의 흐름을 세밀하게 인식하고 자신의 정확한 좌표를 인식한 후, 새로운 방향성을 설정하고 나아갈 때 그 경쟁력이 확보되고 새로운 가치를 생성시킬 수 있다. 특히 우리 시대의 한국성의 건축을 추구하고자 한다면, 변증법적인 발전의 폐해적 순환의 굴레에 빠지지 말고 기일원론적인 동북아적 가치에 정통하며 이를 통해 새롭게 해석하는 계기를 만들어야 될 것이다. 새로운 잠재성이 현실화 될 수 있는 '주체적' 해석의 새로운 장을 열 수 있어야 비로소 경쟁력을 확보할 수 있을 것이다. 그 잠재성을 현실화 시키는 주인공들은 이제 세계에 당당한 나와 너, 그, 우리, 그리고 세계와 동일시 되는 전체, 곧 한국 건축인 여러분이 될 것이다!

한국 건축의 시사점과
PART III
동시대 적용가능성

생각해보아야 할 점

동양의 철학과 서양의 과학기술을 동시에 사유하는 것이 바람직한 것일까. 서양의 시각, 서양의 철학적 도구(인식론)를 통해 동양의 도(道)를 분해해 보려고 하는 것은 처음부터 어불성설일 수 있다. 당시의 기준과 시각, 철학에 영향을 끼치는 외적 변수들과 배경을 고려하여 바라보는 관점이 필요하다. 동시에 건축 기술 및 건축이 이루어진 환경을 고려하여 당시 기준으로 분석하는 것이 중요하다. 당시 집을 만든 자의 관점에서 보지 않고 천년 후의 감상자가 보는 시각으로 당대의 건축을 해석하는 우를 범하면 곤란하다. 우리 문화가 중국 문화권이라는 큰 자기장 하에 있었다는 것은 부인할 수 없는 사실이며 오리지낼러티(originality)를 주장하는 것이 어색할 수 있다. 거기에는 한국성, 혹은 한국적 정체성에 의문이 있는 것이 사실이다. 큰 틀에서 동북아적 가치라고 언급하는 것이 더 좋을 수도 있다. 민족주의와 한국성을 강조하고 찾는 부류는 문화적 상품성(아이덴티티)을 찾기 위해 고유함을 강조하면서 자신의 권력의지 혹은 욕망을 다른 차원으로 획득하고자 하는 불순한 의도를 가지고 있는 것으로 종종 비판받기도 한다.

그럼에도 불구하고, 미시 담론과 거시 담론이 충돌하면서 새롭고 건강한 담론을 생성시킬 수 있는 방안을 생각해 보아야 할 것이다. 최준식은 비정형적인 즉흥성을 우리 미학의 핵심으로 간주하는데, 그것은 달리 말해 질서 가운데 파격이라고 할 수 있고 자율성이라고 표현할 수도 있을 것이다. 이렇게 차이와 다양성을 만들어 내는 것이다. 즉흥성은 한국의 풍류, 혹은 홍의 요소로 볼 수도 있다. 심광현의 의견대로 한때 한국은 '한(恨)' 이 중심을 이루는 담론이 주를 이루고 있었지만, 대한민국의 위상이 높아지는 가운데 보편적이고 긍정적인 '홍' 의 담론으로의 전환이 필요하다.[119] 한국식 '홍' 의 개념은 '기' 의 발현의 일종으로 보아야 할 것이다.

자연의 변화와 생성의 양태, 순환의 양태는 자기유사성의 프랙탈의 요소와 순환성과 일맥상통하는 측면이 있으며 이것은 종래의 이성적 방향성과는 차이를 보인다. 우리는 프랙탈의 시간-공간 복합체를 중시하며 바라볼 필요가 있다. 21세기 한국에서는 프랙탈적인 특성과 홍을 통한 문화적 르네상스를 추구하는 것이 바람직하다고 볼 수 있는데, 심광현은 역사-지리적 궤적에서 찾아내는 게 더 시급한 과제라는 생각을 가지고 있으며, 역사-지리적 궤적이라는 관점에서 보면 대문자로 표기된 서구 근대성(모더니티)이 있고 나머지는 이식-변주된 것들이라는 시각을 벗어나 여러 가지 근대성들의 역사-지리적 궤적들을 찾는 것이 가능하다고 생각한다.[120] 사계절의 변화와 같이 주름진 산하와 물길-프랙탈-삭힘-홍의 문화생태학적 연결망이 포착하자는 것이다.

—한국성의 동시대적 발현[121]

이 땅(한국)에서 활동하는 건축인이 세상 유일의 대한민국, 그리고 현시기 이 땅의 콘텍스트에 적합한 건축을 생산해야 한다는 문제의식을 갖는 것은 지극히 자연스러운 것이며 당연한 일이다. 다시 말해, 한국의 건축가가 동시대의 한국적인 건축을 생산해야 한다는 대명제에 대해서는 대부분 이견이 없을 것이다. 그럼에도 불구하고 (오늘날-21세기를 살고 있는 대한민국에서) '건축의 한국성을 숙고(건축가 자신의 정체성으로 삼을 정도로 끈질기게 집착해야 할 것인가?)해야 마땅한가, 그렇지 않은

119) 김봉렬, 심광현, [대담] 한국문화의 정체성을 말하다, 문화과학사, 2005.6, p310
120) 김봉렬, 심광현, 앞의 글, 문화과학사, 2005.6, p314
121) 건축평단, 건축의 한국성, 건축평단, 2015, '21세기의 한국성' _임기택 작성을 기반으로 하여 일부 내용을 변형함.

가?' 라는 질문은 다른 차원의 논의를 필요로 한다.

우리 민족은 근세에 접어들면서 외세의 침탈과 일제의 지배를 강제당했다. 물질보다 정신과 예절과 체면에 익숙했던 동양권에 속해있던 우리는 급격한 서구의 근대성의 도입과 모더니즘의 변화와 유입으로 나타난 단절된 역사와 생활 변화를 겪었고 이후, 한국전쟁의 아픔을 겪고 세계 최단 기간 동안의 경제발전과 공간구조의 변화를 통해 일상의 혁명적 변화를 경험했다. 이후 세기말의 현상과 함께 무자비한 폭격과 같이 서구의 포스트모더니즘 계열의 사조들이 난입되었다. 모더니즘을 제대로 한국적으로 소화하기에도 역부족인 상태에서 당대의 건축가들이 한국성이라는 주제와 함께 자연스러운 담론의 발전과 물질적, 물리적 공간 및 조형의 변화와 발전을 수준 높게 성취하기에는 애초부터 역부족이었을 것이다. 식민지와 한국전쟁을 겪으며 개도국으로서 성장만이 미덕인 시대에 역사성과 전통의 배려는 자연스럽게 후순위였다.

전후, 경제성장이 활발하게 이루어지고 있는 동안 경제성을 최우선하는 국적 불명의 모더니즘 건축으로 온통 채워진 공간들로부터 대중들은 역사의 심각한 단절을 인식하고 우리의 것(한국성)에 대한 갈증을 느끼게 된다. 그러나 독재 시기의 '한국성' (한국성을 강조한 건축)은 혁명 집권세력과 보수세력의 대국민 선전 수단 혹은 정신 개조로 왜곡되어 기능한다. 이러한 방향성은 80년대 중반까지 이어지다가 80년대 후반부터 90년대에 이르러 한국성에 대한 담론은 케네스 프램턴의 '비판적 지역주의'에 영향을 받아 '의도적으로 낯설게 하기' 기법이 유행처럼 시도된다. 80년대 말 90년대의 포스트모더니즘과 해체주의 양식은 연속된 담론의 부재속에 소화불량인 채 패션처럼 한 시대를 풍미하며 '국적 불명의 스타일' 로 소비되었다. 그동안 한국성을 강조하는 건축계의 강박과 한국적 요소를 적용하는 것에 대해 극도의 자기혐오를 보여왔던 것은 질곡의 역사를 살아왔던 우리의 슬픈 자화상이다. 한국성에 대한 갈망은 7, 80년대 극우 보수 집권세력의 이데올로기적 민족주의로 왜곡되었다. 90년대 이후 한국건축은 한국성에 대한 논의와 함께 공간적인 특성을 동시대적으로 드러내면서 조형적으로는 추상화되면서 한국적 특성이 자연스럽게 드러날 수 있는 방안을 발전시켰다.

서구의 근대 사유와 근대성의 관계를 바라보아야 하는 이유는 다음과 같다. 동북아 국가들에서는 제국주의 시대의 외세 침략이 공공연하게 자행될 정도로 근대성과 과학 기술의 발전 속도가 너무나 빠르고 거대한 것이어서 근대세계의 흐름과 발맞추는 과정에서 과거와의 급격한 단절을 경험하게 되었던 것이다. 근대성의 측면에서 도시와 건축은 가장 크게 변화된 부문이어서 대도시의 출현과 함께 우리를 둘러싼 건조 환경은 기존의 전통적인 주거환경과는 양상과 급격한 단절을 가져왔다. 그것은 너무나 거대한 변화여서 전통과 옛것은 빨리 청산해야 할 대상으로 치부되었다. 근대성과 새로운 세상의 정치, 제도, 물질적 토대는 새로운 시대에 대한 비전과 함께 급격한 변화를 가져오게 되었다.

20세기에 한국의 역사는 강제된 서구화, 근대화의 과정을 거치게 되었다. 정치, 경제, 사회, 문화 전반에 걸쳐 근대화된 원리와 제도, 기술 등이 이식되었다. 일본 제국주의 식민 지배를 경험하고 난 이후, 한국은 해방을 맞이하고 외세에 의해 영향을 받아 한국전쟁이라는 민족의 비극을 연이어 경험하게 되었다. 이후, 한국은 전쟁의 상처를 극복하고 외형 갖추기에 급급한 상황에서 적극적으로 근대화의 길을 걷게 되었다. 우리의 것에 대한 생각은 1980년대에 이르기까지 거의 국수주의적인 방식으로 이용되기만 할 뿐이었다. 옛것은 철저하게 단절되었고 근대화의 시각에서 민족주의적인 상징으로서만 이용될 뿐이었다. 옛것 중에 좋은 것을 오늘날에 되살리고 응용하는 것은 항상 주체적 건축의 '번역'의 작업이 필요한 분야이다. 건축계에서는 한국 전통 건축에 관련된 것은 주로 고건축을 연구하는 건축학자들의 몫이었다. 1980년대에 들어 일부 주체적으로 번역하고자 하는 시도들이 조금씩 보이기 시작했다. 그러다가 1990년대에는 4.3그룹 등 한국건축의 '한국성'에 대해서 형태적인 은유적 표현에서 벗어나 공간적 해석과 환유적 한국성을 고려한 방향성을 제시하며 새로운 한국성의 특성을 보여주는 시도들이 나타나기 시작했다. 이러한 시도들은 한국성에 대해서 다른 차원에서 이른바 '번역'하여 새롭게 제시하는 시도가 나타나기 시작한 것으로 볼 수 있다. 그들은 7, 80년대 기존의 관 주도의 민족주의적인 관점이라기보다는 건축가 스스로가 동시대를 사는 한국인으로서 주체적인 관점에서 고건축이나 옛 한옥의 고고학적 특성뿐만 아니라 건축학에서의 위치와 의미, 배경까지 생각하고 현대성을 고려하여 동시대적으로 번역하고자 하는 노력을 기울였다.

한국에서 한국성과 관련하여 그 전까지의 학문적 경향이나 작품 경향은 관(官) 주도로 민족주의적인 특성의 보수적 경향을 정당화하거나 강화하는 분위기를 조성하는 세계관을 보여주었다. 그것은 마치 원전 중심주의의 폐해를 보여주는 것 같이 옛것의 이미지를 차용하거나 우스꽝스럽게 조합하는 수준을 벗어나기 힘든 경우가 많았다. 콘크리트 기와지붕을 올리는 관 주도의 공공시설 등이 대표적이다. 따라서 이 시기에는 배경이나 문제의식 등이 존재한다기보다는 옛 건축이라는 원전의 이미지 차용을 기계적으로 재현한 것에 불과했던 경우가 많았다는 한계가 있었다. 근대를 지향하면서도 옛것의 향수 혹은 기계적 재현에 불과한 것이다. 따라서 80년대까지의 한국의 근대는 강제로 주입된 근대이며, 근대와 전근대가 교묘하게 얽혀 있는 상황이 지속되었던 것이다. 고건축과 전통 한옥의 고택들이 우리가 참조해야 할 우리의 자랑스러운 건축적 원전이기는 하지만, 그것들은 동시대적인 언어와 각종 외적 변수에 따라 새롭게 번역되어야 한다. 전통 건축이라는 '고전'과 동시대의 삶은 일치할 수 없고 전통 건축이라는 고전은 그 시대의 외적 변수에 대응하여 만들어진 것이므로, 동시대에 통용될 수 있는 일상의 소통언어로 바로 적용하는데 한계가 발생할 수밖에 없는 것이다. 따라서 이러한 상황을 전호근은 다음과 같이 '중첩성'의 개념을 들어 표현했다.

전통 고전과 우리의 삶은 정확하게 일치할 수 없고 다만 김치-햄버거나 불고기-버거처럼 복합화되는 성격의 것들이다. 『철학에서 이야기로-우리 시대의 노장읽기』(2004)에서 김시천은 김치-햄버거야말로 우리 시대 철학함의 중요한 표상이라 논한 바 있다. 이는 우리의 번역에서도 마찬가지이다. 우리의 고전 한문은 더 이상 일상적 소통의 언어가 아니며, 우리 현대어 또한 번역어를 기반으로 새롭게 생긴 언어이다. 우리는 김치-햄버거와 같은 철학이 가능하듯 김치-햄버거 번역 또한 가능하다고 본다. 버거빵과 불고기가 중첩되어 불고기-버거가 되듯이, 이 뒤풀이는 결론을 대신하여 이러한 층과 층을 일별해 본 시도일 뿐이다.' 122) 김치 햄버거에서와 같이 햄버거빵(번, bun) 안에 김치 소스가 들어가 있는 경우, 혹은 밥버거와 같이 한국인의 쌀밥으로 만든 외형의 버거 번에 일반적인 햄버거 속이 들어가 있는 경우, 또는 김치버거라고 했을 때 번(bun) 자체를 김치를 감싼 상태로 만들고 속 자체도 김치나 전통적인 한국적 요소들을 조합하여 유사한 듯 하면서 전혀 새로운 시도를 할 수도 있을 것이다. 그러는 가운데 전혀 다른 방식으로 화학적 변이를 일으키는 메뉴가 만들어지면서 버거를 받아들이는 외국인의 입장에서도 신기하고 신선한 새로운 버거가 탄생할 수도 있을 것이다. 보편적인 세계인의 입맛과 버거에 대한 인식이 기본이 되면서 그것의 유형을 뛰어넘는 동시대적 시도가 필요하

122) 전호근, 김시천, 번역된 철학, 착종된 근대, 책세상, 2010, p260

다는 의미이다. 서양적인 시각에서 동북아적인 시각과 세계관이 존재한다는 방식이 아니라 근본적으로 동북아적인 시각에서 혹은 한국적 시각에서 건축을 새롭게 바라보는 시도가 필요하다. 특히, 동북아 사상에 근대사상의 도입 및 기 철학의 접목은 한국성의 동시대적 발현에 있어서 어떠한 영향을 끼쳤을까는 중요한 주제가 될 것이다.

—기가 움직이며 물화되는 가운데 근대성(과학기술)의 중체서용, 서체중용이 될 수 있는 건축방법론은 어떻게 성취될 수 있을까?

김개천의 '벽 없는 한 칸 집'은 불교적 공사상에 근거한 동북아 사상이 접목된 동시대적인 주택이라는 점에서 한국적 건축을 실험하는 부분에서 생각해 볼 점이 있는 작업이다.

[122]

폭이 좁은 홑 채의 직사각형 집은 정사각형 집보다 비교적 바람길 확보에 유리해 채광이 좋고 환기가 잘되는 특징이 있다. 일반적인 주택이나 주거 건축은 이러한 형식을 따르는 경우가 대부분이다. 그러나 이 집은 정사각형 형태의 단층의 파빌리온 형식의 구성을 보인다. 또 이 계획은 일부러 멋 낸 흔적이 없는 단순한 입면을 보이고 있다. 또 단순한 공간 구성과 외관과 함께 소박한 조경이 조화를 이루고 있다. 실내와 실외를 하나의 공간처럼 느껴지도록 하는 포디움과 그 위의 처마는 한옥의 툇마루와 서까래 처마의 현대적 변용의 형태로 추상화되어 현시되었다.

122 김개천, 벽없는 한칸집

이 건축계획은 아주 단순한 박스 형태이고, 단순하고 반복적인 구성의 집이라는 점이 특이한데, 특히 내부의 건축 공간구조가 주목할 만하다. 이 집은 3×3의 9칸이 중심이 되어 필요한 기능의 각각의 영역이 배치되었다. 각 방은 이동식 하얀 창호지로 마감된 미닫이 문(벽)에 의해 개폐가 자유롭게 조절되는데, 이에 따라 공간이 합쳐지기도, 분리되기도 한다. 문의 개폐 조합에 따라 각 영역은 방이 되기도, 열린 공간이 되기도 하는 것이다. 구성에 따라서 한 칸의 작은 방, 혹은 9칸을 터서 만들어지는 넓은 공간이 될 수 있는 구성의 집이다. 이 집은 고정된 방(기능)이 존재하지 않고 필요에 따라 평면구성이 변형된다. 김개천은 "가장 작은 숫자로 집을 설계한다는 것은 형식을 갖고 있지 않다는 것을 의미하며 비움으로 더 많은 것을 얻을 수 있는 자세를 추구한다."라고 언급한다. 그야말로 거주자의 취향에 따라 각 영역이 재창조되는 공간인 것이다. 고정된 특성(自性)이 존재하지 않고 기능과 흐름에 따라 순환하게 된다. 각 방의 전체 집의 특성에서 각 부분의 자성(自性)이 특정되지 않으면서 자연과 함께 하며 열리고 닫히고 자연과 함께 하는 건축이라는 점에서 한국적 건축의 무자성(無自性)의 특성을 잘 구현한 작품이라고 할 수 있다. 작은 파빌리온의 건축이지만 불교의 무자성과 같은 개념의 동북아적 사유와 한국적 특성이 추상화되어 구축된 '정신의 건축' 이라고 말할 수 있다. 아울러 자연에서 자연과 함께 하나가 되면서 자연을 관조할 수 있는 건축이라고 할 수 있다.

그러나, 한국적 추상성에 충실한 가운데, 매끈하고 완결적인 동시대적 보편적 특성을 가지고 있는가라는 질문에 이르게 되면, 다른 차원의 생각들이 꼬리를 물고 이어진다. 예를 들어 자연 한가운데 존재하는 현대건축의 대표적인 사례로, 필립 존슨의 '글래스 하우스' 가 있다. 이 작품은 철과 유리와 투명성을 중심으로 하여 자연 한가운데 놓여져 존재하며 내외부를 관통하는 투명성이 당시 관점으로 보았을 때 파격적이고 혁신적이어서 모더니즘 주택의 상징적 사례로 건축 역사에 남게 되었다. 비판적으로는 미스의 바르셀로나 주택과 같이 그 안에는 '주거' 로서의 특성이 존재하지 않는 머릿속의 관념적, 이상적 주택일 뿐이라는 부정적인 시각이 있다. 실제로 프랭크 로이드 라이트가 이 집을 방문했을 때 자신의 중절모를 어디에 벗어서 걸어두어야 할지를 물었던 것은 유명한 일화이다. 그럼에도 불구하고 글래스 하우스는 근대성의 특성이 잘 적용되어 있는 우수한 사례로 연구되고 회자된다. 한국의 사례에서 글래스 하우스가 보여주는 근대성의 세련된 건축적 특성이 추상적으로 온전하게 적용되면서 동시에 한국적 추상의 특성이 접목되고 동북아 불교의 무자성의 특성이 접목되는 가운데, 바르셀로나 파빌리온과 같이 근대적 특성과 말끔한 디테일의 방식으로 적용되었다면 좀 더 매끈하고 훌륭한 동시대적인 한국적 추상과 개념이 복합화된 작품이 성취될 수 있었을 것이다. 오늘날의 세련되고 높은 수준의 동시대성을 적용하면서 현재의 관점으로 동북아 사유의 특성과 전통을 재해석하고 번역하여 전세계적으로 쓰일 수 있는 보편적인 공간구성으로 새롭게 표현한다면, 그것이 곧 세계에서 보편적으로 통용될 수 있는 건축, 그러면서 서양건축이 가지지 못한 새로움을 덧붙일 수 있는 건축으로 세계에서 통용될 수 있을 것이다.

BTS는 그의 곡 『아이돌(idol)』을 한국적으로 재해석하여 한국적 색채의 배경과 의상 및 퍼포먼스로 멋지게 무대를 소화해 냈다. 그들은 오늘날 세계 공통의 노래 및 퍼포먼스에 있어서 세계 최고의 수준의 춤과 노래의 실력으로 꾸며진 공연을 보여주면서 한국적 특성을 중심으로 동시대적으로 재해석하여 세계인을 매료시키고 있다. 이러한 방식은 자연스럽게 전세계적 보편성을 중심으로 한국적 특이성을 자연스럽게 접목하여 새로움을 만들어 낼 수 있는 방식이다. 이러한 방식은 건축에 있어서도 동일하다. 한국적 추상을 동시대적 보편성을 기반으로 하여 새로움을 만드는데 있어서 하나의 좋은 사례로 언급할 수 있을 것이다.

-일본의 형이상학적 관념적 자연을 초월하여 진정한 자연을 도입하여 함께 할 수 있는 삶의 공간구조는 어떻게 성취할 수 있을 것인가?

일본 근대철학의 주요 학자 중 한 명인 니시다 기타로의 존재론과 공간개념은 '절대 무(無)의 장소성' 이다. 자각을 가능하게 해주는 근원으로서의 '장소' 는 니시다 기타로의 사상에서 매우 중요한 키워드이다. 초창기 기타로의 사유에서 주체와 객체가 분리되지 않는 '순수경험' 은 장소와 관계된다. 피히테의 자아와 비아를 대상화하여 구분할 수 있는 '장소' 를 중시하는 것이다. 이 지점은 불교의 영향을 받은 것임을 알 수 있다. 불교의 불성이 발산하는 아트만의 공간인 공적영지(空寂靈智)의 경지에 들게 되는 것은 공적영지의 '장소' 에 도달하는 것이다. 그것은 세속의 복잡다단하고 이기적 자아에 물든 먹구름을 뚫고 침잠할 때 비로소 맞이하게 되는 고요한 공간이다. 그가 말하는 '절대 무' 는 분리된 것이 아니라 '절대 무' 가 그대로 '무' 의 공간이다. 그것은 불성(佛性)의 고요한 공간과 공명한다. 절대 무의 자기 한정은 만물이 하나로서 고유성을 유지한다. 기타로는 '반성이 직관(순수경험)의 밖에서 직관을 보는 의식' 이라고 규정한다. 자각은 주, 객을 내면의 고요한 장소에서 하나로 통합시키는 행위이다. 자기 안에서 자기를 반성하며 비추는 것이다. 이것은 다시 말해, '아트만' 이라는 본질을 깨달아 가는 과정의 불교적 수행과 인식을 떠오르게 만든다. 그래서 절대 무는 불교의 공(空)의 사상과 거의 유사하다.

이와 유사하게도, 피히테의 인식의 근원은 '자아' 인데, 그것은 인식의 행위자이다. 스스로를 한정해야 한다. 공의 공간은 영원한 순간에 스스로를 한정한 영원한 순간이자 현재이다. 그것이 바로 불교의 공의 사유와 유사하다. 의식의 주체로서의 자아(自我)와 그 분화 내지 대립으로서의 비아(非我)가 관계를 맺으며 인식하는 장소가 바로 '절대 무'의 장소인, 공(空)의 장소이다. 절대 무의 장소에서 고유성이 부여되고 다른 객체에 개방되어 자신뿐만 아니라 다른 개체도 긍정한다. 절대 무의 장소에 있을 때 가능한 일이다. '절대 무의 장소'는 저마다의 고유성을 유지한 채 통일되어 있다. 여기에서 자기의 특성인 아성(我性)이 없는 가운데, 자기 동일성을 획득하면서 통일된다고 하는데, 이 지점이 바로 위험한 지점이다. 그것은 바로 공적영지(空寂靈智)의 순간과 화엄 사상의 장엄한 통일적인 운동이 제국주의적인 방식으로 변질될 수 있는 지점이기 때문이다. 니시다 기타로의 철학에서는 화엄 사상이 중시되어 시민사회의 개념이나 저항권의 개념이 부재한다. 개별 국민과 국민들의 집합과 국가가 하나가 되는 것이지만, 실제로는 각 국민 스스로가 국가에 억지로 합치시키는 길밖에는 없기에 폭력적이고 '동일성의 폐해'가 반복될 수 있는 단점이 상존한다.

독일 관념론의 이데아적인 이상적인 관념론은 진공과 같은 적막한 상태에서 신적인 위치에 놓여진 주체가 객체를 판단하는 관념론이다. 동북아적 가치에 익숙한 기타로는 근대성이 주도했던 당시 상황에서 주체적으로 불교의 공적영지의 특성을 접목하여 새로운 관념론을 만들었다. 내면으로 침잠하여 아트만의 참 불성을 만나는 것과 서구적인 주객의 인식 방법론에 자연이 끼어들 공간은 존재하지 않는다. 속세의 다양한 외적 변수가 들어설 공간이 존재하지 않는 것이다.

현상학이 주객을 묶어 생각하고 판단중지하면서 다양한 외적 변수를 고려하여 '세계-내-존재'의 상태로 세계를 인식하듯이, 불교의 공사상 역시 공적영지의 불성과 외부의 '이기적 자아의 먹구름'이라는 외적 변수를 함께 고려할 수 있는 존재론과 공간론을 새로 생각했을 때 비로소 자연의 요소를 함께 생각할 수 있는 공간론이 시작될 수 있을 것이다. 다만, 그 공간론은 불교의 형이상학적 화엄 사상이 쉽게 전체주의적인 대동아 공영사상으로 오염되었던 역사가 있었듯이, 주의가 필요하다. 관념적으로 완벽한 선(禪)적 정원과 축소된 정원(자연)이 아니라 실제 자연과 기의 흐름이 중시되는 자연적 요소가 건축에 삽입되거나 주변의 자연과 연계되어야 하며, 그것이 그것을 향유하는 주체에게 닫힌 공간이 아니라 공동체성을 증진시킬 수 있는 방식의 커뮤니티 공간과 공공공간으로서 함께 사용될 수 있는 방안에 대해서 심도있게 고민해야 할 것이다.

–기일원론 계보의 동북아적 가치와 현대적 계승방법론 및 건축적 적용 방법은 어떻게 제시될 수 있을 것인가?

우리는 기학에서 언급하는 대기와 지구가 끊임없이 살아 움직이는 생명체와 같은 요소임을 인정해야 한다. 천(天)이라는 세계의 운행을 존중하지 않는 방식은 의미가 없다고 할 수 있다.

자연과 세계의 운행의 매커니즘을 중시하는 사상들은 대부분 '녹색'과 관련된 운동들이다. 녹색을 중시하는 사상들에는 공통적인 특징이 있다. 이들 사상은 자연의 매커니즘이 존중되고 자생력을 갖출 수 있는 '에코토피아'를 추구한다. 데카르트 이래, 서양은 신으로부터 인간으로 그 중심을 옮겨와 인간중심으로 자연(세계)을 재단하고 대상화하고 객관화하여 정복하고자 하는 태도를 보였다. 바로 여기에 심각한 문제가 있었으므로, 자연을 중시하는 녹색사상은 이를 극복해야 한다고 주장한다. 즉, 인간중심에서 자연 중심, 자연과의 공생, 혹은 자연으로 관심의 중심을, 또 생활의 중심을 옮겨와야 한다고 보는 것이다. 이들은 그것을 가능하게 하는 실천적 변화를 추구한다. 생명, 공생, 공존, 평등, 순환의 요소를 인간계 내에 복원해 인간의 삶이 자연의 흐름에 연동되는 사회가 곧 녹색사회라고 보는 것이다. 도시와 건축에 있어서 이러한 실천적 의지는 자연과 도시, 건축이 하나의 유기체이자 생명체로 인식하고 그것이 조화로운 공생을 이룰 수 있는 방안을 고민하는 것이며, 실천적으로 변화시키고자 한다. 하나의 부분만을 설계하는 것이 아니라, 전체를 생각하면서 부분을 계획할 수 있는 방안에 대해서 생각해야 한다. 그 전체는 자연과의 일체화되는 삶을 담는 건축과 도시여야 한다는 것이다. 자신을 자연의 하나의 점으로 여기고 자연과 닮아가는 삶을 담는 건축이 되어야 할 것이다.

성리학을 공부하는 사대부는 인간과 자연이 하나가 되려는 노력을 통해, 인격 수양의 완성을 이루고자 했다. 이러한 관점에서는 자연의 풍경은 단순한 형상이 아니라 닮아야 하고 일체화되는 '윤리'로 자리매김하는 것이다. 물(物)과 인(人)을 하나의 개념으로 보는 것을 전통으로 보고, 자연의 기후 역시 공동체성을 향상시킬 수 있는 방안을 철저하게 추구함으로써 기술적으로 상대적으로 로우테크일지라도 그것이 자연과 좀 더 친숙하고 공동체성을 확대시킬 수 있는 방안이라면, 얼마든지 그것이 더욱 더 높은 수준의 윤리적 건축이라고 생각하는 것이다. 특정 지역이 가지는 환경, 지형, 기후와 같은 특성이 존재하므로 그 방식에 맞는 삶과 공동체의 삶을 담는 건축이 바로 윤리성이고 그것이 바로 인간과 자연이 하나가 되는 엄정한 실천적 삶과 공간이 되어야 한다는 것이다.

최한기의 기학에서 천(天)은 대기(大氣)이고 동학의 천은 지기(至氣)이다. 대기는 활동운화의 운동을 하고 동학의 지기는 조화(造化)를 만들어 낸다. 기학과 동학은 다 같이 '기의 철학'이라고 할 수 있다. 최한기와 최제우는 기일원론의 계보에서 기존의 동북아 사유를 종합했고, 거기에 최제우는 한국 특유의 샤머니즘, 토테미즘적인 무속신앙과, 천주교 신앙까지 복합화시켜, 한국 사상의 저류지 역할을 했다. 따라서 두 사상에는 공통점이 다수 존재한다. 하나는 기학으로서의 학문적 성격이 강하고, 또 하나는 종교적 성격이 강하기 때문에 차이점도 존재한다. 기학은 학문적, 물리적 성격이 강하기에, 천을 대기로 보았고, 그 대기는 하나의 끊임없이 변화하는 활동체로서, 활동운화하는 본성을 상징한다고 보았다. 생명의 자연(天) 개념을 설파하고 있는 것이다. 기학에서는 지구라는 천체 자체가 생명의 변화와 움직임의 모델이다.

동북아 기일원론의 계보와 같이 왕부지의 생성 역시 양이 움직이고 음이 만들어 내는 양생음성(陽生陰成)의 원리에 근거한다. 양은 생하고 음은 성한다. 양은 동적으로 발산하면서 새로움과 차이를 만들어 내지만, 음은 정적으로 수습하면서 양의 움직임이 망령되지 않도록 잡아준다는 것이다. 질서를 유지하면서 동적인 것을 최대한 만들어 낼 수 있는 구조와 방법론, 설계방법론은 어떻게 되어야 할 것인가? 물질적인 풍요로움과 다양한 요소들이 이합집산하면서 복합화되는 움직임을 긍정하고 그것을 북돋우면서, 동시에 그것이 망령되게 넘치지 않도록 조화를 이루는 건축을 만들어야 할 것이다. 물론, 가장 중요한 가치는 천인합일의 가치와 정신일 것이며 자연의 기의 변화와 오랜 시간 함께 하며 공동체성이 증진되는 건축공간일 것이다.

—수평적 확대 중심의 한국적 공간의 수직적 밀도는 어떻게 해결할 것인가?

자본의 발전에 따라 근대에 대도시가 발생했고, 그에 따라 현재는 지구인의 대부분이 대도시에서 사는 상황이다. 전지구적으로 중요한 소수의 대도시들이 성장하게 되었고, 이를 통해 네트워크화되고 도시구조가 재편되는 상황이 전세계에서 전방위적으로 발생하고 있다. 자연스럽게 가치가 높은 대도시 중심으로 집중화와 고밀화가 이루어지고 있다. 필연적으로 홑 채들이 군집을 이루며 인포멀(informal)의 집과 마을을 이루었던 한국의 건축은 근대에 들어 도시화를 이루는 가운데 도시형 필지로 축소되어 압축되다가 다가구, 다세대, 아파트, 주상복합 등의 방식으로 고밀의 도시화가 이루어졌다. 수평적 확대나 기존의 방식이 유효하지 않은 현 시대의 상황에서 수직적 밀도가 유지되거나 허용되면서 동시에 한국적 가치를 만들 수 있는 방안은 어떻게 성취되어야 할까?

앞서 언급한 대로, 수직적 밀도가 유지되는 가운데 그것을 계획함에 있어서 주변의 미기후 요소들을 필수적으로 고려할 필요가 있다. 주변의 빌딩풍을 최소화하고 온화한 미기후를 보존하여 자연의 기와 함께 하는 외부의 활동 시간을 늘릴 수 있어야 한다. 이를 위해 외부 공간에 회색 영역, 중간 영역과 정자 등의 파빌리온과 조경 공간을 적절하게 계획할 필요가 있다. 대도시의 삶에서는 대자연이나 수공간과 함께 살기 힘든 여건에 있는 경우가 대부분이다. 인공적인 건조 환경에 둘러싸인 경우, 인공적인 자연이 삽입되고 적절한 인동간격 및 외부 발코니 등의 외부공간 요소와 함께 손쉽게 개폐할 수 있는 창호 등으로 채광과 환기가 직관적으로 원활하고 사용하기 쉽도록 만들어 주는 것이 중요하다. 또 인공적인 자연과 주민들의 휴식공간을 적절하게 삽입하여 공동체성을 향상시킬 수 있도록 하는 것이 바람직하다. 그렇게 된다면, 수직적 밀도를 높인다고 하더라도 자연의 일부로서, 자연의 기의 흐름과 함께 사는 것이 가능해질 수 있다. 또 인공 자연 및 인공의 도시건축을 조화시키는 것 역시 자연의 일부로 바라보는 시각의 전환이 이루어지면, 이를 조화롭게 이용하고 자연의 기를 원활하게 느끼면서 공동체성을 확대할 수 있는 방향성을 추구할 수 있게 된다. 콤팩트 도시가 필요하다고 할지라고 자연적 요소들을 적절하게 매스 사이에 삽입할 수 있는 중규모 개발의 사례들이 풍부하게 실험되어야 할 것이다. 기능에 있어서 꼭 필요한 대규모의 건축(공장, 쇼핑몰)에서도 역시 적절하게 매스를 덜어내고 중간 중간에 자연적 요소를 삽입한 중정을 두어 자연의 기와 함께 하는 영역을 늘리는 것이 반드시 필요하다. 바람직한 규모는 중규모 이하로, 자연의 기의 유입 및 인공적 자연의 삽입이 가능하게 계획하는 것이 매우 중요하다. 지나친 대규모 쇼핑몰화 된 내부 공간이 늘어나게 되면, 그만큼 인간의 삶과 시스템은 자연과 유리되고 폐해의 악순환의 굴레에 처하게 될 것이다.

이른바 스마트 시티(건축)와 회복탄력성(resiliance)의 도시건축을 만드는데 있어서 가장 중요한 것은 바로 기의 변화와 함께 하는 도시, 공동체성을 증대시킬 수 있는 도시를 추구해야 한다는 점이다. 역사적으로 그러한 목적을 원활하게 만드는 것이 바로 당시의 스마트 시티, 스마트 건축이었을 것이다. 언제나 기술은 필요에 따라 따라오게 마련이다. 기술이 최고의 목적이 되어서는 곤란하다. 지금까지의 스마트 시티의 관심이 공급자 위주의 기술개발이 중심이었다면, 이제는 수용자 위주로 자연의 기와 함께 할 수 있는 공간을 제공하겠다는 철학이 필요하다. 최종적으로 우리가 '녹색' 사상과 함께 자연에 가깝게 사는 방식에는 너무나 당연하게도 '비용'이 발생되고 이를 지불해야 한다. 효율성을 우선시하여 기존의 폐해가 따라올 수밖에 없는 삶의 방식을 재고하고, 바람직한 방향을 선택하게 되면 좀 더 많은 비용을 지불하거나 혹은 좀 더 불편한 삶을 살게 되는데, 이것을 의도적으로 선택할 수 있어야 한다. 그것은 일정 부분 '의식의 개선'과 '교육'이 필요한 영역이다. 결국 교육을 통해 의식이 개선되면서 변화를 만들어 나갈 수 있기에 점진적인 교육을 통한 장기적인 관점의 실천이 필요할 것이다.

–『기학』의 천인운화에 도달하여 활동운화의 생명의 본성을 지니는 개념과 도가사상과 어떤 차이가 있는가? 건축과의 관련성은 어떻게 되는가?
성리학의 천인합일과 기학의 천인일치(天人一致)는 유사한 지점을 공유하고 있다. 『기학』이 지향하는 천인운화 즉, '하늘 사람의 삶'에서 천인(天人)은 도가적인 인간상과 어떻게 다른가? 닮고자 하는 대상인 '하늘'이라는 개념에는 어떠한 차이가 있는가? 『기학』에서 말하는 천인은 인위의 극치라는 측면에서 도가적인 천인의 개념과는 대조적이다. 두 사상에서 인간관의 차이점은 각각 기학의 대동사회의 국가사회관과 도가의 소국과민(小國寡民)의 국가 사회관이라는 상이한 관점을 가지고 있다.

성리학(주자학)에서 세계(天)는 '이태극'이다. 이태극은 지극히 고요하고 정태적이며 인의예지를 의미한다. 성리학에서 천인합일의 경지에 이른 성인은 이 '이태극'을 체득한 인간상이다. 그러나 이 성인의 모습은 물질적인 것을 중시하면서 활동적이라기보다는 원칙과 원리를 중시하는 정태적인 도덕군자의 모습이다. 그러나 '기학'에서 중시하는 것은 물질적인 풍요로움과 약동하는 삶을 추구하며 에너제틱한 방식으로 다양한 변수들을 복합화하여 새로운 변화의 움직임을 만들어 내는 것이다. 이처럼 하늘(세계)를 바라보는 태도에 따라 리와 기를 중심으로 세상을 바라보는 방식이 다른 것이다.

건축에서는 원리와 원칙의 구성요소에 따라 정확하게 후차적으로 만들어 나가는 건축과, 다른 한편으로 표현 및 경관의 방식과 다양한 외적 변수들이 만들어 나가는 양상으로부터 최적화되는 양상으로 굳어지면서 자연스럽게 구축의 원리와 구성의 원리가 드러나는 방식의 건축이 대조적인 형식으로 구축될 수 있는데, 그러한 부분이 향후 건축적으로 논의되며 발전시킬 수 있는 부분이 될 것이다.

'기학' 에서는 활동운화하는 천성(天性)의 신기가 모든 존재에게 똑같이 포함되어 있음을 전제한다. 인간에게 이러한 특성이 주어지면 그것이 '신기(神氣)' 라고 하는 천성(天性)이 된다. 천성이 이미 내재되어 있고 그것을 인간이 본성을 찾기 위해 수양해야 한다는 논리라면, 그것은 이미 천성(天性)에 선험성이 주어져 있다는 것을 의미한다. 신기가 남김없이 발현되면 천인운화에 도달하게 되는데, 제 때 신기가 활동운화하게 되면 천인운화에 도달하게 된다는 원리이다. 불교에서 불성은 이미 존재하고 그것이 발산하고 있는데, 이기적인 자의식의 먹구름이 막고 있어서 온전한 불성에 다가갈 수 없는데, 그것을 마음 수행을 통해 뚫고 나아가는 것이 곧 공적영지의 '견성(見性)' 혹은 '해탈' 의 경지이자 불교의 궁극적 세계관이다. 그것은 불성의 선험성이 전제된 것이라고 할 수 있다. 최한기는 천인운화의 경지가 발현되면 자연스럽게 대동사회가 구현된다고 보았다. 그러나 신기는 선험적인 것이 아니라 칸트의 범주와 같이 가치중립적으로 추측할 수 있는, 판단할 수 있는 근거에 불과하다는 학문적 의견도 존재한다.

승효상의 사유원에서 보여지는 천인합일의 정신과 자연과 하나가 되고자 하는 태도, 그리고 선비와 수도승의 청빈한 마음의 문제를 중시하는 태도 등은 동북아 사유의 전통으로부터 영향을 받아 동시대적인 방식으로 구도의 자세를 추구하는 것이라고 할 수 있다. 그가 선비나 수도승의 청빈한 삶과 인간적인 삶을 중시하면서 만들어 냈던 '빈자의 미학' 은 시대가 바뀌었고 기독교라는 외적 변수가 바뀌면서 만들어진 개념일 뿐, 고려시대의 승려나 조선시대의 사대부의 청빈하고 금욕적인 삶과 사상(천인합일, 범아일여)에 근거하고 있다. 그의 건축은 일정 부분 동북아의 내재성의 사유에 친화적인 태도를 중시하는 사상에서 그 토대를 찾을 수 있다.

기일원론의 계보에서 보여지는 양상은 최한기의 기학에 이르러 신기의 잠재성이 운동하여(활동운화) 범아일여, 천인합일의 경지에 이르게 되는 것을 천인운화의 경지에 이르는 것으로 보았다. 동북아 근대사상의 도입 및 기철학의 잠재성은 한국성의 동시대적 발현에 있어서 어떠한 영향을 끼쳤을까? 기 철학의 잠재성은 들뢰즈가 사유하는 방식과 유사한 측면이 있다. 기철학은 물질적인 풍요로움 속에 다양한 요소들이 이합집산하며 복합화되는 가운데 만들어 내는 생성의 변화를 사유하는 것과 유사하다. 기를 중시하는 방식은 건축적으로는 프로그램과 필요에 의한 동선이 운행하면서 자연스럽게 매스와 형태를 만들어 내는 Datascape와 같은 방식의 건축이거나, 필요와 시기에 따라 다양한 니즈를 만족시키고 이합집산할 수 있는 유연성을 담보하는 건축일 것이다. 이것은 움직임과 변화를 충분히 수용하면서 그 기능이 다하게 되면 흩어질 수 있고, 그 공간이나 재료, 구조 자체도 자연으로 되돌아갈 수 있어야 하며, 도시의 미기후를 충분히 즐기면서 자연과 일체화될 수 있는 삶이 보장될 수 있는 건축 공간구조, 혹은 도시 공간구조를 만드는 부분과 연계될 수 있을 것이다.

원칙과 원리로 모든것이 완벽하게 구축되는 방식보다는, 왕수나 차운기와 같이 현지의 특성과 기술을 중심으로 구축하는 가운데, 각종 외적 변수와 현지 자연에 최대한 유연하고 탄력적으로 조화를 이루고 변용시킬 수 있는 자세가 필요하다. 또한 경관과 표현적으로는 이지적인 합리주의 계열의 건축보다는 존재 의지의 표상을 만들어 낼 수 있는 시적 건축을 추구하는 것이 좀 더 기일원론의 계보와 합치되는 태도이다. '집은 노래 불러야 한다' 는 김중업의 주장과 같이, 기능이 최우선 되는 방식이 아니라 인간이 숨 쉬고 즐기고 노래 부를 수 있는 여지가 있는 '달팽이 껍질' 과 같은 건축을 추구하는 것이 기의 흐름에 충실한 건축이 될 수 있을 것이다.

동북아에서 기(氣)는 무의식을 포함한 마음의 움직임인 기, 자연의 흐름과 계절 및 날씨의 변화의 기, 그리고 물리적 기의 순환인 기가 동일시된다. 다시 말해, 형이상학적, 물리적, 체험적, 심리적 기의 양상을 모두 포함하고 있는 개념이다. 서양의 개념과 극명하게 다른 부분이다. 스피노자가 마음의 적절한 통제를 통해서 극적으로 치우치지 않는 것을 '윤리'의 개념으로 잡은 것과 같이, 변화하기 쉬운 마음(기)을 잘 다스려서 주변부터 전체세계에 이르기까지 잘 관리(중용)하고자 하는 동북아 사유의 특성은 건축에서 크게 세 가지 방향성으로 접근할 수 있을 것이다.

첫째, 근대성이 억압하고 배제하고 통제하려고 했던 무의식이 온전하게 드러나며 기존의 구조와 잘 화해할 수 있는 건축적, 경관적 특성의 자유가 확보되어야 한다. 둘째, 자연의 변화(기)의 변화와 함께 하며, 기의 흐름을 원활하게 느낄 수 있는 공간구조를 추구해야 한다. 기술은 이 가치를 따라 지원하면 그만이다. 셋째, 대상화된 건축과 도시가 아니라 자연과 공생하면서 자연과 하나가 되는 태도로 나와 공동체가 하나가 될 수 있는 도시구조, 공간구조가 필요하다. 이후, 시간의 흐름에 따라 풍화되고 결국 용이하게 소멸될 수 있는 구조로 형성하는 것도 중요하다. 미기후의 안온한 영역에서 나와 커뮤니티가 원활하게 소통이 이루어지며 자연의 변화의 감각을 세심하게 느끼고 공유할 수 있는 도시와 공간구조가 되어야 할 것이다. 그러나 동북아 불교의 공적영지 개념에서 영감을 받은 '절대 무의 장소'는 쉽게 전체주의로 오도되거나 이기적 공간으로 한정될 수 있으므로, 개인의 내면의 무의 장소가 공적(public) 공간의 개념과 연동되며 조화를 이룰 수 있는 보완이 반드시 필요하다. 동북아적인 시각에서 모든 기술은 결국, 대상화된 도시, 건축의 편리성과 효율성에 초점이 맞추어지는 것이 아니라, 나, 너, 그, 우리의 아트만이 하나가 되고 그것이 자연과 일체화가 될 수 있는 계획적 방법과 커뮤니티의 소통과 행복을 어떻게 성취할 수 있을 것인가에 초점이 맞추어져야 하기 때문이다.

참고문헌

국내 단행본

1. 건축, 도시 부문

- 라파엘 모네오, 건축적 고뇌와 디자인 전략, 임기택 역, Spacetime, 2006
- 라파엘 모네오, 라파엘 모네오가 말하는 8인의 현대 건축가, 임기택 외 3인 역, 공간사, 2008
- 리차드 코인, 건축가를 위한 데리다, 임기택 역, Spacetime, 2013
- 앤드류 무어, 건축의 컬러, 임기택 역, Spacetime, 2009
- 이영수 외, 건축콘서트, 공저, 효형출판사, 2009
- 임기택 외, 건축공간론, 공저, 기문당, 2010
- 강상중, 공간-아시아를 묻는다, 이강민 역, 한울, 2007
- 강영환, 아시아 건축기행-유토피아를 디자인하다, 한길사, 2019
- 강영환, 건축에 담긴 문화읽기(중국남방 건축기행), 울산대학교출판부, 2003
- 강홍구 외, 아키토피아의 실험, 마티, 2015
- 건축운동연구회, 건축운동 4 (한국근대건축개론), 대건사, 2004
- 건축평단, 건축평단 2017.봄 - 통권9호, 반지역주의, 반세계주의, 건축평단, 2017
- 건축평단, 건축의 한국성, 정예씨, 2015
- 고유섭, 조선건축미술사 초고 (우현 고유섭 전집 6),열화당, 2010
- 고토 오사무, 일본 건축사, 김왕직, 조현정 역, 한국학술정보, 2011
- 곽재환, 짓다, 도서출판 기역, 2024
- 구마 겐고, 구마 겐고, 나의 모든 일, 이정환 역, 나무생각, 2023
- 구마 겐고, 구마 겐고, 건축을 말하다:작고, 낮고, 느리게, 이정환 역, 나무생각. 2021
- 국민대학교 건축대학, 통섭지도: 한국건축을 위한 아홉 개의 탐침, 공간사, 2007
- 김광현, 건축이 우리에게 가르쳐주는 것들:김광현 교수의 건축 수업, 뜨인돌, 2018
- 김개천, 명묵(明默)의 건축:한국 전통의 명건축 24선, 안그라픽스, 2011
- 김경표, 동양건축사, 보성각 2014
- 김도수, 참 한옥 집 짓기-김 목수가 살림집 현장에서 쓴 이야기, 보리, 2015
- 김동욱, 한국건축 중국건축 일본건축-동아시아 속 우리 건축 이야기, 김영사, 2015
- 김동욱, 조선시대 건축의 이해, 서울대학교출판문화원, 2013
- 김동욱, 한국건축의 역사, 기문당, 2013
- 김봉렬, 김봉렬의 한국건축 이야기 1-시대를 담는 그릇, 돌베개 2006
- 김봉렬, 김봉렬의 한국건축 이야기 3-이 땅에 새겨진 정신 돌베개, 2006
- 김봉렬, 김봉렬의 한국건축 이야기 2 - 앎과 삶의 공간, 돌베개 2006
- 김봉렬, 건축의 시간 영원한 현재: 김봉렬의 건축 인문학, 플레져미디어, 2021
- 김봉렬, 불교 건축(한국 미의 재발견 11), 솔, 2004
- 김성도, 근대기 한일 불교 건축, 고려, 2010
- 김성도, 근현대 문화재: 건축유산의 보존과 활용, 고려, 2012
- 김성도, 사진으로 풀어본 한일전통건축, 고려, 2012
- 김성홍, 길모퉁이 건축-건설한국을 넘어서는 희망의 중간건축, 현암사, 2011
- 김수근, 건축에 있어서의 네가티비즘, 공간, 공간사, 1983.12
- 김왕직, 조선후기 건축경제사, 한국학술정보, 2005
- 김인철, 공간열기, 동녘, 2011
- 김정동, 하늘 아래 도시 땅 위의 건축 1 - 아시아로 가는 길, 가람기획, 1998
- 김중업, 金重業: 건축가의 빛과 그림자, 미진사, 1986
- 김지민, 한국의 유교건축, 발언, 1997
- 김태경, 재조일본인이 바라본 조선의 풍경과 건축: 1910-20년대 조선공론편, 역락, 2015
- 김홍식, 민족건축론, 한길사, 1987
- 김홍식, 대동사회 건축론, 발언(건설기술네트워크), 2016
- 니시자와 류에, 열린 건축, 강연진 역, 한울(한울아카데미), 2018

- 니콜라스 펩스너, 근대건축과 디자인:산업혁명에서 20세기 초반까지, 이대일 역, 미진사, 1986
- 대한건축학회, 동양건축사도집(축학전서 11), 1995
- 대한건축학회, 동양건축사도집, 기문당, 1995
- 데이비드 심, 소프트 시티, 김진엽 역, 차밍시티, 2020
- 러우칭시, 중국의 고대건축 지음, 한동수 역, 혜안 2004
- 루경서, 궁궐건축(중국고대건축총서 1) 지음 한동수 역, 발언, 1996
- 루경서, 단묘건축(중국고대건축총서 2) 루경서 지음 한동수 역, 발언, 1996
- 리여성, 조선 건축 미술의 연구, 한국문화사, 1999
- 리화선, 조선건축사 3, 발언, 1993
- 리화선, 조선 건축사: 원시-근대편 (조선부문사 시리즈), 사회과학출판사, 2012
- 리화선, 조선건축사 2, 발언, 1993
- 마이클 헤이스 외, 비판 대 탈비판 : 2000년대 현대건축 논쟁, 이경창 외 역, 아키텍스트, 2021
- 무라타 겐이찌, 일본 전통 건축 기술의 이해, 임채현, 김철주 역, 한국학술정보 2009
- 몰그레이브, 해리 프랜시스, 1673-1968 근대건축이론, 송종열 역, 스페이스타임, 2023
- 민현식, 건축에게 시대를 묻다, 돌베개, 2006
- 문훈, 기쁨의 건축, 스윙밴드, 2016
- 박강철, 현대 건축의 전화, 조선대학교출판부, 1999
- 박윤준, 정승진, 아시아 건축의 이해, 서울하우스, 2010
- 박언곤, 일본 건축사-건축읽기, 발언, 1994
- 백진, 건축과 기후윤리, 김한영 역, 이유출판, 2023
- 샤오모, 건축의 의경-동양과 서양의 건축은 어떻게 다른가, 박민호 역, 글항아리, 2019
- 서경원, 한국건축 속의 인문학, 도서출판 담디, 2016
- 서유구, 임원경제지 섬용지 1-건축.도구.일용품 백과사전 이동인 외 역, 풍석문화재단, 2016
- 서유구, 임원경제지 섬용지 3-건축.도구.일용품 백과사전, 이동인 외 역, 풍석문화재단, 2017
- 손세관, 집의 시대 : 시대를 빛낸 집합주택, 집(도서출판), 2019
- 스기야마 노부조, 일본조선비교건축사, 서동천 역, 세진사, 2017
- 안창모 외, 한국의 근대건축, 북노마드, 2011
- 오창섭, 한국의 근대건축(북노마드 디자인 문고 2), 북노마드, 2011
- 영건의궤 연구회, 영건의궤: 의궤에 기록된 조선시대 건축, 동녘, 2010
- 오인욱, 오인욱교수의 한국 근대건축 속의 공간디자인, 고성도서유통, 2012
- 왕 치쥔, 중국 민가: 천년을 이어온 사람의 집, 박철만 역, 다빈치, 2016
- 왕수, 왕수, 집을 짓다 : 건축을 마주하는 태도, 김영문 역, 아트북스, 2020
- 윤일주, 한국근대건축사연구, 기문당, 1988
- 윤장섭, 한국건축사, 동명사, 2008
- 윤장섭, 한국건축사론, 기문당, 1990
- 윤장섭, 한국의 건축, 서울대학교출판부, 2008
- 윤장섭, 중국 건축기행, 기문당, 2005
- 윤장섭, 일본의 건축, 서울대학교출판부, 2000
- 윤장섭, 중국의 건축, 서울대학교출판부, 1999
- 윤장섭 , 한국의 건축, 서울대학교출판부, 2008
- 이강민, 한옥문화의 세계화을 위한 인문학적 가치 발굴 연구 3, auri(건축도시공간연구소), 2014
- 이강민, 현대 한옥기술의 변화와 전망, auri(건축도시공간연구소), 2014
- 이강민, 한옥활성화를 위한 신한옥 모델개발 연구 2, auri(건축도시공간연구소), 2013
- 이광노, 한국근대건축: 한국 근대건축 연구, 곰시, 2014
- 이광노, 한국 근대 건축, 곰시, 2014
- 이동언, 근대 건축과 하이데거: 모더니티의 시작에서 건축적 형태와 세계, 산지니, 2021
- 이상정, 한국 풍토건축의 멋, 경상대학교출판부, 2012
- 이상헌, 한국 건축의 정체성-서양 건축과의 차이를 통해 보다, 미메시스, 2017
- 이상헌, 대한민국에 건축은 없다-한국건축의 새로운 타이폴로지 찾기, 효형출판, 2013
- 이일훈, 모형 속을 걷다:이일훈의 건축 이야기, 솔출판사, 2005

- 이타미 준, 돌과 바람의 소리, 학고재, 2004
- 이타미 준, 'ITAMI JUN- Architecture and Urbanism 1970-2011
- 이화여자대학교 건축학과, 건축의 지역성을 다시 생각하다, 운생동출판, 2012
- 이희봉, 한국건축의 모든 것 죽서루, 한국학술정보, 2013
- 임기택, 포스트모더니즘과 건축이론, 시공문화사, 2014
- 임기택, 생성의 철학과 건축이론, 시공문화사, 2015
- 임석재, 우리 옛 건축과 서양 건축의 만남, 대원사, 1999
- 임석재, 한국 전통건축과 동양사상, 북하우스, 2005
- 임석재, 한국 현대건축의 지평 1, 인물과사상사, 2013
- 임석재, 한국 현대건축의 지평 2, 건물 비평, 인물과사상사, 2013
- 자오광차오, 마젠충, 세상에서 가장 친절한 중국 건축 이야기, 이명화 역, 다빈치 2014
- 장헌덕, 중국과 한국의 불교건축, 빛과글, 2005
- 전봉희 , 이규철, 서영희, 한국 근대도면의 원점, 서울대학교출판문화원, 2012
- 전진성, 상상의 아테네, 베를린.도쿄.서울-기억과 건축이 빚어낸 불협화음의 문화사, 천년의상상, 2015
- 전진성, 역사가 기억을 말하다-이론과 실천을 위한 기억의 문화사, 휴머니스트, 2005
- 전진성, 박물관의 탄생, 살림, 2004
- 전봉희, 3칸×3칸-한국건축의 유형학적 접근,서울대학교출판부, 2006
- 정기용, 건축작품집, 1986년부터 2010년까지, 현실문화, 2011
- 정인하, 시적 울림의 세계:김중업 건축론, 시공문화사, 2003
- 정인하, 구축적 논리와 공간적 상상력:김종성 건축론, 시공문화사, 2003
- 정인하, 집은 노래 불러야 한다: 한국 현대 건축의 기점, 김중업, 하늘아래, 2002
- 정인하, 감각의 깊이: 이희태 건축론, 시공문화사, 2003
- 제니퍼 블루머, 피라네지와 조이스의 각본, 임기택 역, 시공문화사, 2006
- 주진형, 최형순, 한국 건축 공간 디자인, 구미서관, 2015
- 조현정, 전후 일본 건축, 마티, 2021
- 중국 근대건축 1, 한동수 역, 발언, 1994
- 중국 근대건축 2, 한동수 역, 발언, 1994
- 최부득, 건축가가 찾아간 중국정원: 강남 원림건축 26곳, 미술문화, 2008
- 최우용, 일본 건축의 발견-일본 건축은 어떻게 세계건축계의 주류가 되었는가, 궁리 2019
- 최윤경, 사회와 건축공간, Spacetime, 2003
- 케네스 프램턴, 현대 건축 : 비판적 역사 I , 조순익 역, 마티, 2023
- 케네스 프램톤, 현대건축: 비판적 역사II , 조순익 역, 2023
- 한국건축역사학회 집필진, 한옥 설계의 원리와 실무, 국토교통부, 2014
- 한동수, 중국 근대건축1, 2,발언, 1994
- 황두진, 당신의 서울은 어디입니까?- 서울을 다시 짓는 건축가, 황두진의 나의 도시 이야기, 해, 2005
- 황두진, 가장 도시적인 삶 - 무지개떡 건축 탐사 프로젝트, 반비, 2017
- 허균, 한국 전통 건축 장식의 비밀, 대원사, 2013
- 후지시마 가이지로, 한의 건축문화 나의 연구 60년, 곰시, 2011
- Amos Ih Tiao Chang, 건축공간과 노자사상, 윤장섭 역, 기문당, 1984

2. 철학 부문

- 강상중, 오리엔탈리즘을 넘어서, 이경덕, 임성모 역, 이산, 1997
- 강신주, 강신주의 노자 혹은 장자-노자의 길과 장자의 길 사이에서, 오월의봄, 2014
- 강신주, 철학 VS 철학 - 동서양 철학의 모든 것, 오월의봄, 2016
- 강신주, 장자 & 노자: 道에 딴지걸기, 김영사, 2013
- 김용옥, 수운이 지은 하느님 노래, 용담유사, 통나무, 2022
- 김용헌, 최한기의 기학과 실학의 철학, 예문서원,

2020
• 길희성, 인도 철학사, 소나무, 2019
• 노스코트 파킨슨, 동양과 서양, 안정효 역, 김영사, 2011
• 라다크리슈난, 인도철학사 1, 이거룡 역, 한길사, 1996
• 뤼스 이리가라이, 동양과 서양 사이-개인으로부터 공동체로, 동문선, 2000
• 리쩌허우, 중국고대사상사론, 정병석 역, 한길사, 2005
• 리쩌허우, 중국근대사상사론, 임춘성 역, 한길사, 2005
• 리쩌허우, 중국현대사상사론, 김형종 역, 한길사 2005
• 리처드 니스벳, 생각의 지도 - 동양과 서양, 세상을 바라보는 서로 다른 시선, 최인철 역, 김영사, 2004
• 마르셀 그라네, 중국사유, 유병태 역, 한길사 2015
• 박동환, 서양의 논리 동양의 마음, 사월의책, 2017
• 박우찬, 박종용, 동양의 눈 서양의 눈, 재원, 2016
• 북경대학교철학과연구실, 중국 철학사 1, 박원재 역, 간디서원, 2005
• 서행정, 인도철학 이야기, 한국외국어대학교출판부 지식출판원(HUINE) I 2013
• 에드워드 W. 사이드, 오리엔탈리즘, 박홍규 역, 교보문고, 2015
• 이규성, 한국현대철학사론, 세계상실과 자유의 이념, 이화여대 출판부,2012
• 이병욱, 인도철학사, 운주사, 2004
• 이승환, 김용석, 서양과 동양이 127일간 e-mail을 주고받다, 휴머니스트, 2001
• 이안 부루마, 아비샤이 마갈릿, 옥시덴탈리즘 - 반서양주의의 기원을 찾아서,송충기 역, 민음, 2007
• 이정우, 세계철학사 1-지중해세계의 철학, 길, 2018,
• 이정우, 세계철학사 2-아시아세계의 철학, 길, 2018
• 이정우, 세계철학사 4, 길, 2024,
• 이지수, 인도 불교철학의 원전적 연구, 여래, 2014
• 장왕식, 동양과 서양, 종교철학에서 만나다, 동연(와이미디어), 2016
• 장일순, 나락 한 알 속의 우주, 녹색평론사, 2016
• 전호근, 번역된 철학 착종된 근대:우리 시대의 동아시아 고전 읽기, 책세상, 2010
• 최진석, 생각하는 힘 노자 인문학, 위즈덤 하우스, 2015
• 펑유란, 중국철학사 - 상, 하, 박성규 역, 까치, 1999
• 펑유란, 간명한 중국철학사, 정인재 역, 마루비, 2018
• 폴 A. 코헨, 학문의 제국주의-오리엔탈리즘과 중국사, 이남희 역, 순천향대학교출판부, 2013
• 한면희, 동아시아 문명과 한국의 생태주의, 철학과 현실사, 2009
• 한스 요아힘 슈퇴리히, 세계 철학사, 박민수 역, 자음과모음(이룸), 2008
• 함석헌, 생활철학, 전집 12
• 함석헌 편집위원회, 씨알의 소리 함석헌 선집1, 한길, 2016
• 함석헌 편집위원회, 들사람 얼, 함석헌 선집2, 한길, 2016
• 함석헌 편집위원회, 인간혁명, 함석헌 선집3, 한길, 2016
• Felipe Hernandez, Thinkers for Architects 4 : 바바, 이종건 역, 스페이스타임 2010

3. 예술 부문

• 아놀드 하우저, 문학과 예술의 사회사, 백낙청 역, 창작과 비평사, 1974
• 마츠바라 사브로 동양미술사, 예경, 1998
• 강희정, 구하원, 조인수, 클릭, 아시아미술사-선사토기에서 현대미술까지, 예경, 2015
• 구노 미키 중국의 불교미술, 최성은 역, 시공사, 2001
• 바이하원, 불교미술 입문을 위한 중국사원 문화기행, 배진달 역, 예경, 2001

4. 외국단행본

• AArata Isozaki, Japan-ness
• Agger, Ben, Cultural Studies as Critical Theory, London: Falmer Press, 1992
• Attali, Erieta, Glass/Wood : Erieta Attali on Kengo Kuma, Hatje Cantz, 2016
• Botond Bognar, Kengo Kuma : selected works,

Princeton Architectural Press, 2005
• Kenneth Frampton, Kengo Kuma : complete works, Thames & Hudson, 2018

5. 국내외 학위논문
• 김은지, 퇴계『성학십도』의 수양치료적 의의, 제주대 석논, 2021
• 이영수, 건축구성형식의 변화와 특성에 관한 연구, 홍익대 박론, 1992
• 박항섭, 한국 현대건축의 양태와 표현특성에 관한 연구, 홍익대 박론, 1997

6. 국내외 학회 논문
• 강훈, 이동언, 디지털 건축디자인으로서 '주름(Fold)' 에 관한 연구-질 들뢰즈의 '주름(Fold)' 사유와 피터 아이젠만의 '접기(Folding)' 기법을 중심으로 -, 대한건축학회 논문집, 20(11), 2004
• 김광현, 세계의 문학, 1988년 봄호(47권)_근대화에 접목된 전통과 민중
• 김경재, 함석헌의 씨알사상 연구, 신학연구 11월호, 1989
• 김봉건, 退溪 聖學十圖에 있어서 心의 구조, 退溪學論叢 第16輯, 2010
• 김소남, 해방이후 함석헌의 생명사상-장일순과의 비교를 중심으로, 인문과학연구 제25집, 2017
• 김진희, 동양사상의 우주론에 입각한 유영모의 신학, 신학사상, 131호, 2005
• 김치수, 한국 기호학의 회고와 전망, 한국기호학회 기호학연구 16권, 2004
• 나종석, 90년대 한국에서의 포스트모더니즘의 수용사 연구, -학제적 주제의 사회인문학적 탐색 시도, 철학연구, 120호, 2011.11
• 이정애, 동학의 '성(誠)' 관에 나타난 기일원론(氣一元論) 문제, 유교사상문화연구 제92집, 2023년 6월
• 임기택, 정진석, 베르토프 간격이론과 츄미의 욕망의 구축방식의 관계성 연구, 대한건축학회연합논문집, 21권4호(통권92호) 2019년 8월
• 한전숙, 현상학과 현대철학, 한국 현상학의 역사와 전망, 2000, 5월호
• 한면희, 한국생태주의의 흐름과 현황, 문화과학, 특집, 생태주의와 사회운동, 2008년 12월
• 한면희, 한반도 녹색공동체 이념: 기(氣) 생태주의와 백두대간의 문화, 환경철학, 2002년 1월호
• 황광욱, 한국철학 : 홍인우와 남언경의 양명학 이해에 대한 고찰, 한국사상문화학회 2002.12

7. 신문, 인터넷 기사 및 잡지
• 건축평론, 토론, 이상헌의 의견
• 왕수 건축예술학원장 "사방 빌딩만 보이는 서울, 미감을 잃어버린 도시", 동아일보 2012년, 9월 21일
• 임기택, 건축평단, 건축의 한국성, 2015 가을호, 임기택의 '건축의 한국성
• 임기택, 글로벌 신자유주의 시기, 한국적 동시대성을 잘 구현 '해왔던(현재는?)' 창조적 파괴자, 조민석, 건축평단, 2018
• WIDE AR vol 31, 전봉희_4.3그룹 비평
• WIDE AR vol 31, 최욱+최진석 특집_정인하, 상상과 실재
• WIDE AR vol 39, 조택연
• WIDE AR vol 43, 이경창_차운기 비평
• WIDE AR vol 53, 김찬중 비평
• WIDE AR vol 31, 최욱+최진석 특집_김현섭 비평

동북아 사유와 건축이론 시리즈 5
Thinking and Architectural Theory in Northeast Asia

한국의 기일원론과 풍경의 건축

1판 1쇄 2025년 4월 15일

저자 임기택(ktarchitect@pknu.ac.kr)

발행인. 김기현
발행처. 시공문화사(Spacetime)
디자인. Design Battery

등록. 1993년 3월 12일
주소. 서울시 서대문구 독립문공원길 13 극동프라자 5층(03733)
전화. 02)3147-1212, 2323
전송. 02)3147-2626

www.spacetime.co.kr, spacetime@korea.com
ISBN 978-89-5592-490-9 93540

정가 10,000원